U0187543

教育部高等学校电子信息类专业教学指导委员会规划教材
高等学校电子信息类专业系列教材·新形态教材

数字信号处理

王秋生 编著

清华大学出版社
北京

内 容 简 介

本书是系统论述数字信号处理技术的新形态教材,包含丰富的教学资源,包括纸质图书、教学课件、程序代码、教学大纲和电子教案等。全书共分为 12 章:第 1 章论述信号的概念、分类以及数字信号处理发展历程和主要应用等;第 2 章论述离散时间信号与系统、线性时不变系统和线性常系数差分方程;第 3 章论述离散时间傅里叶变换及其性质,以及离散时间系统的频率特性等;第 4 章论述理想采样过程、时域采样定理、插值重构方法和离散时间处理系统等;第 5 章论述 z 变换的基本概念、有理函数及零极点图和 z 反变换计算等;第 6 章论述 LTI 系统的频率响应、全通与最小相位系统和广义线性相位系统等;第 7 章论述离散傅里叶级数、离散傅里叶变换以及圆周卷积的计算方法;第 8 章论述按时间抽取和按频率抽取的 FFT 算法,以及用 FFT 实现线性卷积的方法;第 9 章论述 LTI 系统的流图表示、FIR 系统和 IIR 系统的结构和 LTI 系统的有限字长效应;第 10 章论述基于脉冲响应不变和双线性变换的 IIR 数字滤波器设计方法;第 11 章论述基于经典窗、Kaiser 窗和最佳逼近原理的 FIR 数字滤波器设计方法等;第 12 章论述连续时间信号的频域分析、正弦序列分析中的加窗和频域采样效应,以及短时傅里叶变换等。

本书侧重讲述数字信号处理技术的基本概念、基本原理和典型应用。为了提高读者的学习效率,熟练掌握数字信号处理方法并开展信息处理实践活动,作者制作了教学课件,并提供全书的程序代码,以供读者参考和借鉴。为了便于教师开展教学,作者提供了教学大纲和电子教案,以及课后计算机仿真实验程序等。

本书可以作为高年级本科生或低年级硕士研究生"数字信号处理"课程的教材,也可以作为科研工作者或工程技术人员的自学参考书。

图书在版编目(CIP)数据

数字信号处理 / 王秋生编著. —北京:清华大学出版社,2024.5
高等学校电子信息类专业系列教材. 新形态教材
ISBN 978-7-302-64337-1

Ⅰ. ①数… Ⅱ. ①王… Ⅲ. ①数字信号处理-高等学校-教材 Ⅳ. ①TN911.72

中国国家版本馆 CIP 数据核字(2023)第 143307 号

策划编辑:盛东亮
责任编辑:钟志芳
封面设计:李召霞
责任校对:时翠兰
责任印制:宋 林

出版发行:清华大学出版社
    网　　址:https://www.tup.com.cn, https://www.wqxuetang.com
    地　　址:北京清华大学学研大厦 A 座　　　　邮　　编:100084
    社 总 机:010-83470000　　　　　　　　邮　　购:010-62786544
    投稿与读者服务:010-62776969, c-service@tup.tsinghua.edu.cn
    质量反馈:010-62772015, zhiliang@tup.tsinghua.edu.cn
    课件下载:https://www.tup.com.cn, 010-83470236
印 装 者:三河市铭诚印务有限公司
经　　销:全国新华书店
开　　本:185mm×260mm　　印　　张:23.25　　字　　数:520 千字
版　　次:2024 年 6 月第 1 版　　　　　　印　　次:2024 年 6 月第 1 次印刷
印　　数:1～1500
定　　价:69.00 元

产品编号:090381-01

序
FOREWORD

　　我国电子信息产业占工业总体比重已经超过 10%。电子信息产业在工业经济中的支撑作用凸显，更加促进了信息化和工业化的高层次深度融合。随着移动互联网、云计算、物联网、大数据和石墨烯等新兴产业的爆发式增长，电子信息产业的发展呈现了新的特点，电子信息产业的人才培养面临着新的挑战。

　　（1）随着控制、通信、人机交互和网络互联等新兴电子信息技术的不断发展，传统工业设备融合了大量最新的电子信息技术，它们一起构成了庞大而复杂的系统，派生出大量新兴的电子信息技术应用需求。这些"系统级"的应用需求，迫切要求具有系统级设计能力的电子信息技术人才。

　　（2）电子信息系统设备的功能越来越复杂，系统的集成度越来越高。因此，要求未来的设计者应该具备更扎实的理论基础知识和更宽广的专业视野。未来电子信息系统的设计越来越要求软件和硬件的协同规划、协同设计和协同调试。

　　（3）新兴电子信息技术的发展依赖于半导体产业的不断推动，半导体厂商为设计者提供了越来越丰富的生态资源，系统集成厂商的全方位配合又加速了这种生态资源的进一步完善。半导体厂商和系统集成厂商所建立的这种生态系统，为未来的设计者提供了更加便捷却又必须依赖的设计资源。

　　教育部 2020 年颁布了新版《普通高等学校本科专业目录》，将电子信息类专业进行了整合，为各高校建立系统化的人才培养体系，培养具有扎实理论基础和宽广专业技能的、兼顾"基础"和"系统"的高层次电子信息人才给出了指引。

　　传统的电子信息学科专业课程体系呈现"自底向上"的特点，这种课程体系偏重对底层元器件的分析与设计，较少涉及系统级的集成与设计。近年来，国内很多高校对电子信息类专业课程体系进行了大力度的改革，这些改革顺应时代潮流，从系统集成的角度，更加科学合理地构建了课程体系。

　　为了进一步提高普通高校电子信息类专业教育与教学质量，推动教育与教学高质量发展，教育部高等学校电子信息类专业教学指导委员会开展了"高等学校电子信息类专业课程体系"的立项研究工作，并启动了"高等学校电子信息类专业系列教材"（教育部高等学校电子信息类专业教学指导委员会规划教材）的建设工作。其目的是推进高等教育内涵式发展，提高教学水平，满足高等学校对电子信息类专业人才培养、教学改革与课程改革的需要。

　　本系列教材定位于高等学校电子信息类专业的专业课程，适用于电子信息类的电子信息工程、电子科学与技术、通信工程、微电子科学与工程、光电信息科学与工程、信息工程及其相近专业。经过编审委员会与众多高校多次沟通，初步拟定分批次建设约 100 门核心课程教材。本系列教材将力求在保证基础的前提下，突出技术的先进性和科学的前沿性，体现创新教学和工程实践教学；将重视系统集成思想在教学中的体现，鼓励推陈出新，采用"自顶向下"的方法编写教材；将注重反映优秀的教学改革成果，推广优秀的教学经验与理念。

为了保证本系列教材的科学性、系统性及编写质量，本系列教材设立顾问委员会及编审委员会。顾问委员会由教指委高级顾问、特约高级顾问和国家级教学名师担任，编审委员会由教育部高等学校电子信息类专业教学指导委员会委员和一线教学名师组成。同时，清华大学出版社为本系列教材配置优秀的编辑团队，力求高水准出版。本系列教材的建设，不仅有众多高校教师参与，也有大量知名的电子信息类企业支持。在此，谨向参与本系列教材策划、组织、编写与出版的广大教师、企业代表及出版人员致以诚挚的感谢，并殷切希望本系列教材在我国高等学校电子信息类专业人才培养与课程体系建设中发挥切实的作用。

吕志伟 教授

前　言
PREFACE

现代通信、微电子、计算机、多媒体、网络技术的迅猛发展，推动着数字信号处理理论和实践的快速进步，并逐步走出通信技术、电子工程、雷达声呐等领域，在自动控制、电气工程、仪器测量、生物医学、机械工程、航空航天、消费电子、机器人工程等领域得到了广泛的应用，推动着它们的快速发展和进步；与此同时，这些领域为数字信号处理技术提供了广阔的应用背景，促使科学研究和工程技术人员不断地提出新理论、新方法、新技术，推动着数字信号处理技术可持续、健康、高速的发展。

数字信号处理技术也得到了国内外理工科高等院校的普遍重视。为了满足学科发展与专业建设的需求，很多高校面向高年级本科生或低年级硕士生，以选修或必修方式开设了"数字信号处理"课程，在普及数字信号处理技术的同时，对授课内容和教学方法进行了系统的探索。虽然国内出版了多部高质量的"数字信号处理"教材，但是对优化教学内容、提高教学效率、提升学习效果、培养创新能力的追求永无止境，作者非常希望能够为"数字信号处理"课程的教学工作做出有益的探索与实践。

作者长期从事数字信号处理技术及其相关领域的教学和科研工作，为本科学生讲授"数字信号处理"课程近二十年，非常愿意将教学经验、教学成果和教学方法分享给读者，并相信本书能够成为开启数字信号处理大门之钥——既可以作为高年级本科生或低年级硕士研究生教材，又可以作为科研工作者或工程技术人员的自学参考书。如果读者朋友们有良好的高等数学、线性代数、复变函数等数学知识，以及电路分析、电子技术、信号与系统/自动控制原理等基础知识，则对深入理解和掌握本书内容大有裨益。

本书侧重讲述经典数字信号处理的基本概念、基本原理、基本方法和典型应用，主要包括离散时间信号与系统、离散时间傅里叶变换、信号采样和重构、z 变换及其反变换、线性时不变系统变换域分析、离散傅里叶变换、快速傅里叶变换、离散时间系统结构、数字滤波器设计和数字信号频域分析等内容。本书内容主题分明、循序渐进，既便于读者掌握知识体系，又便于教师选择教学内容，还便于工程技术人员参考借鉴。此外，本书提供了大量的课后习题和仿真作业，以供读者开展课后练习和实验实践。

作者努力追求结构严谨、论述清晰、重点突出、图表规范、实用性强、可读性好，并提供教学课件、程序代码等丰富的教学和自学资源。在本书的撰写过程中，作者参考了兄弟院校的授课教材或教辅材料，同时得到了国内同行和所在单位的大力支持，他们对本书内容提出了很多宝贵意见和无私帮助，受篇幅限制不再逐一列出。清华大学出版社盛东亮老师、钟志芳老师也为本书的出版提供了热情的支持和指导。在本书付梓之际，作者谨向为本书出版做出贡献的单位和个人表示衷心的感谢！

　　由于作者学识有限和时间紧张等因素，本书难免存在疏漏或不妥之处，恳请读者朋友们理解和指正。

作　者

2024 年 3 月

知识结构
CONTENT STRUCTURE

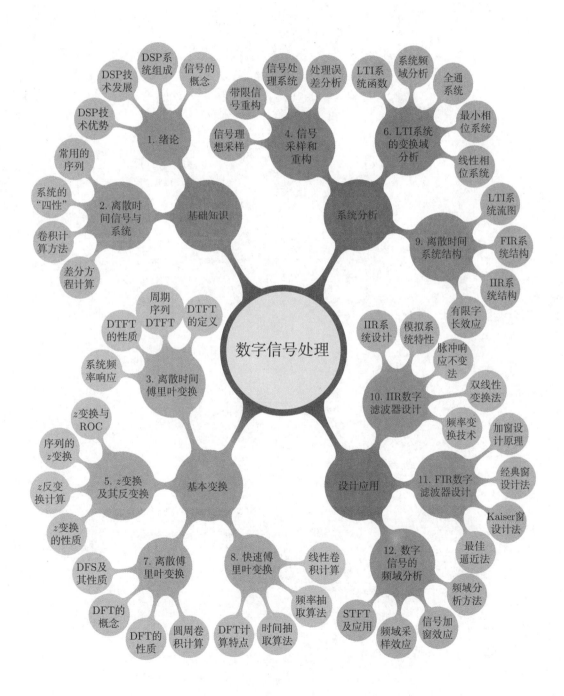

符号说明
SYMBOL DESCRIPTION

1. 运算符号

符 号	意 义
$\sum$	求和运算
$\prod$	乘积运算
$*$	线性卷积
$\circledast$	圆周卷积
$\mathrm{Re}(\cdot)$	复数的实部
$\mathrm{Im}(\cdot)$	复数的虚部
$\lvert \cdot \rvert$	复数的模值
$\angle \cdot$	复数的相角
$\arg(\cdot)$	复数的相位
$\mathrm{Arg}(\cdot)$	相位的主值
$\mathrm{T}(\cdot)$	变换或映射
$\mathcal{F}(\cdot)$	傅里叶变换
$\mathcal{F}^{-1}(\cdot)$	傅里叶反变换
$\mathcal{Z}(\cdot)$	z 变换
$\mathcal{Z}^{-1}(\cdot)$	z 反变换
$\mathrm{CTFT}(\cdot)$	连续时间傅里叶变换
$\mathrm{ICTFT}(\cdot)$	连续时间傅里叶反变换
$\mathrm{DTFT}(\cdot)$	离散时间傅里叶变换
$\mathrm{IDTFT}(\cdot)$	离散时间傅里叶反变换
$\mathrm{FFT}(\cdot)$	快速傅里叶变换
$\mathrm{IFFT}(\cdot)$	快速傅里叶反变换
$\mathrm{STFT}(\cdot)$	短时傅里叶变换

2. 常用函数

符 号	意 义
$x[n]$	输入序列
$y[n]$	输出序列
$h[n]$	单位脉冲响应
$w[n]$	窗口序列
$e[n]$	量化误差序列
$X[k]$	$x[n]$ 的 DFT
$\tilde{x}[n]$	时域周期序列
$\tilde{X}[k]$	频域周期序列
$\delta[n]$	单位脉冲序列
$u[n]$	单位阶跃序列
$x_c(t)$	连续时间信号
$x_s(t)$	理想采样信号
$y_r(t)$	插值重构信号
$X(e^{j\omega})$	$x[n]$ 的 DTFT
$X_c(j\Omega)$	$x_c(t)$ 的 CTFT

3. 变量符号

符 号	意 义	单 位
$\mathbb{R}$	实数域	
$\mathbb{C}$	复数域	
$\mathbb{Z}$	整数域	
$[\cdot]$	离散变量	
$(\cdot)$	连续变量	
$\boldsymbol{B}$	分母多项式的系数向量	
$\boldsymbol{A}$	分子多项式的系数向量	
f	实际频率	赫兹（Hz）
Ω	模拟频率	弧度/秒（rad/s）
ω	数字频率	弧度（rad）
T	采样周期	秒（s）
F_s	采样频率（赫兹形式）	赫兹（Hz）

续表

符　号	意　义	单　位
Ω_s	采样频率（弧度形式）	弧度/秒（rad/s）
Δf	模拟频率分辨率（赫兹形式）	赫兹（Hz）
$\Delta \Omega$	模拟频率分辨率（弧度形式）	弧度/秒（rad/s）
$\Delta \omega$	数字频率分辨率	弧度（rad）
Ω_c	模拟滤波器的截止频率	弧度/秒（rad/s）
Ω_p	模拟滤波器的通带截止频率	弧度/秒（rad/s）
Ω_s	模拟滤波器的阻带截止频率	弧度/秒（rad/s）
ω_c	数字滤波器的截止频率	弧度（rad）
ω_p	数字滤波器的通带截止频率	弧度（rad）
ω_s	数字滤波器的阻带截止频率	弧度（rad）
δ_p	数字滤波器的通带波纹幅度	无单位（归一化值）
δ_s	数字滤波器的阻带波纹幅度	无单位（归一化值）

目 录
CONTENTS

教学建议
SUGGESTIONS

教 学 内 容	学习要点及教学要求	课 时 安 排	
		全部讲授	部分讲授
第1章 绪论	(1) 理解信号和信息的概念及其区别，掌握数字信号的描述和分类方法； (2) 掌握数字信号处理系统的基本结构，了解数字信号处理系统的实现方法； (3) 了解数字信号处理技术的发展历程、主要应用、技术优势以及局限性	1~2	1
第2章 离散时间信号与系统	(1) 掌握典型序列及其数学表示，掌握序列运算方法以及任意序列的数学表示； (2) 掌握离散时间系统的概念，以及线性、时不变性、因果性和稳定性的判别方法； (3) 掌握线性时不变系统和卷积计算方法，理解线性时不变系统的主要特性； (4) 掌握线性常系数差分方程的概念，掌握递归和非递归差分方程的计算方法	4~6	4
第3章 离散时间傅里叶变换	(1) 掌握离散时间傅里叶变换的定义，理解一致收敛条件和均方收敛条件； (2) 掌握复指数和正弦序列的频谱特性，以及单位脉冲及其衍生序列的频谱特点； (3) 掌握离散时间傅里叶变换的主要性质，理解时域和频域的对称和对偶关系； (4) 掌握线性时不变系统的频率响应的概念，以及典型数字滤波器的频率特性	4~6	4
第4章 信号采样和重构	(1) 理解连续时间信号的采样过程，掌握频谱周期延拓原理和时域采样定理； (2) 掌握带限信号的插值重构过程，掌握插值函数特点及其描述方法； (3) 掌握连续时间信号的离散时间系统的体系结构及其数学描述方法； (4) 理解量化误差的产生原因，理解 A/D 量化误差和 D/A 转换误差的主要影响	4~6	4

教 学 内 容	学习要点及教学要求	课 时 安 排	
		全部讲授	部分讲授
第 5 章 z 变换及其反变换	(1) 掌握 z 变换与 DTFT 的关系，理解 z 变换的收敛性，理解有理函数的零点和极点； (2) 掌握四种（有限长、右边、左边、双边）典型序列的 z 变换及其收敛域的计算方法； (3) 了解围线积分法和幂级数展开法，掌握部分分式展开法，掌握 z 变换的主要性质	4~6	4
第 6 章 LTI 系统的变换域分析	(1) 掌握 LTI 系统的系统函数表示方法，掌握系统因果性和稳定性的判定方法； (2) 掌握 LTI 系统频率响应的概念，以及幅度响应、相位响应和群延时的计算方法； (3) 掌握全通系统的基本概念和零极点的分布特点，掌握全通系统的典型性质； (4) 掌握最小相位系统的基本概念和典型性质；掌握最小相位和全通分解定理； (5) 掌握线性相位系统的基本概念、单位脉冲响应特点和零点分布特点	6~8	6
第 7 章 离散傅里叶变换	(1) 掌握离散傅里叶级数（DFS）的基本概念、表示方法和主要性质； (2) 掌握离散傅里叶变换（DFT）的基本概念、主要性质以及与其他变换的关系； (3) 掌握圆周卷积和线性卷积的内在联系，以及利用 DFT 计算圆周卷积的方法	4~6	4
第 8 章 快速傅里叶变换	(1) 了解离散傅里叶变换的计算量分析方法，理解降低计算量的主要途径； (2) 掌握按时间抽取和按频率抽取的基-2 的 FFT 算法，掌握 FFT 的计算流图； (3) 理解蝶形运算、原位运算、码位倒序等方法，以及 IFFT 的计算方法； (4) 了解线性卷积的计算量分析方法，理解重叠相加法和重叠保留法的实现过程	2~4	2
第 9 章 离散时间系统结构	(1) 理解实现信号流图的基本单元，理解信号流图和其他系统表示方法的联系； (2) 掌握 FIR 系统的横截型、级联型和线性相位结构； (3) 掌握 IIR 系统的横截型、级联型和并联型结构，理解 IIR 系统的转置型结构； (4) 了解有理函数的系数量化效应和运算量化效应，了解零输入极限环现象	3~5	3

续表

教 学 内 容	学习要点及教学要求	课 时 安 排	
		全部讲授	部分讲授
第 10 章　IIR 数字滤波器设计	(1) 理解数字滤波器的设计指标，掌握 IIR 数字滤波器设计的基本流程； (2) 了解典型模拟滤波器（巴特沃思、切比雪夫 I 型/II 型、椭圆滤波器）的技术性能； (3) 掌握基于脉冲响应不变法设计 IIR 数字滤波器的基本原理、设计流程和技术特点； (4) 掌握基于双线性变换法设计 IIR 数字滤波器的基本原理、设计流程和技术优势； (5) 掌握模拟域频率变换和数字域频率变换的基本原理、主要特点和典型应用	6~8	6
第 11 章　FIR 数字滤波器设计	(1) 理解基于加窗方法设计 FIR 数字滤波器的原理，以及窗口序列对设计结果的影响； (2) 理解经典型窗口序列的典型特性，掌握基于经典窗设计 FIR 数字滤波器的方法； (3) 理解影响 Kaiser 窗口特性的基本规律，掌握 Kaiser 窗函数设计 FIR 数字滤波器的方法； (4) 了解基于最佳逼近原理的 FIR 数字滤波器的基本设计思想和设计过程	4~6	4
第 12 章　数字信号的频域分析	(1) 掌握连续时间信号分析系统的基本结构和误差来源，以及各模块间的频率关系； (2) 掌握正弦序列分析中的时域加窗效应，以及对分析结果的具体影响； (3) 掌握数字信号正弦序列分析中的频域采样效应，理解时域补零运算和过采样的影响； (4) 理解傅里叶分析的局限性，掌握短时傅里叶变换的基本概念和实现方法	6~8	6

第 1 章

绪　论

博学之，审问之，慎思之，明辨之，笃行之。

——战国·《中庸》

自 20 世纪 60 年代以来，随着微电子、通信、计算机和多媒体等技术的快速发展，数字信号处理（Digital Signal Processing，DSP）技术在理论研究和工程实践中取得了显著的进步。数字信号处理技术指利用通用计算机或专用处理设备，采用数值计算方式，对数字信号进行信息加工，其中包括采集、变换、分析、综合、估计和识别等，以达到提取有效信息和方便应用的目的。数字信号处理技术已经广泛用于雷达信号、导航声呐、无线网络、自动控制、电力电子、生物医学、消费电子、智能交通、遥感遥测、航空航天、军事装备等几乎所有的科学研究和工程技术领域，并渗透到日常工作和生产生活的方方面面，是影响现代的社会、经济、科学、技术、文化和国防等领域发展的重要技术之一。

1.1　信号的概念和分类

1.1.1　信号和信息

信号和信息是数字信号处理技术的基本概念。简单地说，信号是信息的载体，信息是信号的内容。信息不能脱离信号而孤立存在，始终与其物理载体（信号）密切联系。例如，万里长城是我国古代伟大的军事防御工程，如图 1-1（a）所示，它以城墙为主体设置了大量的烽火台（烽燧），通过白天燃烟、夜间点火和台-台接力等形式传递军事信息，此时可以将烽烟或火光看作实际信号，通过烽烟类型和点燃次数等反映敌情信息。史学巨著《汉书》中记载了"苏武牧羊"的故事，如图 1-1（b）所示，苏武在北海（今贝加尔湖）持汉节杖牧羊，通过"鸿雁传书"方式向西汉王朝传递被匈奴囚禁的信息，此时可以将书信看作信号，将书信内容视为信息。再如，图 1-2（a）所示的语音信号是日常交流的信息载体，图 1-2（b）所示的心电图信号（ECG）是临床医生了解患者心脏状态的信息载体，等等。

人们遇到的很多信号是自然信号，根据物理性质的不同，可以分为电、磁、声、光、热、生物和机械等类型。信号是不同类型信息的实际载体，信息只有被表示成信号才能够进行传输、处理、显示和使用。在现代社会广泛使用的信息高速公路——全球互联网上，每时每刻都传输文本、语音、图像、图形和视频等各种信号，它们的具体内容是被传递的信息。随着科学技术（信息处理、建模仿真和虚拟现实等）的快速发展，人工合成或模拟仿真产生的人工信号越来越普遍。例如，在消费电子领域存在着大量利用现代信号处理、高性能计算和仿真技术合成的语音、图像、图形和视频信号，它们承载着不同类型媒体下的信息传递功能。信号来源的多样性和传递方式的差异化，使现代社会生活绚烂多彩。

（a）万里长城——烽火台　　　　　　　　　　（b）苏武牧羊——鸿雁传书

图 1-1　　典型信息的传递方式

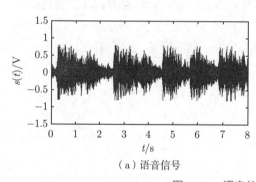 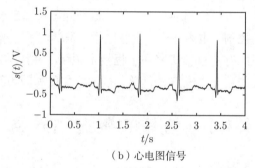

（a）语音信号　　　　　　　　　　　　　　（b）心电图信号

图 1-2　　语音信号和心电图信号

在物理上可以将信号描述成随着时间或空间变化的物理量，在数学上可以将信号定义为单个或多个自变量的函数，自变量或函数值可以是实数或复数，也可以是标量或向量。例如，语音信号 $s(t)$ 是一维的，如图 1-2（a）所示，它的强度值是关于时间变量 t 的函数。灰度图像 $s(x,y)$ 是二维的，每个像素值（亮度值）是关于坐标 x 和 y 的函数。彩色图像由红、绿、蓝三个单色图像合成得到，如图 1-3 所示，它们可以用形如 $r(x,y)$、$g(x,y)$ 和 $b(x,y)$ 三个强度函数来描述。彩色电视信号可以用形如 $r(x,y,t)$、$g(x,y,t)$ 和 $b(x,y,t)$ 三个强度函数描述，它们分别代表了红、绿、蓝三种色调关于时间变量 t 的函数，因此可以用向量 $s(x,y,t) = [r(x,y,t),g(x,y,t),b(x,y,t)]^{\mathrm{T}}$ 表示彩色电视信号（或视频信号），等等。

信号的函数表示方法给出了信号本身与自变量的依赖关系。例如，$s(t) = \sin(2\pi f_0 t)$ 描述了一维信号 $s(t)$ 随着时间变量 t 的正弦变化关系，$s(x,y) = 3x^2 + 2xy + 10y^2$ 描述了二维信号 $s(x,y)$ 随着自变量 x 和 y 的椭圆变换关系。将复杂函数表示成简单函数的组合形式，已经广泛用于信号表示和分析过程。例如，实测信号 $x(t)$ 可以表示成真实信号 $s(t)$ 和噪声分量 $n(t)$ 的简单叠加，即 $x(t) = s(t) + n(t)$；语音信号 $s(t)$ 可以表示成正弦函数的线性组合，即 $s(t) = \sum_{i=1}^{N} A_i(t) \sin[2\pi F_i(t)t + \theta_i(t)]$，其中 $A_i(t)$，$F_i(t)$ 和 $\theta_i(t)$ 分别是第 i 个分量的幅度、频率和初相位。特别地，并非所有的信号都有明确的函数表达式，或者因函数关系未知而无法进行数学描述，或者因函数关系过于复杂而失去表示价值。

  （a）原始图像   （b）红色分量   （c）绿色分量   （d）蓝色分量

图 1-3 原始彩色图像及其三个颜色分量

  将信号定义为信息的载体（即携带信息的函数）有利于信息提取和信息处理，主要包括两个层面：描述信号的数学方法和提取信息的数值运算。既可以在原始域（时域或空间域）中表示信号，又可以在变换域（频域或复频域）中表示信号。例如，语音信号的波形和频谱，如图 1-4 所示，它们仅仅是同一信号的不同表示方式而已。同理，既可以在原始域中提取信息，又可以在变换域中提取信息。通常，在变换域中加工信号更容易利用携带信息的固有性质。例如，在音频信号降噪时，使用频域方法的效果更加显著。无论选择何种信息提取和加工方法，都取决于信号的类型和信息的性质。一维语音信号 $s(t)$ 和二维图像信号 $s(x,y)$ 截然不同，导致它们的数学表示形式和信息提取方法大相径庭。

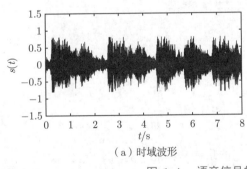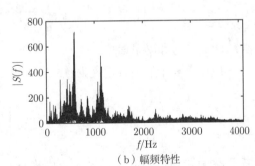

    （a）时域波形   （b）幅频特性

图 1-4 语音信号的时域和频域表示方法

  在科学研究和工程技术领域，可以认为实际信号来自单个或多个信息源（单个传感器或传感器阵列）。虽然实际信号的自变量可能不是时间（或空间），但是使用时间（或空间）作为自变量或赋予自变量的时间（或空间）含义，能够使信号分析和处理过程有明确的物理意义。虽然信号的维度直接影响着表示方法和运算方式，但是在特定的约束条件下，可以将低维信号的基本概念、基本原理和分析方法拓展到高维信号。例如，将一维信号的傅里叶分析拓展到二维信号的傅里叶分析。本书主要讨论一维实值或复值信号，它们都可以表示成单个自变量（已赋予时间含义）的函数。

1.1.2 信号的分类

信号作为信息的载体，它的分类标准和方法有很多，下面给出几种常见的分类方法。

1. 周期信号和非周期信号

如果一维信号 $s(t)$ 满足条件

$$s(t) = s(t + kT_0), \quad -\infty < t < \infty \tag{1-1}$$

其中：$k \in \mathbb{Z}$ 且 $T_0 \in \mathbb{R}^+$，则称 $s(t)$ 为周期信号，称最小的 T_0 值为 $s(t)$ 的一个"周期"。如果 $s(t)$ 不满足式(1-1)给出的条件，则称 $s(t)$ 为非周期信号。特别注意，周期信号的定义区间是 $(-\infty, +\infty)$。例如，定义在区间 $(-\infty, +\infty)$ 的信号 $s(t) = \cos(2\pi F_0 t)$（F_0 为频率）是周期信号，而定义在区间 $[0, T_0]$（$T_0 = 1/F_0$）的信号 $s_0(t) = \cos(2\pi F_0 t)$ 仅为 $s(t)$ 的一个周期，它是非周期信号。正弦信号及其单个周期如图 1-5 所示。

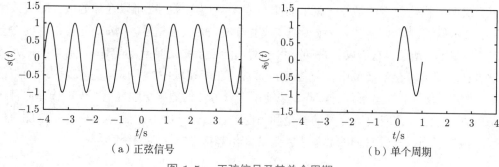

（a）正弦信号   （b）单个周期

图 1-5   正弦信号及其单个周期

2. 能量信号和功率信号

一维信号 $s(t)$ 的能量定义为

$$E = \lim_{T \to \infty} \int_{-T/2}^{T/2} |s(t)|^2 \mathrm{d}t \tag{1-2}$$

如果 E 为有限值，即 $0 \leqslant E < \infty$，则称 $s(t)$ 为能量信号；$s(t)$ 的功率定义为

$$P = \lim_{T \to \infty} \frac{1}{T} \int_{-T/2}^{T/2} |s(t)|^2 \mathrm{d}t \tag{1-3}$$

如果 P 是有限的，即 $0 < P < \infty$，则称 $s(t)$ 为功率信号。根据式(1-2)和式(1-3)可知，周期信号的能量为无穷大、功率为有限值，因此它是功率信号；平方可积分信号的能量为有限值、功率为零，因此它是能量信号。

3. 确定信号和随机信号

如果能够精准地确定信号 $s(t)$ 在任何时刻的取值，则称 $s(t)$ 为确定信号。根据描述确定信号的数学表达式、数值列表或预定规则，可以准确地计算过去、现在或将来的信号值，而没有任何的不确定性。确定信号包括正弦信号、指数信号和对数信号等，典型实例如图 1-6（a）所示。如果在任何时刻都无法精准地给出信号 $s(t)$ 的取值，则称 $s(t)$ 为随机信号。通常，无法用数学公式将随机信号的取值表示到合理的精度，或者因表示方式过于复杂而失去价值。随机信号包括随机噪声、地震信号和语音信号等，典型实例如图 1-6（b）所示。确定信号和随机信号的表示方式和分析方法截然不同，概率论和随机过程为随机信号分析提供了数学工具。受篇幅限制，本书仅讨论确定信号的分析和处理。

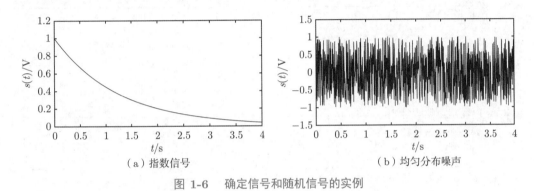

（a）指数信号　　　　　　　　　　　（b）均匀分布噪声

图 1-6　　确定信号和随机信号的实例

1.1.3　连续信号和离散信号

根据描述信号的自变量和函数值是否连续（具有连续或离散性质），可以将信号划分为不同的类型。如果自变量是连续的，即在任意时刻都有定义，则称该信号为连续时间信号。如果自变量是离散的，即仅在离散时刻上有定义，则称该信号为离散时间信号。同理，如果函数值是连续的，即取值精度为无限高，则称该信号为连续幅值信号。如果函数值是离散的，即取值精度为有限值，则称该信号为离散幅值信号。因此，根据自变量和函数值的连续性或离散性的不同组合可以将信号划分为四种类型，典型的实例如图 1-7 所示。

根据图 1-7 可知：①时间连续-幅值连续信号是在时间和幅值上都连续的信号，又称为模拟信号，通常用小写字母、下标 c 或 a 和圆括号表示，如 $x_c(t)$；②时间连续-幅值离散信号是在时间上连续、幅值上离散的信号，它的表示方法与连续时间信号（模拟信号）相同；③时间离散-幅值连续信号是在时间上离散、幅值上达到任意精度的信号，又称为离散时间信号，通常用小写字母和方括号表示，如 $x[n]$；④时间离散-幅值离散信号是在时间上离散、幅值上精度有限的信号，又称为数字信号，它的表示方法与离散时间信号相同。

通常认为离散时间信号是对连续时间信号进行等间隔采样的结果，数字信号是对离散时间信号进行二进制量化运算的结果，即用有限位数（如 $N_b = 8, 12, 14, 16, 24, 32$ 等）的二进制数，以量化编码方式近似地表示离散时间信号，如图 1-7（c）和图 1-7（d）所示。例如，当二进制量化编码位数 $N_b = 10$ 时，有 $2^{N_b} = 2^{10} = 1024$ 个量化层，相邻层的量化间隔为 $2^{-N_b} = 2^{-10} = 1/1024$。如果实际信号的电压为 $0 \sim 5$ V，则量化间隔为 $5/1024$ V $= 4.88 \times 10^{-3}$ V。

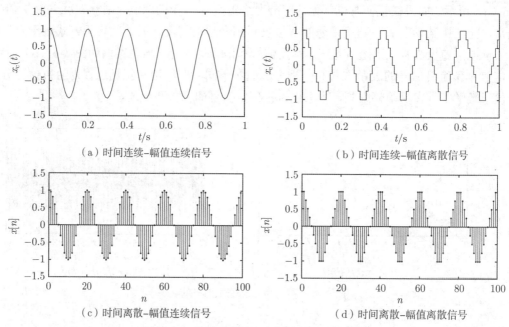

（a）时间连续–幅值连续信号　　　　（b）时间连续–幅值离散信号

（c）时间离散–幅值连续信号　　　　（d）时间离散–幅值离散信号

图 1-7　根据连续性和离散性标准划分信号

如果离散时间信号的幅值为 $x[n]$，经过 N_b 位数量化编码的结果为 $x_Q[n] = Q(x[n])$，则将离散时间信号转换为数字信号的量化误差为 $e[n] = x[n] - x_Q[n]$。当 $N_b = 2$ 和 $N_b = 4$ 时，对图 1-7（c）所示的正弦信号进行量化编码，产生的量化误差 $e[n]$ 如图 1-8 所示。可以看出，二进制位数 N_b 值越大，量化误差 $e[n]$ 越小。特别地，如果不考虑量化误差的影响，则离散时间信号等同于数字信号。本书重点讨论数字信号分析和处理的共性方法，除非特殊说明，将不考虑量化误差的影响，即不再区分离散时间信号和数字信号。

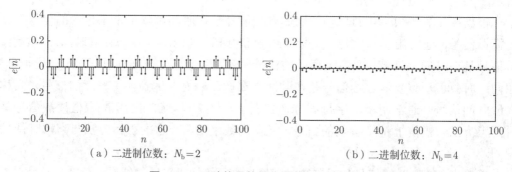

（a）二进制位数：$N_b = 2$　　　　（b）二进制位数：$N_b = 4$

图 1-8　正弦信号的量化误差 $e[n]$ 实例

1.2 数字信号处理系统

数字信号是以符号或数值方式表示的离散时间序列，很容易被复制、存储、传输、分析和处理。在信号处理领域，将系统定义为对信号执行某种操作（处理或变换）的设备或程序。如果信号通过系统并产生有利的输出，则称系统对信号进行了加工或处理。例如，用于噪声抑制的滤波器系统，可以输出信噪比更高的语音信号。通常，既可以用系统执行的操作性质来表征系统（例如，如果系统对信号的操作是线性的，则称该系统为线性系统），又可以用系统处理信号的类型来表征系统（例如，连续时间系统处理连续时间信号，离散时间系统处理离散时间信号）。本书主要讨论数字信号处理系统，它的输入和输出都是数字信号。

1.2.1 系统组成

在科学研究和工程技术中遇到的绝大多数信号是模拟信号，如语音信号、生物信号、地震信号、雷达信号、声呐信号和振动信号等。使用模拟信号处理系统分析和处理自变量与函数值都连续的模拟信号，可以得到信号特征或提取有用信息。从概念角度来看，要使用数字信号处理系统实现模拟信号处理系统的基本功能，首先要将原始模拟信号转换为数字信号；然后将数字信号送入数字信号处理系统（如数字滤波器），得到符合特定要求的数字信号；最后利用平滑滤波方法，将数字信号转换为系统输出的模拟信号。虽然上述过程中引入了数字信号处理系统，但是从输入和输出角度看，整个系统仍然为模拟信号处理系统。因此，基于上述思想构成的系统为模拟信号的数字处理系统，它的系统结构如图 1-9 所示。

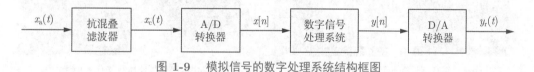

图 1-9 模拟信号的数字处理系统结构框图

在图 1-9 所示的模拟信号的数字处理系统中，首先将待处理的模拟信号 $x_a(t)$ 送入有防止频谱混叠功能的模拟低通滤波器，抑制 $x_a(t)$ 中可能导致频谱混叠失真的高频分量；然后将抗混叠滤波后的信号 $x_c(t)$ 送入模拟/数字转换器（A/D 转换器），将 $x_c(t)$ 转换为时间离散、精度有限的数字信号 $x[n]$；其后将 $x[n]$ 送入数字信号处理系统——专用数字信号处理设备或通用数字计算机（如 PC），经过精度有限的数值计算得到符合要求的数字信号 $y[n]$；最后将 $y[n]$ 送入数字/模拟转换器（D/A 转换器），通常 D/A 转换器是有平滑作用的低通滤波器，它将重构出波形光滑的模拟信号 $y_r(t)$ 作为系统输出。由于整个系统的输入 $x_a(t)$ 和输出 $y_r(t)$ 都是模拟信号，因此图 1-9 所示的系统在本质上是模拟信号处理系统。

将模拟信号 $x_c(t)$ 转换为数字信号 $x[n]$ 的 A/D 转换器包括采样保持和量化编码两部分：前者既要对模拟信号进行等间隔地抽样，又要将抽样值保持足够长时间（完成量化编码操作）；后者对采样保持信号的连续幅值进行量化处理，形成二进制编码的数字信号 $x[n]$。将数字信号 $y[n]$ 转换为模拟信号 $y_r(t)$ 的 D/A 转换器包括解码保持和平滑滤波两部分：前

者对 $y[n]$ 的二进制解码和零阶保持操作，并输出阶梯型的连续时间信号；后者对阶梯型信号进行模拟低通滤波，重构时间和幅值连续的模拟信号 $y_\mathrm{r}(t)$。

A/D 转换器和 D/A 转换器实现了模拟信号和数字信号之间的相互转换，它们的技术指标直接影响着系统整体性能。前者的技术指标包括量化位数、量化线性度和采样频率等；后者的技术指标包括分辨率、稳定时间和线性误差等。虽然 A/D 转换器和 D/A 转换器在工程应用中面临很多实际问题，但是超出本书的论述范围。除非特殊说明，否则总是假定 A/D 转换器和 D/A 转换器为理想器件，即它们在信号转换过程中不产生任何误差。有关它们的量化误差问题，将在"有限字长效应"等章节单独讨论。

1.2.2　实现方法

数字信号处理围绕着理论、实现和应用等方面发展，是理论和实践并重的应用技术，它的内涵非常丰富，包括滤波、变换、增强、复原、检测、估计、压缩、扩展、分析、综合和识别等信号加工过程，核心目标是提取有用信息以便快捷应用。虽然经典数字信号处理的基础理论完善、实现方法多样且应用范围广泛，但是用于科学研究或工程实践时，由于实际需求或任务性质不同，导致数字信号处理系统的实现方法差异很大。可以将数字信号处理系统的实现方法划分两类：软件实现方法和硬件实现技术，它们对应着通用数字计算机及计算软件构成的软件实现平台，以及专用数字信号处理器及其嵌入算法构成的硬件实现平台，分别如图 1-10（a）和图 1-10（b）所示。

（a）通用数字计算机及MATLAB 软件　　　　　　（b）数字信号处理器及专用处理设备

图 1-10　数字信号处理系统的软件和硬件实现方法

数字信号处理系统的软件实现方法是指在通用数字计算机上，以软件或程序定制数值运算方式实现数字信号处理功能。通常，软件实现方法的速度较慢且难以实时实现，主要用于科学研究和教学活动。例如，对现场采集的数字信号进行离线分析或事后处理、数字信号处理产品开发前期的算法仿真等。用户可以选择合适的开发工具（如 Visual C++/Python 等），自行编写数字信号处理软件，或利用成熟的软件包实现数字信号处理功能，或基于开源软件包开发满足特定要求的专用软件。目前国内外的科研机构及高等院校，基于数字信号处理的基础理论和典型应用，推出了各式各样的开源程序或应用软件包，部分教材发行网站或开源程序网站提供了大量样例或代码，非常有助于知识学习和初步应用。

商业化软件 MATLAB 的功能强大且普及率高，它提供了数字信号处理工具箱（Toolbox），以通用函数形式实现了经典数字信号处理技术的几乎所有功能，包括数字信号生成、数字信号变换、数字系统分析、数字滤波器设计、模拟滤波器设计、数字滤波器实现、线性系统变换、多采样率信号处理、随机信号处理、谱估计与倒谱分析和参数建模与线性预测等。此外，MATLAB 还提供了若干个图形用户接口，包括滤波器设计与分析工具（fdatool）、滤波器可视化工具（fvtool）、信号处理工具（sptool）和窗函数设计与分析工具（wintool）等。丰富的软件功能和良好的人机交互环境，为数字信号处理的理论学习、概念验证、算法仿真和应用验证等提供了诸多便利。

数字信号处理的硬件实现方法是指在专用数字信号处理设备上，以数字逻辑电路执行特定操作方式实现数字信号处理功能。目前，商业化数字信号处理器（DSP）日趋成熟，包括美国德州仪器公司（TI）的 TMS320 系列、Motorola 公司的 DSP56 系列和 AT&T 公司的 DSP16X 及 DSP32X 系列等。在 TI 公司的系列芯片中，C2000 系列主要面向工业控制领域，如三相电动机控制和高速变频器控制等，侧重保持芯片的低价位；C5000 系列主要面向通信技术领域，如便携式音频/视频产品、调制解调器和数字无线电等，侧重降低芯片的功耗；C6000 系列面向高速数字通信和图像处理领域，如信道估计、噪声估计、图像压缩和视频传输等，其中 C64XX 系列芯片的工作频率高达 1000MHz 以上。

利用数字信号处理器芯片及其外围数字电路，可以构成性能可靠、价格低廉的数字信号处理系统。由于系统核心硬件允许现场可编程操作，现场工程师或开发人员可以方便地修改硬件执行功能或嵌入式算法，为数字信号处理系统设计和实现提供了很大的灵活性。与此同时，与模拟信号处理系统相比，数字信号处理系统能够提供更强的计算能力、更高的计算精度和更短的开发时间，因此数字信号处理技术受到高度重视并得到迅猛发展。特别是多核芯技术、低功耗技术、现场可编程技术的广泛应用，以及芯片集成程度和系统工作频率的迅速提高，极大地拓展了数字信号处理硬件系统的应用范围，数字信号处理系统及相关产品的全球市场规模在 2017 年已经超过 13500 亿美元。

1.3　数字信号处理技术

国际学术界公认 J. W. Cooley 和 T. W. Tukey 在 1965 年提出的快速傅里叶变换（Fast Fourier Transform，FFT）算法，是数字信号处理作为崭新学科的开端，且为数字信号处理技术开辟了极其广阔的应用前景。经过世界各国学者和科研人员长达近 60 年的不懈努力，形成了独立、完整、系统和开放的数字信号处理体系，并围绕着理论、实现和应用三个方面发展、普及和使用。通过与众多学科的融合，数字信号处理已经成为理论和实践并重、深度影响现代科技和社会发展的重要学科之一。

1.3.1　学科概貌

数字信号处理技术的起源时间很早，16 世纪出现的经典数值分析技术，17 世纪牛顿提出的有限差分方法，18 世纪欧拉、伯努利、拉格朗日等建立的数值积分和内插方法，以及拉普拉斯等发展的 z 变换等，为数字信号前期处理打下了数学基础。19 世纪初傅里叶创立的傅里叶分析理论及其继承者的不断完善，为数字信号处理建立了概念体系。从 20 世纪 50

年代开始，随着采样技术和频谱效应受到重视以及 z 变换应用到工程领域，形成了比较完善的数字信号处理理论，但是连续时间信号处理仍然占主流地位。1965 年 J. W. Cooley 和 T. W. Tukey 提出的快速傅里叶变换算法是从理论研究到工程实现的重大转折，使数字信号处理的计算量降低了几个数量级，同时标志着数字信号处理作为独立学科的正式诞生。

数字信号处理技术与很多学科和领域有着密切的联系，数学分析、复变函数、矩阵理论、概率论、随机过程和数值分析等是其数学工具；网络理论、数字电子学、信号与系统等是其概念基础。一方面，数字信号处理与通信电子、雷达声呐、遥感遥测、航空航天、电力系统、自动控制、生物医学和地质勘探等传统领域渗透和融合，为它们的技术进步提供推动力量；另一方面，数字信号处理与人工智能、模式识别、数据科学、深度学习、移动通信、无线网络和自动驾驶等新兴技术密切联系，为它们的快速发展提供理论基础。总之，数字信号处理不但将经典理论作为自身发展的基础，而且将自身理论作为新兴技术的基础，它在现代科学技术发展中占有极其重要的地位。

数字信号处理的主要内容包括：①离散时间信号分析，包括时域与频域分析、各种变换及内在关系、信号特征及描述方法等；②数字信号采集技术，包括模/数与数/模转换、时域与频域采样、多抽样率理论、量化噪声分析等；③离散时间系统分析，包括系统描述方法、时域与变换域分析、频率响应特性等；④数字滤波器设计与实现，包括有限长和无限长单位脉冲响应数字滤波器设计与实现技术等；⑤信号处理的快速算法，包括快速傅里叶变换、快速线性卷积、快速相关计算等；⑥数字信号的建模方法，包括自回归模型、滑动平均模型、自回归滑动平均模型等；⑦谱分析理论与技术，包括信号估值理论、相关函数、功率谱估计等；⑧信号处理的特殊算法，包括同态处理、信号重建、奇异值分解、数字反卷积等；⑨数字信号处理系统的软件和硬件实现方法；⑩数字信号处理技术在科学研究和工程实践中的应用。此外，主要内容还包括自适应信号处理、信号压缩与解压缩等，这里不再赘述。

数字信号处理的研究对象包括确定信号与随机信号、时变信号与时不变信号、一维信号与多维信号、单通道信号与多通道信号等，且每类数字信号处理系统的基础理论、实现方法和具体应用差别很大。虽然数字信号处理围绕着基本原理、实现方法和应用技术三个方面发展，但是应用过程涉及相关领域的专业支持，且与其他学科融合时呈现专业化和个性化特点。数字信号处理的基本原理和实现方法相对独立，可以脱离具体学科的专业基础，是本书讨论的重点内容。总之，数字信号处理是与现代科技发展紧密联系、与其他学科相互融合，形成了内涵丰富且完整的学科体系，具有壮观、美好和可持续的发展前景。

1.3.2　应用领域

几乎所有的科学研究和工程技术领域都涉及信号分析和处理问题，数字信号处理的主要任务是针对复杂多样的背景条件，提取所需的信号或信号的特征，分析和解决科技领域的实际问题。数字信号处理的主要应用领域及其相关技术如下：

（1）通信技术：自适应差分脉码调制、自适应均衡、信道多路复用、调制解调设备、通信基站、移动电话、加密/解密、容错与纠错、回波消除、扩频通信和卫星通信等。

（2）消费电子：高清晰度数字电视、数字收音机、数字音频合成器、CD/VCD/DVD 播放机、智能电子玩具、电子游戏机、条码阅读器、电子留言板和固态应答机等。

（3）音频语音：语音合成、语音增强、语音辨识、语音压缩、语音邮件、讲者识别、语音翻译、数字录音和文本/语音转换等。

（4）图形图像：图像压缩、图像增强、图像变换、图像传输、图像分析、图像理解、同态处理、3D 数据计算、数字地图、动画技术、模式识别、计算机视觉和数字出版等。

（5）工业控制：打印机控制、电动机控制、飞行器控制、伺服控制、数字机床控制、3D 打印系统和计算机辅助制造等。

（6）仪器仪表：函数发生器、频谱分析仪、瞬态分析仪、地震信号处理器、模式匹配仪、采样示波器、波形发生器、锁相环跟踪器、数字电力仪表、数字万用表等。

（7）自动控制：机器人控制、激光打印机控制、电动机控制、电力系统监控、飞行器引擎控制和自动驾驶控制等。

（8）医疗卫生：超声波仪器、CT 扫描、核磁共振、助听设备、诊断设备、监护设备、健康助理、心电/脑电监测、远程医疗终端和 3D 组织重构等。

（9）现代军事：雷达信号处理、声呐信号处理、自适应波束形成、射频调制解调、阵列信号处理、自主导航与制导、全球定位系统、空中预警系统和航空航天测试系统等。

（10）通用技术：快速傅里叶变换、希尔伯特变换、小波/小波包分析、压缩感知理论、数字滤波器、自适应滤波、卷积与反卷积、自相关与互相关、数字波形生成和现代谱估计等。

由此可见，数字信号处理技术已经渗透到社会经济、工业交通、军事国防、航空航天、消费电子、科学研究和工程技术等各个领域，对现代生活和未来发展产生不可估量的影响。毋庸置疑，只要与计算机或数据打交道，就必然涉及数字信号处理技术。特别地，很多应用体验不是直接的，甚至没有引起使用者的注意。数字信号处理技术经常以潜移默化的形式存在，这是它区别于其他应用技术的显著特征。

1.3.3　技术优势

在科学研究和工程实践中遇到的实际信号几乎全是模拟信号，虽然使用模拟信号处理系统的概念直观，但是存在着受环境影响大、处理精度低、可靠性较低和灵活性差等问题。随着大规模集成电路和计算机技术的快速发展，使用通用计算机或专用处理器（设备）构建的数字信号处理系统日益普及，并展现无与伦比的技术优势，主要包括：

（1）计算精度高：模拟信号处理系统的精度主要取决于模拟电路，通常模拟元器件（电阻、电容和电感等）的精度很难达到 10^{-3} 以上，导致提升模拟信号系统处理性能非常困难。通过改变 A/D 转换器和 D/A 转换器的位数、数据存储器字长和数值运算方式（浮点/定点）等，数字信号处理系统很容易控制计算精度。例如，只要使用 14 位的有效字长，就可以达到 10^{-4} 以上的精度。针对高精度的技术要求，通常只能选择数字信号处理系统。

（2）灵活性强：以通用计算机或专用数字信号处理器为核心的数学信号处理系统，它的实际性能取决于运行的程序或系数的集合。只要重新修改软件或求解一组系数，并替换原有的程序或系数，即可完成系统参数的重新配置，获得崭新的数字信号处理系统。如果对模拟信号处理系统进行重新配置，则意味着重新设计模拟电路，并要进行系统测试和技术校验。因此，数字信号处理系统的实现方法更加简单、灵活和快捷。

（3）可靠性高：数字信号处理系统的构成基础是数字电路，它的信号电平表示只有"0"或"1"两种形式。数字电平的表示范围很宽，受电磁环境、温湿度和热噪声的影响很小，使执行数字信号处理运算或操作的可靠性很高。模拟电路组成元器件的工作电平是连续变化的，且有特定的温度系数，极易受到各种环境因素的影响。特别地，如果采用大规模集成电路实现数字电路，则数字信号处理系统将有更高的可靠性。

（4）容易集成：模拟信号处理系统的组成元器件（电阻、电容、电感等）的体积和重量较大且精度较低，很难在有限空间内实现高度的集成，在构建低频信号处理系统（几赫兹到几十赫兹）时更是如此。构成数字信号处理系统的基本器件（与非门、寄存器和存储器等）具有高度的一致性和规范性，且对电路参数要求较低，非常容易实现大规模甚至超大规模集成电路，且成品率和稳定性很高加之使用寿命很长。

（5）高维处理：利用大容量存储单元和精确数值计算能力，数字信号处理系统既可以存储高分辨率图像、视频序列或其他高维数字信号，又可以在线或离线地进行高维数字信号处理，包括二维空间滤波、空间谱分析、视频内容理解、三维图像重构等。对于模拟信号处理系统而言，实现二维信号处理需要结构复杂、体积庞大、造价高昂和可靠性差的大型设备，如果实现高维的模拟信号处理系统则更加困难。

（6）性能优越：利用数字信号处理系统的计算能力，可以提高分析和处理结果的技术指标。例如，受频带范围限制的模拟频谱仪，只能进行 10 Hz 以上的频率分析，且很难获得高分辨率的分析结果。如果采用数字频谱分析仪，则可以进行 10^{-3} Hz 以下的频率分析，并获得高分辨率的分析结果。再如，使用模拟滤波器获得线性相位非常困难，而使用有限长单位脉冲响应（FIR）数字滤波器很容易获得严格的线性相位。

（7）价格低廉：由于数字信号可以实现无失真复制、大容量存储和高效网络传输，因此可以将物美价廉的通用计算机转换为性能优良的数字信号处理设备，通过改变数值计算程序实现复杂的数字信号处理操作。与此同时，大规模及超大规模集成电路的蓬勃发展，存储器、寄存器和微处理器等电子器件的单位成本大幅降低，专用数字信号处理设备的开发成本逐年下降，高性能数字信号处理系统得到日益普及。

虽然数字信号处理系统有着先天的优势，但是存在如下局限性。

（1）系统结构复杂：包含了抗混叠滤波器、A/D 转换器、D/A 转换器和平滑滤波器等辅助环节，在概念分析和系统结构上更加复杂，且高速 A/D 转换器和 D/A 转换器依然昂贵。

（2）转换速度与精度的矛盾：通常 A/D 转换器和 D/A 转换器的转换速度与转换精度是矛盾的，如果要高速地转换信号，则转换精度必然下降，且对数字信号处理结果产生直接的影响。

（3）处理频率受限：受到奈奎斯特-香农采样定律制约，数字信号处理系统的最高工作频率仅为采样频率的 1/2。如果要处理频率很高（超过 1 GHz）的实际信号，则只能选用模拟信号处理系统。

虽然数字信号处理系统存在着上述局限性,但是在绝大多数场合中它的技术优势非常明显,因此用"瑕不掩瑜"来描述是非常恰当的。现代科学和技术的加速发展,为数字信号处理提供了原动力和发展空间,新理论、新方法和新技术不断涌现,且远远超出了经典傅里叶分析范畴。智能科学、基因工程、生命科学、深空探测、宇宙起源等领域为高维度、非平稳、矢量化和可视化的现代数字信号处理技术提供了广阔舞台,推动着基础理论、实现技术和工程实践向着更深层次发展,且在前沿学科交叉与融合中茁壮成长。从总体上讲,数字信号处理技术历久弥新,依然呈现出生机勃勃的发展态势。

本章小结

首先给出了信息与信号的基本概念、常见信号的分类方法,以及连续时间信号与离散时间信号的典型区别;然后讨论了数字处理系统的基本结构和实现方法,包括软件实现和硬件实现方法;最后讨论了数字信号处理技术的学科概貌、应用领域,以及独特的技术优势等。毋庸置疑,深入地理解本章内容,对提高学习兴趣、拓宽知识视野是非常有益的。

本章习题

1.1 绘制模拟信号的数字处理系统结构框图,简要论述各个组成模块的基本功能,给出整个系统的等效系统并说明理由。

1.2 比较模拟信号处理系统与数字信号处理系统,分析二者的技术优势和固有局限性,简要论述数字信号处理系统的实现方法。

1.3 针对通信技术、雷达声呐、自动控制、航空航天、生物医学、基因工程和人工智能等任一领域,调研我国在数字信号处理研究与实践方面的科研成果。

第 2 章

离散时间信号与系统

九层之台，起于累土；千里之行，始于足下。

——春秋·老子

对连续时间信号进行等间隔采样可以得到离散时间信号，它是离散时间变量的函数；与连续时间信号类似，离散时间信号也可以分解成简单信号的组合形式。离散时间系统用于处理离散时间信号既可以使用专用信号处理设备，又可以使用计算软件或程序。离散时间信号与系统是数字信号处理技术的基础概念，本章主要讨论它们的表示方式、主要性质及其计算方法。首先，给出离散时间信号的基本概念、典型形式和运算方法；其次，给出离散时间系统的基本概念和主要性质，包括线性、时不变性、因果性和稳定性等；最后，针对线性时不变的离散时间系统，讨论序列卷积和差分方程以及相关计算方法。

2.1 离散时间信号

2.1.1 序列的概念

在数学上离散时间信号表示成下标（整数）连续变化的数值序列。如果对连续时间信号 $x_c(t)$ 进行等间隔地采样，则可以得到离散时间信号（序列）

$$x[n] = x_c(t)|_{t=nT} = x_c(nT) \tag{2-1}$$

其中：n 是整数，且 $-\infty < n < \infty$，T 是采样周期，$F_s = 1/T$ 是采样频率，$x[n]$ 是 $x_c(t)$ 在 nT 时刻的数值。图 2-1给出了原始语音信号 $x_c(t)$ 及其样本序列 $x[n]$ 的实例。

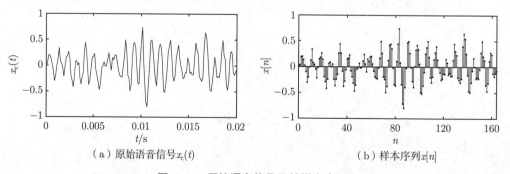

（a）原始语音信号$x_c(t)$　　　（b）样本序列$x[n]$

图 2-1　原始语音信号及其样本序列

注意：离散时间信号 $x[n]$ 仅仅定义在整数倍采样周期所在的时刻（$t = nT$, $n \in \mathbb{Z}$），而在两个采样点之间（$nT < t < nT + T$）没有定义。

2.1.2 常用序列

在离散时间信号与系统的分析过程中，最常用的基本序列包括单位脉冲序列、单位阶跃序列、矩形序列、实指数序列、正弦/余弦序列和复指数序列等。

1. 单位脉冲序列

单位脉冲序列定义为

$$\delta[n] = \begin{cases} 1, & n = 0 \\ 0, & n \neq 0 \end{cases} \tag{2-2}$$

式(2-2)表明：$\delta[n]$ 在 $n = 0$ 时刻取值为 1，在其他时刻取值为 0，如图 2-2 所示。

虽然单位脉冲序列 $\delta[n]$ 和单位冲激函数 $\delta(t)$ 分别在数字信号处理和模拟信号处理中占有重要的地位并起类似的作用，但是它们存在着本质上的区别[①]：①定义数域不同，$\delta[n]$ 定义在离散时间域（$n \in \mathbb{Z}$），而 $\delta(t)$ 定义在连续时间域（$t \in \mathbb{R}$）；②定义方法不同，$\delta[n]$ 是赋值形式给出的明确定义，而 $\delta(t)$ 是极限方法给出的抽象定义；③表示含义不同，$\delta[n]$ 在 $n = 0$ 时取值为 1，在 $n \neq 0$ 时取值为 0，而 $\delta(t)$ 在 $t = 0$ 时取值为无穷大，而在整个区间内对时间 t 的积分值为 1。

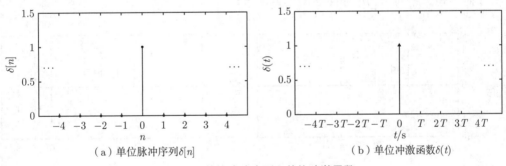

（a）单位脉冲序列$\delta[n]$ 　　　（b）单位冲激函数$\delta(t)$

图 2-2　单位脉冲序列和单位冲激函数

2. 单位阶跃序列

单位阶跃序列定义为

$$u[n] = \begin{cases} 1, & n \geqslant 0 \\ 0, & n < 0 \end{cases} \tag{2-3}$$

式(2-3)表明：$u[n]$ 在 $n \geqslant 0$ 时取值为 1，在 $n < 0$ 时取值为 0，如图 2-3（a）所示。可以认为 $u[n]$ 是对如图 2-3（b）所示的单位阶跃函数 $u(t)$ 进行等间隔采样的结果。如果对单

---

① 有关它们的详细论述，参见《信号与系统》教材，这里仅给出结论。

位脉冲序列进行累加运算，则可以得到单位阶跃序列，即

$$u[n] = \sum_{k=-\infty}^{n} \delta[k] \tag{2-4}$$

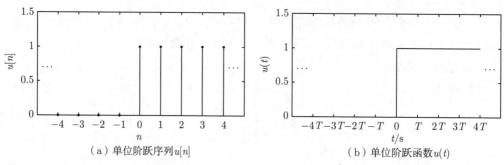

（a）单位阶跃序列$u[n]$　　　　　　　（b）单位阶跃函数$u(t)$

图 2-3　单位阶跃序列和单位阶跃函数

3. 矩形序列

矩形序列定义为

$$R_N[n] = \begin{cases} 1, & 0 \leqslant n \leqslant N-1 \\ 0, & n < 0, \ n \geqslant N \end{cases} \tag{2-5}$$

式(2-5)表明：$R_N[n]$ 在 n 为 $0 \sim N-1$ 内的取值为 1，在其他的采样点上取值为 0。当 $N = 5$ 时，矩形序列 $R_5[n]$ 如图 2-4（a）所示。

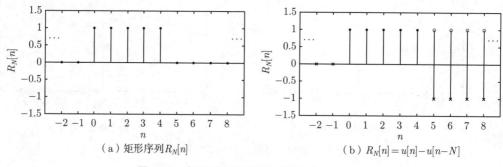

（a）矩形序列$R_N[n]$　　　　　　　（b）$R_N[n] = u[n] - u[n-N]$

图 2-4　矩形序列及其表示形式（$N = 5$）

根据 $u[n]$ 的定义式(2-3)和 $R_N[n]$ 的定义式(2-5)，很容易得到

$$R_N[n] = u[n] - u[n-N] \tag{2-6}$$

其中：$u[n-N]$ 是 $u[n]$ 向右平移 N 个单位的结果。当 $n \geqslant N$ 时，来自 $u[n]$ 和 $u[n-N]$ 的对应部分因符号相反而相互抵消。当 $N = 5$ 时，式(2-6)所示的结果如图 2-4（b）所示。

特别地，当 $N = 1$ 时，矩形序列 $R_N[n]$ 退化成单位脉冲序列 $\delta[n]$，即

$$\delta[n] = u[n] - u[n-1] \tag{2-7}$$

式(2-4)和式(2-7)给出了单位脉冲序列和单位阶跃序列的相互转换关系。

4. 实指数序列

实指数序列定义为

$$x[n] = Aa^n \tag{2-8}$$

其中：A 和 a 是实数。

当 $|a| < 1$ 时，$x[n]$ 的幅度随着 n 值递增而递减；当 $|a| > 1$ 时，$x[n]$ 的幅度随着 n 值递增而递增，而 a 的符号决定了 $x[n]$ 的符号是否交替变化。例如，当 $a = 0.85$ 和 $a = -0.85$ 时，$x[n]$ 随 n 的变化情况分别如图 2-5（a）和图 2-5（b）所示；当 $a = 1.15$ 和 $a = -1.15$ 时，$x[n]$ 随 n 的变化情况分别如图 2-5（c）和图 2-5（d）所示。

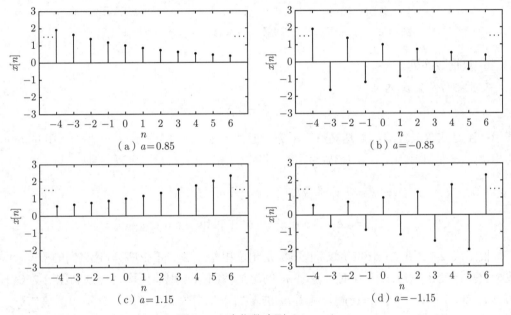

图 2-5 实指数序列 $(A = 1)$

5. 正弦/余弦序列

正弦/余弦序列定义为

$$x[n] = A\sin(\omega n + \theta) \quad \text{和} \quad x[n] = A\cos(\omega n + \theta) \tag{2-9}$$

其中：A 是序列的幅度（$A \geqslant 0$）；ω 表示数字角频率（或称数字频率），物理单位是弧度，用于描述相位随着 n 值的变化快慢；θ 是初始相位。当 $A = 1$，$\omega = \pi/8$，$\theta = \pi/4$ 时，余弦序列和正弦序列分别如图 2-6（a）和图 2-6（b）所示。

由于正弦函数和余弦函数仅在初始相位上存在着差别（相差 $\pi/2$），因此将它们统称为正弦序列。利用欧拉公式 $\mathrm{e}^{\mathrm{j}\phi} = \cos\phi + \mathrm{j}\sin\phi$，可以将 $A\cos(\omega n + \theta)$ 和 $A\sin(\omega n + \theta)$ 表示成复指数序列的组合形式

$$A\cos(\omega n + \theta) = A \cdot \frac{\mathrm{e}^{\mathrm{j}(\omega n + \theta)} + \mathrm{e}^{-\mathrm{j}(\omega n + \theta)}}{2} \tag{2-10a}$$

$$A\sin(\omega n + \theta) = A \cdot \frac{\mathrm{e}^{\mathrm{j}(\omega n+\theta)} - \mathrm{e}^{-\mathrm{j}(\omega n+\theta)}}{2\mathrm{j}} \tag{2-10b}$$

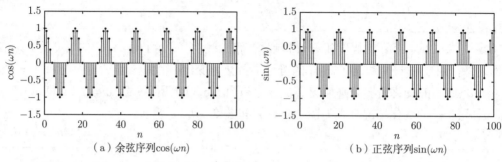

（a）余弦序列$\cos(\omega n)$ （b）正弦序列$\sin(\omega n)$

图 2-6　余弦序列和正弦序列 ($A=1$, $\omega=\pi/8$, $\theta=\pi/4$)

6. 复指数序列

复指数序列定义为

$$x[n] = A\alpha^n \tag{2-11}$$

其中：A 是实数或复数，α 是复数。不失一般性，令 $A = |A|\mathrm{e}^{\mathrm{j}\theta}$，$\alpha = \mathrm{e}^{\sigma+\mathrm{j}\omega}$，其中 θ 是 A 的相位，σ 是衰减因子，ω 是数字频率。将它们代入式(2-11)，可以得到

$$x[n] = |A|\mathrm{e}^{\mathrm{j}\theta} \cdot \mathrm{e}^{(\sigma+\mathrm{j}\omega)n} = |A|\mathrm{e}^{\sigma n}\mathrm{e}^{\mathrm{j}(\omega n+\theta)}$$

$$= |A|\mathrm{e}^{\sigma n}\cos(\omega n + \theta) + \mathrm{j}|A|\mathrm{e}^{\sigma n}\sin(\omega n + \theta) \tag{2-12}$$

根据式(2-12)可知：$x[n]$ 的实部和虚部是相位相差 $\pi/2$ 的正弦序列，且它们的幅度 $|A|\mathrm{e}^{\sigma n}$ 按指数规律变化。当 $\sigma > 0$ 时，随着 n 的增加按照指数规律递增，分别如图 2-7（a）和图 2-7（b）所示；当 $\sigma < 0$ 时，随着 n 的增加按照指数规律递减，分别如图 2-7（c）和图 2-7（d）所示。

对式(2-12)的幅度和初相位归一化，使 $A=1$，$\theta=0$，并令衰减因子 $\sigma=0$，可以得到

$$x[n] = \mathrm{e}^{\mathrm{j}\omega n} = \cos(\omega n) + \mathrm{j}\sin(\omega n) \tag{2-13}$$

可以看出，$\mathrm{e}^{\mathrm{j}\omega n}$ 是幅度单位值为 1 的特殊序列（复序列），它的实部和虚部是在相位上相差 $\pi/2$ 的正弦序列。特别地，$\mathrm{e}^{\mathrm{j}\omega n}$ 满足条件

$$\mathrm{e}^{\mathrm{j}\omega n} = \mathrm{e}^{\mathrm{j}(\omega n+2\pi n)} = \mathrm{e}^{\mathrm{j}(\omega+2\pi)n} \tag{2-14}$$

即 $\mathrm{e}^{\mathrm{j}\omega n}$ 是以频率 ω 为变量且以 2π 为周期的序列。

如果 $\mathrm{e}^{\mathrm{j}\omega n}$ 是关于 n 的周期序列[①]，且它的周期是正整数 N，则必须满足条件

$$\mathrm{e}^{\mathrm{j}\omega n} = \mathrm{e}^{\mathrm{j}\omega(n+N)} = \mathrm{e}^{\mathrm{j}\omega n} \cdot \mathrm{e}^{\mathrm{j}\omega N} \tag{2-15}$$

---

① 如果序列 $x[n]$ 满足条件：$x[n] = x[n+N]$ $(-\infty < n < \infty)$，则称 $x[n]$ 是周期序列，称满足该条件的最小正整数 N 是 $x[n]$ 的最小周期（简称周期）；如果不满足该条件，则称 $x[n]$ 是非周期序列。

即满足 $\omega N = 2\pi \cdot k$，其中 k 是整数。根据式(2-15)可以得到

$$N = \frac{2\pi}{\omega} \cdot k \tag{2-16}$$

由于 N 是正整数且 k 是整数，因此 $2\pi/\omega$ 必须是有理数。只有当 $2\pi/\omega$ 是有理数时，才可以选择合适的整数 k，使得 $N = (2\pi/\omega) \cdot k$ 是正整数。

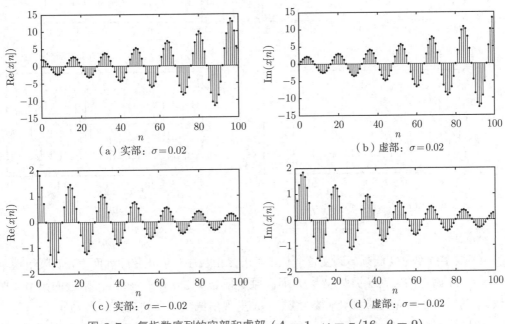

（a）实部：$\sigma = 0.02$ （b）虚部：$\sigma = 0.02$

（c）实部：$\sigma = -0.02$ （d）虚部：$\sigma = -0.02$

图 2-7 复指数序列的实部和虚部 ($A = 1$, $\omega = \pi/16$, $\theta = 0$)

例如，序列 $x[n] = \mathrm{e}^{\mathrm{j}3\pi n/8}$ 的频率是 $\omega_0 = 3\pi/8$，由于 $2\pi/\omega_0 = 16/3$ 是有理数，根据式(2-16)可以得到 $N = 16/3 \cdot k$；如果令 $k = 3$，则得到 $N = 16$。与此同时，$x[n] = \mathrm{e}^{\mathrm{j}3n/8}$ 的频率是 $\omega_0 = 3/8$，由于 $2\pi/\omega_0 = 16\pi/3$ 是无理数，使得 $x[n]$ 是非周期序列。

根据复序列 $\mathrm{e}^{\mathrm{j}\omega n}$ 确定频域周期 2π 和时域周期 N 的方法，既适用于复指数序列 $x[n] = A\mathrm{e}^{\mathrm{j}(\omega n + \theta)}$，又适用于正弦序列 $x[n] = A\cos(\omega n + \theta)$。采用复序列 $\mathrm{e}^{\mathrm{j}\omega n}$ 代替正弦序列 $\cos(\omega n)$ 确定频域和时域的周期性，可以避免三角函数运算问题，使计算过程更加简捷。特别地，由于序列下标 n 的离散性，使复指数序列（或正弦序列）有如下特点：

（1）不同频率的序列可能有相同周期。例如，序列 $x_1[n] = \mathrm{e}^{\mathrm{j}3\pi n/8}$ 的频率是 $\omega_1 = 3\pi/8$，序列 $x_2[n] = \mathrm{e}^{\mathrm{j}5\pi n/8}$ 的频率是 $\omega_2 = 5\pi/8$。虽然 ω_1 与 ω_2 不同，但是根据式(2-16)可以确定 $x_1[n]$ 和 $x_2[n]$ 的时域周期均为 $N = 16$。

（2）数字频率周期性导致频率模糊性。复指数序列 $\mathrm{e}^{\mathrm{j}(\omega n + \theta)}$ 或正弦序列 $\cos(\omega n + \theta)$ 以 2π 为周期的频率特性，导致无法区分频率 $\omega = 0$ 和 $\omega = 2\pi$，进而无法区分 $\omega = 0$ 附近的频率和 $\omega = 2\pi$ 附近的频率，故此存在着以 2π 为周期的频率"模糊"。

（3）数字频率体现时域序列振荡快慢。对于复指数序列 $\mathrm{e}^{\mathrm{j}(\omega n + \theta)}$ 或正弦序列 $\cos(\omega n + \theta)$ 而言，随着 ω 从 0 增加到 π，$x[n]$ 的振荡越来越快；然而随着 ω 从 π 增加到 2π，$x[n]$ 的

振荡越来越慢，不同频率的正弦序列如图 2-8 所示。

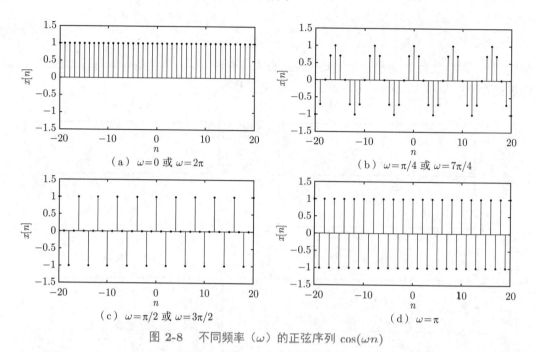

图 2-8　不同频率（ω）的正弦序列 $\cos(\omega n)$

（4）数字频率呈现低频高频交替变化。对于复指数序列或正弦序列而言，低频是指 $\omega = 2\pi k$ $(k \in \mathbb{Z})$ 附近的频率（振荡较慢），而高频是指 $\omega = 2\pi k + \pi$ $(k \in \mathbb{Z})$ 附近的频率（振荡较快），随着 $k \in \mathbb{Z}$ 的连续变化，数字频率 ω 呈现出低频、高频交替变化。

在计算软件 MATLAB 中，可以用函数 stem() 绘制离散时间信号，用函数 plot() 绘制连续时间信号，且 stem() 和 plot() 的使用方法类似。利用他们绘制图形时，通过设置相关参数，可以改变线条的颜色、线型、线宽等属性。此外，用函数 xlim() 控制横坐标的范围，用函数 ylim() 控制纵坐标的范围；用函数 xlabel() 标注横轴，用函数 ylabel() 标注纵轴；用函数 text() 在指定位置上放字符串，用函数 legend() 对不同的曲线添加图例。关于上述函数的使用方法，可以参见 MATLAB 的帮助文档，此处不再赘述。

2.1.3　序列运算

离散时间信号（序列）在本质上是下标为整数且连续变化的一组有效数值，可以用图形、列表、向量、枚举等多种方法对其进行表示。为了方便，本节采用枚举方式表示序列，下画线"＿"表示参考下标，即 $n = 0$ 时刻。例如，$\{x[n]\} = \{-4.0 \quad 3.2 \quad \underline{6.2} \quad 9.3 \quad 3.5 \quad -2.1\}$ 表示下标 n 从 $-2 \sim 3$ 连续变化并包含 6 个有效值的序列，且 $x[0] = 6.2$。

1. 移位运算

序列 $x[n]$ 的移位运算（或延时）定义为

$$y[n] = x[n - n_0], \quad -\infty < n < \infty \tag{2-17}$$

其中：当 $n_0 > 0$ 表示向右移位，当 $n_0 < 0$ 时表示向左移位。例如，当 $n_0 = 2$ 时，序列 $\{x[n]\} = \{1\ 2\ 3\ \underline{4}\ 5\ 6\}$ 经过式(2-17)所示的移位运算，结果是 $\{y[n]\} = \{1\ \underline{2}\ 3\ 4\ 5\ 6\}$。特别地，对单位脉冲序列 $\delta[n]$ 平移 n_0 个单位可以表示为

$$\delta[n - n_0] = \begin{cases} 1, & n = n_0 \\ 0, & n \neq n_0 \end{cases} \tag{2-18}$$

2. 翻转运算

序列 $x[n]$ 的时间翻转运算定义为

$$y[n] = x[-n], \quad -\infty < n < \infty \tag{2-19}$$

即将 $x[n]$ 的所有样本以 $n = 0$ 为中心进行对称翻转。例如，序列 $\{x[n]\} = \{1\ 2\ 3\ \underline{4}\ 5\ 6\}$ 经过式(2-19)所示的翻转运算，结果是 $\{y[n]\} = \{6\ 5\ \underline{4}\ 3\ 2\ 1\}$。

3. 数乘运算

序列 $x[n]$ 的数乘运算（比例运算）定义为

$$y[n] = c \cdot x[n], \quad -\infty < n < \infty \tag{2-20}$$

其中：c 是常系数。式(2-20)表示序列的所有值和常数进行乘法运算。当 $|c| > 1$ 时，$x[n]$ 的幅度被拉伸；当 $|c| < 1$ 时，$x[n]$ 的幅度被压缩。例如，当 $c = 3$ 时，序列 $\{x[n]\} = \{1\ 2\ 3\ \underline{4}\ 5\ 6\}$ 经过式(2-20)所示的数乘运算，结果是 $\{y[n]\} = \{3\ 6\ 9\ \underline{12}\ 15\ 18\}$。

4. 样本累加

序列 $x[n]$ 的累加求和定义为

$$y[n] = \sum_{n=n_1}^{n_2} x[n] \tag{2-21}$$

它实现了从下标 n_1 到下标 n_2 的所有样本值的求和。例如，当 $n_1 = -2$ 且 $n_2 = 1$ 时，对序列 $\{x[n]\} = \{1\ 2\ 3\ \underline{4}\ 5\ 6\}$ 进行如式(2-21)所示的累加运算，结果是 $2 + 3 + 4 + 5 = 14$。在累加结果有意义（序列收敛）的情况下，n_1 和 n_2 可以分别扩展到 $-\infty$ 和 $+\infty$。

5. 序列加法

两个序列 $x_1[n]$ 与 $x_2[n]$ 之和定义为

$$y[n] = x_1[n] + x_2[n], \quad -\infty < n < \infty \tag{2-22}$$

它表示相同下标序列值的点对点加法。例如，序列 $\{x_1[n]\} = \{1\ 2\ 3\ \underline{4}\ 5\ 6\}$ 和 $\{x_2[n]\} = \{1\ 2\ \underline{3}\ 4\ 5\ 6\}$ 经过式(2-22)所示的加法运算，结果是 $\{y[n]\} = \{1\ 3\ 5\ \underline{7}\ 9\ 11\ 6\}$。

6. 序列乘法

两个序列 $x_1[n]$ 与 $x_2[n]$ 之积定义为

$$y[n] = x_1[n] \cdot x_2[n], \quad -\infty < n < \infty \tag{2-23}$$

它表示有相同下标序列值的点对点乘法。例如，$\{x_1[n]\} = \{1\ 2\ 3\ \underline{4}\ 5\ 6\}$，$\{x_2[n]\} = \{1\ 2\ \underline{3}\ 4\ 5\ 6\}$，对 $x_1[n]$ 和 $x_2[n]$ 代入式(2-23)进行运算得到 $\{y[n]\} = \{2\ 6\ \underline{12}\ 20\ 30\}$。

7. 序列能量

序列 $x[n]$ 的全部能量定义为

$$E = \lim_{N \to \infty} \sum_{n=-N}^{N} |x[n]|^2 \tag{2-24}$$

其中：$|x[n]|^2 = x[n]x^*[n]$（* 表示共轭运算）。如果 E 是有限值（$0 \leqslant E < \infty$），则称 $x[n]$ 是能量信号。幅值有限的有限长序列，以及绝对可求和的无限长序列都是能量信号。

8. 平均功率

序列 $x[n]$ 的平均功率定义为

$$P = \lim_{N \to \infty} \frac{1}{2N+1} \sum_{n=-N}^{N} |x[n]|^2 \tag{2-25}$$

如果 P 是有限值（$0 < P < \infty$），则称 $x[n]$ 为功率信号。周期序列和随机序列都是功率信号，而不是能量信号。特别地，如果 $x[n]$ 是以 N 为周期的序列，则只需计算一个周期内的平均功率，即

$$P_N = \frac{1}{N} \sum_{n=0}^{N-1} |x[n]|^2 \tag{2-26}$$

2.1.4 任意序列

通过组合序列的移位运算、数乘运算和加法运算等，可以有效地表示其他序列或实现复杂的运算。例如，单位阶跃序列 $u[n]$ 可以表示成单位脉冲序列 $\delta[n]$ 及其移位序列 $\delta[n-k]$ 的求和形式，即

$$u[n] = \sum_{k=0}^{\infty} \delta[n-k] \tag{2-27}$$

其中：$\delta[n]$ 可以表示为 $u[n]$ 与 $u[n-1]$ 的求和形式，即

$$\delta[n] = u[n] - u[n-1] \tag{2-28}$$

再如，矩形序列 $R_N[n]$ 可以表示为 $u[n]$ 与 $u[n-N]$ 的求和形式，即

$$R_N[n] = u[n] - u[n-N] \tag{2-29}$$

图 2-9（a）给出了包含三个非零值 $x[-2] = 0.5$、$x[1] = 1.2$ 和 $x[5] = -0.8$ 的离散时间信号 $x[n]$，这三个非零值可以分别表示为 $\delta[n]$ 的"延时-加权"的形式：$x_1[n] = x[-2]\delta[n+2]$、$x_2[n] = x[1]\delta[n-1]$ 和 $x_3[n] = x[5]\delta[n-5]$，分别如图 2-9（b）～ 图 2-9（d）所示。因此 $x[n]$ 可以表示为它们的叠加形式，即 $x[n] = x_1[n] + x_2[n] + x_3[n]$。

将图 2-9所示的方法推广到一般情况，任意的序列 $x[n](-\infty < n < \infty)$ 可以表示为

$$x[n] = \sum_{k=-\infty}^{\infty} x[k]\delta[n-k] \tag{2-30}$$

即序列 $x[n]$ 表示成序列自身与单位脉冲序列的卷积形式 $x[n] = x[n] * \delta[n]$，这为离散时间信号分析和处理提供了方便。

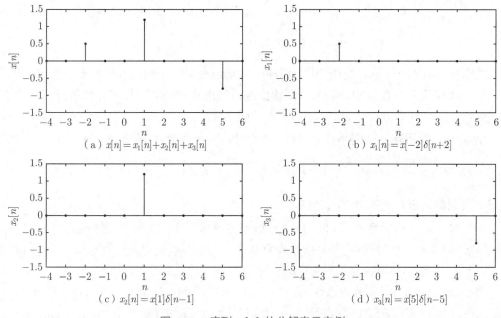

图 2-9 序列 $x[n]$ 的分解表示实例

2.2 离散时间系统

离散时间系统是将输入序列 $x[n]$ 转化为输出序列 $y[n]$ 的映射、函数或变换 $T(\cdot)$，可以表示为 $y[n] = T(x[n])$。在工程实践中经常使用单输入/单输出的离散时间系统，如图 2-10所示。从某个时间下标 n 开始，随着 n 值的逐渐增加，离散时间系统顺序地产生输出。例如，依据

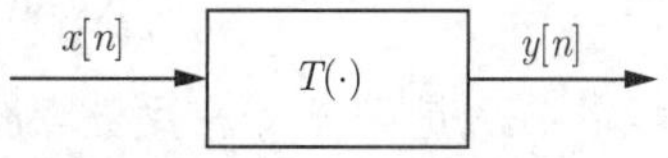

图 2-10 离散时间系统框图

$y[n] = x[n - n_d]$ 定义的理想延时系统，是将输入 $x[n]$ 平移 n_d 个采样后作为输出 $y[n]$ 的系统。由于离散时间系统的输入信号和输出信号都是数字形式，因此通常称离散时间系统为数字滤波器。下面从线性、时不变性、因果性和稳定性等角度,讨论离散时间系统的基本性质。

2.2.1 线性

假定离散时间系统 $T(\cdot)$ 的两个输入序列是 $x_1[n]$ 和 $x_2[n]$，对应的输出序列是 $y_1[n]$ 和 $y_2[n]$，即 $y_1[n] = T(x_1[n])$ 和 $y_2[n] = T(x_2[n])$。如果满足条件

$$T(a_1 x_1[n] + a_2 x_2[n]) = a_1 T(x_1[n]) + a_2 T(x_2[n])$$

$$= a_1 y_1[n] + a_2 y_2[n] \tag{2-31}$$

其中：a_1 和 a_2 是常系数，则称 $T(\cdot)$ 是线性的；反之，则称 $T(\cdot)$ 是非线性的。式(2-31)所示的叠加原理同时包含着可加性和齐次性两层含义，即

$$T(x_1[n] + x_2[n]) = T(x_1[n]) + T(x_2[n]) = y_1[n] + y_2[n] \qquad (2\text{-}32\mathrm{a})$$

$$T(ax[n]) = aT(x[n]) = ay[n] \qquad (2\text{-}32\mathrm{b})$$

可加性表明：如果系统输入是两个序列之和，则输出是每个序列的各自输出之和；齐次性表明：如果系统输入被任意常数加权，则输出是原输出序列的对应加权。离散时间系统 $T(\cdot)$ 有线性特性，表明它同时满足式(2-32)给出的两个性质。

例 **2.1**　利用定义判断系统的线性：离散时间系统的输入/输出关系为

$$y[n] = kx[n] + b, \quad b \neq 0$$

使用定义判断该系统是否具有线性性质。

解　给定任意两个输入序列 $x_1[n]$ 和 $x_2[n]$，以及非零常系数 a_1 和 a_2。将 $a_1 x_1[n]$ 和 $a_2 x_2[n]$ 分别作为系统的输入，对应的输出分别是 $z_1[n] = ka_1 x_1[n] + b$ 和 $z_2[n] = ka_2 x_2[n] + b$。此时，$z_1[n] + z_2[n] = ka_1 x_1[n] + ka_2 x_2[n] + 2b$。

将 $a_1 x_1[n] + a_2 x_2[n]$ 作为系统 $y[n] = kx[n] + b$ $(b \neq 0)$ 的输入，可以得到输出 $z_3[n] = k(a_1 x_1[n] + a_2 x_2[n]) + b = ka_1 x_1[n] + ka_2 x_2[n] + b$。根据 $b \neq 0$ 条件可知，$z_1[n] + z_2[n] \neq z_3[n]$。因此满足输入/输出关系 $y[n] = kx[n] + b$ $(b \neq 0)$ 的离散时间系统是非线性系统。

可以将式(2-31)所示的线性系统定义推广到多输入/多输出情况，即

$$T\left(\sum_{k=1}^{K} a_k x_k[n]\right) = \sum_{k=1}^{K} a_k T(x_k[n]) = \sum_{k=1}^{K} a_k y_k[n] \qquad (2\text{-}33)$$

其中：a_k 是第 k 个常系数，$x_k[n]$ 是第 k 个输入序列，$y_k[n]$ 是第 k 个输出序列。式(2-33)表明，对于线性的离散时间系统而言，将 K 个序列的加权求和作为输入得到的输出，等价于将 K 个序列分别作为输入而得到各自输出的加权求和。

2.2.2　时不变性

假定离散时间系统 $T(\cdot)$ 的输入序列是 $x[n]$，输出序列是 $y[n] = T(x[n])$。如果 $x[n]$ 延时了 n_0 个采样，则

$$y[n - n_0] = T(x[n - n_0]) \qquad (2\text{-}34)$$

即 $y[n]$ 也延时了 n_0 个采样，称满足上述关系的离散时间系统 $T(\cdot)$ 为时不变（或移不变）系统；反之，称为时变系统。某个系统具有时不变性，表明系统本身特性不随着时间的变化而变化。

例 **2.2**　利用定义判断系统的时不变性：离散时间系统的输入/输出关系为

$$y[n] = x[Mn], \quad M \in \mathbb{Z}^+$$

即 M 是大于 1 的正整数，使用定义判断该系统（又称压缩系统）是否为时不变系统。

解　如果由 $y[n] = x[Mn]$ 确定的离散时间系统是时不变的，则当输入序列是 $x[n - n_0]$ 时，输出序列是 $y_1[n] = x[Mn - n_0]$。

如果将输出序列 $y[n]$ 延时 n_0 个采样，则根据 $y[n] = x[Mn]$ 关系可以得到：$y_2[n] = y[n - n_0] = x[M(n - n_0)] = x[Mn - Mn_0]$。

由于 M 是大于 1 的正整数，可以得到 $y_1[n] \neq y_2[n]$，因此满足 $y[n] = x[Mn]$ $(M > 1)$ 关系的压缩系统是时变系统，即它的自身特性将随着时间的变化而变化。

2.2.3　因果性

如果离散时间系统 $T(\cdot)$ 在 $n = n_0$ 时刻的输出值 $y[n_0]$ 取决于 $n \leqslant n_0$ 的输入值，而与 $n > n_0$ 的输入值无关，则称 $T(\cdot)$ 是因果的，反之称为非因果的。因果系统的输入/输出关系可以表示为

$$y[n] = T(x[n], x[n-1], x[n-2], \cdots) \tag{2-35}$$

例 2.3　利用定义判断系统的因果性：离散时间系统的输入/输出关系为

$$y[n] = x[n+1] - x[n],$$

$$y[n] = x[n] - x[n-1]$$

使用定义判断上述系统是否具有因果性。

解　在满足输入/输出关系 $y[n] = x[n+1] - x[n]$ 的离散时间系统中，由于 n 时刻的输出值 $y[n]$ 取决于 $n+1$ 时刻的输入值 $x[n+1]$（未来值）和 n 时刻的输入值 $x[n]$（当前值），即当前的输出值取决于未来的输入值，因此它是非因果系统。

在满足输入/输出关系 $y[n] = x[n] - x[n-1]$ 的离散时间系统中，由于 n 时刻的输出值 $y[n]$ 取决于 n 时刻的输入值 $x[n]$（当前值）和 $n-1$ 时刻的输入值 $x[n-1]$（历史值），而与未来的输入值无关，因此它是因果系统。

2.2.4　稳定性

如果离散时间系统 $T(\cdot)$ 在有界的输入条件下产生有界的输出，并对所有的 n 值都成立，则称 $T(\cdot)$ 在"有界输入/有界输出（Bounded Input/Bounded Output，BIBO）"意义下是稳定的。输入序列 $x[n]$ 是有界的，表明存在着有限的正实数 B_x 且满足条件

$$|x[n]| < B_x < \infty, \quad n \in \mathbb{Z} \tag{2-36}$$

输出序列 $y[n] = T(x[n])$ 是有界的，表明存在着有限的正实数 B_y 且满足条件

$$|y[n]| < B_y < \infty, \quad n \in \mathbb{Z} \tag{2-37}$$

例 2.4　利用定义判断系统的稳定性：离散时间系统的输入/输出关系为

$$y[n] = \sum_{k=-\infty}^{n} u[k]$$

使用定义判断该系统是否具有稳定性。

解 输入/输出关系满足 $y[n] = \sum\limits_{k=-\infty}^{n} u[k]$ 的系统，是累加系统 $y[n] = \sum\limits_{k=-\infty}^{n} x[k]$ 在输入序列为 $x[n] = u[n]$ 时的特殊情况。根据 $u[n]$ 的定义可知，它作为输入是有界的，而输出 $y[n]$ 可以等效地表示为

$$y[n] = \sum_{k=-\infty}^{n} u[k] = \begin{cases} 0, & n < 0 \\ n+1, & n \geqslant 0 \end{cases}$$

由于无法找到正实数 B_y，使 $(n+1) < B_y < \infty$ 对所有的 n 值都成立。因此，满足输入/输出关系 $y[k] = \sum\limits_{k=-\infty}^{n} u[k]$ 的离散时间系统是不稳定的。

例 2.1～例 2.4都以严密的数学推理为基础，对离散时间系统的性质作判断。通常实际的系统比较复杂，当判断系统不具备某种性质时只需举出反例即可。例如，当判断输入/输出满足关系 $y[n] = \lg(x[n])$ 的系统是否稳定时，可以采取举反例方法：当 $x[n] = 0$ 时，系统的输入是有界的，而系统的输出 $y[n] = -\infty$ 是无界的，因此得出该系统不稳定的结论。

2.3 线性时不变系统

当离散时间系统 $T(\cdot)$ 的输入是单位脉冲序列 $\delta[n]$ 时，称系统的输出 $h[n] = T(\delta[n])$ 为单位脉冲响应；如果 $T(\cdot)$ 同时具有线性和时不变性，则称为线性时不变（LTI）系统，而单位脉冲响应是建立 LTI 系统输入/输出关系的重要纽带。

2.3.1 序列卷积

根据式(2-30)可知，任何离散时间序列 $x[n]$ 都可以表示为

$$x[n] = \sum_{k=-\infty}^{\infty} x[k]\delta[n-k] \tag{2-38}$$

当 $x[n]$ 是线性时不变系统 $T(\cdot)$ 的输入时，系统的输出为

$$y[n] = T\left(\sum_{k=-\infty}^{\infty} x[k]\delta[n-k] \right) \tag{2-39}$$

对于每个 k 值，$x[k]$ 是确定值，利用 $T(\cdot)$ 的线性性质可以得到

$$y[n] = \sum_{k=-\infty}^{\infty} x[k]T(\delta[n-k]) \tag{2-40}$$

与此同时，根据 $T(\cdot)$ 的时不变性：当系统输入从 $\delta[n]$ 变为 $\delta[n-k]$ 时，系统输出从 $h[n] = T(\delta[n])$ 变为 $h[n-k] = T(\delta[n-k])$。因此，根据式(2-40)可以得到

$$y[n] = \sum_{k=-\infty}^{\infty} x[k]h[n-k] \tag{2-41}$$

式(2-41)表明：线性时不变系统 $T(\cdot)$ 的时域特性完全由其单位脉冲响应 $h[n]$ 确定。如果已知系统的单位脉冲响应 $h[n]$，对于任意输入序列 $x[n]$，则利用式(2-41)可以计算输出序列 $y[n]$（假定计算结果收敛）。通常，称式(2-41)是 $x[n]$ 和 $h[n]$ 的卷积（或线性卷积），记作

$$y[n] = x[n] * h[n] \tag{2-42}$$

其中：$*$ 表示卷积运算。式(2-41)建立了线性时不变系统的输入/输出关系，在 LTI 系统分析与应用中占有重要的地位。

2.3.2　卷积计算

对于单位脉冲响应是 $h[n]$ 的线性时不变系统，当系统的输入是 $x[n]$ 时，可以利用序列卷积得到系统输出

$$y[n] = \sum_{k=-\infty}^{\infty} x[k]h[n-k] \tag{2-43}$$

依据式(2-43)可以得到两种计算方式：移位-加权方法和翻转-平移方法。

1. 移位-加权方法

移位-加权方法的计算过程如下：①首先将单位脉冲响应 $h[n]$ 平移 k 个单位得到序列 $h[n-k]$；②将 $x[k]$ 作为常系数对序列 $h[n-k]$ 进行加权得到序列 $x[k]h[n-k]$；③遍历所有的 k 值，完成 $x[k]h[n-k](-\infty < k < \infty)$ 叠加，最终得到序列的卷积结果。虽然上述计算过程具有概念清晰、直观性强等优点，但是在计算复杂信号的序列卷积时，存在着算法结构复杂、实际操作困难等问题。

例 2.5　利用移位-加权方法计算卷积： 线性时不变系统的单位脉冲响应是 $h[n] = 1.0 - 0.2 * n \ (0 \leqslant n \leqslant 4)$，系统的输入序列是 $x[n] = x[-2]\delta[n+2] + x[2]\delta[n] + x[3]\delta[n-3]$（即 $x[-2] = 0.9$，$x[0] = 1.2$ 和 $x[3] = -0.8$），计算 $x[n]$ 与 $h[n]$ 的卷积。

解 线性时不变系统的输入序列 $x[n]$ 如图 2-11（a）所示，单位脉冲响应 $h[n]$ 如图 2-11（b）所示。在采用移位-加权方法计算 $x[n]$ 与 $h[n]$ 的卷积时，需要用式(2-38)将 $x[n]$ 分解成 $x[k]\delta[n-k]$ 的组合形式，并计算 $x[k]\delta[n-k]$ 作为输入时的系统响应。

根据 LTI 系统的线性特性，将输入序列 $x[n]$ 分解为 $x[-2]\delta[n+2]$、$x[0]\delta[n]$ 和 $x[3]\delta[n-3]$，它们只包含唯一的有效值。将它们作为 LTI 系统的输入，根据 LTI 系统的时不变特性，可以得到对应的输出 $x[-2]h[n+2]$、$x[0]h[n]$ 和 $x[3]h[n-3]$。当 $k = -2, 0$ 和 3 时，$x[k]\delta[n-k]$ 和 $x[k]h[n-k]$ 分别如图 2-11（c）～图 2-11（h）所示。

对遍历所有 k 值得到的 $x[k]h[n-k]$ 进行累加，得到 $y[n] = x[n] * h[n]$。输入序列 $x[n]$ 及其输出序列分别如图 2-11（i）和图 2-11（j）所示。

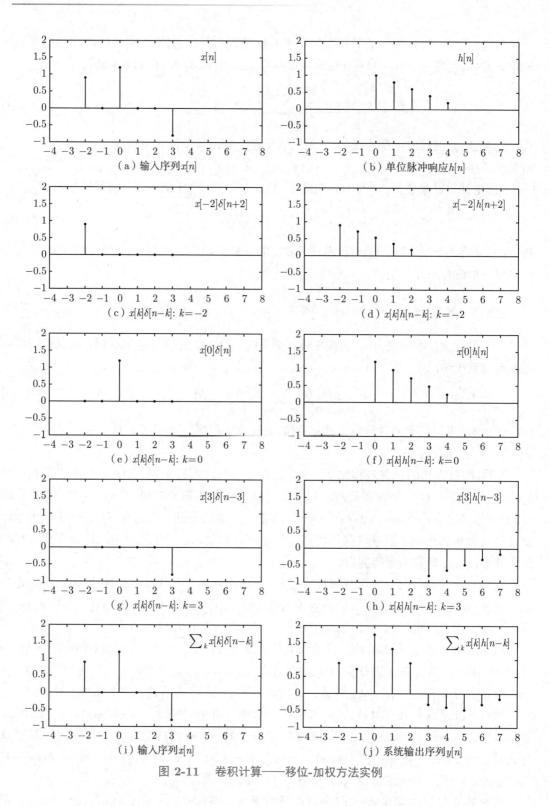

图 2-11 卷积计算——移位-加权方法实例

2. 翻转-平移方法

翻转-平移方法的计算过程如下：①将单位脉冲响应 $h[k]$ 进行时域翻转得到 $h[-k]$，并将 $h[-k]$ 平移 n 个采样得到 $h[-(k-n)] = h[n-k]$；②将序列 $x[k]$ 和 $h[n-k]$ 进行乘法运算（点对点乘法），并对相乘结果 $x[k]h[n-k]$ 的所有样本值求和 $(-\infty < k < \infty)$，即可得到 n 时刻的输出值 $y[n]$；③遍历所有的 n 值，可以得到序列的卷积结果 $y[n] = x[n] * h[n]$。虽然上述计算过程的直观性较弱，但是在计算卷积时，具有结构简单、可操作性强等优点。

例 2.6　利用翻转-平移方法计算卷积：线性时不变系统的输入序列是 $x[n] = a^n u[n]$，单位脉冲响应是

$$h[n] = R_N[n] = \begin{cases} 1, & 0 \leqslant n \leqslant N-1 \\ 0, & \text{其他} \end{cases}$$

计算 $x[n]$ 与 $h[n]$ 的卷积。

解　当 $N = 4$ 时，单位脉冲响应 $h[k]$ 如图 2-12（a）所示；当 $a = 0.7$ 时，输入序列 $x[k]$ 如图 2-12（b）所示。当采用翻转-平移方法计算 $x[n]$ 与 $h[n]$ 卷积时，为了得到 n 时刻的输出值 $y[n]$，必须在所有 k 值上计算乘积 $x[k]h[n-k]$ 并进行求和。根据 n 值的取值范围不同，在讨论卷积计算问题时分为以下 3 种情况。

（1）当 $n < 0$ 时，序列 $x[k]$ 和 $h[n-k]$ 的对应关系如图 2-12（c）～ 图 2-12（d）所示。当 n 是负整数时，$h[n-k]$ 和 $x[k]$ 的非零部分不存在重叠，因此可以得到

$$y[n] = 0, \quad n < 0$$

（2）当 $0 \leqslant n \leqslant N-1$ 时，序列 $h[n-k]$ 和 $x[k]$ 的对应关系如图 2-12（e）～ 图 2-12（h）所示，由于 $h[n-k]$ 和 $x[k]$ 的非零部分存在着部分重叠且 $x[k]h[n-k] = a^k$，因此可以得到

$$y[n] = \sum_{k=0}^{n} a^k, \quad 0 \leqslant n \leqslant N-1$$

即 $y[n]$ 是 $n+1$ 项的几何级数，它的公比是 a。

再将有限项几何级数的封闭计算公式

$$\sum_{k=N_1}^{N_2} a^k = \frac{a^{N_1} - a^{N_2+1}}{1-a}$$

用于计算 $y[n] = \sum\limits_{k=0}^{n} a^k \, (0 \leqslant n \leqslant N-1)$，可以得到

$$y[n] = \frac{1 - a^{n+1}}{1-a}, \quad 0 \leqslant n \leqslant N-1$$

（3）当 $n > N-1$ 时，序列 $h[n-k]$ 和 $x[k]$ 的对应关系如图 2-12（i）所示，此时 $h[n-k]$ 和 $x[k]$ 的非零部分存在着完全重叠，且在 $n-N+1 < k \leqslant n$ 的范围内，$x[k]h[n-k] = a^k$，且计算卷积的下限是 $n-(N-1)$，因此得到

$$y[n] = \sum_{k=n-N+1}^{n} a^k, \quad n > N-1$$

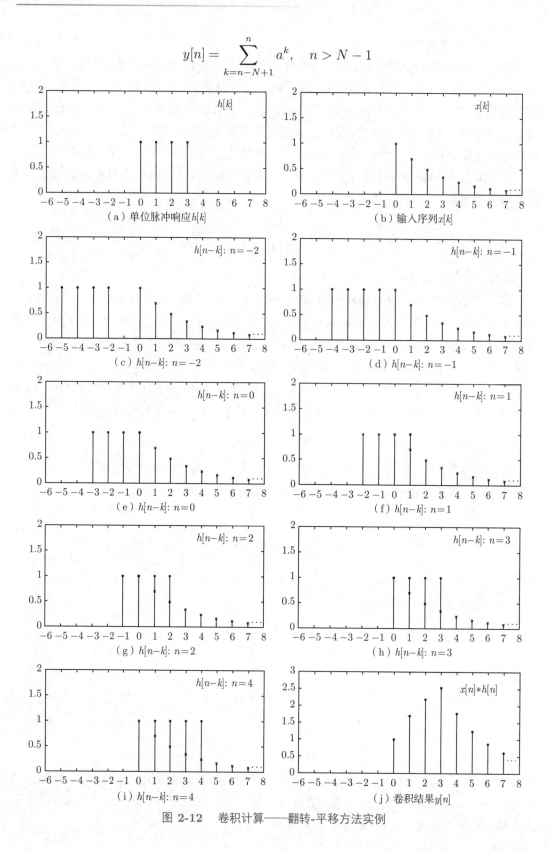

图 2-12   卷积计算——翻转-平移方法实例

再利用有限项几何级数的计算公式，可以得到

$$y[n] = \frac{a^{n-(N-1)} - a^{n+1}}{1-a} = a^{n-N+1}\frac{1-a^N}{1-a}$$

综合上述的计算结果，可以将 $y[n]$ 表示成封闭的形式，即

$$y[n] = \begin{cases} 0, & n < 0 \\ \dfrac{1-a^{n+1}}{1-a}, & 0 \leqslant n \leqslant N-1 \\ a^{n-N+1}\cdot\dfrac{1-a^N}{1-a}, & n > N-1 \end{cases}$$

最终的卷积结果 $y[n] = x[n] * h[n]$ 如图 2-12（j）所示。

例 2.6表明，当线性时不变系统的输入序列和单位脉冲响应能够用简单公式表示时，可以利用几何级数的求和公式或其他公式计算卷积，并将计算结果表示成紧凑的数学形式。在科学研究和工程实践中，通常无法用简单公式描述输入序列，且系统的单位脉冲响应复杂，因此只能用翻转-平移方法计算卷积。在计算软件 MATLAB 中提供了计算卷积的函数 conv()。有关 conv() 的使用方法，参见 MATLAB 软件的帮助文档，此处不再赘述。

2.3.3 典型性质

对于离散时间的线性时不变（LTI）系统，卷积是描述输入/输出关系的常用方法。从卷积计算公式出发，可以对线性时不变系统的交换性质、结合性质、分配性质、因果性质、稳定性质等进行系统论述。

1. 交换性质

如果线性时不变系统的输入序列是 $x[n]$，单位脉冲响应是 $h[n]$，则系统响应可以表示为 $x[n]$ 与 $h[n]$ 的卷积形式，即

$$y[n] = x[n] * h[n] = \sum_{k=-\infty}^{\infty} x[k]h[n-k] \tag{2-44}$$

令 $m = n - k$，可以得到

$$y[n] = \sum_{m=\infty}^{-\infty} x[n-m]h[m] = \sum_{m=-\infty}^{\infty} h[m]x[n-m] = h[n] * x[n] \tag{2-45}$$

根据式(2-44)和式(2-45)可以得到卷积运算的交换性质，即

$$y[n] = x[n] * h[n] = h[n] * x[n] \tag{2-46}$$

式(2-46)表明：参与卷积运算的 $x[n]$ 和 $h[n]$ 的角色是可以互换的，如图 2-13所示，输入序列为 $x[n]$ 且单位脉冲响应为 $h[n]$ 的线性时不变系统，与输入序列为 $h[n]$ 且单位脉冲响应为 $x[n]$ 的线性时不变系统，二者有相同的输出序列 $y[n]$。

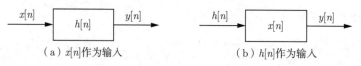

（a）$x[n]$作为输入　　　　　　（b）$h[n]$作为输入

图 2-13　　LTI 系统的交换性质

2. 结合性质

线性时不变系统的卷积运算满足结合律，即

$$(x[n] * h_1[n]) * h_2[n] = x[n] * (h_1[n] * h_2[n]) \tag{2-47}$$

式(2-47)表明：如果输入序列 $x[n]$ 先通过单位脉冲响应为 $h_1[n]$ 的 LTI 系统之后，再通过单位脉冲响应为 $h_2[n]$ 的 LTI 系统（$h_1[n]$ 和 $h_2[n]$ 呈级联关系），等效于 $x[n]$ 通过单位脉冲响应 $h[n] = h_1[n] * h_2[n]$ 的 LTI 系统，如图 2-14所示。

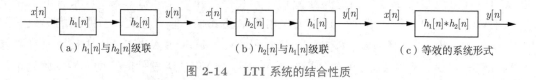

（a）$h_1[n]$与$h_2[n]$级联　　　（b）$h_2[n]$与$h_1[n]$级联　　　（c）等效的系统形式

图 2-14　　LTI 系统的结合性质

再根据式(2-46)所示的交换性质可知：$h_1[n] * h_2[n] = h_2[n] * h_1[n]$，进而得到

$$y[n] = x[n] * (h_1[n] * h_2[n]) = x[n] * (h_2[n] * h_1[n]) \tag{2-48}$$

式(2-48)表明：输入序列 $x[n]$ 通过单位脉冲响应为 $h_1[n] * h_2[n]$ 的 LTI 系统，与通过单位脉冲响应为 $h_2[n] * h_1[n]$ 的 LTI 系统，二者有相同的输出序列 $y[n]$。

　　通常结构复杂的线性时不变系统由若干个独立的子系统组成，它们的组合方式包括级联连接和并联连接两类。在 LTI 系统的级联连接中，第一个子系统的输出作为第二个子系统的输入，第二个子系统的输出又作为第三个子系统的输入，以此类推，最后一个子系统的输出是整个系统的输出。假定某个 LTI 系统由两个子系统级联而成，它们的单位脉冲响应分别为 $h_1[n]$ 和 $h_2[n]$，虽然参与级联连接的子系统顺序不同，但是不影响 LTI 系统的最终输出结果，这是卷积的交换性质和结合性质的直接体现。

3. 分配性质

线性时不变系统的卷积运算满足分配律，即

$$x[n] * (h_1[n] + h_2[n]) = x[n] * h_1[n] + x[n] * h_2[n] \tag{2-49}$$

式(2-49)表明：如果 LTI 系统的单位脉冲响应可以表示为两个序列的求和形式 $h[n] = h_1[n] + h_2[n]$，则系统输出序列是输入序列 $x[n]$ 分别与 $h_1[n]$ 和 $h_2[n]$ 的卷积结果之和，卷积的分配性质是 LTI 系统具有线性性质的直接体现。

　　在 LTI 系统的并联连接中，所有子系统有相同的输入，所有子系统的输出经过求和后作为整个系统的输出。假定某个 LTI 系统由两个子系统并联而成，它们的单位脉冲响应分

别是 $h_1[n]$ 和 $h_2[n]$，当输入为 $x[n]$ 时，它们的输出为 $x[n] * h_1[n]$ 和 $x[n] * h_2[n]$，可以得到

$$y[n] = x[n] * h_1[n] + x[n] * h_2[n] = x[n] * (h_1[n] + h_2[n]) \tag{2-50}$$

式(2-50)表明：两个并联子系统的单位脉冲响应之和是整个系统的单位脉冲响应，即 $h[n] = h_1[n] + h_2[n]$，如图 2-15所示，它是式(2-49)所示分配性质的直接体现。

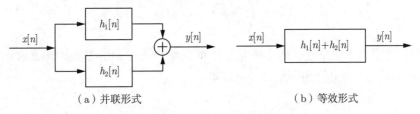

（a）并联形式　　　　　（b）等效形式

图 2-15　LTI 系统的分配性质

4. 因果性质

线性时不变系统具有因果性质的充要条件是它的单位脉冲响应 $h[n]$ 满足

$$h[n] = 0, \quad n < 0 \tag{2-51}$$

即 $h[n]$ 是因果序列。

证明

（1）证明充分性：如果单位脉冲响应满足条件 $h[n] = 0$, $n < 0$，则线性时不变系统具有因果性质。根据线性时不变系统的输入/输出卷积关系

$$y[n] = \sum_{k=-\infty}^{\infty} x[k]h[n-k] \tag{2-52}$$

如果 $h[n]$ 是因果序列（当 $n < 0$ 时 $h[n] = 0$），则当 $n - k < 0$ 时 $h[n-k] = 0$，即当 $k > n$ 时 $h[n-k] = 0$。此时，式(2-52)可以表示为

$$y[n] = \sum_{k=-\infty}^{n} x[k]h[n-k] \tag{2-53}$$

即线性时不变系统在 n 时刻的输出 $y[n]$ 仅仅与 $k \leqslant n$ 时刻的输入 $x[k]$ 有关，而与 $k > n$ 时刻的输入 $x[k]$ 无关，符合 LTI 系统的因果性定义，充分性得证。

（2）证明必要性：如果线性时不变系统具有因果性质，则它的单位脉冲响应是因果序列（$h[n] = 0$, $n < 0$）。为了方便，用反证法证明。假设线性时不变系统具有因果性质，而其单位脉冲响应不是因果序列，即 $h[n] \neq 0$, $n < 0$。根据式(2-52)可以得到

$$y[n] = \sum_{k=-\infty}^{n} x[k]h[n-k] + \sum_{k=n+1}^{\infty} x[k]h[n-k] \tag{2-54}$$

在假设 $h[n] \neq 0, \ n < 0$ 条件下，即在 $h[n-k] \neq 0, \ n-k < 0$ 条件下，式(2-54)的第二个求和项至少有一项不为零，即线性时不变系统在 n 时刻的输出 $y[n]$ 至少有一项与 $k > n$ 时刻的输入 $x[k]$ 有关，这与已知条件——系统具有因果性质矛盾，必要性得证。

5. 稳定性质

线性时不变系统具有稳定性质的充要条件是它的单位脉冲响应 $h[n]$ 是绝对可求和的，即

$$S = \sum_{n=-\infty}^{\infty} |h[n]| < \infty \tag{2-55}$$

证明

（1）证明充分性：如果线性时不变系统的单位脉冲响应 $h[n]$ 是绝对可求和的（$S < \infty$），则该系统是稳定的。根据卷积式(2-52)可以得到

$$|y[n]| = \left| \sum_{n=-\infty}^{\infty} h[k]x[n-k] \right| \leqslant \sum_{n=-\infty}^{\infty} |h[k]||x[n-k]| \tag{2-56}$$

由于线性时不变系统的输入 $x[n]$ 是有界的，即 $|x[n]| < B_x < \infty$，其中 B_x 是常数。因此

$$|y[n]| \leqslant \sum_{n=-\infty}^{\infty} |h[k]||x[n-k]| \leqslant B_x \sum_{n=-\infty}^{\infty} |h[k]| = B_x S \tag{2-57}$$

由于 $S < \infty$ 且 $B_x < \infty$，使得 $|y[n]| < \infty$，即输出 $y[n]$ 是有界的，充分性得证。

（2）证明必要性：如果线性时不变系统是稳定的，则它的单位脉冲响应是绝对可求和的。为了方便，用反证法证明。假设线性时不变系统是稳定的，但是它的单位脉冲响应不是绝对可求和的，即 $S = \infty$。构造有界的输入序列

$$x[n] = \begin{cases} +1, & h[-n] \geqslant 0 \\ -1, & h[-n] < 0 \end{cases} \tag{2-58}$$

利用卷积公式 $y[n] = \sum\limits_{k=-\infty}^{\infty} h[k]x[n-k]$，可以得到 $n = 0$ 时刻的系统输出

$$y[0] = \sum_{k=-\infty}^{\infty} h[k]x[0-k] = \sum_{k=-\infty}^{\infty} |h[k]| = S \tag{2-59}$$

根据假设条件 $S = \infty$ 可知，$n = 0$ 时刻的系统输出 $y[0]$ 是无界的，这与已知条件——系统具有稳定性质（有界的输入产生有界的输出）相矛盾，必要性得证。

2.4 线性常系数差分方程

与常系数微分方程描述连续时间线性时不变系统类似，常系数差分方程可以描述离散时间线性时不变系统。如果线性时不变系统的输入序列是 $x[n]$、输出序列是 $y[n]$，则它的输入/输出关系可以用线性常系数差分方程（Linear Constant Coefficient Difference Equation，LCCDE）表示为

$$\sum_{k=0}^{N} a_k y[n-k] = \sum_{k=0}^{M} b_k x[n-k] \tag{2-60}$$

其中：$a_0, a_1, \cdots, a_N$ 和 $b_0, b_1, \cdots, b_M$ 是常系数（与时间 n 值无关），它们反映了线性时不变系统特征。式(2-60)可以简单地表述：线性时不变系统输出序列的"延时-加权-求和"等于输入序列的"延时-加权-求和"。

2.4.1 递归差分方程

如果式(2-60)的系数 $a_0 \neq 0$，则可以得到

$$y[n] = \sum_{k=0}^{M} \left(\frac{b_k}{a_0} \right) x[n-k] - \sum_{k=1}^{N} \left(\frac{a_k}{a_0} \right) y[n-k] \tag{2-61}$$

式(2-61)表明：线性时不变系统在 n 时刻的输出值 $y[n]$ 由 n 时刻的输入值 $x[n]$、历史的输入值 $x[n-k](k=1,2,\cdots,M)$、历史的输出值 $y[n-k](k=1,2,\cdots,N)$ 共同确定，因此式(2-61)描述的线性时不变系统是因果系统。如果式(2-61)的 N 个定常系数 $a_1, a_2, \cdots, a_N$ 至少有一个不为零，则可以实现对 $y[n]$ 的递归计算。

如果式(2-60)的系数 $a_N \neq 0$，则可以得

$$y[n-N] = \sum_{k=0}^{M} \left(\frac{b_k}{a_N} \right) x[n-k] - \sum_{k=0}^{N-1} \left(\frac{a_k}{a_N} \right) y[n-k] \tag{2-62}$$

式(2-62)表明：线性时不变系统在 $n-N$ 时刻的输出值 $y[n-N]$ 由未来的输入值 $x[n-k](k=0,1,\cdots,M)$、未来的输出值 $y[n-k](k=1,2,\cdots,N-1)$ 共同确定，因此式(2-62)描述的线性时不变系统是非因果系统。如果式(2-62)中的 N 个定常系数 $a_0, a_1, \cdots, a_{N-1}$ 至少有一个不为零，则可以实现对 $y[n-N]$ 的递归计算。

虽然式(2-61)给出了根据输入序列 $x[n]$ 计算输出序列 $y[n]$ 的基本方法，但是在递归求解 $y[n]$ 之前需要指定一组初始条件。假定在 $n=0$ 时刻 $x[n]$ 输入线性时不变系统，当使用式(2-61)计算 $y[0]$ 时，由于 $y[0]$ 依赖于 N 个初始值 $y[-1], y[-2], \cdots, y[-N]$，故在递推求解 $y[n]$ $(n \geqslant 0)$ 之前需要给定这些初始值。与此类似，在使用式(2-62)递推计算 $y[n]$ $(n \leqslant -N)$ 之前，需要给定 N 个初始值 $y[0], y[-1], \cdots, y[-N+1]$。

例 2.7 利用差分方程计算系统的输出值：线性时不变系统的输入/输出关系满足差分方程 $y[n] = ay[n-1] + x[n]$ $(a \neq 0)$，初始条件为 $y[-1] = 0$。当 $x[n] = \delta[n]$ 时，计算当 $n \geqslant 0$ 时 LTI 系统的输出值 $y[n]$。

解 当 $n=0$ 时，线性时不变系统的输出为 $y[0] = ay[-1] + \delta[0] = a \cdot 0 + 1 = 1$；当 $n=1$ 时，$y[1] = a \cdot y[0] + \delta[1] = a \cdot 1 + 0 = a$；当 $n=2$ 时，$y[2] = a \cdot y[1] + \delta[2] = a \cdot a + 0 = a^2$；以此类推，在 n 时刻，系统的输出值为 $y[n] = a^n$。

因此，当 $n \geqslant 0$ 时系统输出可以表示为 $y[n] = a^n u[n]$（由于 $x[n] = \delta[n]$，$y[n]$ 为单位脉冲响应）。随着 n 值的增大，当 $|a| > 1$ 时 $y[n]$ 是发散的，当 $|a| = 1$ 时 $y[n]$ 的模值（或绝对值）是 1，当 $|a| < 1$ 时 $y[n]$ 是收敛的。

例 2.8   利用差分方程递归实现噪声抑制： 利用差分方程 $y[n] - ay[n-1] = (1-a)x[n]$ $(a = 0.80)$，实现对受噪声污染的正弦序列 $x[n] = \cos(\omega_0 n) + n_s$ $(\omega_0 = 0.04\pi)$ 进行递归处理，其中 n_s 表示随机噪声分量。

解   将差分方程变换成递归形式 $y[n] = ay[n-1] + (1-a)x[n]$，可以近似地认为它是数字低通滤波器（将在第 3 章给出频率特性）。假定序列 $x[n]$ 包含的噪声分量 n_s 是均匀分布的，含噪声序列 $x[n]$ 如图 2-16 (a) 所示。

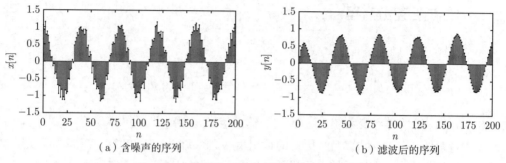

（a）含噪声的序列   （b）滤波后的序列

图 2-16   基于递归差分方程的低通滤波实例

再假定 LTI 系统的初始状态 $y[-1] = 0$，在 $n = 0$ 时刻，利用式 $y[n] = ay[n-1] + (1-a)x[n]$ 可以计算输出 $y[0]$；当依次增大并遍历所有的 n 值，可以得到输出序列 $y[n]$。经过递归处理得到的输出序列 $y[n]$ 如图 2-16 （b）所示。注意：在 $y[n]$ 的初始阶段的误差较大，它来自递归差分计算的固有局限性，经过若干个采样点后可得到有效的抑制。

2.4.2   非递归差分方程

如果差分方程表达式(2-60)中的系数 $a_1, a_2, \cdots, a_N$ 都是零，则可以得到

$$y[n] = \sum_{k=0}^{M} \left(\frac{b_k}{a_0} \right) x[n-k] \tag{2-63}$$

称为非递归差分方程。在给定输入 $x[n]$ 时，利用式(2-63)计算输出值 $y[n]$ 不再需要辅助条件，这与式(2-61)表示的递归计算方法截然不同。

如果令系数 $h[k] = b_k/a_0, k = 0, 1, \cdots, M$，则很容易看出式(2-63)为序列卷积的表示形式。再令 $x[n] = \delta[n]$，可以得到 LTI 系统的单位脉冲响应

$$h[n] = \sum_{k=0}^{M} \left(\frac{b_k}{a_0} \right) \delta[n-k] \tag{2-64}$$

或者它的等价形式

$$h[n] = \begin{cases} b_n/a_0, & 0 \leqslant n \leqslant M \\ 0, & \text{其他} \end{cases} \tag{2-65}$$

根据式(2-65)可知：单位脉冲响应 $h[n]$ 是有限长的因果序列。推广到一般情况，任何有限长

单位脉冲响应（FIR）系统的输出序列都可以通过非递归计算得到，而计算系数是单位脉冲响应对应的数值。

当 $M = 1$，$b_0/a_0 = 1$，$b_1/a_0 = -1$ 时，由式(2-65)可以得到

$$h[n] = \delta[n] - \delta[n-1] \tag{2-66}$$

它表示非递归、因果的差分运算系统，如图 2-17（a）所示，通常用于提取离散时间信号的局部变化信息（或细节信息）。

当 $b_n/a_0 = 1/(M+1)$，$0 \leqslant n \leqslant M$ 时，由式(2-65)可以得到

$$h[n] = \begin{cases} 1/(M+1), & 0 \leqslant n \leqslant M \\ 0, & \text{其他} \end{cases} \tag{2-67}$$

它是因果的滑动平均系统，如图 2-17（b）所示，它来自滑动平均滤波系统的差分方程

$$y[n] = \frac{1}{M_1 + M_2 + 1} \sum_{k=-M_1}^{M_2} x[n-k] \tag{2-68}$$

当 $M_1 = 0$ 且 $M_2 = M$ 时，式(2-67)和式(2-68)描述的线性时不变系统相同。

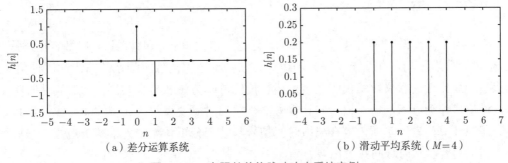

(a) 差分运算系统　　　　　　　　　　　(b) 滑动平均系统（M=4）

图 2-17　有限长单位脉冲响应系统实例

例 2.9　利用差分方程实现滑动平均滤波：利用式(2-68)所示的差分方程，实现对含噪声正弦信号 $x[n] = \cos(\omega_0 n) + n_s$（$\omega_0 = 0.04\pi$）的滑动平均滤波。

解　对离散时间信号进行滑动平均时，通常设定滑动平均系统具有对称的性质，即式(2-68)满足条件 $M_1 = M_2 = M$。在 n 时刻利用式(2-68)计算输出 $y[n]$，当依次遍历所有的 n 值，即可得到输出序列 $y[n]$。

假定 $x[n]$ 中包含的噪声是均匀分布噪声，通过计算平均值方法可以得到抑制。原始的含噪声序列 $x[n]$ 如图 2-18（a）所示，当滑动平均窗口长度 $2M + 1 = 5$ 时，利用式(2-68)对 $x[n]$ 的滤波结果 $y[n]$ 如图 2-18（b）所示，可以看出，噪声分量得到了较好的抑制。

当滑动平均窗口长度 $2M + 1 = 13$ 和 $2M + 1 = 21$ 时，利用式(2-68)对 $x[n]$ 进行的滤波结果 $y[n]$ 分别如图 2-18（c）和图 2-18（d）所示，虽然随着窗口长度的增加，能够得到非常平滑的滤波结果，但是序列幅度的衰减非常明显，即含噪声序列受到了过度的平滑。

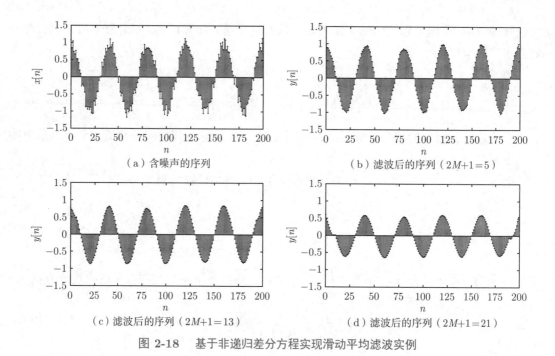

图 2-18   基于非递归差分方程实现滑动平均滤波实例

本章小结

本章给出了离散时间信号的基本概念，讨论了单位脉冲、单位阶跃、指数、复正弦、正弦/余弦等典型序列，并给出了序列的运算方法；论述了离散时间系统的线性、时不变性、因果性和稳定性的含义，给出了判定上述特性的基本方法和典型实例；针对线性时不变系统，讨论了序列卷积的基本概念和计算方法、线性时不变系统的典型性质、线性常系数差分方程的计算问题。本章内容在离散时间信号与系统分析体系中处于基础地位，在后续章节中相关内容将从时域向频域拓展。

本章习题

2.1   分析以下哪个序列与其他不同。

(1) $x[n] = u[n+1] - u[n-2]$；

(2) $x[n] = \begin{cases} 1, & n \in [-1,\ 1] \\ 0, & 其他 \end{cases}$

(3) $x[n] = \sum\limits_{k=-1}^{1} \delta[n-k]$；

(4) $x[n] = \sum\limits_{k=-1}^{2} \delta[n-k]$。

2.2   判断以下序列是否有界，如果是有界的序列，则给出取值的范围。

(1) $x[n] = 4\cos(\omega n)$；

(2) $x[n] = \dfrac{1}{n} u[n]$；

(3) $x[n] = \left(1 - \dfrac{1}{n^2}\right) u[n]$；

(4) $x[n] = A\alpha^n,\ A \in \mathbb{C},\ \alpha \in \mathbb{C}$ 且 $|\alpha| < 1$；

（5）$x[n] = A\alpha^n u[n]$，$A \in \mathbb{C}$，$\alpha \in \mathbb{C}$ 且 $|\alpha| < 1$；

（6）$x[n] = A\alpha^n u[n]$，$A \in \mathbb{C}$，$\alpha \in \mathbb{C}$ 且 $|\alpha| > 1$。

2.3 判断以下序列的周期性，如果是周期序列，则计算序列的周期 N。

（1）$x[n] = \mathrm{e}^{\mathrm{j}\frac{\pi}{5}n}$；　　　　　　　（2）$x[n] = \mathrm{e}^{\mathrm{j}\frac{1}{5}n}$；　　　　　　　（3）$x[n] = \mathrm{e}^{\mathrm{j}\frac{\pi}{\sqrt{2}}n}$；

（4）$x[n] = 10\cos\left(\dfrac{5\pi}{8}n + \dfrac{3\pi}{4}\right)$；（5）$x[n] = 10\mathrm{e}^{\mathrm{j}\left(\frac{1}{6}n - \pi\right)}$；　　　（6）$x[n] = 10\cos\left(\dfrac{\pi}{3}n\right) + 1$；

（7）$x[n] = \dfrac{1}{\pi n}\sin\left(\dfrac{\pi n}{5}\right)$；　　（8）$x[n] = \mathrm{mod}(n, 5)$；　　　（9）$x[n] = \mathrm{j}^{2n}$。

2.4 已知序列 $x[n] = \{\underline{-4}, 5, 1, -2, -3, 0, 2\}$，$y[n] = \{\underline{6}, -3, 1, 0, 8, 7, -2\}$，且在给定范围之外的序列值是零，计算以下的序列：

（1）$z[n] = x[-n]$；　　　　　（2）$z[n] = x[n-3]$；　　　　　（3）$z[n] = x[-n+2]$；

（4）$z[n] = x[n] + y[n]$；　　　（5）$z[n] = x[n] + y[n-2]$；　　（6）$z[n] = x[n] - \dfrac{1}{2}y[n-2]$；

（7）$z[n] = x[n]R_4[n]$；　　　（8）$z[n] = x[n]R_4[n-2]$；　　（9）$z[n] = x[n]y[n+2]$。

2.5 线性时不变系统的单位脉冲响应是 $h[n]$，判断 LTI 系统的因果性及稳定性。

（1）$\delta[n]$；　　　　　　　（2）$u[n]$；　　　　　　　（3）$R_N[n]$；　　　　　（4）$2^n u[n]$；

（5）$2^n u[-n]$；　　　　　（6）$(1/2)^n u[n]$；　　　（7）$(1/2)^n u[-n]$；　　（8）$u[n-3]$；

（9）$u[3-n]$；　　　　　（10）$\dfrac{1}{n}u[n]$；　　　（11）$\dfrac{1}{n^2}u[n]$；　　（12）$\dfrac{1}{n!}u[n]$。

2.6 离散时间系统的输入/输出变换关系表示为 $T(\cdot)$，分别判定以下系统的线性、时不变性、因果性和稳定性。

（1）$T(x[n]) = x[n - n_0]$；　　　　　　（2）$T(x[n]) = kx[n] + b$，　$b \neq 0$；

（3）$T(x[n]) = x[-n]$；　　　　　　　（4）$T(x[n]) = \mathrm{e}^{x[n]}$；

（5）$T(x[n]) = x[n] + 2u[n+1]$；　　　（6）$T(x[n]) = g[n]x[n]$，　$g[n] \neq 0$；

（7）$T(x[n]) = \displaystyle\sum_{k=n_0}^{n} x[k]$；　　　　　　（8）$T(x[n]) = \displaystyle\sum_{k=n_0}^{n+n_0} x[k]$。

2.7 离散时间系统的输入序列 $x[n]$ 和输出序列 $y[n]$ 满足如下关系，判断系统的线性、时不变性、因果性。

（1）$y[n] = ax[n-1]$；　　　　　　　（2）$y[n] = ax[n+1]$；

（3）$y[n] = x[n] + x^3[n-1]$；　　　　（4）$y[n] = (n+a)^2 x[n+2]$；

（5）$y[n] = x[n] + \cos(\omega n)$；　　　（6）$y[n] = x[n] \cdot \cos(\omega n)$；

（7）$y[n] = ay[n-1] + x[n]$，　$|a| < 1$；（8）$y[n] = ay[n-1] + x[n]$，　$|a| > 1$。

2.8 如果离散时间系统的输入/输出满足关系 $y[n] = x[Mn]$，其中 M 为大于 1 的正整数，判断该系统是否为时不变系统。

2.9 利用线性卷积的公式，证明对于任意离散时间信号 $x[n]$，存在等式 $x[n] = x[n] * \delta[n] = \displaystyle\sum_{k=-\infty}^{\infty} x[k]\delta[n-k]$。

2.10 如果有限长序列 $x[n]$ 的定义区间为 $-2 \leqslant n \leqslant 3$，$y[n]$ 的定义区间为 $3 \leqslant n \leqslant 5$，它们的卷积是 $z[n] = x[n] * y[n]$，求

(1) $z[n]$ 的长度 N；　　　　　　　　　　　　　　(2) $z[n]$ 的定义区间。

2.11 如果线性时不变系统的单位脉冲响应 $h[n]$ 的非零区间为 $N_1 \leqslant n \leqslant N_2$，输入序列 $x[n]$ 的非零区间为 $N_3 \leqslant n \leqslant N_4$，输出序列 $y[n]$ 的非零区间是 $N_5 \leqslant n \leqslant N_6$，用 N_1、N_2、N_3 和 N_4 表示 N_5 和 N_6。

2.12 已知 $x_1[n]$ 和 $x_2[n]$ 是离散时间信号，且 N_1 和 N_2 是正整数，并假定 $y[n] = x_1[n] * x_2[n]$，$z[n] = x_1[n - N_1] * x_2[n - N_2]$，请用序列 $y[n]$ 表示序列 $z[n]$。

2.13 证明：设线性时不变系统的单位脉冲响应是 $h[n]$，如果输入 $x[n]$ 是以 N 为周期的序列，即对于任意 $n \in \mathbb{Z}$，都存在 $x[n] = x[n + T]$，则输出 $y[n]$ 也是以 N 为周期的序列，即 $y[n] = y[n + T]$, $\forall n \in \mathbb{Z}$。

2.14 线性时不变系统的单位脉冲响应是 $h[n]$，输入序列是 $x[n]$，求解输出序列 $y[n]$ 并绘制 $y[n]$ 的图形。

(1) $h[n] = R_4[n]$, $x[n] = R_6[n]$；　　　　　　(2) $h[n] = (4/5)^n u[n]$, $x[n] = R_5[n]$；

(3) $h[n] = (1/2)^n R_4[n]$, $x[n] = \delta[n - 2]$；

(4) $h[n] = (1/2)^n R_4[n]$, $x[n] = \delta[n] - \delta[n - 2]$。

2.15 单位脉冲响应分别为 $h_1[n]$ 和 $h_2[n]$ 的两个线性时不变系统相级联，构成单位脉冲响应为 $h[n] = h_1[n] * h_2[n]$ 的线性时不变系统，其中 $h_1[n] = \delta[n] - \delta[n - 2]$, $h_2[n] = a^n u[n]$, $|a| < 1$，当输入序列 $x[n] = u[n]$ 时，求系统的输出序列 $y[n]$。

2.16 线性时不变系统的差分方程为 $y[n] = x[n] + \frac{1}{2} y[n - 1]$，初始条件为 $y[0] = 1$，且当 $n < 0$ 时 $y[n] = 0$，求解输出序列 $y[n]$ 并用 MATLAB 软件绘制 $y[n]$ 的图形。

(1) $x[n] = \delta[n]$；　　　　　　(2) $x[n] = u[n]$；　　　　　　(3) $x[n] = R_5[n]$。

2.17 线性时不变系统的差分方程为 $2y[n] - 3y[n - 1] + y[n - 2] = x[n - 1]$，且输入序列为 $x[n] = 2^n u[n]$，初始条件为 $y[0] = 1$, $y[1] = 1$，求解当 $n \geqslant 0$ 时 LTI 系统的输出序列 $y[n]$。

2.18 假设因果的线性时不变系统的输入/输出关系表示成差分方程 $y[n] - \frac{1}{2} y[n - 1] = x[n] - \frac{1}{3} x[n - 1]$。

(1) 求解 LTI 系统的单位脉冲响应 $h[n]$；　　(2) 当输入 $x[n] = e^{j\omega n}$ 时求解输出 $y[n]$。

2.19 假设离散时间系统的输入/输出关系满足差分方程 $y[n] = ay[n - 1] + x[n]$，且是初始松弛条件的因果系统：如果当 $n < n_0$ 时 $x[n] = 0$，则当 $n < n_0$ 时 $y[n] = 0$。

(1) 假设 $x[n] = \delta[n]$，求解 $y[n]$；　　(2) 判断该系统是否满足线性并证明；

(3) 判断该系统是否满足时不变性并证明。

2.20 线性时不变系统的差分方程是 $y[n] = x[n] - \frac{1}{3} x[n - 1] + \frac{5}{6} y[n - 1] - \frac{1}{6} y[n - 2]$，初始条件为 $y[n] = 0$, $n < 0$，当输入序列是以下序列时：

(1) $x[n] = \delta[n]$；　　　　(2) $x[n] = u[n]$；　　　　　　(3) $x[n] = R_5[n]$；

分别利用 MATLAB 软件计算输出序列 $y[n]$ 并绘制 $y[n]$ 的图形。

第 3 章

CHAPTER 3

离散时间傅里叶变换

路漫漫其修远兮，吾将上下而求索。

——战国·屈原

离散时间傅里叶变换是将离散时间信号从时域映射到频域的重要手段，且映射结果有明确的物理意义，它是数字信号处理技术的基础，在信号分析、系统分析和系统设计等方面扮演着重要的角色。由于离散时间信号的自变量定义在整数域上，使离散时间傅里叶变换不同于连续时间傅里叶变换。本章主要讨论离散时间傅里叶变换的基本概念和主要性质。首先，给出离散时间傅里叶变换及其反变换；然后，论述离散时间傅里叶变换的存在条件和特殊序列的傅里叶变换；其次，论述离散时间傅里叶变换的运算性质；最后，论述利用离散时间傅里叶变换分析线性时不变系统的基本方法。

3.1 DTFT 的定义和条件

离散时间傅里叶变换（Discrete Time Fourier Transform，DTFT）是频谱分析、系统分析、系统设计等的重要工具，它以完备正交函数集 $\{e^{j\omega n} | n \in \mathbb{Z}\}$ 为基础对离散时间信号（序列）进行正交展开，而序列的时域离散性使 DTFT 有别于连续时间傅里叶变换（Continuous Time Fourier Transform，CTFT）。

3.1.1 DTFT 的定义

序列 $x[n]$ 的离散时间傅里叶变换定义为

$$X(e^{j\omega}) = \sum_{n=-\infty}^{\infty} x[n]e^{-j\omega n} \tag{3-1}$$

通常称 $X(e^{j\omega})$ 为频谱密度（简称频谱），它是数字频率 ω 的连续函数。$X(e^{j\omega})$ 的离散时间傅里叶反变换（Inverse Discrete Time Fourier Transform，IDTFT）可以表示为

$$x[n] = \frac{1}{2\pi} \int_{-\pi}^{\pi} X(e^{j\omega})e^{j\omega n}d\omega \tag{3-2}$$

为了证明式(3-2)是式(3-1)的反变换，将式(3-1)两边乘以 $e^{j\omega m}$，同时在 $[-\pi, \pi]$ 内求积

分，可以得到

$$\frac{1}{2\pi}\int_{-\pi}^{\pi}X(\mathrm{e}^{\mathrm{j}\omega})\mathrm{e}^{\mathrm{j}\omega m}\mathrm{d}\omega = \frac{1}{2\pi}\int_{-\pi}^{\pi}\left(\sum_{n=-\infty}^{\infty}x[n]\mathrm{e}^{-\mathrm{j}\omega n}\right)\mathrm{e}^{\mathrm{j}\omega m}\mathrm{d}\omega \tag{3-3}$$

如果式(3-1)右边括号中的求和项一致收敛于 $X(\mathrm{e}^{\mathrm{j}\omega})$，即满足一致收敛条件

$$\lim_{M\to\infty}\left|X(\mathrm{e}^{\mathrm{j}\omega})-X_M(\mathrm{e}^{\mathrm{j}\omega})\right|=0, \quad X_M(\mathrm{e}^{\mathrm{j}\omega})=\sum_{n=-M}^{M}x[n]\mathrm{e}^{-\mathrm{j}\omega n} \tag{3-4}$$

则根据级数理论，可以交换式(3-3)右边的积分与求和的次序，即

$$\frac{1}{2\pi}\int_{-\pi}^{\pi}X(\mathrm{e}^{\mathrm{j}\omega})\mathrm{e}^{\mathrm{j}\omega m}\mathrm{d}\omega = \sum_{n=-\infty}^{\infty}x[n]\left(\frac{1}{2\pi}\int_{-\pi}^{\pi}\mathrm{e}^{\mathrm{j}\omega(m-n)}\mathrm{d}\omega\right) \tag{3-5}$$

根据复指数序列的运算性质，式(3-5)右边括号中的积分项为

$$\frac{1}{2\pi}\int_{-\pi}^{\pi}\mathrm{e}^{\mathrm{j}\omega(m-n)}\mathrm{d}\omega = \delta[m-n] = \begin{cases} 1, & n=m \\ 0, & n\neq m \end{cases} \tag{3-6}$$

将式(3-6)代入式(3-5)，可以得到

$$\frac{1}{2\pi}\int_{-\pi}^{\pi}X(\mathrm{e}^{\mathrm{j}\omega})\mathrm{e}^{\mathrm{j}\omega m}\mathrm{d}\omega = \sum_{n=-\infty}^{\infty}x[n]\delta[m-n] = x[m] \tag{3-7}$$

再将式(3-7)中的变量 m 替换成变量 n，即得到式(3-2)给出的表达式。

因此，式(3-1)和式(3-2)构成了时域和频域之间可逆变换。称式(3-2) 为合成公式，表明 $x[n]$ 是由频率位于 $[-\pi,\pi]$ 内的无限多个复指数序列（频率分量）经过叠加运算（积分）得到。称式(3-1)为分析公式，表明通过分析 $x[n]$ 中包含的频率分量，可以确定合成 $x[n]$ 时，每个频率分量的相对大小。也就是说，$x[n]$ 由无限小的复指数分量 $\frac{1}{2\pi}\mathrm{e}^{\mathrm{j}\omega n}\mathrm{d}\omega$ 叠加而成，而每个复指数分量的相对大小取决于 $X(\mathrm{e}^{\mathrm{j}\omega})$，且 ω 位于 $[-\pi,\pi]$。

序列 $x[n]$ 的离散时间傅里叶变换 $X(\mathrm{e}^{\mathrm{j}\omega})$ 既是关于 ω 的连续函数，又是以 2π 为周期的周期函数，即满足条件 $X(\mathrm{e}^{\mathrm{j}\omega})=X(\mathrm{e}^{\mathrm{j}(\omega+2\pi)})$。简要证明如下：

$$\begin{aligned} X(\mathrm{e}^{\mathrm{j}(\omega+2\pi)}) &= \sum_{n=-\infty}^{\infty}x[n]\mathrm{e}^{-\mathrm{j}(\omega+2\pi)n} = \sum_{n=-\infty}^{\infty}x[n]\mathrm{e}^{-\mathrm{j}\omega n}\cdot\mathrm{e}^{-\mathrm{j}2\pi n} \\ &= \sum_{n=-\infty}^{\infty}x[n]\mathrm{e}^{-\mathrm{j}\omega n}\cdot\left(\mathrm{e}^{\mathrm{j}2\pi n}\right)^{-1} = X(\mathrm{e}^{\mathrm{j}\omega})\cdot 1 = X(\mathrm{e}^{\mathrm{j}\omega}) \end{aligned} \tag{3-8}$$

由于 $X(\mathrm{e}^{\mathrm{j}\omega})$ 是以 2π 为周期的连续函数，因此可以将式(3-1)看作 $X(\mathrm{e}^{\mathrm{j}\omega})$ 的傅里叶级数展开式，而 $x[n]$ 是傅里叶级数的展开式系数。虽然任何长度为 2π 的区间都是式(3-2)的可用积分范围，但是将 ω 限定在 $[-\pi,\pi]$ 或 $[0,2\pi]$ 内会更加简洁。

通常 $X(\mathrm{e}^{\mathrm{j}\omega})$ 是关于 ω 的复函数，可以将 $X(\mathrm{e}^{\mathrm{j}\omega})$ 表示成直角坐标形式，即

$$X(e^{j\omega}) = X_R(e^{j\omega}) + jX_I(e^{j\omega}) \tag{3-9}$$

其中：$X_R(e^{j\omega}) \in \mathbb{R}$ 是实部，是关于 ω 的偶函数；$X_I(e^{j\omega}) \in \mathbb{R}$ 是虚部，是关于 ω 的奇函数。与此同时，还可以将 $X(e^{j\omega})$ 表示成极坐标形式，即

$$X(e^{j\omega}) = |X(e^{j\omega})| e^{j\angle X(e^{j\omega})} \tag{3-10}$$

其中：$|X(e^{j\omega})|(\geqslant 0)$ 为幅度，是关于 ω 的偶函数，反映序列的幅频特性；$\angle X(e^{j\omega}) \in \mathbb{R}$ 为相位，是关于 ω 的奇函数，反映序列的相频特性。在实际应用中，称 $X(e^{j\omega})$ 为傅里叶谱，称 $|X(e^{j\omega})|$ 为幅度谱，称 $|\angle X(e^{j\omega})|$ 为相位谱。

特别地，$X_R(e^{j\omega})$、$X_I(e^{j\omega})$、$|X(e^{j\omega})|$ 和 $\angle X(e^{j\omega})$ 都是以 2π 为周期的连续函数。在 $\angle X(e^{j\omega})$ 上增加 2π 的整数倍，不会影响用式(3-10)表示 $X(e^{j\omega})$。在实际应用中，只能计算出 $\angle X(e^{j\omega})$ 位于 $[-\pi, \pi]$ 或 $[0, 2\pi]$ 内的相位主值，而无法消除 $\angle X(e^{j\omega})$ 关于 2π 的模糊性。

3.1.2　一致收敛条件

虽然离散时间傅里叶变换的定义式(3-1)给出了计算频谱的方法，但是并非任意序列 $x[n]$ 都存在频谱，讨论频谱的存在问题即讨论式(3-1)右边级数的收敛问题。如果该级数收敛，则对于所有的 ω 值，必须满足条件 $|X(e^{j\omega})| < \infty$。根据式(3-1)可以得到

$$|X(e^{j\omega})| \leqslant \sum_{n=-\infty}^{\infty} |x[n]||e^{-j\omega n}| = \sum_{n=-\infty}^{\infty} |x[n]| = S \tag{3-11}$$

式(3-11)表明：如果 $S < \infty$，则 $|X(e^{j\omega})| < \infty$。也就是说，如果 $x[n]$ 是绝对可求和的，则 $X(e^{j\omega})$ 一定存在，即 $x[n]$ 的绝对可求和是 $X(e^{j\omega})$ 存在的充分条件。因此，当 $S < \infty$ 时，式(3-1)右边级数一致收敛于 $X(e^{j\omega})$，即对于所有的 ω 值满足条件

$$\lim_{M \to \infty} |X(e^{j\omega}) - X_M(e^{j\omega})| = 0, \quad X_M(e^{j\omega}) = \sum_{n=-M}^{M} x[n]e^{-j\omega n} \tag{3-12}$$

例 3.1　单位脉冲序列的离散时间傅里叶变换：计算单位脉冲序列 $x[n] = \delta[n]$ 的离散时间傅里叶变换 $X(e^{j\omega})$，绘制幅度谱 $|X(e^{j\omega})|$ 和相位谱 $\angle X(e^{j\omega})$。

解　单位脉冲序列定义为

$$\delta[n] = \begin{cases} 1, & n = 0 \\ 0, & n \neq 0 \end{cases} \tag{3-13}$$

将 $x[n] = \delta[n]$ 代入式(3-1)可以得到

$$X(e^{j\omega}) = \sum_{n=-\infty}^{\infty} \delta[n]e^{-j\omega n} = \delta[0]e^{-j\omega 0} = 1 \tag{3-14}$$

根据式(3-14)得到的幅度谱 $|X(e^{j\omega})|$ 和相位谱 $\angle X(e^{j\omega})$ 如图 3-1所示，在所有频率上 $|X(e^{j\omega})| = 1$ 且 $\angle X(e^{j\omega}) = 0$。

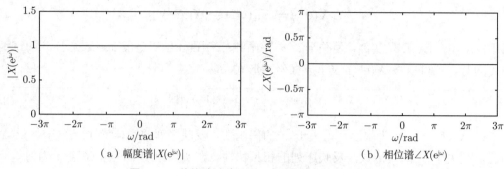

（a）幅度谱$|X(\mathrm{e}^{\mathrm{j}\omega})|$　　　　　　　　（b）相位谱$\angle X(\mathrm{e}^{\mathrm{j}\omega})$

图 3-1　单位脉冲序列 $\delta[n]$ 的幅度谱和相位谱

例 3.2　矩形序列的离散时间傅里叶变换：计算长度为 N 的矩形序列 $x[n] = R_N[n]$ 的频率响应 $X(\mathrm{e}^{\mathrm{j}\omega})$；给出当 $N = 5$ 时的频率特性，包括 $X_\mathrm{R}(\mathrm{e}^{\mathrm{j}\omega})$、$X_\mathrm{I}(\mathrm{e}^{\mathrm{j}\omega})$、$|X(\mathrm{e}^{\mathrm{j}\omega})|$ 和 $\angle X(\mathrm{e}^{\mathrm{j}\omega})$。

解　长度为 N 的矩形序列定义为

$$x[n] = R_N[n] = \begin{cases} 1, & 0 \leqslant n \leqslant N-1 \\ 0, & \text{其他} \end{cases} \tag{3-15}$$

将 $x[n] = R_N[n]$ 代入式(3-1)可以得到

$$X(\mathrm{e}^{\mathrm{j}\omega}) = \sum_{n=-\infty}^{\infty} R_N[n]\mathrm{e}^{-\mathrm{j}\omega n} = \sum_{n=0}^{N-1} 1 \cdot \mathrm{e}^{-\mathrm{j}\omega n} = \sum_{n=0}^{N-1} (\mathrm{e}^{-\mathrm{j}\omega})^n \tag{3-16}$$

式(3-16)是等比数列的 N 项求和形式，求和结果可以表示为

$$X(\mathrm{e}^{\mathrm{j}\omega}) = \frac{1 - \mathrm{e}^{-\mathrm{j}N\omega}}{1 - \mathrm{e}^{-\mathrm{j}\omega}} = \mathrm{e}^{-\mathrm{j}(N-1)\omega/2} \cdot \frac{\sin(N\omega/2)}{\sin(\omega/2)} \tag{3-17}$$

根据式(3-17)可以得到 $X(\mathrm{e}^{\mathrm{j}\omega})$ 的实部和虚部，即

$$X_\mathrm{R}(\mathrm{e}^{\mathrm{j}\omega}) = \cos\left(\frac{N-1}{2}\omega\right) \frac{\sin(N\omega/2)}{\sin(\omega/2)} \tag{3-18a}$$

$$X_\mathrm{I}(\mathrm{e}^{\mathrm{j}\omega}) = -\sin\left(\frac{N-1}{2}\omega\right) \frac{\sin(N\omega/2)}{\sin(\omega/2)} \tag{3-18b}$$

以及幅度谱和相位谱，即

$$|X(\mathrm{e}^{\mathrm{j}\omega})| = \left| \frac{\sin(N\omega/2)}{\sin(\omega/2)} \right| \tag{3-19a}$$

$$\angle X(\mathrm{e}^{\mathrm{j}\omega}) = -\frac{N-1}{2}\omega + \arg\left(\frac{\sin(N\omega/2)}{\sin(\omega/2)} \right) \tag{3-19b}$$

长度 $N = 5$ 的矩形序列 $R_5[n]$ 如图 3-2(a)所示,实函数 $X_A(e^{j\omega}) = \sin(N\omega/2)/\sin(\omega/2)$ 如图 3-2 (b) 所示。根据式(3-18)得到的实部 $X_R(e^{j\omega})$ 如图 3-2 (c) 所示,它关于 $\omega = 0$ 呈偶对称;虚部 $X_I(e^{j\omega})$ 如图 3-2 (d) 所示,它关于 $\omega = 0$ 呈奇对称。根据式(3-19)得到的幅频谱 $|X(e^{j\omega})|$ 如图 3-2 (e) 所示,它关于 $\omega = 0$ 呈偶对称;相位谱 $\angle X(e^{j\omega})$ 如图 3-2 (f) 所示,它关于 $\omega = 0$ 呈奇对称,且存在着关于 2π 的模糊性。

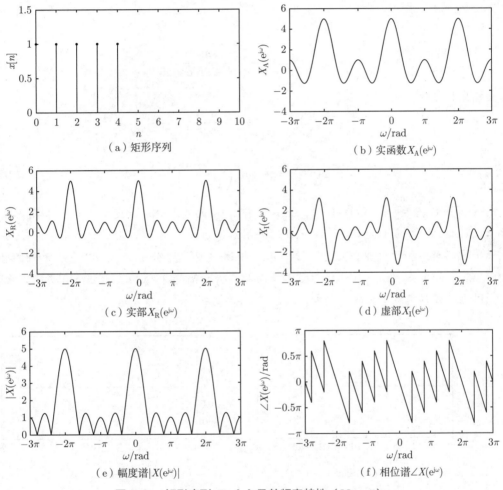

图 3-2 矩形序列 $R_N[n]$ 及其频率特性（$N = 5$）

例 3.3 指数序列的离散时间傅里叶变换:计算序列 $x[n] = \alpha^n u[n]$ 的离散时间傅里叶变换,绘制当 $\alpha = 0.8$ 和 $\alpha = -0.8$ 时的频谱 $X(e^{j\omega})$。

解 将 $x[n] = \alpha^n u[n]$ 代入式(3-1)可以得到

$$X(e^{j\omega}) = \sum_{n=-\infty}^{\infty} \alpha^n u[n] e^{-j\omega n} = \sum_{n=0}^{\infty} \alpha^n e^{-j\omega n} = \sum_{n=0}^{\infty} (\alpha e^{-j\omega})^n \tag{3-20}$$

式(3-20)是公比为 $\alpha e^{-j\omega}$ 的等比数列。如果 $|\alpha e^{-j\omega}| < 1$,即 $|\alpha| < 1$,则 $x[n] = \alpha^n u[n]$ 是

绝对可求和的序列，即存在频谱 $X(\mathrm{e}^{\mathrm{j}\omega})$。利用等比序列的求和公式，可以得到

$$X(\mathrm{e}^{\mathrm{j}\omega}) = \frac{1}{1 - \alpha \mathrm{e}^{-\mathrm{j}\omega}}, \quad |\alpha| < 1 \tag{3-21}$$

将欧拉公式 $\mathrm{e}^{\mathrm{j}\theta} = \cos\theta + \mathrm{j}\sin\theta$ 用于式(3-21)，可以得到 $X(\mathrm{e}^{\mathrm{j}\omega})$ 的实部和虚部，即

$$X_{\mathrm{R}}(\mathrm{e}^{\mathrm{j}\omega}) = \frac{1 - \alpha \cos\omega}{1 + \alpha^2 - 2\alpha \cos\omega} \tag{3-22a}$$

$$X_{\mathrm{I}}(\mathrm{e}^{\mathrm{j}\omega}) = \frac{-\alpha \sin\omega}{1 + \alpha^2 - 2\alpha \cos\omega} \tag{3-22b}$$

以及幅度和相位，即

$$|X(\mathrm{e}^{\mathrm{j}\omega})| = \frac{1}{[1 + \alpha^2 - 2\alpha \cos\omega]^{1/2}} \tag{3-23a}$$

$$\angle X(\mathrm{e}^{\mathrm{j}\omega}) = \arctan\left(\frac{-\alpha \sin\omega}{1 - \alpha \cos\omega}\right) \tag{3-23b}$$

当 $\alpha = 0.80$ 和 $\alpha = -0.80$ 时，$x[n] = \alpha^n u[n]$ 的波形分别如图 3-3（a）和图 3-3（b）所示。实部 $X_{\mathrm{R}}(\mathrm{e}^{\mathrm{j}\omega})$ 和虚部 $X_{\mathrm{I}}(\mathrm{e}^{\mathrm{j}\omega})$ 分别如图 3-3（c）和图 3-3（d）所示，它们分别关于 $\omega = 0$ 呈偶对称和奇对称。幅度 $|X(\mathrm{e}^{\mathrm{j}\omega})|$ 和相位 $\angle X(\mathrm{e}^{\mathrm{j}\omega})$ 分别如图 3-3（e）和图 3-3（f）所示，它们分别关于 $\omega = 0$ 呈偶对称和奇对称。由于幅度-相位的表示方法有明确的物理意义，因此在工程实践中的应用更加广泛。

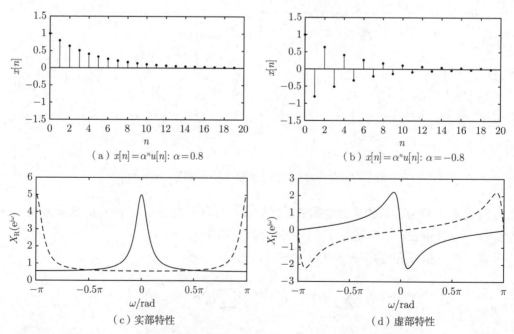

（a）$x[n] = \alpha^n u[n]$: $\alpha = 0.8$　　　　（b）$x[n] = \alpha^n u[n]$: $\alpha = -0.8$

（c）实部特性　　　　（d）虚部特性

图 3-3　序列 $x[n] = \alpha^n u[n]$ 及其频率特性（实线代表 $\alpha = 0.80$，虚线代表 $\alpha = -0.80$）

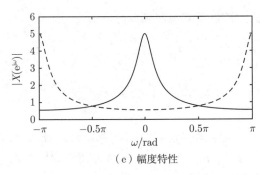
（e）幅度特性

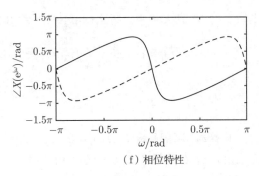
（f）相位特性

图 3-3　（续）

3.1.3　均方收敛条件

根据 3.1.2节可知：序列 $x[n]$ 的绝对可求和是离散时间傅里叶变换 $X(e^{j\omega})$ 存在的充分条件，如果 $X(e^{j\omega})$ 的傅里叶级数的展开式系数

$$x[n] = \frac{1}{2\pi} \int_{-\pi}^{\pi} X(e^{j\omega}) e^{j\omega n} d\omega \tag{3-24}$$

存在，则 $X(e^{j\omega})$ 可以用傅里叶级数表示，但是式(3-1)右边级数可能不是一致收敛的。如果 $x[n]$ 不满足绝对可求和条件，而满足相对松弛的平方可求和条件

$$\sum_{n=-\infty}^{\infty} |x[n]|^2 < \infty \tag{3-25}$$

即 $x[n]$ 在时域的总能量是有限值，则式(3-1)右边的级数按照均方收敛于 $X(e^{j\omega})$，即

$$\lim_{M \to \infty} \int_{-\pi}^{\pi} \left| X(e^{j\omega}) - X_M(e^{j\omega}) \right|^2 d\omega = 0, \quad X_M(e^{j\omega}) = \sum_{n=-M}^{M} x[n] e^{-j\omega n} \tag{3-26}$$

特别地，式(3-25)所示序列 $x[n]$ 的平方可求和（总能量是有限值）条件，也是 $X(e^{j\omega})$ 存在的充分条件。此外，根据 Cauchy-Schwarz 不等式可以得到

$$\sum_{n=-\infty}^{\infty} |x[n]|^2 \leqslant \left(\sum_{n=-\infty}^{\infty} |x[n]| \right)^2 \tag{3-27}$$

根据式(3-27)可知：如果 $x[n]$ 是绝对可求和的，则它一定是平方可求和的。也就是说，如果级数是一致收敛的，则一定是均方收敛的，反之不一定成立。

例 3.4　理想低通滤波器的均方收敛特性：讨论截止频率是 ω_c 的理想低通数字滤波器 $H_{lp}(e^{j\omega})$ 的均方收敛特性。

解　理想低通滤波器的频率响应表示为

$$H_{lp}(e^{j\omega}) = \begin{cases} 1, & |\omega| < \omega_c \\ 0, & \omega_c \leqslant |\omega| \leqslant \pi \end{cases} \tag{3-28}$$

其中：ω_c 是截止频率。将式(3-28)代入式(3-2)，可以得到理想单位脉冲响应

$$h_{lp}[n] = \frac{1}{2\pi}\int_{-\pi}^{\pi}H_{lp}(e^{j\omega})e^{j\omega n}d\omega = \frac{1}{2\pi}\int_{-\omega_c}^{\omega_c}e^{j\omega n}d\omega$$
$$= \frac{1}{2\pi}\cdot\frac{1}{jn}\left(e^{j\omega_c n}-e^{-j\omega_c n}\right) = \frac{\sin(\omega_c n)}{\pi n}, \quad -\infty < n < \infty \tag{3-29}$$

根据式(3-29)可知：当 $n<0$ 时，$h_{lp}[n]$ 不为零，即 $h_{lp}[n]$ 是非因果系统。特别地，由于 $\sin(\omega_c n)$ 在区间 $[-1,1]$ 取值，因此当 $n\to\infty$ 时，$h_{lp}[n]$ 以 $1/n$ 形式趋近于零，即 $h_{lp}[n]$ 不是绝对可求和的。因此，$h_{lp}[n]$ 的离散时间傅里叶变换

$$\sum_{n=-\infty}^{\infty}h_{lp}[n]e^{-j\omega n} = \sum_{n=-\infty}^{\infty}\frac{\sin(\omega_c n)}{\pi n}e^{-j\omega n} \tag{3-30}$$

无法一致收敛于 $H_{lp}(e^{j\omega})$，这是 $H_{lp}(e^{j\omega})$ 在 $\omega=\omega_c$ 位置不连续的必然结果。

但是，$h_{lp}[n]$ 是平方可求和的，即总能量是有限的[1]，即

$$\sum_{n=-\infty}^{\infty}|h_{lp}[n]|^2 = \sum_{n=-\infty}^{\infty}\left(\frac{\sin(\omega_c n)}{\pi n}\right)^2 = \frac{\omega_c}{\pi} < \infty \tag{3-31}$$

式(3-31)使得式(3-30)右边的级数在均方意义下收敛于 $H_{lp}(e^{j\omega})$，即

$$\lim_{M\to\infty}\int_{-\pi}^{\pi}\left|H(e^{j\omega})-H_M(e^{j\omega})\right|^2d\omega = 0, \quad H_M(e^{j\omega}) = \sum_{n=-M}^{M}\frac{\sin(\omega_c n)}{\pi n}e^{-j\omega n} \tag{3-32}$$

当截止频率 $\omega_c=0.5\pi$ 时，理想低通滤波器 $H_{lp}(e^{j\omega})$ 及其单位脉冲响应 $h_{lp}[n]$ 分别如图 3-4（a）和图 3-4（b）所示。当 M 取不同值时，$H_M(e^{j\omega})$ 的特性曲线如图 3-4（c）～图 3-4（f）所示。随着 M 值的增大，$H_M(e^{j\omega})$ 在 $\omega=\omega_c$ 位置的振荡加剧，但是波纹幅度没有增加。当 $M\to\infty$ 时，最大振荡幅度（波纹）并不趋近于零，但是振荡行为逐渐收敛于 $\omega=\pm\omega_c$ 位置。虽然 $H_M(e^{j\omega})$ 不能一致收敛于 $H_{lp}(e^{j\omega})$，但是 $h_{lp}[n]$ 是平方可求和的，使得 $H_M(e^{j\omega})$ 在均方意义下收敛于 $H_{lp}(e^{j\omega})$。也就是说，当 $M\to\infty$ 时 $H_{lp}(e^{j\omega})$ 和 $H_M(e^{j\omega})$ 仅在 $\omega=\pm\omega_c$ 位置存在差异，即 $H_M(e^{j\omega})$ 在均方误差为零意义上收敛于 $H_{lp}(e^{j\omega})$。

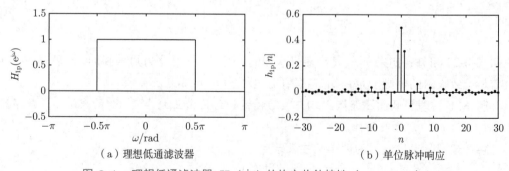

（a）理想低通滤波器　　　　　　　（b）单位脉冲响应
图 3-4　理想低通滤波器 $H_{lp}(e^{j\omega})$ 的均方收敛特性（$\omega_c=0.5\pi$）

---

[1] 利用 Parseval 定理可以证明式(3-31)，将在 3.3 节论述 Parseval 定理。

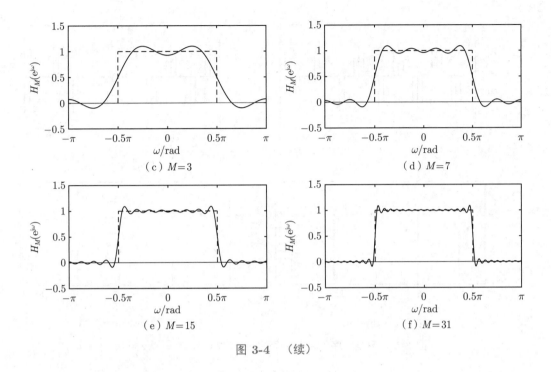

图 3-4 （续）

3.2 周期序列的 DTFT

根据 3.1 节可知：序列 $x[n]$ 的一致收敛和均方收敛都是离散时间傅里叶变换 $X(e^{j\omega})$ 存在的充分条件。如果 $x[n]$ 是周期序列，即对于所有的 n 值，满足条件 $x[n] = x[n+N]$ ($N \in \mathbb{Z}^+$)，则当 $n \to \infty$ 时，$x[n]$ 既不是绝对可求和的，又不是平方可求和的，使得 $X(e^{j\omega})$ 既不是一致收敛的，也不是均方收敛的。为了描述周期序列的频率特性，在频域中引入了冲激函数 $\delta(\omega)$[①]，使周期序列也存在着离散时间傅里叶变换（DTFT）。本节仅讨论 4 种特殊周期序列的 DTFT，对于任意周期序列的 DTFT，将在离散傅里叶级数的相关章节中讨论。

3.2.1 复指数和正弦序列

复指数序列 $e^{j\omega_0 n}$ 和正弦序列 $\cos(\omega_0 n)$ 或 $\sin(\omega_0 n)$ 是常见的基础序列，且可以利用欧拉公式进行相互转换。将复指数和正弦序列纳入离散时间傅里叶变换的分析体系，对深入了解数字频谱概念和拓展 DTFT 的分析范围非常重要。

1. 复指数序列

频率为 ω_0 的复指数序列定义为

$$x[n] = e^{j\omega_0 n} = \cos(\omega_0 n) + j\sin(\omega_0 n) \tag{3-33}$$

当 $\omega_0 = 0.25\pi$ 时，复指数序列 $e^{j\omega_0 n}$ 的实部 $x_c[n] = \cos(\omega_0 n)$ 和虚部 $x_s[n] = \sin(\omega_0 n)$ 分别如图 3-5（a）和图 3-5（b）所示。

[①] 关于冲激函数的定义和性质，可以参见《信号与系统》教材。

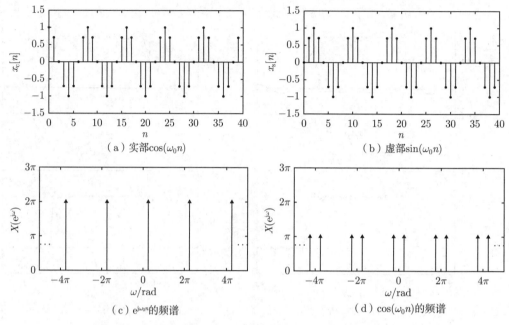

（a）实部$\cos(\omega_0 n)$ （b）虚部$\sin(\omega_0 n)$

（c）$\mathrm{e}^{\mathrm{j}\omega_0 n}$的频谱   （d）$\cos(\omega_0 n)$的频谱

图 3-5   复指数序列和正弦序列的频谱结构（$\omega_0 = 0.25\pi$）

复指数序列 $x[n] - \mathrm{e}^{\mathrm{j}\omega_0 n}$ 的离散时间傅里叶变换表示为

$$X(\mathrm{e}^{\mathrm{j}\omega}) = \sum_{k=-\infty}^{\infty} 2\pi\delta(\omega - \omega_0 + 2\pi k) \tag{3-34}$$

根据式(3-34)可知，$X(\mathrm{e}^{\mathrm{j}\omega})$ 是以 ω_0 为中心，以 2π 的整数倍为间隔的一组冲激函数，且每个冲激函数的积分面积是 2π。当 $\omega_0 = 0.25\pi$ 时，复指数序列的频谱如图 3-5（c）所示。可以看出，$X(\mathrm{e}^{\mathrm{j}\omega})$ 在频域上呈现以 2π 为周期的"线谱"结构。

下面证明式(3-33)和式(3-34)可以构成可逆关系。将式(3-34)代入离散时间傅里叶反变换的定义式(3-2)，可以得到

$$x[n] = \frac{1}{2\pi}\int_{-\pi}^{\pi}\left(\sum_{k=-\infty}^{\infty} 2\pi\delta(\omega - \omega_0 + 2\pi k)\right)\mathrm{e}^{\mathrm{j}\omega n}\mathrm{d}\omega \tag{3-35}$$

由于式(3-35)限定了积分区间 $[-\pi,\pi]$，故只考虑当 $k=0$ 时的情况，即

$$x[n] = \frac{1}{2\pi}\int_{-\pi}^{\pi} 2\pi\delta(\omega - \omega_0)\mathrm{e}^{\mathrm{j}\omega n}\mathrm{d}\omega = \mathrm{e}^{\mathrm{j}\omega_0 n} \tag{3-36}$$

因此，式(3-33)和式(3-34)构成了离散时间傅里叶变换与反变换关系。

2. 正弦序列

频率为 ω_0 的正弦序列 $\cos(\omega_0 n)$ 和 $\sin(\omega_0 n)$ 是复指数序列 $\mathrm{e}^{\mathrm{j}\omega_0 n}$ 的实部和虚部，根据欧拉公式，用复指数序列将它们表示为

$$x_c[n] = \cos(\omega_0 n) = \frac{\mathrm{e}^{\mathrm{j}\omega_0 n} + \mathrm{e}^{-\mathrm{j}\omega_0 n}}{2} \tag{3-37a}$$

$$x_s[n] = \sin(\omega_0 n) = \frac{e^{j\omega_0 n} - e^{-j\omega_0 n}}{2j} \tag{3-37b}$$

因此，根据式(3-33)和式(3-34)所示的可逆变换关系，可以得到

$$X_c(e^{j\omega}) = \pi \sum_{k=-\infty}^{\infty} [\delta(\omega - \omega_0 + 2\pi k) + \delta(\omega + \omega_0 + 2\pi k)] \tag{3-38a}$$

$$X_s(e^{j\omega}) = -j\pi \sum_{k=-\infty}^{\infty} [\delta(\omega - \omega_0 + 2\pi k) - \delta(\omega + \omega_0 + 2\pi k)] \tag{3-38b}$$

根据式(3-38)可知，$X_c(e^{j\omega})$ 和 $X_s(e^{j\omega})$ 也是以 $\pm\omega_0$ 为中心的，以 2π 的整数倍为间隔的一组冲激函数。当 $\omega_0 = 0.25\pi$ 时，余弦序列 $x_c[n] = \cos(\omega_0 n)$ 的频谱 $X_c(e^{j\omega})$ 如图 3-5（d）所示，可以看出，$X_c(e^{j\omega})$ 在频域上呈现以 2π 为周期的"线谱"结构。

特别地，对于序列 $e^{j\omega_0 n}$、$\cos(\omega_0 n)$ 和 $\sin(\omega_0 n)$ 而言，只有当 $2\pi/\omega_0$ 为有理数时，它们才是周期序列（周期 $N = (2\pi/\omega_0)k，k \in \mathbb{Z}$）。由于上述内容没有限定 $2\pi/\omega_0$ 是否为有理数，因此离散时间傅里叶变换结果的适用范围更为广泛。

3.2.2 单位脉冲的衍生序列

任意序列 $x[n]$ 可以表示为单位脉冲序列 $\delta[n]$ 的"平移-加权-求和"形式，即

$$x[n] = \sum_{k=-\infty}^{\infty} x[k]\delta[n-k], \quad -\infty < n < \infty \tag{3-39}$$

因此，利用式(3-39)可以构造出特殊的周期序列（如单位值序列等），它们在数字信号的时域和频域分析中占有独特的地位。

1. 单位值序列

单位值序列是幅值为 1 的序列，如图 3-6（a）所示，可以表示为

$$x[n] = \sum_{k=-\infty}^{\infty} \delta[n-k] \tag{3-40}$$

或者表示成更简单的形式

$$x[n] = 1, \quad -\infty < n < \infty \tag{3-41}$$

由于 $x[n] = e^{j\omega_0 n}|_{\omega_0 = 0} = e^{j0} = 1$，因此单位值序列是频率 $\omega_0 = 0$ 的复指数序列。将 $\omega_0 = 0$ 代入式 (3-1) 和式(3-34)，可以得到单位值序列 $x[n] = 1$ $(n \in \mathbb{Z})$ 的离散时间傅里叶变换

$$X(e^{j\omega}) = \sum_{k=-\infty}^{\infty} 1 \cdot e^{-j\omega n} = \sum_{k=-\infty}^{\infty} 2\pi\delta(\omega + 2\pi k) \tag{3-42}$$

根据式(3-42)可知，$X(e^{j\omega})$ 是以 $\omega = 0$ 为中心，以 2π 为间隔的一组冲激函数，且每个冲激函数的积分面积为 2π，如图 3-6（b）所示，它同样呈现以 2π 为周期的"线谱"特性。

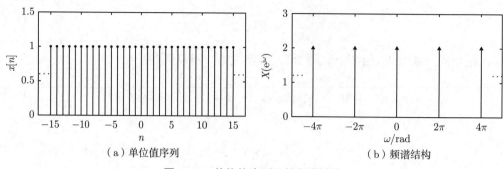

（a）单位值序列 　　　　　　　　　　（b）频谱结构

图 3-6　　单位值序列及其频谱结构

2. 单位脉冲周期序列

周期为 N 的单位脉冲周期序列，可以表示为

$$x[n] = \sum_{k=-\infty}^{\infty} \delta[n - kN] \tag{3-43}$$

当 $N = 5$ 时，单位脉冲周期序列如图 3-7（a）所示。

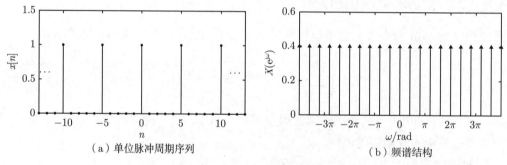

（a）单位脉冲周期序列 　　　　　　　（b）频谱结构

图 3-7　　单位脉冲周期序列及其频谱结构

将式(3-43)代入式(3-1)，可以得到

$$
\begin{aligned}
X(\mathrm{e}^{\mathrm{j}\omega}) &= \sum_{n=-\infty}^{\infty} \left(\sum_{k=-\infty}^{\infty} \delta[n - kN] \right) \mathrm{e}^{-\mathrm{j}\omega n} \\
&= \sum_{k=-\infty}^{\infty} \sum_{n=-\infty}^{\infty} \delta[n - kN]\mathrm{e}^{-\mathrm{j}\omega n} = \sum_{k=-\infty}^{\infty} \mathrm{e}^{-\mathrm{j}\omega Nk}
\end{aligned} \tag{3-44}
$$

如果将式(3-44)的 ωN 看作整体，则式(3-44)表示单位值序列的离散时间傅里叶变换。因此，根据式(3-42)和式(3-44)可以得到

$$X(\mathrm{e}^{\mathrm{j}\omega}) = \sum_{k=-\infty}^{\infty} 2\pi\delta(\omega N + 2\pi k) = \sum_{k=-\infty}^{\infty} 2\pi\delta\left(N\left(\omega + 2\pi k/N\right)\right) \tag{3-45}$$

再利用冲激函数的性质 $\delta(at) = \delta(t)/|a|$，根据式(3-45)可以得到

$$X(\mathrm{e}^{\mathrm{j}\omega}) = \sum_{k=-\infty}^{\infty} \frac{2\pi}{N}\delta\left(\omega + \frac{2\pi k}{N}\right) \tag{3-46}$$

由此可知，$X(\mathrm{e}^{\mathrm{j}\omega})$ 是以 $\omega = 0$ 为中心，以 $\omega = 2\pi/N$ 为间隔的一组冲激函数，且每个冲激函数的积分面积为 $2\pi/N$。当 $N = 5$ 时，$X(\mathrm{e}^{\mathrm{j}\omega})$ 的频谱结构如图 3-7（b）所示。比较图 3-6和图 3-7可以看出，在时域和频域上，单位值序列和单位脉冲周期序列存在着对偶关系。

利用复指数序列、正弦序列、单位值序列以及单位脉冲周期序列的离散时间傅里叶变换，可以推导出满足 $x[n] = x[n + N](-\infty < n < \infty)$ 关系的任意周期序列的离散时间傅里叶变换，并可以用离散傅里叶级数（DFS）表示。这些内容超出本章范围，在此不再赘述。典型序列的离散时间傅里叶变换如表 3-1所示。

表 3-1　典型序列的离散时间傅里叶变换

序列 $x[n]$	离散时间傅里叶变换 $X(\mathrm{e}^{\mathrm{j}\omega})$
$\delta[n]$	1
$\delta[n - n_0]$	$\mathrm{e}^{-\mathrm{j}\omega n_0}$
$1 \ (-\infty < n < \infty)$	$\sum\limits_{k=-\infty}^{\infty} 2\pi\delta(\omega + 2\pi k)$
$u[n]$	$\dfrac{1}{1 - \mathrm{e}^{-\mathrm{j}\omega}} + \sum\limits_{k=-\infty}^{\infty} \pi\delta(\omega + 2\pi k)$
$a^n u[n] \ \ (|a| < 1)$	$\dfrac{1}{1 - a\mathrm{e}^{-\mathrm{j}\omega}}$
$(n + 1)a^n u[n] \ \ (|a| < 1)$	$\dfrac{1}{(1 - a\mathrm{e}^{-\mathrm{j}\omega})^2}$
$\dfrac{\sin \omega_\mathrm{c} n}{\pi n}$	$X(\mathrm{e}^{\mathrm{j}\omega}) = \begin{cases} 1, & |\omega| < \omega_\mathrm{c} \\ 0, & \omega_\mathrm{c} < |\omega| \leqslant \pi \end{cases}$
$\dfrac{r^n \sin \omega_0(n + 1)}{\sin \omega_0} u[n] \ \ (|r| < 1)$	$\dfrac{1}{1 - 2r\cos\omega_0\mathrm{e}^{-\mathrm{j}\omega} + r^2\mathrm{e}^{-\mathrm{j}2\omega}}$
$x[n] = \begin{cases} 1, & 0 \leqslant n \leqslant M \\ 0, & \text{其他} \end{cases}$	$\dfrac{\sin[\omega(M + 1)/2]}{\sin(\omega/2)}\mathrm{e}^{-\mathrm{j}\omega M/2}$
$\mathrm{e}^{\mathrm{j}\omega_0 n}$	$\sum\limits_{k=-\infty}^{\infty} 2\pi\delta(\omega - \omega_0 + 2\pi k)$
$\cos(\omega_0 n + \phi)$	$\sum\limits_{k=-\infty}^{\infty}\left[\pi\mathrm{e}^{\mathrm{j}\phi}\delta(\omega - \omega_0 + 2\pi k) + \pi\mathrm{e}^{-\mathrm{j}\phi}\delta(\omega + \omega_0 + 2\pi k)\right]$
$\sin(\omega_0 n + \phi)$	$-\mathrm{j}\sum\limits_{k=-\infty}^{\infty}\left[\pi\mathrm{e}^{\mathrm{j}\phi}\delta(\omega - \omega_0 + 2\pi k) - \pi\mathrm{e}^{-\mathrm{j}\phi}\delta(\omega + \omega_0 + 2\pi k)\right]$

3.3　DTFT 的主要性质

离散时间傅里叶变换（DTFT）和连续时间傅里叶变换（CTFT）有很多类似的性质，掌握它们可使离散时间信号分析和处理更加快捷。为了论述方便，用符号 $\mathcal{F}$ 代表 DTFT 和

IDTFT 的可逆变换关系，序列 $x[n]$ 与其频谱 $X(\mathrm{e}^{\mathrm{j}\omega})$ 的对应关系记作 $x[n] \overset{\mathcal{F}}{\longleftrightarrow} X(\mathrm{e}^{\mathrm{j}\omega})$。

3.3.1 基本性质

1. 线性性质

如果 $x[n] \overset{\mathcal{F}}{\longleftrightarrow} X(\mathrm{e}^{\mathrm{j}\omega})$，$y[n] \overset{\mathcal{F}}{\longleftrightarrow} Y(\mathrm{e}^{\mathrm{j}\omega})$，$\alpha$ 和 β 是常系数，则

$$\alpha x[n] + \beta y[n] \overset{\mathcal{F}}{\longleftrightarrow} \alpha X(\mathrm{e}^{\mathrm{j}\omega}) + \beta Y(\mathrm{e}^{\mathrm{j}\omega}) \tag{3-47}$$

式(3-47)表明，$x[n]$ 和 $y[n]$ 在时域上的线性组合对应着 $X(\mathrm{e}^{\mathrm{j}\omega})$ 和 $Y(\mathrm{e}^{\mathrm{j}\omega})$ 在频域上的线性组合。简要证明过程如下：

$$\sum_{n=-\infty}^{\infty} (\alpha x[n] + \beta y[n])\mathrm{e}^{-\mathrm{j}\omega n} = \sum_{n=-\infty}^{\infty} (\alpha x[n])\mathrm{e}^{-\mathrm{j}\omega n} + \sum_{n=-\infty}^{\infty} (\beta y[n])\mathrm{e}^{-\mathrm{j}\omega n}$$

$$= \alpha \sum_{n=-\infty}^{\infty} x[n]\mathrm{e}^{-\mathrm{j}\omega n} + \beta \sum_{n=-\infty}^{\infty} y[n]\mathrm{e}^{-\mathrm{j}\omega n} = \alpha X(\mathrm{e}^{\mathrm{j}\omega}) + \beta Y(\mathrm{e}^{\mathrm{j}\omega})$$

2. 时间平移

如果 $x[n] \overset{\mathcal{F}}{\longleftrightarrow} X(\mathrm{e}^{\mathrm{j}\omega})$，则

$$x[n - m] \overset{\mathcal{F}}{\longleftrightarrow} \mathrm{e}^{-\mathrm{j}\omega m} X(\mathrm{e}^{\mathrm{j}\omega}) \tag{3-48}$$

式(3-48)表明，$x[n]$ 在时域上平移 m 个单位，对应着 $X(\mathrm{e}^{\mathrm{j}\omega})$ 在频域上产生 $-\omega m$ 的相位移位（简称相移），且相移大小与频率呈正比。简要证明过程如下：

$$\sum_{n=-\infty}^{\infty} x[n - m]\mathrm{e}^{-\mathrm{j}\omega n} = \sum_{k=-\infty}^{\infty} x[k]\mathrm{e}^{-\mathrm{j}\omega(m+k)}$$

$$= \mathrm{e}^{-\mathrm{j}\omega m} \sum_{k=-\infty}^{\infty} x[k]\mathrm{e}^{-\mathrm{j}\omega k} = \mathrm{e}^{-\mathrm{j}\omega m} X(\mathrm{e}^{\mathrm{j}\omega})$$

3. 时间翻转

如果 $x[n] \overset{\mathcal{F}}{\longleftrightarrow} X(\mathrm{e}^{\mathrm{j}\omega})$，则

$$x[-n] \overset{\mathcal{F}}{\longleftrightarrow} X(\mathrm{e}^{-\mathrm{j}\omega}) \tag{3-49}$$

式(3-49)表明，$x[n]$ 在时域上的翻转，对应着 $X(\mathrm{e}^{\mathrm{j}\omega})$ 在频域上的翻转。简要证明过程如下：

$$\sum_{n=-\infty}^{\infty} x[-n]\mathrm{e}^{-\mathrm{j}\omega n} = \sum_{k=\infty}^{-\infty} x[k]\mathrm{e}^{\mathrm{j}\omega k}$$

$$= \sum_{k=\infty}^{-\infty} x[k]\mathrm{e}^{-\mathrm{j}(-\omega)k} = X(\mathrm{e}^{-\mathrm{j}\omega})$$

如果 $x[n]$ 是实序列，则 $x[-n] \overset{\mathcal{F}}{\longleftrightarrow} X^*(\mathrm{e}^{\mathrm{j}\omega})$，即存在 $X^*(\mathrm{e}^{\mathrm{j}\omega}) = X(\mathrm{e}^{-\mathrm{j}\omega})$。由于 $|X(\mathrm{e}^{\mathrm{j}\omega})| = |X^*(\mathrm{e}^{\mathrm{j}\omega})|$，因此实序列的时间翻转不改变幅度特性，而只改变相位特性——相位值取负号或相位平移了 π 弧度（$\mathrm{e}^{\mathrm{j}\pi} = -1$）。

4. 序列共轭

如果 $x[n] \overset{\mathcal{F}}{\longleftrightarrow} X(\mathrm{e}^{\mathrm{j}\omega})$，则

$$x^*[n] \overset{\mathcal{F}}{\longleftrightarrow} X^*(\mathrm{e}^{-\mathrm{j}\omega}) \tag{3-50}$$

式(3-50)表明，$x[n]$ 在时域上取共轭，对应着 $X(\mathrm{e}^{\mathrm{j}\omega})$ 在频域上翻转之后取共轭。简要证明过程如下：

$$\sum_{n=-\infty}^{\infty} x^*[n]\mathrm{e}^{-\mathrm{j}\omega n} = \left(\sum_{n=-\infty}^{\infty} x[n]\mathrm{e}^{\mathrm{j}\omega n}\right)^*$$

$$= \left(\sum_{n=-\infty}^{\infty} x[n]\mathrm{e}^{-\mathrm{j}(-\omega)n}\right)^* = X^*(\mathrm{e}^{-\mathrm{j}\omega})$$

5. 频率微分

如果 $x[n] \overset{\mathcal{F}}{\longleftrightarrow} X(\mathrm{e}^{\mathrm{j}\omega})$，则

$$nx[n] \overset{\mathcal{F}}{\longleftrightarrow} \mathrm{j}\frac{\mathrm{d}X(\mathrm{e}^{\mathrm{j}\omega})}{\mathrm{d}\omega} \tag{3-51}$$

式(3-51)表明，$x[n]$ 在时域上对下标值 n 的线性加权，对应着 $X(\mathrm{e}^{\mathrm{j}\omega})$ 在频域上取一阶导数并乘以 j 因子。简要证明过程如下：

$$\mathrm{j}\frac{\mathrm{d}X(\mathrm{e}^{\mathrm{j}\omega})}{\mathrm{d}\omega} = \mathrm{j}\frac{\mathrm{d}}{\mathrm{d}\omega}\left(\sum_{n=-\infty}^{\infty} x[n]\mathrm{e}^{-\mathrm{j}\omega n}\right) = \mathrm{j}\sum_{n=-\infty}^{\infty} x[n]\frac{\mathrm{d}(\mathrm{e}^{-\mathrm{j}\omega n})}{\mathrm{d}\omega}$$

$$= \mathrm{j}\sum_{n=-\infty}^{\infty} x[n](-\mathrm{j}n\cdot\mathrm{e}^{-\mathrm{j}\omega n}) = \sum_{n=-\infty}^{\infty} nx[n]\cdot\mathrm{e}^{-\mathrm{j}\omega n}$$

6. 指数乘法

如果 $x[n] \overset{\mathcal{F}}{\longleftrightarrow} X(\mathrm{e}^{\mathrm{j}\omega})$，则

$$a^n x[n] \overset{\mathcal{F}}{\longleftrightarrow} X\left(\frac{\mathrm{e}^{\mathrm{j}\omega}}{a}\right) \tag{3-52}$$

式(3-52)表明，$x[n]$ 在时域上与指数序列 a^n 相乘，对应着 $X(\mathrm{e}^{\mathrm{j}\omega})$ 在频域上用 $\mathrm{e}^{\mathrm{j}\omega}/a$ 代替 $\mathrm{e}^{\mathrm{j}\omega}$。简要证明过程如下：

$$\sum_{n=-\infty}^{\infty} (a^n x[n])\mathrm{e}^{-\mathrm{j}\omega n} = \sum_{n=\infty}^{-\infty} x[n]\left(\frac{\mathrm{e}^{\mathrm{j}\omega}}{a}\right)^n = X\left(\frac{\mathrm{e}^{\mathrm{j}\omega}}{a}\right)$$

7. 频率平移

如果 $x[n] \overset{\mathcal{F}}{\longleftrightarrow} X(\mathrm{e}^{\mathrm{j}\omega})$，则

$$\mathrm{e}^{\mathrm{j}\omega_0 n} x[n] \overset{\mathcal{F}}{\longleftrightarrow} X\left(\mathrm{e}^{\mathrm{j}(\omega-\omega_0)}\right) \tag{3-53}$$

式(3-53)表明，$x[n]$ 与复指数序列 $\mathrm{e}^{\mathrm{j}\omega_0 n}$ 在时域上相乘，对应着 $X(\mathrm{e}^{\mathrm{j}\omega})$ 在频域上产生 ω_0 的

频率平移（简称频移）。简要证明过程如下：

$$\sum_{n=-\infty}^{\infty}(\mathrm{e}^{\mathrm{j}\omega_0 n}x[n])\mathrm{e}^{-\mathrm{j}\omega n}=\sum_{n=\infty}^{-\infty}x[n]\mathrm{e}^{-\mathrm{j}(\omega-\omega_0)n}=X(\mathrm{e}^{\mathrm{j}(\omega-\omega_0)})$$

8. 时域卷积

如果 $x[n]\xleftrightarrow{\mathcal{F}}X(\mathrm{e}^{\mathrm{j}\omega})$，$y[n]\xleftrightarrow{\mathcal{F}}Y(\mathrm{e}^{\mathrm{j}\omega})$，则

$$x[n]*y[n]\xleftrightarrow{\mathcal{F}}X(\mathrm{e}^{\mathrm{j}\omega})Y(\mathrm{e}^{\mathrm{j}\omega}) \tag{3-54}$$

式(3-54)表明，即 $x[n]$ 和 $y[n]$ 在时域上的卷积，对应着 $X(\mathrm{e}^{\mathrm{j}\omega})$ 和 $Y(\mathrm{e}^{\mathrm{j}\omega})$ 在频域上的乘积。简要证明过程如下：

$$x[n]*y[n]=\sum_{k=-\infty}^{\infty}x[k]y[n-k]=\sum_{k=-\infty}^{\infty}\left(\frac{1}{2\pi}\int_{-\pi}^{\pi}X(\mathrm{e}^{\mathrm{j}\omega})\mathrm{e}^{\mathrm{j}\omega k}\mathrm{d}\omega\right)y[n-k]$$

$$=\frac{1}{2\pi}\int_{-\pi}^{\pi}X(\mathrm{e}^{\mathrm{j}\omega})\left(\sum_{k=-\infty}^{\infty}y[n-k]\mathrm{e}^{\mathrm{j}\omega k}\right)\mathrm{d}\omega$$

$$=\frac{1}{2\pi}\int_{-\pi}^{\pi}X(\mathrm{e}^{\mathrm{j}\omega})\left[Y(\mathrm{e}^{\mathrm{j}\omega})\mathrm{e}^{\mathrm{j}\omega n}\right]\mathrm{d}\omega-\frac{1}{2\pi}\int_{-\pi}^{\pi}\left[X(\mathrm{e}^{\mathrm{j}\omega})Y(\mathrm{e}^{\mathrm{j}\omega})\right]\mathrm{e}^{\mathrm{j}\omega n}\mathrm{d}\omega$$

9. 频域卷积

如果 $x[n]\xleftrightarrow{\mathcal{F}}X(\mathrm{e}^{\mathrm{j}\omega})$，$y[n]\xleftrightarrow{\mathcal{F}}Y(\mathrm{e}^{\mathrm{j}\omega})$，则

$$x[n]y[n]\xleftrightarrow{\mathcal{F}}\frac{1}{2\pi}X(\mathrm{e}^{\mathrm{j}\omega})*Y(\mathrm{e}^{\mathrm{j}\omega}) \tag{3-55}$$

式(3-55)表明，$x[n]$ 和 $y[n]$ 在时域上的乘积，对应着 $X(\mathrm{e}^{\mathrm{j}\omega})$ 和 $Y(\mathrm{e}^{\mathrm{j}\omega})$ 在频域上的卷积。简要证明过程如下：

$$\sum_{n=-\infty}^{\infty}x[n]y[n]\mathrm{e}^{-\mathrm{j}\omega n}=\sum_{n=-\infty}^{\infty}\left(\frac{1}{2\pi}\int_{-\pi}^{\pi}X(\mathrm{e}^{\mathrm{j}\theta})\mathrm{e}^{\mathrm{j}\theta n}\mathrm{d}\theta\right)y[n]\mathrm{e}^{-\mathrm{j}\omega n}$$

$$=\frac{1}{2\pi}\int_{-\pi}^{\pi}X(\mathrm{e}^{\mathrm{j}\theta})\left(\sum_{n=-\infty}^{\infty}y[n]\mathrm{e}^{-\mathrm{j}(\omega-\theta)n}\right)\mathrm{d}\theta$$

$$=\frac{1}{2\pi}\int_{-\pi}^{\pi}X(\mathrm{e}^{\mathrm{j}\theta})Y(\mathrm{e}^{\mathrm{j}(\omega-\theta)})\mathrm{d}\theta=\frac{1}{2\pi}X(\mathrm{e}^{\mathrm{j}\omega})*Y(\mathrm{e}^{\mathrm{j}\omega})$$

10. Parseval 定理

如果 $x[n]\xleftrightarrow{\mathcal{F}}X(\mathrm{e}^{\mathrm{j}\omega})$，$y[n]\xleftrightarrow{\mathcal{F}}Y(\mathrm{e}^{\mathrm{j}\omega})$，则

$$\sum_{n=-\infty}^{\infty}x[n]y^*[n]=\frac{1}{2\pi}\int_{-\pi}^{\pi}X(\mathrm{e}^{\mathrm{j}\omega})Y^*(\mathrm{e}^{\mathrm{j}\omega})\mathrm{d}\omega \tag{3-56}$$

式(3-56)表明，$x[n]$ 和 $y[n]$ 在时域上的内积，对应着 $X(\mathrm{e}^{\mathrm{j}\omega})$ 和 $Y(\mathrm{e}^{\mathrm{j}\omega})$ 在频域上的内积。特别地，当 $x[n] = y[n]$ 时，由于 $|x[n]|^2 = x[n]x^*[n]$ 且 $|X(\mathrm{e}^{\mathrm{j}\omega})|^2 = X(\mathrm{e}^{\mathrm{j}\omega})X^*(\mathrm{e}^{\mathrm{j}\omega})$，因此可以得到

$$\sum_{n=-\infty}^{\infty} |x[n]|^2 = \frac{1}{2\pi}\int_{-\pi}^{\pi}\left|X(\mathrm{e}^{\mathrm{j}\omega})\right|^2 \mathrm{d}\omega \tag{3-57}$$

式(3-57)表明，$x[n]$ 在时域上的总能量等于 $X(\mathrm{e}^{\mathrm{j}\omega})$ 在频域上的总能量，因此又称 Parserval 定理为能量守恒定理。通常称 $|X(\mathrm{e}^{\mathrm{j}\omega})|^2/(2\pi)$ 为能量谱密度，代表了在频域上的能量分布。由于频谱函数具有周期为 2π 的特性，因此在任意长度为 2π 区间内都可以求出频域的总能量。式(3-57)既是普适的能量守恒定律在数字信号处理领域的体现，又是在时域和频域能够实现等效分析的理论依据。式(3-56)和式(3-57)的简要证明过程如下：

$$\sum_{n=-\infty}^{\infty} x[n]y^*[n] = \sum_{n=-\infty}^{\infty} x[n]\left(\frac{1}{2\pi}\int_{-\pi}^{\pi} Y(\mathrm{e}^{\mathrm{j}\omega})\mathrm{e}^{\mathrm{j}\omega n}\mathrm{d}\omega\right)^*$$

$$= \frac{1}{2\pi}\int_{-\pi}^{\pi} Y^*(\mathrm{e}^{\mathrm{j}\omega})\left(\sum_{n=-\infty}^{\infty} x[n]\mathrm{e}^{-\mathrm{j}\omega n}\right)\mathrm{d}\omega$$

$$= \frac{1}{2\pi}\int_{-\pi}^{\pi} Y^*(\mathrm{e}^{\mathrm{j}\omega})X(\mathrm{e}^{\mathrm{j}\omega})\mathrm{d}\omega = \frac{1}{2\pi}\int_{-\pi}^{\pi}\left[X(\mathrm{e}^{\mathrm{j}\omega})Y^*(\mathrm{e}^{\mathrm{j}\omega})\right]\mathrm{d}\omega$$

因此，式(3-56)得证；再令 $x[n] = y[n]$，式(3-57)得证。

上述离散时间傅里叶变换的主要性质如表 3-2所示。

表 3-2 离散时间傅里叶变换的基本性质

序　　列	离散时间傅里叶变换
$x[n-n_0]$	$\mathrm{e}^{-\mathrm{j}\omega n_0}X(\mathrm{e}^{\mathrm{j}\omega})$
$x[-n]$	$X(\mathrm{e}^{-\mathrm{j}\omega})$ (如果 $x[n] \in \mathbb{R}$，则 $X^*(\mathrm{e}^{\mathrm{j}\omega}) = X(\mathrm{e}^{-\mathrm{j}\omega})$)
$a^n x[n]$	$X(\mathrm{e}^{\mathrm{j}\omega}/a)$
$\mathrm{e}^{\mathrm{j}\omega_0 n}x[n]$	$X\left(\mathrm{e}^{\mathrm{j}(\omega-\omega_0)}\right)$
$nx[n]$	$\mathrm{j}\dfrac{\mathrm{d}X(\mathrm{e}^{\mathrm{j}\omega})}{\mathrm{d}\omega}$
$ax[n] + by[n]$	$aX(\mathrm{e}^{\mathrm{j}\omega}) + bY(\mathrm{e}^{\mathrm{j}\omega})$
$x[n] * y[n]$	$X(\mathrm{e}^{\mathrm{j}\omega})Y(\mathrm{e}^{\mathrm{j}\omega})$
$x[n]y[n]$	$\dfrac{1}{2\pi}\displaystyle\int_{-\pi}^{\pi} X(\mathrm{e}^{\mathrm{j}\theta})Y(\mathrm{e}^{\mathrm{j}(\omega-\theta)})\mathrm{d}\theta$

Parseval 定理：

$$\sum_{n=-\infty}^{\infty} x[n]y^*[n] = \frac{1}{2\pi}\int_{-\pi}^{\pi} X(\mathrm{e}^{\mathrm{j}\omega})Y^*(\mathrm{e}^{\mathrm{j}\omega})\mathrm{d}\omega \qquad \sum_{n=-\infty}^{\infty} |x[n]|^2 = \frac{1}{2\pi}\int_{-\pi}^{\pi}\left|X(\mathrm{e}^{\mathrm{j}\omega})\right|^2 \mathrm{d}\omega$$

3.3.2 对称性质

在离散时间傅里叶变换过程中，一般假定序列 $x[n]$ 是复序列（将实序列看作复序列的特殊情况）。将序列 $x[n]$ 表示成实部-虚部形式，即

$$x[n] = x_r[n] + jx_i[n] \tag{3-58}$$

其中

$$x_r[n] = \frac{1}{2}\left(x[n] + x^*[n]\right) \tag{3-59a}$$

$$x_i[n] = \frac{1}{2j}\left(x[n] - x^*[n]\right) \tag{3-59b}$$

通常称满足 $x_e[n] = x_e^*[-n]$ 关系的复序列为共轭对称序列，称满足 $x_o[n] = -x_o^*[-n]$ 关系的复序列为共轭反对称序列。任何复序列 $x[n]$ 都可以表示为共轭对称序列 $x_e[n]$ 和共轭反对称序列 $x_o[n]$ 的求和形式，即

$$x[n] = x_e[n] + x_o[n] \tag{3-60}$$

其中：$x_e[n]$ 是偶函数，$x_o[n]$ 是奇函数，即

$$x_e[n] = \frac{1}{2}\left(x[n] + x^*[-n]\right) = x_e^*[-n] \tag{3-61a}$$

$$x_o[n] = \frac{1}{2}\left(x[n] - x^*[-n]\right) = -x_o^*[-n] \tag{3-61b}$$

同理，序列 $x[n]$ 的离散时间傅里叶变换 $X(e^{j\omega})$ 也可以表示成实部-虚部形式，即

$$X(e^{j\omega}) = X_r(e^{j\omega}) + jX_i(e^{j\omega}) \tag{3-62}$$

其中：$X_r(e^{j\omega})$ 是偶函数，$X_i(e^{j\omega})$ 是奇函数，即

$$X_r(e^{j\omega}) = \frac{1}{2}\left[X(e^{j\omega}) + X^*(e^{j\omega})\right] = X_r^*(e^{j\omega}) \tag{3-63a}$$

$$X_i(e^{j\omega}) = \frac{1}{2j}\left[X(e^{j\omega}) - X^*(e^{j\omega})\right] = -X_i^*(e^{j\omega}) \tag{3-63b}$$

还可以将 $X(e^{j\omega})$ 表示成共轭对称函数 $X_e(e^{j\omega})$ 和共轭反对称函数 $X_o(e^{j\omega})$ 的求和形式，即

$$X(e^{j\omega}) = X_e(e^{j\omega}) + X_o(e^{j\omega}) \tag{3-64}$$

其中：$X_e(e^{j\omega})$ 是偶函数，$X_o(e^{j\omega})$ 是奇函数，即

$$X_e(e^{j\omega}) = \frac{1}{2}\left[X(e^{j\omega}) + X^*(e^{-j\omega})\right] = X_e^*(e^{-j\omega}) \tag{3-65a}$$

$$X_{\mathrm{o}}(\mathrm{e}^{\mathrm{j}\omega}) = \frac{1}{2}\left[X(\mathrm{e}^{\mathrm{j}\omega}) - X^*(\mathrm{e}^{-\mathrm{j}\omega})\right] = -X_{\mathrm{o}}(\mathrm{e}^{-\mathrm{j}\omega}) \tag{3-65b}$$

如果将 $x[n]$ 和 $X(\mathrm{e}^{\mathrm{j}\omega})$ 的可逆变换关系表示为 $X(\mathrm{e}^{\mathrm{j}\omega}) = \mathrm{DTFT}(x[n])$，则利用式(3-1)可以得到: $X^*(\mathrm{e}^{-\mathrm{j}\omega}) = \mathrm{DTFT}(x^*[n])$，$X(\mathrm{e}^{-\mathrm{j}\omega}) = \mathrm{DTFT}(x[-n])$，$X^*(\mathrm{e}^{\mathrm{j}\omega}) = \mathrm{DTFT}(x^*[-n])$。比较式(3-59)与式(3-65)，式(3-61)与式(3-63)，可以得到时域、频域对应关系如下:

$$X_{\mathrm{e}}(\mathrm{e}^{\mathrm{j}\omega}) = \mathrm{DTFT}(x_{\mathrm{r}}[n]), \quad X_{\mathrm{o}}(\mathrm{e}^{\mathrm{j}\omega}) = \mathrm{DTFT}(\mathrm{j}x_{\mathrm{i}}[n]) \tag{3-66a}$$

$$X_{\mathrm{r}}(\mathrm{e}^{\mathrm{j}\omega}) = \mathrm{DTFT}(x_{\mathrm{e}}[n]), \quad \mathrm{j}X_{\mathrm{i}}(\mathrm{e}^{\mathrm{j}\omega}) = \mathrm{DTFT}(x_{\mathrm{o}}[n]) \tag{3-66b}$$

式(3-66)给出了离散时间傅里叶变换的时域和频域对偶关系，以此为基础可以推导出更多、更具体的对应关系，如因果序列的对称关系等[①]，在此不再赘述。

特别地，实序列 $x[n]$ 的离散时间傅里叶变换 $X(\mathrm{e}^{\mathrm{j}\omega})$ 存在如下关系:

$$\mathrm{Re}[X(\mathrm{e}^{\mathrm{j}\omega})] = \mathrm{Re}[X(\mathrm{e}^{-\mathrm{j}\omega})], \quad \mathrm{Im}[X(\mathrm{e}^{\mathrm{j}\omega})] = -\mathrm{Im}[X(\mathrm{e}^{-\mathrm{j}\omega})] \tag{3-67a}$$

$$|X(\mathrm{e}^{\mathrm{j}\omega})| = |X(\mathrm{e}^{-\mathrm{j}\omega})|, \quad \arg[X(\mathrm{e}^{\mathrm{j}\omega})] = -\arg[X(\mathrm{e}^{-\mathrm{j}\omega})] \tag{3-67b}$$

式(3-67)表明，当 $x[n] \in \mathbb{R}$ 时，$X(\mathrm{e}^{\mathrm{j}\omega})$ 的实部是偶函数，虚部是奇函数；$X(\mathrm{e}^{\mathrm{j}\omega})$ 的幅度是偶函数，相位是奇函数。在实际工程应用中，经常使用式(3-67)检验 DTFT 结果的正确性。

离散时间傅里叶变换的对称性质如表 3-3所示，为简化求解过程提供了便捷工具。

表 3-3　离散时间傅里叶变换的对称性质

序号	序列	离散时间傅里叶变换
1	$x^*[n]$	$X^*(\mathrm{e}^{-\mathrm{j}\omega})$
2	$x^*[-n]$	$X^*(\mathrm{e}^{\mathrm{j}\omega})$
3	$\mathrm{Re}(x[n])$	$X_{\mathrm{e}}(\mathrm{e}^{\mathrm{j}\omega})$
4	$\mathrm{jIm}(x[n])$	$X_{\mathrm{o}}(\mathrm{e}^{\mathrm{j}\omega})$
5	$x_{\mathrm{e}}[n]$	$X_{\mathrm{R}}(\mathrm{e}^{\mathrm{j}\omega}) = \mathrm{Re}\left(X(\mathrm{e}^{\mathrm{j}\omega})\right)$
6	$x_{\mathrm{o}}[n]$	$\mathrm{j}X_{\mathrm{I}}(\mathrm{e}^{\mathrm{j}\omega}) = \mathrm{jIm}\left(X(\mathrm{e}^{\mathrm{j}\omega})\right)$
7	$x[n] \in \mathbb{R}$	$X(\mathrm{e}^{\mathrm{j}\omega}) = X^*(\mathrm{e}^{-\mathrm{j}\omega})$
8	$x[n] \in \mathbb{R}$	$X_{\mathrm{R}}(\mathrm{e}^{\mathrm{j}\omega}) = X_{\mathrm{R}}(\mathrm{e}^{-\mathrm{j}\omega})$
9	$x[n] \in \mathbb{R}$	$X_{\mathrm{I}}(\mathrm{e}^{\mathrm{j}\omega}) = -X_{\mathrm{I}}(\mathrm{e}^{-\mathrm{j}\omega})$
10	$x[n] \in \mathbb{R}$	$|X(\mathrm{e}^{\mathrm{j}\omega})| = |X(\mathrm{e}^{-\mathrm{j}\omega})|$
11	$x[n] \in \mathbb{R}$	$\angle X(\mathrm{e}^{\mathrm{j}\omega}) = -\angle X(\mathrm{e}^{-\mathrm{j}\omega})$

---

① 参见程佩青编著的《数字信号处理教程》(第五版)，清华大学出版社。

3.4　LTI 系统的频率响应

如果离散时间线性时不变系统的输入序列为 $x[n]$，单位脉冲响应为 $h[n]$，则输出序列是 $y[n] = x[n] * h[n]$。根据卷积的交换性质（$x[n] * h[n] = h[n] * x[n]$）可知，$x[n]$ 和 $h[n]$ 在本质上是相同的，都是离散时间信号，即序列。因此，关于序列 $x[n]$ 的离散时间傅里叶变换 $X(e^{j\omega})$ 的收敛性质、运算性质、对称性质等，同样适用于线性时不变（LTI）系统的单位脉冲响应 $h[n]$，也就是说，离散时间傅里叶变换为 LTI 系统分析提供了理论基础。

3.4.1　频率响应概念

如果 LTI 系统的单位脉冲响应为 $h[n]$，输入序列为 $x[n]$，则输出序列为

$$y[n] = h[n] * x[n] = \sum_{k=-\infty}^{\infty} h[k]x[n-k] \tag{3-68}$$

假定 $x[n]$ 是复指数序列 $e^{j\omega n}$，根据式(3-68)可以得到

$$\begin{aligned} y[n] &= h[n] * e^{j\omega n} = \sum_{k=-\infty}^{\infty} h[k]e^{j\omega(n-k)} \\ &= e^{j\omega n} \sum_{k=-\infty}^{\infty} h[k]e^{-j\omega k} = H(e^{j\omega})e^{j\omega n} \end{aligned} \tag{3-69}$$

其中：

$$H(e^{j\omega}) = \sum_{k=-\infty}^{\infty} h[k]e^{-j\omega k} = \sum_{n=-\infty}^{\infty} h[n]e^{-j\omega n} \tag{3-70}$$

式(3-69)和式(3-70)表明：当 LTI 系统的输入是复指数序列 $e^{j\omega n}$ 时，输出是被 $H(e^{j\omega})$ 加权且频率相同的复指数序列，其中 $H(e^{j\omega})$ 是 $h[n]$ 的离散时间傅里叶变换。通常称 $e^{j\omega n}$ 为 LTI 系统的特征函数，称 $H(e^{j\omega})$ 为 LTI 系统的频率响应。利用离散时间傅里叶反变换公式(3-2)，可以依据 $H(e^{j\omega})$ 获得单位脉冲响应

$$h[n] = \frac{1}{2\pi} \int_{-\pi}^{\pi} H(e^{j\omega})e^{j\omega n} d\omega \tag{3-71}$$

通常，LTI 系统的频率响应 $H(e^{j\omega})$ 是与单位脉冲响应有关且与输入序列无关的复值函数，可以将 $H(e^{j\omega})$ 表示成实部-虚部形式，即

$$H(e^{j\omega}) = H_R(e^{j\omega}) + jH_I(e^{j\omega}) \tag{3-72}$$

其中：$H_R(e^{j\omega}) \in \mathbb{R}$ 为实部响应，是偶对称函数；$H_I(e^{j\omega}) \in \mathbb{R}$ 为虚部响应，是奇对称函数。还可以将 $H(e^{j\omega})$ 表示成幅度-相位形式，即

$$H(e^{j\omega}) = |H(e^{j\omega})|e^{j\angle H(e^{j\omega})} \tag{3-73}$$

其中：$|H(\mathrm{e}^{\mathrm{j}\omega})|$ $(\geqslant 0)$ 为幅频响应（或幅度谱），是偶对称函数；$\angle H(\mathrm{e}^{\mathrm{j}\omega}) \in \mathbb{R}$ 为相频响应（或相位谱），是奇对称函数。式(3-72)和式(3-73)满足如下关系：

$$|H(\mathrm{e}^{\mathrm{j}\omega})| = \sqrt{H_{\mathrm{R}}{}^2(\mathrm{e}^{\mathrm{j}\omega}) + H_{\mathrm{I}}{}^2(\mathrm{e}^{\mathrm{j}\omega})} \tag{3-74a}$$

$$\angle H(\mathrm{e}^{\mathrm{j}\omega}) = \arctan\left(H_{\mathrm{I}}(\mathrm{e}^{\mathrm{j}\omega})/H_{\mathrm{R}}(\mathrm{e}^{\mathrm{j}\omega})\right) \tag{3-74b}$$

$$H_{\mathrm{R}}(\mathrm{e}^{\mathrm{j}\omega}) = |H(\mathrm{e}^{\mathrm{j}\omega})| \cos\left(\angle H(\mathrm{e}^{\mathrm{j}\omega})\right) \tag{3-74c}$$

$$H_{\mathrm{I}}(\mathrm{e}^{\mathrm{j}\omega}) = |H(\mathrm{e}^{\mathrm{j}\omega})| \sin\left(\angle H(\mathrm{e}^{\mathrm{j}\omega})\right) \tag{3-74d}$$

特别地，$H(\mathrm{e}^{\mathrm{j}\omega})$ 是以 2π 为周期的连续函数，即满足 $H(\mathrm{e}^{\mathrm{j}\omega}) = H(\mathrm{e}^{\mathrm{j}(\omega+2\pi)})$。$H(\mathrm{e}^{\mathrm{j}\omega})$ 的周期特性确定了 $H_{\mathrm{R}}(\mathrm{e}^{\mathrm{j}\omega})$、$H_{\mathrm{I}}(\mathrm{e}^{\mathrm{j}\omega})$、$|H(\mathrm{e}^{\mathrm{j}\omega})|$ 和 $\angle H(\mathrm{e}^{\mathrm{j}\omega})$ 都是以 2π 周期的连续函数，因此在计算和描述频率特性时，只需将 ω 限定在一个周期范围 $[-\pi, \pi]$ 或 $[0, 2\pi]$ 即可。图 3-8 给出了理想的低通滤波器、高通滤波器、带通滤波器和带阻滤波器的频率响应，虽然它们的频率特性都是以 2π 为周期的连续函数，但是在 $[-\pi, \pi]$ 或 $[0, 2\pi]$ 内的"图景"能够完整地体现它们的频域特征。

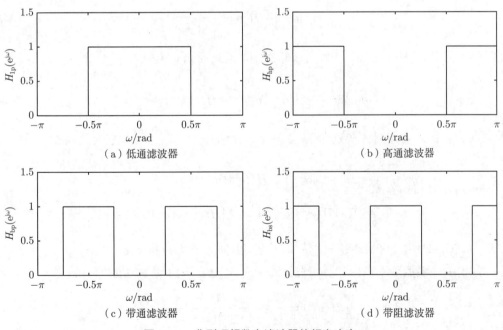

（a）低通滤波器   （b）高通滤波器
（c）带通滤波器   （d）带阻滤波器

图 3-8 典型理想数字滤波器的频率响应

式(3-69)描述了复指数序列 $\mathrm{e}^{\mathrm{j}\omega n}$ 通过 LTI 系统而引起的（复数）幅值变化，将它推广到一般情况，如果输入序列 $x[n]$ 可以表示成多个复指数序列的线性组合形式，即

$$x[n] = \sum_k \alpha_k \mathrm{e}^{\mathrm{j}\omega_k n} \tag{3-75}$$

则根据 LTI 系统的线性性质，可以得到输出序列

$$y[n] = \sum_k \alpha_k H(\mathrm{e}^{\mathrm{j}\omega_k})\mathrm{e}^{\mathrm{j}\omega_k n} \tag{3-76}$$

其中：$H(\mathrm{e}^{\mathrm{j}\omega_k})$ 是当输入为 $\mathrm{e}^{\mathrm{j}\omega_k n}$ 时 LTI 系统的频率响应。

3.4.2 频率响应实例

例 3.5 根据输入正弦序列计算输出序列：假定 LTI 系统的单位脉冲响应 $h[n]$ 是实序列，确定当输入正弦序列 $x[n] = A\cos(\omega_0 n)$ 时 LTI 系统的输出序列。

解 将 $x[n] = A\cos(\omega_0 n)$ 分解成两个复指数序列的求和形式，即

$$x[n] = A\cos(\omega_0 n) = \frac{A}{2}\mathrm{e}^{\mathrm{j}\omega_0 n} + \frac{A}{2}\mathrm{e}^{-\mathrm{j}\omega_0 n} \tag{3-77}$$

LTI 系统对 $x_1[n] = (A/2)\mathrm{e}^{\mathrm{j}\omega_0 n}$ 和 $x_2[n] = (A/2)\mathrm{e}^{-\mathrm{j}\omega_0 n}$ 的频率响应分别为

$$y_1[n] = \frac{A}{2}H(\mathrm{e}^{\mathrm{j}\omega_0})\mathrm{e}^{\mathrm{j}\omega_0 n} \tag{3-78a}$$

$$y_2[n] = \frac{A}{2}H(\mathrm{e}^{-\mathrm{j}\omega_0})\mathrm{e}^{-\mathrm{j}\omega_0 n} \tag{3-78b}$$

因此，当 $x[n] = A\cos(\omega_0 n)$ 作为输入时，LTI 系统的频率响应为

$$y[n] = \frac{A}{2}\left[H(\mathrm{e}^{\mathrm{j}\omega_0})\mathrm{e}^{\mathrm{j}\omega_0 n} + H(\mathrm{e}^{-\mathrm{j}\omega_0})\mathrm{e}^{-\mathrm{j}\omega_0 n}\right] \tag{3-79}$$

因为 $h[n]$ 为实序列，所以有 $H(\mathrm{e}^{-\mathrm{j}\omega_0}) = H^*(\mathrm{e}^{\mathrm{j}\omega_0})$，代入式(3-79)可以得到

$$
\begin{aligned}
y[n] &= \frac{A}{2}\left[H(\mathrm{e}^{\mathrm{j}\omega_0})\mathrm{e}^{\mathrm{j}\omega_0 n} + H^*(\mathrm{e}^{\mathrm{j}\omega_0})\mathrm{e}^{-\mathrm{j}\omega_0 n}\right] \\
&= A \cdot \mathrm{Re}\left[H(\mathrm{e}^{\mathrm{j}\omega_0})\mathrm{e}^{\mathrm{j}\omega_0 n}\right] = A\left|H(\mathrm{e}^{\mathrm{j}\omega_0})\right|\cos[\omega_0 n + \theta(\omega_0)]
\end{aligned}
\tag{3-80}
$$

其中：$\theta(\omega_0) = \angle H(\mathrm{e}^{\mathrm{j}\omega_0})$，表示当 $\omega = \omega_0$ 时 $H(\mathrm{e}^{\mathrm{j}\omega})$ 产生的相位。

例 3.6 根据频率响应计算单位脉冲响应：假定 LTI 系统的频率响应是

$$H(\mathrm{e}^{\mathrm{j}\omega}) = \frac{1}{(1 - a\mathrm{e}^{-\mathrm{j}\omega})(1 - b\mathrm{e}^{-\mathrm{j}\omega})} \tag{3-81}$$

其中：a 和 b 是常系数，确定 LTI 系统的单位脉冲响应 $h[n]$。

解 如果直接将式(3-81)代入式(3-71)，则导致非常复杂的积分运算。因此，可以使用部分分式展开法将式(3-81)转化成简单项的求和形式，即

$$H(\mathrm{e}^{\mathrm{j}\omega}) = \frac{a}{a - b} \cdot \frac{1}{1 - a\mathrm{e}^{-\mathrm{j}\omega}} - \frac{b}{a - b} \cdot \frac{1}{1 - b\mathrm{e}^{-\mathrm{j}\omega}} \tag{3-82}$$

利用表 3-1列出的离散时间傅里叶变换的可逆关系 $\alpha^n u[n] \overset{\mathcal{F}}{\longleftrightarrow} 1/(1 - \alpha e^{-j\omega})$，以及 LTI 系统的线性性质，可以得到 LTI 系统的单位脉冲响应

$$h[n] = \frac{a}{a-b} \cdot a^n u[n] - \frac{b}{a-b} \cdot b^n u[n] \tag{3-83}$$

因此，利用部分分式展开法和离散时间傅里叶变换关系，可以有效地降低求解问题的难度，在第 5 章将详细地讨论部分分式展开法的相关内容。

例 **3.7** 根据输入指数序列计算输出序列：假定 LTI 系统的输入序列 $x[n] = \alpha^n u[n]$，单位脉冲响应 $h[n] = \beta^n u[n]$，且 $|\alpha| < 1$，$|\beta| < 1$，$\alpha \neq \beta$，计算 LTI 系统的输出序列 $y[n]$。

解 根据 LTI 系统的卷积公式，输出序列可以表示为

$$y[n] = x[n] * h[n] = \sum_{k=-\infty}^{\infty} x[k]h[n-k] \tag{3-84}$$

再根据时域卷积和频域乘积的对应关系：$x[n] * h[n] \overset{\mathcal{F}}{\longleftrightarrow} X(e^{j\omega})H(e^{j\omega})$，可以得到

$$\begin{aligned} Y(e^{j\omega}) = X(e^{j\omega})H(e^{j\omega}) &= \frac{1}{1 - \alpha e^{-j\omega}} \cdot \frac{1}{1 - \beta e^{-j\omega}} \\ &= \frac{\alpha}{\alpha - \beta} \cdot \frac{1}{1 - \alpha e^{-j\omega}} - \frac{\beta}{\alpha - \beta} \cdot \frac{1}{1 - \beta e^{-j\omega}} \end{aligned} \tag{3-85}$$

其中：$X(e^{j\omega}) = \dfrac{1}{1 - \alpha e^{-j\omega}}$ 和 $H(e^{j\omega}) = \dfrac{1}{1 - \beta e^{-j\omega}}$ 分别是 $x[n]$ 和 $h[n]$ 的离散时间傅里叶变换。

对式(3-85)进行离散时间傅里叶反变换（IDTFT），可以得到 LTI 系统的输出序列

$$y[n] = \left[\frac{\alpha}{\alpha - \beta} \alpha^n - \frac{\beta}{\alpha - \beta} \beta^n \right] u[n] \tag{3-86}$$

例 **3.8** 根据差分方程确定单位脉冲响应：假定 LTI 系统的输入/输出关系可以用差分方程表示为

$$y[n] - \frac{1}{4} y[n-1] - \frac{1}{8} y[n-2] = x[n] - \frac{1}{3} x[n-1]$$

确定该系统的单位脉冲响应 $h[n]$。

解 当 LTI 系统的输入 $x[n] = \delta[n]$ 时，LTI 系统的输出是单位脉冲响应 $h[n]$。因此根据给定差分方程可以得到

$$h[n] - \frac{1}{4} h[n-1] - \frac{1}{8} h[n-2] = \delta[n] - \frac{1}{3} \delta[n-1] \tag{3-87}$$

使用时间移位性质 $x[n-m] \overset{\mathcal{F}}{\longleftrightarrow} e^{-j\omega m} X(e^{j\omega})$，根据式(3-87)可以得到

$$H(e^{j\omega}) - \frac{1}{4} e^{-j\omega} H(e^{j\omega}) - \frac{1}{8} e^{-j2\omega} H(e^{j\omega}) = 1 - \frac{1}{3} e^{-j\omega} \tag{3-88}$$

整理式(3-88)可以得到

$$H(\mathrm{e}^{\mathrm{j}\omega}) = \frac{1 - \dfrac{1}{3}\mathrm{e}^{-\mathrm{j}\omega}}{1 - \dfrac{1}{4}\mathrm{e}^{-\mathrm{j}\omega} - \dfrac{1}{8}\mathrm{e}^{-\mathrm{j}2\omega}} = \frac{1 - \dfrac{1}{3}\mathrm{e}^{-\mathrm{j}\omega}}{(1 + \dfrac{1}{4}\mathrm{e}^{-\mathrm{j}\omega})(1 - \dfrac{1}{2}\mathrm{e}^{-\mathrm{j}\omega})} \tag{3-89}$$

对式(3-89)进行部分分式展开，即将 $H(\mathrm{e}^{\mathrm{j}\omega})$ 表示成简单项的求和形式，即

$$H(\mathrm{e}^{\mathrm{j}\omega}) = \frac{7}{9} \cdot \frac{1}{1 + \dfrac{1}{4}\mathrm{e}^{-\mathrm{j}\omega}} + \frac{2}{9} \cdot \frac{1}{1 - \dfrac{1}{2}\mathrm{e}^{-\mathrm{j}\omega}} \tag{3-90}$$

对式(3-90)进行离散时间傅里叶反变换，得到 LTI 系统的单位脉冲响应

$$h[n] = \frac{7}{9}\left(-\frac{1}{4}\right)^{n} u[n] + \frac{2}{9}\left(\frac{1}{2}\right)^{n} u[n] \tag{3-91}$$

本章小结

本章主要论述离散时间傅里叶变换的基本概念和主要性质。首先，给出了离散时间傅里叶变换及其反变换的基本概念，论述了可逆变换关系存在的充分条件：一致收敛和均方收敛。其次，在频域引入冲激函数，论述了复指数序列、正弦序列、单位值序列、单位采样周期序列等的 DTFT。再次，基于 DTFT 和 IDTFT 的可逆变换关系，给出了 DTFT 的运算性质和对称性质，以列表方式进行了归纳。最后，从线性时不变系统的输入/输出卷积关系出发，建立了单位脉冲响应和频率响应之间的内在关系。本章是离散时间信号与系统分析的基础，在后续的章节中将得到拓展和深化。

本章习题

3.1 利用离散时间傅里叶变换公式，计算以下序列 $x[n]$ 的频谱 $X(\mathrm{e}^{\mathrm{j}\omega})$。

(1) $\delta[n - n_0]$； (2) $u[n - n_0]$； (3) $R_N[n]$；

(4) $\mathrm{e}^{-\sigma n} u[n]$； (5) $\mathrm{e}^{(-\sigma + \mathrm{j}\omega_0)n} u[n]$； (6) $\mathrm{e}^{-\sigma n}\cos(\omega_0 n) \cdot u[n]$；

(7) $\mathrm{e}^{-\sigma n}\sin(\omega_0 n) \cdot u[n]$； (8) $\alpha^{|n|}$，$|\alpha| < 1$； (9) $\left[1 + \cos\left(\dfrac{\pi}{N}n\right)\right] R_{2N}[n]$；

(10) $x[n] = \begin{cases} 1 - |n|/N, & -N \leqslant n \leqslant N \\ 0, & \text{其他} \end{cases}$； (11) $x[n] = \begin{cases} \alpha^{|n|}, & |n| \leqslant M \\ 0, & \text{其他} \end{cases}$。

3.2 利用离散时间傅里叶变换公式，计算以下序列的频谱 $X(\mathrm{e}^{\mathrm{j}\omega})$ 并绘制幅度和相位特性。

（1）$x[n] = (0.8)^n u[n]$；　　　　　　　　　　　　（2）$x[n] = (0.8)^n R_{50}[n]$；

（3）$x[n] = (0.8)^{n-2} u[n-2]$；　　　　　　　　　（4）$x[n] = (0.8)^{n+2} u[n-2]$；

（5）$x[n] = (0.8)^n \cos\left(\dfrac{\pi}{5} n\right) u[n]$；　　　　（6）$x[n] = (0.8)^n \sin\left(\dfrac{\pi}{5} n\right) u[n]$。

3.3 已知序列 $x[n]$ 的离散时间傅里叶变换是 $X(\mathrm{e}^{\mathrm{j}\omega})$，用 $X(\mathrm{e}^{\mathrm{j}\omega})$ 表示以下序列的离散时间傅里叶变换。

（1）$y[n] = x[2n]$；　　　（2）$y[n] = x[-n]$；　　　（3）$y[n] = x[n-n_0]$；

（4）$y[n] = \begin{cases} x[n/2], & n\text{是偶数} \\ 0, & n\text{是奇数} \end{cases}$；　　　　（5）$y[n] = \begin{cases} x[n], & n\text{是偶数} \\ 0, & n\text{是奇数} \end{cases}$。

3.4 离散时间线性时不变系统由差分方程描述：$y[n] = x[n] + \dfrac{1}{3} x[n-1] + \dfrac{1}{2} y[n-1]$，利用离散时间傅里叶变换求解以下问题。

（1）系统的单位脉冲响应 $h[n]$；　　　　　　（2）系统的频率响应 $H(\mathrm{e}^{\mathrm{j}\omega})$；

（3）当输入序列 $x[n] = \cos\left(\dfrac{\pi}{4} n + \dfrac{\pi}{3}\right)$ 时的输出序列。

3.5 假定因果的线性时不变系统的输入/输出关系可以用差分方程描述：$y[n] - ay[n-1] = x[n] - bx[n-1]$，确定使该系统成为全通系统（幅度响应是常数且与频率无关）的 b 值。

3.6 证明如果 $x[n]$ 和 $y[n]$ 是因果稳定的实序列，则存在如下关系：

$$\frac{1}{2\pi} \int_{-\pi}^{\pi} X(\mathrm{e}^{\mathrm{j}\omega}) Y(\mathrm{e}^{\mathrm{j}\omega}) \mathrm{d}\omega = \left\{ \frac{1}{2\pi} \int_{-\pi}^{\pi} X(\mathrm{e}^{\mathrm{j}\omega}) \mathrm{d}\omega \right\} \left\{ \frac{1}{2\pi} \int_{-\pi}^{\pi} Y(\mathrm{e}^{\mathrm{j}\omega}) \mathrm{d}\omega \right\}。$$

3.7 已知序列 $x[n]$ 的离散时间傅里叶变换 $X(\mathrm{e}^{\mathrm{j}\omega}) = \begin{cases} 1, & |\omega| < \omega_0 \\ 0, & \omega_0 \leqslant |\omega_0| \leqslant \pi \end{cases}$，求解原始的序列 $x[n]$。

3.8 证明：当实序列 $x[n]$ 满足偶对称或奇对称的条件时，即 $x[n] = x[-n]$ 或 $x[n] = -x[-n]$ 时，它的频谱 $X(\mathrm{e}^{\mathrm{j}\omega})$ 具有线性相位。

3.9 假定因果序列 $x[n]$ 的离散时间傅里叶变换的实部 $X_{\mathrm{R}}(\mathrm{e}^{\mathrm{j}\omega}) = \dfrac{1 - a\cos\omega}{1 + a^2 - 2a\cos\omega}$，$|a| < 1$，求解序列 $x[n]$ 及其离散傅里叶变换 $X(\mathrm{e}^{\mathrm{j}\omega})$。

3.10 假定因果序列 $x[n]$ 的离散时间傅里叶变换的虚部 $X_{\mathrm{I}}(\mathrm{e}^{\mathrm{j}\omega}) = \dfrac{-a\sin\omega}{1 + a^2 - 2a\cos\omega}$，$|a| < 1$，求解序列 $x[n]$ 及其离散傅里叶变换 $X(\mathrm{e}^{\mathrm{j}\omega})$。

3.11 证明：序列 $x[n] = u[n]$ 的离散时间傅里叶变换是 $\dfrac{1}{1 - \mathrm{e}^{-\mathrm{j}\omega}} + \displaystyle\sum_{k=-\infty}^{\infty} \pi\delta(\omega + 2\pi k)$。

3.12 证明：序列 $x[n] = 1\ (-\infty < n < \infty)$ 的离散时间傅里叶变换是 $\displaystyle\sum_{k=-\infty}^{\infty} \pi\delta(\omega + 2\pi k)$。

3.13 假设实序列 $x[n]$ 的离散时间傅里叶变换是 $X(\mathrm{e}^{\mathrm{j}\omega})$，证明以下结论：

（1）如果 $x[n]$ 是偶序列，则可以表示为 $x[n] = \dfrac{1}{\pi} \displaystyle\int_0^\pi X(\mathrm{e}^{\mathrm{j}\omega}) \cos(\omega n)\, \mathrm{d}\omega$；

（2）如果 $x[n]$ 是奇序列，则可以表示为 $x[n] = \dfrac{\mathrm{j}}{\pi} \displaystyle\int_0^\pi X(\mathrm{e}^{\mathrm{j}\omega}) \sin(\omega n)\, \mathrm{d}\omega$。

3.14 利用频域移位性质证明：正弦脉冲序列 $x[n] = \cos(\omega_0 n) R_N[n]$ 的离散时间傅里叶变换可以表示为

$$X(\mathrm{e}^{\mathrm{j}\omega}) = \frac{1}{2} \cdot \frac{\sin\dfrac{(\omega-\omega_0)N}{2}}{\sin\dfrac{(\omega-\omega_0)}{2}} + \frac{1}{2} \cdot \frac{\sin\dfrac{(\omega+\omega_0)N}{2}}{\sin\dfrac{(\omega+\omega_0)}{2}}$$

3.15 假设线性时不变系统的单位脉冲响应 $h[n] = a^n u[n]$，其中 $a \in \mathbb{R}$ 且 $|a| < 1$，输入序列 $x[n] = \beta^n u[n]$，其中 $\beta \in \mathbb{R}$ 且 $|\beta| < 1$。要求：

（1）利用卷积公式 $y[n] = x[n] * h[n]$ 计算系统的输出序列 $y[n]$；

（2）分别计算 $x[n]$ 和 $h[n]$ 的离散时间傅里叶变换（DTFT）；

（3）利用离散时间傅里叶反变换（IDTFT）计算输出序列 $y[n]$。

3.16 假设序列 $x[n]$ 的离散时间傅里叶变换为 $X(\mathrm{e}^{\mathrm{j}\omega})$，分别从频域角度和时域角度出发，证明帕瑟法尔（Parseval）定理：

$$\sum_{n=-\infty}^{\infty} x[n]x^*[n] = \frac{1}{2\pi} \int_{-\pi}^{\pi} X(\mathrm{e}^{\mathrm{j}\omega}) X^*(\mathrm{e}^{\mathrm{j}\omega}) \mathrm{d}\omega。$$

3.17 假设线性时不变系统的输入/输出关系可以用差分方程描述：$y[n] - \dfrac{3}{4}y[n-1] + \dfrac{1}{8}y[n-2] = 4x[n] - 3x[n-2]$，要求：

（1）求解系统的单位脉冲响应 $h[n]$，并用 MATLAB 软件绘制 $h[n]$ 的图形；

（2）求解系统的频率响应 $X(\mathrm{e}^{\mathrm{j}\omega})$，并用 MATLAB 软件绘制幅度响应和相位响应。

3.18 假定离散时间信号 $x[n] = a^n u[n]$，利用离散时间傅里叶变换（DTFT）和 MATLAB 软件完成以下工作：

（1）计算序列 $x[n]$ 的离散傅里叶变换 $X(\mathrm{e}^{\mathrm{j}\omega})$，并根据 $X(\mathrm{e}^{\mathrm{j}\omega})$ 计算幅度特性 $|X(\mathrm{e}^{\mathrm{j}\omega})|$ 和相位特性 $\angle X(\mathrm{e}^{\mathrm{j}\omega})$；

（2）根据 $|X(\mathrm{e}^{\mathrm{j}\omega})|$ 和 $\angle X(\mathrm{e}^{\mathrm{j}\omega})$ 的表达式，当 $a = 0.85$ 和 $a = -0.85$ 时，用 MATLAB 软件绘制频率特性曲线 $|X(\mathrm{e}^{\mathrm{j}\omega})|$ 和 $\angle X(\mathrm{e}^{\mathrm{j}\omega})$。

第 4 章

信号采样和重构

> 业精于勤，荒于嬉；行成于思，毁于随。
>
> ——唐·韩愈

离散时间信号广泛地用于科学研究和工程技术领域，通常认为它们来自于连续时间信号的周期采样。在特定的条件下，根据离散时间信号可以完美地恢复连续时间信号。将连续时间信号的周期采样过程、离散时间线性时不变系统、以及连续时间信号的插值重构过程级联，可以构成连续时间信号的离散时间处理系统。在不考虑量化误差、计算误差等影响因素的条件下，本章讨论连续时间信号转换到离散时间信号、离散时间信号转换到连续时间信号和连续时间信号的离散时间处理系统等。

4.1 连续时间信号采样

信号采样是连续时间信号转换到离散时间信号的过渡桥梁，是利用数字技术处理连续时间信号的关键环节。将连续时间信号转换为离散时间信号，必须考虑如何描述采样过程，如何确定采样频率，如何分析采样前后的频谱变化，如何确定信息是否丢失等基本问题，深入理解上述问题基于对理想采样过程的数学描述。

4.1.1 理想采样过程

对连续时间信号 $x_c(t)$ 进行等间隔取值（也称周期采样或均匀采样），可以得到样本序列——离散时间信号 $x[n]$，周期采样的时域表示如下：

$$x[n] = x_c(t)|_{t=nT} = x_c(nT), \quad -\infty < n < \infty \tag{4-1}$$

其中：T 为采样周期，表示相邻样本的时间间隔，单位是秒（s）；T 的倒数 $F_s = 1/T$ 为采样频率，表示单位时间内获取的样本数目，单位是赫兹（Hz）；当以弧度/秒（rad/s）为单位来描述频率时，采样频率表示为 $\Omega_s = 2\pi F_s = 2\pi/T$。

采样器是用电子开关执行周期采样任务的器件或装置，工作原理和实现过程如图 4-1（a）~ 图 4-1（d）所示。电子开关每隔 T 秒短暂闭合一次，接通连续时间信号 $x_c(t)$，完成对 $x_c(t)$ 的一次采样。如果每次闭合时间为 τ（$< T$），则采样器输出周期为 T

且宽度为 τ 的脉冲串 $x_s(t)$，每个脉冲的幅值是开关闭合时间内连续时间信号 $x_c(t)$ 的幅值。因此，可以认为上述过程是对矩形脉冲串的幅度调制，其中：调制信号是连续时间信号 $x_c(t)$，载波信号是矩形脉冲串 $s(t)$，已调制信号是幅值随着 $x_c(t)$ 包络变化的脉冲串 $x_s(t)$。

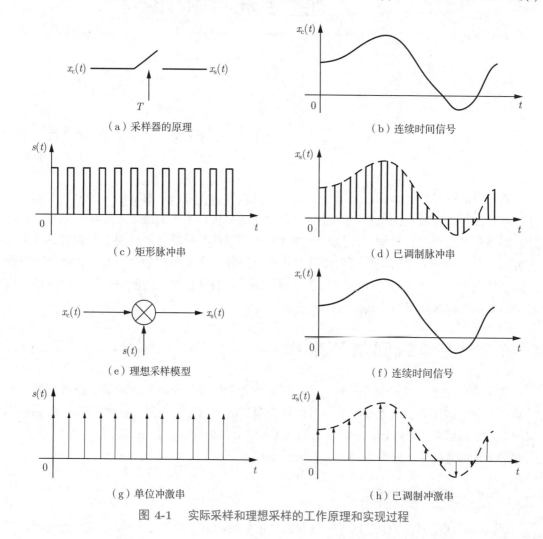

图 4-1　实际采样和理想采样的工作原理和实现过程

在实际的采样过程中，电子开关闭合时间 τ 越短，采样器输出的脉冲串 $x_s(t)$ 越能准确地反映连续时间信号 $x_c(t)$ 在 $t = nT$ $(-\infty < n < \infty)$ 时刻的瞬时值。如果电子开关的闭合时间无限短（$\tau \to 0$ 的极限情况），则矩形脉冲串是以 T 为周期的单位冲激串 $s(t)$，输出脉冲串转换为时间间隔为 T 的连续冲激串 $x_s(t)$，它准确地出现在 $t = nT$ $(-\infty < n < \infty)$ 时的采样瞬间，它的面积（幅值积分）等于在采样瞬间 $x_c(t)$ 的幅值。通常称采样开关闭合时间 τ 趋近于零时的采样过程为理想采样，它的数学模型和工作原理如图 4-1（e）～图 4-1（h）所示。可以认为理想采样是连续时间信号 $x_c(t)$ 对单位冲激串 $s(t)$ 的幅度调制，其中：$x_c(t)$ 是调制信号，$s(t)$ 是载波信号，$x_s(t)$ 是已调信号。

虽然实际的采样器无法达到电子开关闭合时间为零的极限情况，但是当闭合时间 τ 远

小于采样周期 T 时（即 $t \ll T$），实际的采样器非常接近理想的采样器，因此在数学上可以用理想采样抽象地描述实际采样。理想采样模型及其表示方法为理想采样过程，它可以简化公式推导，并且为得出明晰结论提供了高效的数学工具。

通常称实现带限信号到样本序列的转换系统为连续时间到离散时间的转换器（简称 C/D 转换器），功能框图如图 4-2（a）所示。为了在时域和频域深刻地理解采样过程，在数学上将信号转换过程划分为两个阶段：单位冲激串幅度调制和冲激串到序列转换，如图 4-2（b）所示，即"冲激串调制器"和"序列转换器"级联。前者实现对 $x_c(t)$ 的理想采样，在整数倍的采样周期上获得 $x_c(t)$ 的幅值，形成连续时间冲激串 $x_s(t)$；后者引入时间归一化过程，将 $x_s(t)$ 转换为离散时间信号 $x[n]$，使 $x[n]$ 不包含与采样频率（或周期）相关的任何信息。特别地，虽然图 4-2（b）不代表任何实际的 C/D 转换器，但是可以加深概念理解和简化公式推导。

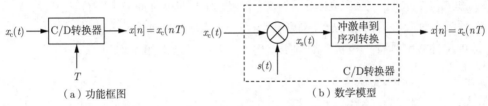

（a）功能框图　　　　　　　　　　（b）数学模型

图 4-2　C/D 转换器的功能框图和数学模型

理想采样是对实际采样的抽象描述，在理想采样过程中，以 T 为周期的单位冲激串 $s(t)$ 表示为

$$s(t) = \sum_{n=-\infty}^{\infty} \delta(t - nT) \tag{4-2}$$

其中：$\delta(t)$ 是单位冲激函数或称狄拉克函数。连续时间信号 $x_c(t)$ 对单位冲激串 $s(t)$ 的幅度调制可以表示为它们在时域的乘积，即

$$x_s(t) = x_c(t)s(t) = \sum_{n=\infty}^{\infty} x_c(t)\delta(t - nT) \tag{4-3}$$

利用单位冲激函数的"筛选性质" $f(t)\delta(t - \tau) = f(\tau)\delta(t - \tau)$，可以得到理想采样器（或冲激串调制器）的输出结果——已调制的冲激串，即

$$x_s(t) = \sum_{n=-\infty}^{\infty} x_c(nT)\delta(t - nT) \tag{4-4}$$

由式(4-4)可知：在 $t = nT$ 时刻，$x_s(t)$ 的大小（积分面积）等于 $x_c(t)$ 在 $t = nT$ 时的幅值。

4.1.2　频谱周期延拓

根据 4.1.1 节可知，连续时间信号 $x_c(t)$ 的理想采样结果 $x_s(t)$ 可以表示为 $x_c(t)$ 与单位冲激串 $s(t)$ 的乘积，即 $x_s(t) = x_c(t)s(t)$。如果 $x_c(t)$ 的傅里叶变换是 $X_c(j\Omega)$，$s(t)$ 的傅里

叶变换是 $S(\mathrm{j}\Omega)$，则根据时域乘积和频域卷积的对应关系，$x_\mathrm{s}(t)$ 的傅里叶变换可以表示为

$$X_\mathrm{s}(\mathrm{j}\Omega) = \frac{1}{2\pi}X_\mathrm{c}(\mathrm{j}\Omega) * S(\mathrm{j}\Omega) \tag{4-5}$$

其中：$X_\mathrm{c}(\mathrm{j}\Omega)$ 由傅里叶变换得到

$$X_\mathrm{c}(\mathrm{j}\Omega) = \int_{-\infty}^{\infty} x_\mathrm{c}(t)\mathrm{e}^{-\mathrm{j}\Omega t}\mathrm{d}t \tag{4-6}$$

$S(\mathrm{j}\Omega)$ 由广义傅里叶变换得到[①]

$$S(\mathrm{j}\Omega) = \frac{2\pi}{T} \sum_{k=-\infty}^{\infty} \delta\left(\mathrm{j}(\Omega - k\Omega_\mathrm{s})\right) \tag{4-7}$$

式(4-2)和式(4-7)表明：在时域上周期为 T 且幅度为 1 的单位冲激串 $s(t)$，如图 4-3（a）所示；在频域上对应着周期为 Ω_s 且幅度被 $2\pi/T$ 加权的单位冲激串 $S(\mathrm{j}\Omega)$，如图 4-3（b）所示，即单位冲激串具有"梳状"的频谱结构，且各次谐波的幅度均为 $\Omega_\mathrm{s} = 2\pi/T$。

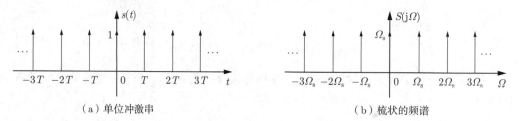

（a）单位冲激串　　　　　　　　　　　　　　（b）梳状的频谱

图 4-3　单位冲激串及其梳状频谱

将式(4-7)代入式(4-5)，可以得到

$$X_\mathrm{s}(\mathrm{j}\Omega) = \frac{1}{2\pi}X_\mathrm{c}(\mathrm{j}\Omega) * \left(\frac{2\pi}{T} \sum_{k=-\infty}^{\infty} \delta(\mathrm{j}(\Omega - k\Omega_\mathrm{s}))\right)$$

利用卷积的线性性质得到

$$X_\mathrm{s}(\mathrm{j}\Omega) = \frac{1}{T} \sum_{k=-\infty}^{\infty} X_\mathrm{c}(\mathrm{j}\Omega) * \delta(\mathrm{j}(\Omega - k\Omega_\mathrm{s}))$$

在频域利用冲激函数性质 $f(t) * \delta(t - \tau) = f(t - \tau)$，可以得到

$$X_\mathrm{s}(\mathrm{j}\Omega) = \frac{1}{T} \sum_{k=-\infty}^{\infty} X_\mathrm{c}(\mathrm{j}(\Omega - k\Omega_\mathrm{s})) \tag{4-8}$$

式(4-8)表明：$X_\mathrm{s}(\mathrm{j}\Omega)$ 是以采样频率 Ω_s 为周期、无限多个 $X_\mathrm{c}(\mathrm{j}\Omega)$ 的副本叠加得到——将 $X_\mathrm{c}(\mathrm{j}\Omega)$ 的副本平移到整数倍的采样频率 $k\Omega_\mathrm{s}$ 位置上，再叠加所有的平移副本 $X_\mathrm{c}(\mathrm{j}(\Omega -$

---

① 证明过程参见《信号与系统》教材，因超出本书范围这里不再赘述。

$k\Omega_{\mathrm{s}})) \ (k \in \mathbb{Z})$ 即可得到 $X_{\mathrm{s}}(\mathrm{j}\Omega)$。也就是说，理想采样信号的频谱 $X_{\mathrm{s}}(\mathrm{j}\Omega)$ 是连续时间信号的频谱 $X_{\mathrm{c}}(\mathrm{j}\Omega)$ 在角频率坐标轴 Ω 上的周期延拓，且延拓周期为采样频率 Ω_{s}。特别地，式(4-8)的求和结果出现了加权系数 $1/T = F_{\mathrm{s}}$，它表明 $X_{\mathrm{s}}(\mathrm{j}\Omega)$ 的幅值随采样频率 $\Omega_{\mathrm{s}} = 2\pi F_{\mathrm{s}} = 2\pi/T$ 变化。

　　图 4-4给出了理想采样过程中频谱周期延拓的示意图。图 4-4（a）表示连续时间带限信号 $x_{\mathrm{c}}(t)$ 的傅里叶变换 $X_{\mathrm{c}}(\mathrm{j}\Omega)$，$\Omega_N$ 是 $X_{\mathrm{c}}(\mathrm{j}\Omega)$ 的最高频率（或上限频率）；图 4-4（b）表示单位冲激串 $s(t)$ 的傅里叶变换 $S(\mathrm{j}\Omega)$，它呈现以 Ω_{s} 为周期的梳状频谱结构；图 4-4（c）和图 4-4（d）是理想采样信号 $x_{\mathrm{s}}(t)$ 的傅里叶变换 $X_{\mathrm{s}}(\mathrm{j}\Omega)$，虽然它们都是 $X_{\mathrm{c}}(\mathrm{j}\Omega)$ 和 $S(\mathrm{j}\Omega)$ 的频域卷积结果，都体现了 $X_{\mathrm{c}}(\mathrm{j}\Omega)$ 的周期延拓关系（含幅度加权系数 $1/T$），但是由于采用频率的不同而呈现截然不同的结果。因此，在采样过程中必须考虑时域采样定理的约束条件。

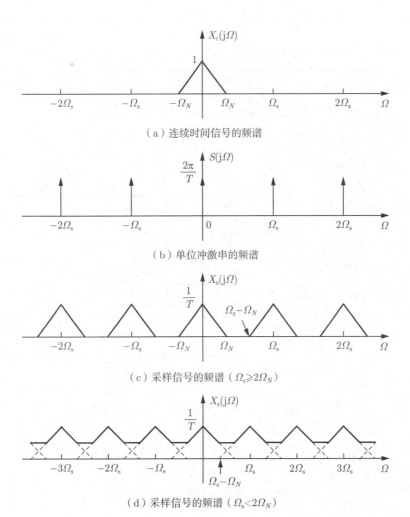

（a）连续时间信号的频谱

（b）单位冲激串的频谱

（c）采样信号的频谱（$\Omega_{\mathrm{s}} \geqslant 2\Omega_N$）

（d）采样信号的频谱（$\Omega_{\mathrm{s}} < 2\Omega_N$）

图 4-4　理想采样过程的频谱周期延拓关系

4.1.3　时域采样定理

根据 4.1.2节可知，虽然理想采样信号 $x_s(t)$ 的频谱 $X_s(j\Omega)$ 可以表示为连续时间信号 $x_c(t)$ 的频谱 $X_c(j\Omega)$ 的周期延拓形式，如图 4-5（a）和图 4-5（b）所示，但是能否从 $X_s(j\Omega)$ 中恢复出 $X_c(j\Omega)$，还要受到特定的条件约束。如果上限频率 Ω_N 和采样频率 Ω_s 满足条件

$$\Omega_s - \Omega_N \geqslant \Omega_N \quad \text{即} \quad \Omega_s \geqslant 2\Omega_N \tag{4-9}$$

则在频谱周期延拓过程中，$X_c(j\Omega)$ 的相邻副本之间不会出现任何重叠。与此同时，在每个整数倍的采样频率 $k\Omega_s$（$k \in \mathbb{Z}$）周围，$X_s(j\Omega)$ 具有与 $X_c(j\Omega)$ 完全相同的频谱结构，因此，可以利用理想低通滤波器将 $X_c(j\Omega)$ 从 $X_s(j\Omega)$ 中提取出来，如图 4-5（c）和图 4-5（d）所示。

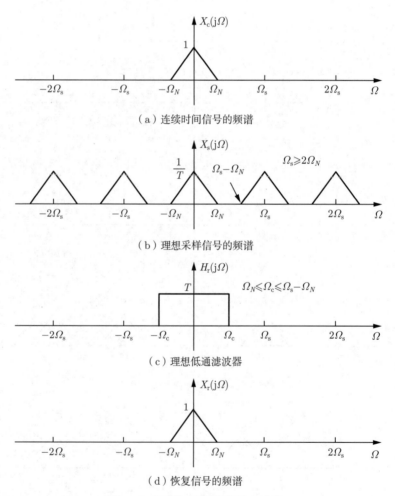

（a）连续时间信号的频谱

（b）理想采样信号的频谱

（c）理想低通滤波器

（d）恢复信号的频谱

图 4-5　采样过程的理想恢复方法

如果理想低通滤波器的频率响应为 $H_r(j\Omega)$，系统增益为 T，截止频率为 Ω_c，且满足条件 $\Omega_N \leqslant \Omega_c \leqslant (\Omega_s - \Omega_N)$，即

$$H_r(j\Omega) = \begin{cases} T, & \Omega_N \leqslant \Omega_c \leqslant \Omega_s - \Omega_N \\ 0, & \text{其他} \end{cases} \tag{4-10}$$

如图 4-5（c）所示，则低通滤波结果如图 4-5（d）所示，它可以表示为

$$X_r(j\Omega) = H_r(j\Omega)X_s(j\Omega) = X_c(j\Omega) \tag{4-11}$$

即：使用理想低通滤波器可以将 $x_c(t)$ 从 $x_s(t)$ 中完全恢复出来，使得 $x_r(t) = x_c(t)$。

如果采样过程不满足式(4-9)给出的约束条件，即 $\Omega_s < 2\Omega_N$，则依据式(4-8)对 $X_c(j\Omega)$ 的副本进行"平移-叠加"过程中，相邻副本之间会出现频谱重叠，即产生频谱混叠失真，如图 4-4（d）所示，此时 $H_r(j\Omega)$ 无法将 $X_c(j\Omega)$ 从 $X_s(j\Omega)$ 中无失真地恢复出来。因此，式(4-9)为判定采样过程是否产生频谱混叠和确定采样频率的重要依据。综上所述，可以得到数字信号处理技术的重要定理——奈奎斯特采样定理。

奈奎斯特采样定理：令 $x_c(t)$ 是带限的连续时间信号（上限频率 Ω_N），它的连续时间傅里叶变换为

$$X_c(j\Omega) = 0, \quad |\Omega| > \Omega_N \tag{4-12}$$

如果采样频率 Ω_s 满足条件

$$\Omega_s = \frac{2\pi}{T} \geqslant 2\Omega_N \tag{4-13}$$

则 $x_c(t)$ 可以由它的采样序列 $x[n] = x_c(nT), \ n = 0, \pm 1, \pm 2, \cdots$，唯一地确定。采样定理是奈奎斯特（H. Nyquist）在 1928 年首先提出来的，信息论创始人香农（C. E. Shannon）在 1948 年作为定理加以引用，因此又被称作香农采样定理。

通常称连续时间信号 $x_c(t)$ 中的最高频率 Ω_N 为奈奎斯特频率，称避免频谱混叠的最小采样频率 $\Omega_{s\min} = 2\Omega_N$ 为奈奎斯特速率，称采样信号 $x_s(t)$ 频谱可以包含的最高频率 $\Omega_s/2$ 为折叠频率。如果采样频率高于奈奎斯特速率，则称为过采样；如果采样频率低于奈奎斯特速率，则称为欠采样；如果采样频率等于奈奎斯特速率，则称为临界采样。

例 4.1 判断采样过程是否存在频谱混叠：已知正弦信号 $x_c(t) = \cos(\Omega_0 t)$，采样频率 Ω_s。在 $\Omega_s > 2\Omega_0$ 和 $\Omega_s < 2\Omega_0$ 的条件下，依据采样结果的频谱特性，判断是否存在频谱混叠现象。

解 利用欧拉公式 $\cos\theta = \dfrac{1}{2}(e^{j\theta} + e^{-j\theta})$，可以将正弦信号 $x_c(t) = \cos(\Omega_0 t)$ 表示为复指数序列的求和形式：$x_c(t) = \dfrac{1}{2}\left(e^{j\Omega_0 t} + e^{-j\Omega_0 t}\right)$。根据傅里叶变换理论，$x_c(t)$ 的频谱可以表示为 $X_c(j\Omega) = \pi\delta(\Omega - \Omega_0) + \pi\delta(\Omega + \Omega_0)$，如图 4-6（a）所示。截止频率为 $\Omega_c = \Omega_s/2$ 且幅值为 T 的理想低通滤波器频率响应如图 4-6（b）所示。

当采样频率 $\Omega_s > 2\Omega_0$ 时，采样正弦信号 $x_s(t)$ 的频谱 $X_s(j\Omega)$ 如图 4-6（c）所示，它是以 Ω_s 为周期对 $X_c(j\Omega)$ 的周期延拓。使用理想低通滤波器 $H_r(j\Omega)$ 对 $x_s(t)$ 进行滤波，得到输出信号的频谱 $X_r(j\Omega)$ 如图 4-6（d）所示，根据 $X_r(j\Omega)$ 可以恢复出信号 $x_r(t) = \cos(\Omega_0 t)$。因此，当 $\Omega_s > 2\Omega_0$ 时，理想采样过程不存在频谱混叠。

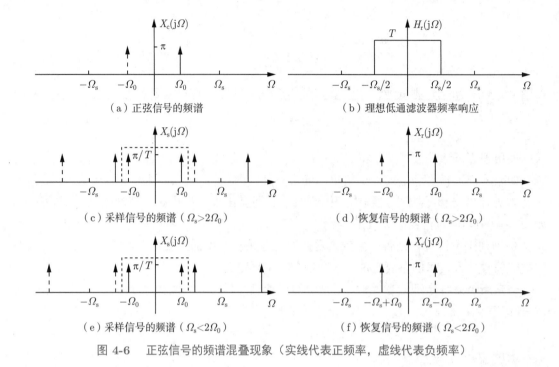

图 4-6　正弦信号的频谱混叠现象（实线代表正频率，虚线代表负频率）

当采样频率 $\Omega_s < 2\Omega_0$ 时，采样正弦信号 $x_s(t)$ 的频谱 $X_s(j\Omega)$ 如图 4-6（e）所示，它也是以 Ω_s 为周期对 $X_c(j\Omega)$ 的周期延拓。使用理想低通滤波器 $H_r(j\Omega)$ 对 $x_s(t)$ 进行滤波，得到输出信号的频谱 $X_r(j\Omega)$ 如图 4-6（f）所示，根据 $X_r(j\Omega)$ 恢复的信号为 $x_r(t) = \cos[(\Omega_s - \Omega_0)t] \neq \cos(\Omega_0 t)$。因此，当 $\Omega_s < 2\Omega_0$ 时理想采样过程存在频谱混叠。

在模拟音乐的处理系统中，为了保证音乐的逼真度，根据人耳听觉系统特性，需要大约 20 kHz 的有效带宽，因此采用略高于 20 kHz 两倍的采样频率（44.1 kHz）对模拟音乐进行采样，既可以避免听力范围内出现频谱混叠，又可以避免因采样频率过高产生的存储空间问题。目前采样频率 44.1 kHz 已经成为视听行业的国际标准，并广泛地用于光盘（CD）音乐录制和播放系统。类似地，在数字语音通信（数字电话）中，针对 3.4 kHz 的通话带宽需求，采用了略高于 3.4 kHz 两倍的 8 kHz 作为采样频率。

4.1.4　采样序列转换

根据 4.1.2节可知：对连续时间信号 $x_c(t)$ 进行理想采样，可以得到被 $x_c(t)$ 调制的冲激串 $x_s(t)$。为了实现模拟信号的数字处理，还需要将 $x_s(t)$ 转化为离散时间信号 $x[n]$，可以用"序列转换器"来实现，使 $x_s(t)$ 在 $t = nT$ 时刻的取值（幅值积分面积）成为序列 $x[n]$ 的第 n 个值。下面讨论从 $x_s(t)$ 到 $x[n]$ 的转换关系，并建立 $x_c(t)$ 和 $x[n]$ 的频域关系。

对连续时间信号 $x_c(t)$ 进行幅度调制后，得到的已调冲激串表示为

$$x_s(t) = \sum_{n=-\infty}^{\infty} x_c(nT)\delta(t - nT) \tag{4-14}$$

它的连续时间傅里叶变换为

$$X_{\mathrm{s}}(\mathrm{j}\varOmega) = \frac{1}{T}\sum_{k=-\infty}^{\infty} X_{\mathrm{c}}(\mathrm{j}(\varOmega - k\varOmega_{\mathrm{s}})) \tag{4-15}$$

将式(4-14)代入连续时间傅里叶变换的定义式得

$$X_{\mathrm{s}}(\mathrm{j}\varOmega) = \int_{-\infty}^{\infty}\left[\sum_{n=-\infty}^{\infty} x_{\mathrm{c}}(nT)\delta(t-nT)\right]\mathrm{e}^{-\mathrm{j}\varOmega t}\mathrm{d}t$$

交换等式右边的求和与积分顺序得

$$X_{\mathrm{s}}(\mathrm{j}\varOmega) = \sum_{n=-\infty}^{\infty} x_{\mathrm{c}}(nT)\int_{-\infty}^{\infty}\delta(t-nT)\mathrm{e}^{-\mathrm{j}\varOmega t}\mathrm{d}t$$

利用冲激函数的性质 $\displaystyle\int_{-\infty}^{\infty} f(t)\delta(t-\tau)\mathrm{d}t = f(\tau)$ 可以得到

$$X_{\mathrm{s}}(\mathrm{j}\varOmega) = \sum_{n=-\infty}^{\infty} x_{\mathrm{c}}(nT)\mathrm{e}^{-\mathrm{j}\varOmega T n} \tag{4-16}$$

序列 $x[n]$ 的离散时间傅里叶变换为

$$X(\mathrm{e}^{\mathrm{j}\omega}) = \sum_{n=-\infty}^{\infty} x[n]\mathrm{e}^{-\mathrm{j}\omega n} \tag{4-17}$$

依据时域采样关系 $x[n] = x_{\mathrm{c}}(nT)$ $(-\infty < n < \infty)$，比较式(4-16)和式(4-17)可以得到

$$X(\mathrm{e}^{\mathrm{j}\omega}) = X_{\mathrm{s}}(\mathrm{j}\varOmega)|_{\varOmega=\omega/T} = X_{\mathrm{s}}\left(\mathrm{j}\frac{\omega}{T}\right) \tag{4-18}$$

再将式(4-15)代入式(4-18)，最终得到 $x_{\mathrm{c}}(t)$ 和 $x[n]$ 的频域对应关系，即

$$X(\mathrm{e}^{\mathrm{j}\omega}) = \frac{1}{T}\sum_{k=-\infty}^{\infty} X_{\mathrm{c}}\left(\mathrm{j}\left(\frac{\omega}{T} - \frac{2\pi k}{T}\right)\right) \tag{4-19}$$

或者等效地表示为

$$X(\mathrm{e}^{\mathrm{j}\varOmega T}) = \frac{1}{T}\sum_{k=-\infty}^{\infty} X_{\mathrm{c}}\left(\mathrm{j}\left(\varOmega - k\varOmega_{\mathrm{s}}\right)\right) \tag{4-20}$$

根据式(4-18)~ 式(4-20)可知: ①离散时间信号 $x[n]$ 的频谱 $X(\mathrm{e}^{\mathrm{j}\omega})$ 是以固定频率 $\varOmega_{\mathrm{s}}T = 2\pi$ 为周期的函数，理想采样信号 $x_{\mathrm{s}}(t)$ 的频谱 $X_{\mathrm{s}}(\mathrm{j}\varOmega)$ 是以采样频率 $\varOmega_{\mathrm{s}}$ 为周期的函数，$X(\mathrm{e}^{\mathrm{j}\omega})$ 是 $X_{\mathrm{s}}(\mathrm{j}\varOmega)$ 经过频率变换（$\omega = \varOmega T$）的结果；②在连续时间信号 $x_{\mathrm{c}}(t)$ 转换为离散时间信号 $x[n]$ 过程中，在时域上对采样周期 T 进行规范化，即 $x[n] = x_{\mathrm{c}}(nT)$ $(-\infty < n < \infty)$，必然导致在频域上对采样频率 F_{s} 进行规范化，即 $\omega = \varOmega T = \varOmega/F_{\mathrm{s}} = 2\pi \cdot (f/F_{\mathrm{s}})$；③从连续时间信号 $x_{\mathrm{c}}(t)$ 转换为离散时间信号 $x[n]$ 的过程中，改变了本质属性——频谱结构，从非周期性的频谱 $X_{\mathrm{c}}(\mathrm{j}\varOmega)$ 转换为周期性的频谱 $X(\mathrm{e}^{\mathrm{j}\omega})$，且数字频率 ω 的主值区间为 $[0, 2\pi]$ 或 $[-\pi, \pi]$。

例 4.2　正弦信号的采样序列及其频谱：假定采样系统的工作周期 $T = 1/60$，对连续时间信号 $x_c(t) = \cos(40\pi t)$ 进行采样，得到离散时间信号 $x[n]$，绘制序列 $x[n]$ 的频谱。

解　正弦信号 $x_c(t) = \cos(40\pi t) = \cos(\Omega_0 t)$，$\Omega_0 = 40\pi$，采样频率 $\Omega_s = 2\pi/T = 120\pi$，因此满足奈奎斯特采样定理 $\Omega_s > 2\Omega_0$，采样过程不产生频谱混叠。

$x_c(t) = \cos(\Omega_0 t)$ 的傅里叶变换 $X_c(j\Omega) = \pi\delta(\Omega - \Omega_0) + \pi\delta(\Omega + \Omega_0) = \pi\delta(\Omega - 40\pi) + \pi\delta(\Omega + 40\pi)$，即在 $\Omega = \pm 40\pi$ 位置存在着一对冲激函数，如图 4-7（a）所示。

对 $x_c(t)$ 进行理想采样，形成冲激串 $x_s(t)$ 的频谱为 $X_s(j\Omega) = \dfrac{1}{T}\displaystyle\sum_{k=-\infty}^{\infty} X_c(j(\Omega - k\Omega_s))$，即 $X_c(j\Omega)$ 的副本集中在 $\Omega = 0, \pm\Omega_s, \pm 2\Omega_s$ 的周围。当 $\Omega_s = 120\pi$ 时，如图 4-7（b）所示。

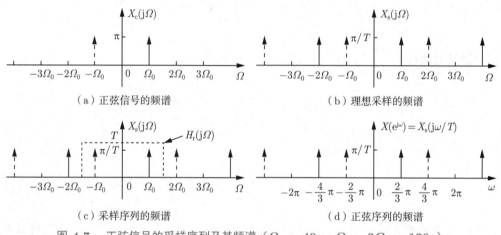

（a）正弦信号的频谱　　　　　　　　　　　（b）理想采样的频谱

（c）采样序列的频谱　　　　　　　　　　　（d）正弦序列的频谱

图 4-7　正弦信号的采样序列及其频谱（$\Omega_0 = 40\pi$，$\Omega_s = 3\Omega_0 = 120\pi$）

由于 $\Omega_0 = 40\pi$ 对应着 $\omega_0 = \Omega_0 T = 2\pi/3$，满足不等式 $\omega_0 < \pi$ 条件。当 $\Omega_s = 120\pi$ 时，理想低通滤波器 $H_r(j\Omega)$ 的截止频率 $\Omega_c = \pi/T = 60\pi$，如图 4-7（c）所示。

序列 $x[n] = x_c(nT) = \cos(40\pi Tn) = \cos(\omega_0 n)$，$\omega_0 = 40\pi T = 2\pi/3$。$x[n]$ 的频谱 $X(e^{j\omega})$ 是对 $X_s(j\Omega)$ 进行频率归一化的结果，$X(e^{j\omega}) = X_s(j\Omega)|_{\Omega = \omega/T} = X_s(j\omega/T)$，如图 4-7（d）所示。

4.2　带限信号的插值重构

根据奈奎斯特采样定理可知：对连续时间信号 $x_c(t)$ 采样时，如果采样频率 Ω_s 大于或等于 $x_c(t)$ 中包含最高频率 Ω_N 的 2 倍，则根据采样序列 $x[n](n = 0, \pm 1, \pm 2\cdots)$ 和采样周期 T 可以恢复出原始信号。下面针对来自带限信号 $x_c(t)$ 的采样序列 $x[n]$，讨论如何通过数值运算来重构原始的连续时间信号。

通常称实现样本序列 $x[n]$ 到带限信号 $x_r(t)$ 的转换系统为离散时间到连续时间转换器，简称 D/C 转换器，其功能框图如图 4-8（a）所示。在数学上信号转换过程划分为两个阶段：序列到冲激串转换和低通滤波重构，如图 4-8（b）所示。前者利用采样周期 T 和序列 $x[n]$ 恢复出冲激串 $x_s(t)$，后者对 $x_s(t)$ 进行低通滤波以重构信号 $x_r(t)$。虽然图 4-8（b）所示的数学模型不代表任何 D/C 转换器的实际结构，但是它为概念分析和理论推导提供了便捷的数学工具。

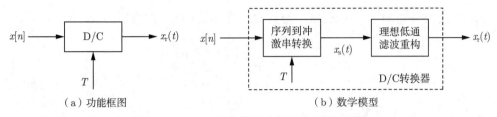

（a）功能框图 （b）数学模型

图 4-8   D/C 转换器的功能框图和数学模型

序列 $x[n]$ 的第 n 个样本值与冲激串 $x_\mathrm{s}(t)$ 在 $t = nT$ 时刻的冲激值（积分面积）有关，根据采样周期 T 和采样关系 $x[n] = x_\mathrm{c}(nT)$ 可以得到

$$x_\mathrm{s}(t) = \sum_{n=-\infty}^{\infty} x[n]\delta(t - nT) \tag{4-21}$$

如果选用理想低通滤波器重构信号，则其频率响应可以表示为

$$H_\mathrm{r}(\mathrm{j}\varOmega) = \begin{cases} T, & |\varOmega| \leqslant \pi/T \\ 0, & |\varOmega| > \pi/T \end{cases} \tag{4-22}$$

如图 4-9（a）所示。理想低通滤波器的单位冲激响应 $h_\mathrm{r}(t)$ 是其频率响应 $H_\mathrm{r}(\mathrm{j}\varOmega)$ 的傅里叶反变换，即

$$h_\mathrm{r}(t) = \frac{1}{2\pi} \int_{-\infty}^{\infty} H_\mathrm{r}(\mathrm{j}\varOmega)\mathrm{e}^{\mathrm{j}\varOmega t}\mathrm{d}\varOmega = \frac{T}{2\pi} \int_{-\pi/T}^{\pi/T} \mathrm{e}^{\mathrm{j}\varOmega t}\mathrm{d}\varOmega$$

$$= \frac{T}{2\pi\mathrm{j}t} \left[\mathrm{e}^{\mathrm{j}\pi t/T} - \mathrm{e}^{-\mathrm{j}\pi t/T} \right] = \frac{\sin(\pi t/T)}{\pi t/T} \tag{4-23}$$

如图 4-9（b）所示，可以看出 $h_\mathrm{r}(t)$ 是非因果的连续时间系统。

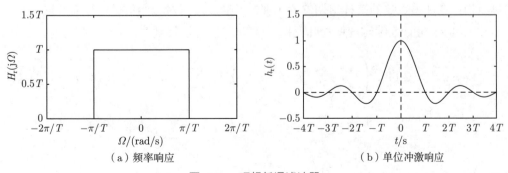

（a）频率响应 （b）单位冲激响应

图 4-9   理想低通滤波器

如果将冲激串 $x_\mathrm{s}(t)$ 送入理想低通滤波器 $h_\mathrm{r}(t)$，则理想低通滤波器的输出可以表示为

$$x_{\mathrm{r}}(t) = \sum_{n=-\infty}^{\infty} x[n] h_{\mathrm{r}}(t - nT) \tag{4-24}$$

将式(4-23)代入式(4-24)，可以得到理想低通滤波器输出信号的内插公式，即

$$x_{\mathrm{r}}(t) = \sum_{n=-\infty}^{\infty} x[n] \frac{\sin[\pi(t - nT)/T]}{\pi(t - nT)/T} \tag{4-25}$$

其中：用于重构 $x_{\mathrm{r}}(t)$ 的内插函数为

$$h_{\mathrm{r}}(t - nT) = \frac{\sin[\pi(t - nT)/T]}{\pi(t - nT)/T} \tag{4-26}$$

式(4-25)和式(4-26)表明：连续时间信号 $x_{\mathrm{r}}(t)$ 可由离散时间信号 $x[n]$ 经过连续时间的内插运算得到，即 $x_{\mathrm{r}}(t)$ 可以表示为基函数（内插函数）$h_{\mathrm{r}}(t - nT)$ 的线性组合形式，且 $x[n]$ 为 $h_{\mathrm{r}}(t - nT)$ 的加权系数（$n = 0, \pm 1, \pm 2, \cdots$）。

仔细分析式(4-23)可以发现，理想低通滤波器的单位冲激响应具有如下性质：

$$h_{\mathrm{r}}(nT) = \left. \frac{\sin(\pi t/T)}{\pi t/T} \right|_{t=nT} = \begin{cases} 1, & n = 0 \\ 0, & n = \pm 1, \pm 2, \cdots \end{cases} \tag{4-27}$$

其中：当 $n = 0$ 时 $h_{\mathrm{r}}(0) = 1$，可以由罗必塔（l'Hôpital）法则得到。因此利用式(4-25)重构输出信号 $x_{\mathrm{r}}(t)$ 时，在采样位置 $t = nT$ 上，内插函数 $h_{\mathrm{r}}(t - nT) = 1$，使得重构信号值 $x_{\mathrm{r}}(nT) = x[n]$；在相邻两个采样点之间，$x_{\mathrm{r}}(t)$ 由无限加权函数 $x[n]h_{\mathrm{r}}(t - nT)$ 叠加得到。

利用理想低通滤波器重构连续时间信号的实例，如图 4-10所示。原始信号 $x_{\mathrm{c}}(t)$ 及其采样序列 $x[n]$ 分别如图 4-10（a）和图 4-10（b）所示，根据 $x[n]$ 和采样周期 T 恢复的冲激串 $x_{\mathrm{s}}(t)$，如图 4-10（c）所示，使用理想低通滤波器重构的连续时间信号 $x_{\mathrm{r}}(t)$，如图 4-10（d）所示，可以看出：在整数倍的采样周期位置，理想低通滤波器对原始信号进行精确重构；在非整数倍的采样周期位置，理想低通滤波器对原始信号进行插值重构。

对式(4-25)进行连续时间傅里叶变换（CTFT），可以得到

$$X_{\mathrm{r}}(\mathrm{j}\Omega) = \mathrm{CTFT}\left(\sum_{n=-\infty}^{\infty} x[n] h_{\mathrm{r}}(t - nT) \right) = \sum_{n=-\infty}^{\infty} x[n] \cdot \mathrm{CTFT}\left(h_{\mathrm{r}}(t - nT) \right)$$

$$= \sum_{n=-\infty}^{\infty} x[n] \left(H_{\mathrm{r}}(\mathrm{j}\Omega) \mathrm{e}^{-\mathrm{j}\Omega nT} \right) = H_{\mathrm{r}}(\mathrm{j}\Omega) \cdot \sum_{n=-\infty}^{\infty} x[n] \mathrm{e}^{-\mathrm{j}\Omega Tn}$$

再利用频率变换关系 $\omega = \Omega T$ 可以得到

$$X_{\mathrm{r}}(\mathrm{j}\Omega) = H_{\mathrm{r}}(\mathrm{j}\Omega) X(\mathrm{e}^{\mathrm{j}\Omega T}) \tag{4-28}$$

式(4-28)给出了根据采样序列 $x[n]$ 重构带限信号 $x_r(t)$ 的频域表示方法。

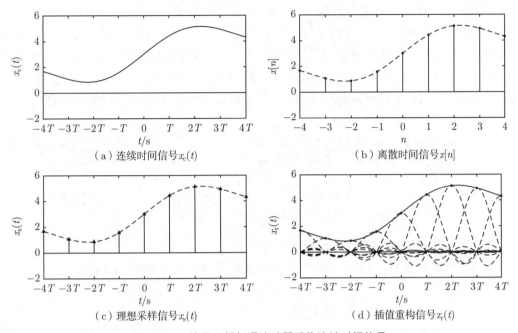

图 4-10　使用理想低通滤波器重构连续时间信号

序列 $x[n]$ 的频谱 $X(e^{j\omega})$ 是以 2π 为周期的函数,且被频率变换关系 $\Omega = \omega/T$ 重新标定为 $X(e^{j\Omega T})$。由于理想低通滤波器 $H_r(j\Omega)$ 的带限作用($|\Omega| < \pi/T$),使重构信号 $x_r(t)$ 的频谱 $X_r(j\Omega)$ 仅限于 $X(e^{j\Omega T})$ 的基带周期。由此可见,如果序列 $x[n]$ 来自带限信号 $x_c(t)$ 的理想采样,且采样频率 Ω_s 高于 $x_c(t)$ 中最高频率 Ω_N 的 2 倍,则利用理想低通滤波器 $H_r(j\Omega)$ 重构的信号 $x_r(t)$ 与 $x_c(t)$ 相同,即 $x[n]$ 可以完全代表 $x_c(t)$,且不损失任何有用的信息,并与采样周期 T 无关。特别地,在上述分析过程中,将 $H_r(j\Omega)$ 的增益设置为 T,可以补偿理想采样出现的 $1/T$ 因子;虽然 $H_r(j\Omega)$ 的截止频率 Ω_c 满足约束条件 $\Omega_N \leqslant \Omega_c \leqslant \Omega_s - \Omega_N$,但是设定 $\Omega_c = \Omega_s/2 = \pi/T$ 会使重构信号分析过程更加简单。

4.3　连续时间信号的离散时间处理

在科学研究和工程实践中存在着大量的连续时间信号,离散时间系统的主要用途是处理连续时间信号。连续时间信号的离散时间处理系统的基本结构如图 4-11(a)所示。C/D 转换器将连续时间信号 $x_c(t)$ 转换为离散时间信号 $x[n]$,单位脉冲响应为 $h[n]$ 的离散时间系统处理输入序列 $x[n]$ 并生成输出序列 $y[n]$,D/C 转换器将 $y[n]$ 转换为连续时间信号 $y_r(t)$ 并作为系统输出。由于原始输入 $x_c(t)$ 和系统输出 $y_r(t)$ 都是连续时间信号,因此图 4-11(a)可以等效成图 4-11(b)所示的连续时间系统,且系统特性取决于离散时间系统和采样频率 $F_s = 1/T$。为了论述方便,假定 C/D 转换器和 D/C 转换器使用相同的工作频率。

4.3.1 等效系统的表示方法

根据 4.1节和 4.2节可知，在图 4-11（a）中连续时间信号 $x_c(t)$ 和 $y_r(t)$ 的频谱 $X_c(j\Omega)$ 和 $Y_r(j\Omega)$ 是非周期的，而离散时间信号 $x[n]$ 和 $y[n]$ 的频谱 $X(e^{j\omega})$ 和 $Y(e^{j\omega})$ 都是以 2π 为周期的，因此 C/D 转换器和 D/C 转换器既改变了信号波形的连续性，又改变了频谱结构的周期性。下面将从信号流向、波形关系、频谱关系等角度出发，依次讨论 C/D 转换器、离散时间系统和 D/C 转换器的基本功能，以此建立等效连续时间系统的数学模型。

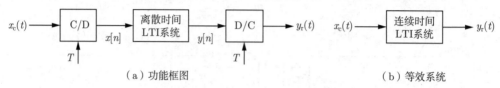

（a）功能框图　　　　　　　　　　　（b）等效系统

图 4-11　连续时间信号的离散时间处理系统及其等效系统

1. 连续时间到离散时间信号转换（C/D）

假设连续时间信号 $x_c(t)$ 是带限的，它的连续时间傅里叶变换（CTFT）为

$$X_c(j\Omega) = \int_{-\infty}^{\infty} x_c(t)e^{-j\Omega t}dt \tag{4-29}$$

以 T 为周期对 $x_c(t)$ 进行等间隔采样，可以得到离散时间信号

$$x[n] = x_c(nT), \quad -\infty < n < \infty \tag{4-30}$$

根据 4.1节可知，$x[n]$ 的离散时间傅里叶变换（DTFT）为

$$X(e^{j\omega}) = \frac{1}{T} \sum_{k=-\infty}^{\infty} X_c\left(j\left(\frac{\omega}{T} - \frac{2\pi}{T}k\right)\right) \tag{4-31}$$

或者利用采样过程的频率变换关系 $\omega = \Omega T$ 得到

$$X(e^{j\Omega T}) = \frac{1}{T} \sum_{k=-\infty}^{\infty} X_c\left(j\left(\Omega - \frac{2\pi}{T}k\right)\right) \tag{4-32}$$

式(4-31)和式(4-32)表明：离散时间信号 $x[n]$ 的频谱 $X(e^{j\omega})$ 可以表示为连续时间信号 $x_c(t)$ 的模拟频谱 $X_c(j\Omega)$ 的周期延拓形式。

2. 离散时间 LTI 系统的信号处理

将序列 $x[n]$ 输入单位脉冲响应为 $h[n]$ 的离散时间线性时不变（LTI）系统，输出序列 $y[n]$ 表示为 $x[n]$ 和 $h[n]$ 的线性卷积，即

$$y[n] = \sum_{k=-\infty}^{\infty} x[k]h[n-k] \tag{4-33}$$

利用时域乘积和频域卷积的对应关系可以得到

$$Y(e^{j\omega}) = H(e^{j\omega})X(e^{j\omega}) \tag{4-34}$$

或者利用采样过程的频率变换关系 $\omega = \Omega T$ 得到

$$Y(e^{j\Omega T}) = H(e^{j\Omega T})X(e^{j\Omega T}) \tag{4-35}$$

式(4-34)和式(4-35)表明：输入序列 $x[n]$ 的频谱 $X(e^{j\omega})$ 和输出序列 $y[n]$ 的频谱 $Y(e^{j\omega})$ 都是以 2π 为周期，且频率响应 $H(e^{j\omega})$ 是 $X(e^{j\omega})$ 和 $Y(e^{j\omega})$ 的桥梁。

3. 离散时间到连续时间信号转换（D/C）

将 LTI 系统的输出序列 $y[n]$ 通过单位冲激响应为 $h_r(t) = \sin(\pi t/T)/(\pi t/T)$ 的理想低通滤波器，根据 4.2 节可知，重构的连续时间信号 $y_r(t)$ 可以表示为 $h_r(t)$ 的"延时-加权-求和"形式，即

$$y_r(t) = \sum_{n=-\infty}^{\infty} y[n]h_r(t-nT) \tag{4-36}$$

将 $h_r(t) = \sin(\pi t/T)/(\pi t/T)$ 代入式(4-36)得到

$$y_r(t) = \sum_{n=-\infty}^{\infty} y[n]\frac{\sin[\pi(t-nT)/T]}{\pi(t-nT)/T} \tag{4-37}$$

或者将式(4-37)表示为频域乘积形式，可以得到

$$Y_r(j\Omega) = H_r(j\Omega)Y(e^{j\Omega T}) \tag{4-38}$$

其中：$H_r(j\Omega)$ 是理想低通滤波器的频率响应，即

$$H_r(j\Omega) = \begin{cases} T, & |\Omega| < \pi/T \\ 0, & |\Omega| \geqslant \pi/T \end{cases} \tag{4-39}$$

式(4-37)和式(4-39)表明：由于理想低通滤波器的频率响应 $H_r(j\Omega)$ 具有带限特性，使得重构信号 $y_r(t)$ 的频谱 $Y_r(j\Omega)$ 也具有带限特性。

4. 连续时间信号的离散时间处理系统

将式(4-35)代入式(4-38)，理想低通滤波器输出信号的频谱可以表示为

$$Y_r(j\Omega) = H_r(j\Omega)H(e^{j\Omega T})X(e^{j\Omega T}) \tag{4-40}$$

由于 $x_c(t)$ 符合带限条件，将式(4-32)仅取 $k = 0$ 时的基带频谱部分得到

$$X(e^{j\Omega T}) = \frac{1}{T}X_c(j\Omega), \quad |\Omega| < \pi/T \tag{4-41}$$

将式(4-41)代入式(4-40)，可以得到

$$Y_r(j\Omega) = H_r(j\Omega)H(e^{j\Omega T}) \cdot \frac{1}{T}X_c(j\Omega) \tag{4-42}$$

由于理想低通滤波器的频率响应 $H_r(j\Omega)$ 可以抵消 $1/T$ 因子，因此得到

$$Y_r(j\Omega) = \begin{cases} H(e^{j\Omega T})X_c(j\Omega), & |\Omega| < \pi/T \\ 0, & |\Omega| \geqslant \pi/T \end{cases} \tag{4-43}$$

或者表示为等效系统的输入/输出形式，即

$$Y_r(j\Omega) = H_{eff}(j\Omega)X_c(j\Omega) \tag{4-44}$$

其中：$H_{eff}(j\Omega)$ 为等效的连续时间系统的频率响应，即

$$H_{eff}(j\Omega) = \begin{cases} H(e^{j\Omega T}), & |\Omega| < \pi/T \\ 0, & |\Omega| \geqslant \pi/T \end{cases} \tag{4-45}$$

式(4-44)和式(4-45)建立了连续时间信号的离散时间处理系统的输入/输出关系，等效连续时间系统的频率响应为 $H_{eff}(j\Omega)$，且取决于 LTI 系统的频率响应 $H(e^{j\omega})$。

特别注意，上述讨论过程依赖以下基本条件：①离散时间系统满足线性时不变（LTI）特性，在分析和推导中可以使用时域卷积、频域乘积、频率变换等基本运算；②输入连续时间信号 $x_c(t)$ 符合带限条件，且采样频率满足奈奎斯特采样定理要求（$\Omega_s \geqslant 2\Omega_N$），使离散时间系统能够消除频谱混叠的任何分量；③C/D 转换器和 D/C 转换器都实现了理想功能，即在信号转换过程中不产生任何的量化误差或计算误差。

4.3.2 理想低通滤波器

连续时间信号的离散处理系统在本质上是连续时间系统，且频域特性取决于离散时间系统部分。假定离散时间系统部分是理想低通滤波器，其频率响应为

$$H(e^{j\omega}) = \begin{cases} 1, & |\omega| < \omega_c \\ 0, & |\omega| \geqslant \omega_c \end{cases} \tag{4-46}$$

其中：ω_c 是截止频率。$H(e^{j\omega})$ 是以 2π 为周期的连续函数，如图 4-12（a）所示。根据式(4-45)可以得到图 4-11 所示的等效系统——模拟低通滤波器，其频率响应为

$$H_{eff}(j\Omega) = \begin{cases} 1, & |\Omega| < \Omega_c \\ 0, & |\Omega| \geqslant \Omega_c \end{cases} \tag{4-47}$$

其中：$\Omega_c = \omega_c/T$ 为截止频率，采样频率为 $\Omega_s = 2\pi/T$。式(4-47)所示的等效模拟低通滤波器的频率响应如图 4-12（b）所示。

假定 $x_c(t)$ 是带限的连续时间信号，它的傅里叶变换 $X_c(j\Omega)$ 如图 4-13（a）所示。$X_c(j\Omega)$ 包含的最高频率 Ω_N，且采样频率 Ω_s 高于奈奎斯特频率 $2\Omega_N$，因此将 $x_c(t)$ 转换为离散时间信号 $x[n]$ 时不会产生频谱混叠。在理想采样过程中生成已调制冲激串 $x_s(t)$，它的傅里叶变换 $X_s(j\Omega)$ 如图 4-13（b）所示。根据 $x_s(t)$ 得到离散时间信号 $x[n]$，它的傅里叶变换 $X(e^{j\omega})$ 如图 4-13（c）所示。特别地，$X_s(e^{j\omega})$ 和 $X(e^{j\omega})$ 之间满足频率关系 $\omega = \Omega T$。

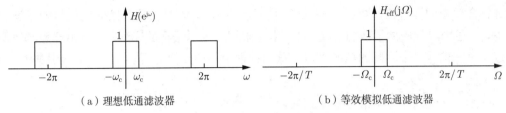

（a）理想低通滤波器 　　　　　　　　　　　（b）等效模拟低通滤波器

图 4-12　理想及等效模拟低通滤波器频率响应

线性时不变（LTI）理想低通滤波器 $h[n]$ 的频率响应如图 4-13（d）所示，对 $x[n]$ 进行低通滤波，输出序列 $y[n] = x[n] * h[n]$ 的离散时间傅里叶变换为

$$Y(\mathrm{e}^{\mathrm{j}\omega}) = H(\mathrm{e}^{\mathrm{j}\omega})X(\mathrm{e}^{\mathrm{j}\omega}) \tag{4-48}$$

$Y(\mathrm{e}^{\mathrm{j}\omega})$ 如图 4-13（e）所示。特别地，$X(\mathrm{e}^{\mathrm{j}\omega})$ 中高于截止频率 ω_c 的分量被完全滤除。

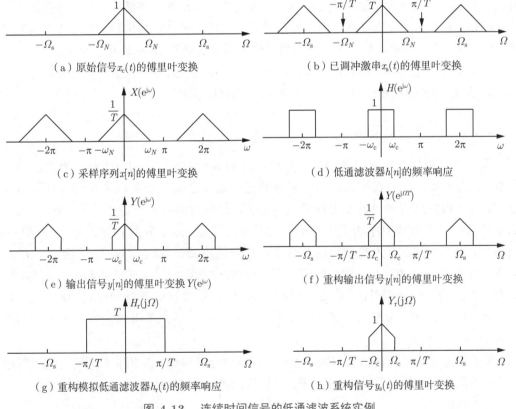

（a）原始信号 $x_c(t)$ 的傅里叶变换 　　　（b）已调冲激串 $x_s(t)$ 的傅里叶变换

（c）采样序列 $x[n]$ 的傅里叶变换 　　　　（d）低通滤波器 $h[n]$ 的频率响应

（e）输出信号 $y[n]$ 的傅里叶变换 $Y(\mathrm{e}^{\mathrm{j}\omega})$ 　　（f）重构输出信号 $y[n]$ 的傅里叶变换

（g）重构模拟低通滤波器 $h_r(t)$ 的频率响应 　　（h）重构信号 $y_s(t)$ 的傅里叶变换

图 4-13　连续时间信号的低通滤波系统实例

利用频率关系 $\Omega = \omega/T$，将 $Y(\mathrm{e}^{\mathrm{j}\omega})$ 转化为 $Y(\mathrm{e}^{\mathrm{j}\Omega T})$ 之后，并将 $Y(\mathrm{e}^{\mathrm{j}\Omega T})$ 通过频率响应为 $H_r(\mathrm{j}\Omega)$ 的理想低通滤波器，将 $y[n]$ 重构成为连续时间信号 $y_r(t)$。重构过程和 $y_r(t)$ 的傅里叶变换 $Y_r(\mathrm{j}\Omega)$ 分别如图 4-13（f）～ 图 4-13（h）所示。虽然在实际应用中不存在连续时间的理想低通滤波器，也无法通过离散时间系统进行等效，但是在误差允许范围内，可以

设计符合要求的滤波器,再结合 C/D 转换器和 D/C 转换器实现连续时间信号的滤波。特别地,上述内容只关注了理想情况,即:用无限精度表示采样的序列,以及用理想滤波器重构连续时间信号。在实际的信号采样和重构过程中,还需要分析存在的误差及其影响。

4.4 采样和重构的误差分析

在工程实践中,一般用模拟/数字转换器(A/D 转换器)代替 C/D 转换器来实现模拟信号到数字信号的转换。A/D 转换器主要包括采样保持和量化编码两个阶段:前者是指在某个采样时刻对模拟信号采样(非瞬间完成),并将采样值保持到下一个采样时刻;后者是指选择与采样保持电路输出接近的量化电平,并对量化电平进行编码得到数字信号。特别地,有限时间采样、保持电路精度、量化编码位数等因素影响着 A/D 转换器结果。

与此同时,用数字/模拟转换器(D/A 转换器)代替 D/C 转换器来实现数字信号到模拟信号的转换。D/A 转换器使用阶梯近似技术,首先对输入的数字信号进行解码,将某个时刻的数字信号值转换为模拟信号值;然后采用零阶保持器,将模拟信号值保持到下一个采样时刻;最后采用低通滤波器对阶梯信号进行平滑处理,以此将数字信号转换为模拟信号。特别地,信号转换位数、低通滤波器质量等因素影响着 D/A 转换器结果。

下面在不考虑具体电路设计与实现的基础上,使用理想数学模型和统计分析方法,集中讨论 A/D 转换器的量化误差和 D/A 转换器的转换误差。

4.4.1 数值量化及误差

数字信号处理系统可以使用定点制或浮点制表示数值,它们分别对应着定点数和浮点数。①定点数:小数点可以在二进制数的任何两位之间,小数点位置固定且不占任何位。定点数可分为有符号数和无符号数,其中有符号数的最高位是符号位。②浮点数:小数点可以在二进制数中浮动变化且小数点不占任何位。浮点数主要有 3 种形式,单精度、双精度和扩展精度,其中最常用的单精度浮点数的字长是 32 位(bit)。虽然 B 位的浮点数和定点数都可以表示 2^B 个数值,但是浮点数的动态范围远大于定点数的动态范围。当二进制表示的字长相同时,定点数计算相对简单,执行单次计算时间较短;浮点数计算相对复杂,执行单次计算耗时较长。为了便于分析,以下举例采用二进制定点数中的有符号数。

数字信号处理系统在二进制编码过程中,可以选择原码、反码和补码等方式,其中补码的应用最普遍。使用无限精度的补码,可以将实数 $x \in \mathbb{R}$ 表示为

$$x = X_\mathrm{m}\left(-b_0 + \sum_{k=1}^{\infty} b_k 2^{-k}\right) \tag{4-49}$$

其中:X_m 是任意的幅度加权因子;b_0 是符号位值,b_k 是第 k 位值。当 $b_0 = 0$ 时,$0 \leqslant x \leqslant X_\mathrm{m}$;当 $b_0 = 1$ 时,$-X_\mathrm{m} \leqslant x \leqslant 0$。任何绝对值小于或等于 X_m 的实数 x 都可以用式(4-49)来表示,此时要求无限多的二进制位数。如果用 B 位有符号数表示实数 x,则有

$$\hat{x} = X_{\mathrm{m}} \left(-b_0 + \sum_{k=1}^{B-1} b_k 2^{-k} \right) \tag{4-50}$$

或简单地表示为

$$\hat{x} = Q(x) = X_{\mathrm{m}} \hat{x}_B \tag{4-51}$$

其中：$Q(x)$ 表示对实数 x 的数值量化运算；$\hat{x}_B$ 是 B 位二进制数的小数部分，可以用有符号的定点数表示为

$$\hat{x}_B = b_0 \diamondsuit b_1 b_2 \cdots b_{B-1} \tag{4-52}$$

其中：$\diamondsuit$ 表示二进制数的小数点。经过量化运算，相邻实数之间的最小间隔为

$$\Delta = X_{\mathrm{m}} \cdot q = X_{\mathrm{m}} 2^{-B} \tag{4-53}$$

其中：$q = 2^{-B}$ 表示 B 位二进制数的量化阶数。为了方便讨论，以下将加权因子 X_{m} 归一化为单位值，即 $X_{\mathrm{m}} = 1$，此时 x 的量化值 $\hat{x}_B = b_0 \diamondsuit b_1 b_2 \cdots b_{B-1}$。

根据式(4-49)和式(4-50)可知，将无限精度的实数 x 量化为有限精度的数值 $\hat{x}$ 时，需要对二进制尾数进行舍入运算或截尾运算处理。舍入运算要考虑尾数中第 B 位的取值情况，经过“逢 1 进位、逢 0 不进位”处理后，再省略第 B 位及其以后的部分。截尾运算不考虑尾数中第 B 位的取值情况，直接舍弃第 B 位及其以后的部分。当用补码形式表示二进制数时，舍入运算和截尾运算的输入/输出关系实例分别如图 4-14（a）和图 4-14（b）所示。

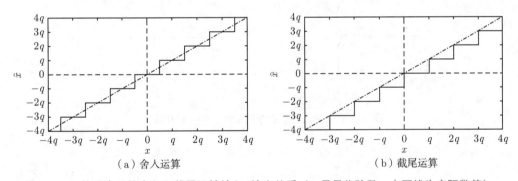

（a）舍入运算　　　　　　　　　　　　　（b）截尾运算

图 4-14 补码表示的舍入和截尾运算输入/输出关系（q 是量化阶数，点画线为实际数值）

舍入运算和截尾运算都是非线性且无记忆的二进制数字操作。为了方便，在讨论量化效应前需要先定义量化误差

$$e = Q(x) - x = \hat{x} - x \tag{4-54}$$

特别地，对于舍入运算，$-q/2 < e < q/2$；对于截尾运算，$-q < e < 0$。可以看出，量化误差与量化位数有关，即量化位数 B 越大，量化间隔 $q = 2^{-B}$ 越小，量化误差 e 越小。

假设待处理的离散时间信号 $x[n]$ 是随机序列，它的量化误差可以表示为

$$e[n] = Q(x[n]) - x[n] \tag{4-55}$$

为了分析方便，假设 $e[n]$ 是与 $x[n]$ 不相关的平稳随机序列，且是服从均匀分布的白噪声序列。特别地，该假设适合描述内容复杂、变化剧烈的离散时间信号，如语音信号、雷达信号、振动信号等；但不适合描述内容简单、变化平缓的离散时间信号。因此根据式(4-54)和式(4-55)，舍入运算量化误差和截尾运算量化误差的概率密度函数（PDF）如图 4-15 所示。

根据图 4-15 (a)，可以得到舍入运算量化误差的统计平均值

$$m_e = \int_{-q/2}^{q/2} e \cdot p(e) \mathrm{d}e = \int_{-q/2}^{q/2} e \cdot \frac{1}{q} \mathrm{d}e = 0 \tag{4-56}$$

以及方差

$$\sigma_e^2 = \int_{-q/2}^{q/2} (e - m_e)^2 \cdot p(e) \mathrm{d}e = \int_{-q/2}^{q/2} e^2 \cdot \frac{1}{q} \mathrm{d}e = \frac{q^2}{12} \tag{4-57}$$

根据图 4-15 (b)，可以得到截尾运算量化误差的统计平均值

$$m_e = \int_{-q}^{0} e \cdot p(e) \mathrm{d}e = \int_{-q}^{0} e \cdot \frac{1}{q} \mathrm{d}e = -\frac{q}{2} \tag{4-58}$$

以及方差

$$\sigma_e^2 = \int_{-q}^{0} (e - m_e)^2 \cdot p(e) \mathrm{d}e = \int_{-q}^{0} \left(e + \frac{q}{2}\right)^2 \cdot \frac{1}{q} \mathrm{d}c = \frac{q^2}{12} \tag{4-59}$$

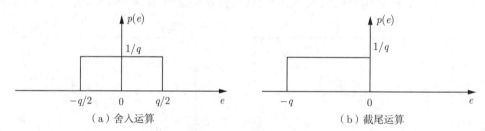

图 4-15　量化误差的概率密度函数（补码表示）

通常称量化误差 $e[n]$ 为量化噪声。截尾运算量化噪声的统计平均值是 $m_e = -q/2$，相当于在量化结果 $\hat{x}[n]$ 上叠加了直流分量，它改变了 $\hat{x}[n]$ 的频谱结构；舍入运算量化噪声的统计平均值是 $m_e = 0$，不存在直流分量问题。根据式(4-57)和式(4-59)可知，量化噪声的方差（平均功率）与量化位数有关，即量化位数越大，量化噪声越小，反之亦然。

4.4.2　A/D 的量化误差

模数（A/D）转换器是将模拟信号转换成数字信号的物理器件。在概念层面上可以将 A/D 转换过程划分为两级运算：第一级运算将连续时间（模拟）信号 $x_c(t)$ 转化为离散时间信号 $x[n]$，用无限精度表示为 $x[n] = x_c(t)|_{t=nT} = x_c(nT)$；第二级运算对离散时间信号 $x[n]$ 进行舍入或截尾处理，得到有限精度的数字信号 $\hat{x}[n] = Q(x[n])$。由于 A/D 转换器的位数有限（如 8 位、12 位、20 位等），因此存在着量化误差

$$e[n] = Q(x[n]) - x[n] = \hat{x}[n] - x[n] \tag{4-60}$$

通常 A/D 转换器的输入 $x_c(t)$ 为随机信号，因此理想序列 $x[n]$ 和量化噪声 $e[n]$ 也是随机信号。根据式(4-60)可知，A/D 转换器的输出信号 $\hat{x}[n]$ 是 $x[n]$ 和 $e[n]$ 的叠加结果，它的量化噪声模型如图 4-16 所示。由于在理想 A/D 转换器之后叠加了量化噪声，因此降低了离散时间信号 $x[n]$ 的信噪比。下面采取统计分析的方法，讨论信噪比下降的主要影响因素。

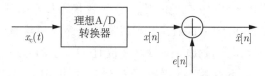

图 4-16　A/D 转换器的量化噪声模型

如果无限精度的离散时间信号 $x[n]$ 表示为

$$x[n] = b_0 + \sum_{k=1}^{\infty} b_i 2^{-k}, \quad b_k = 0, 1 \tag{4-61}$$

则经过 B 位字长的舍入运算处理，可以得到数字信号

$$\hat{x}[n] = b_0 + \sum_{k=1}^{B-1} b_k 2^{-k}, \quad b_k = 0, 1 \tag{4-62}$$

其中：b_0 是符号位，b_k 是尾数位，$q = 2^{-B}$ 是量化阶数。

假定量化误差 $e[n]$ 是平稳随机序列，与 $x[n]$ 不相关且服从均匀分布，即 $e[n]$ 是服从均匀分布的白噪声。根据式(4-56)和式(4-57)可知，$e[n]$ 的统计平均值 $m_e = 0$，平均功率（方差）$\sigma_e^2 = q^2/12$。对于包含加性量化噪声的时间序列，可以使用功率信噪比作为信号质量的度量指标。A/D 转换器的输出信噪比为信号功率 σ_x^2 与噪声功率 σ_e^2 的比值，即

$$\text{SNR} = \frac{\sigma_x^2}{\sigma_e^2} = \frac{\sigma_x^2}{q^2/12} = \frac{\sigma_x^2}{(2^{-B})^2/12} = 12 \cdot 4^B \cdot \sigma_x^2 \tag{4-63}$$

或者以分贝（dB）为单位表示为

$$\text{SNR (dB)} = 10\lg\left(\frac{\sigma_x^2}{\sigma_e^2}\right) = 10.79 + 6.02B + 10\lg(\sigma_x^2)\ \text{dB} \tag{4-64}$$

根据式(4-64)可知，A/D 转换器输出信号的信噪比与 A/D 转换字长 B 及信号平均功率 σ_x^2 有关，A/D 转换器的有效字长每增加 1 位，输出信噪比提高约 6 dB；与此同时，输入信号的平均功率越大，输出信号的信噪比越高。如果给定 A/D 转换器的输出信噪比 SNR，且已知输入信号的平均功率 σ_x^2，则可以用式(4-64)估算所需 A/D 转换器的最少位数。

例 4.3　根据输出信噪比确定 A/D 位数：假设 A/D 转换器的输入随机信号 $x_c(t)$ 服从标准的正态分布（均值为 0、方差为 1），它的概率密度函数 $p(x) = \dfrac{1}{\sqrt{2\pi}}e^{-x^2/2}$。假定

A/D 转换器的动态范围 ± 1 V。要求 A/D 转换器的输出信噪比 SNR 大于 60 dB 和 75 dB,估算所需 A/D 转换器的最少位数。

解 由于输入随机信号 $x_c(t)$ 服从标准正态分布,因此位于 $(-3\sigma_x, +3\sigma_x)$ 之外的取值概率非常小(约为 0.3%),可以忽略不计。为了充分利用 A/D 转换器的动态范围,最大限度地提高输出信噪比 SNR,设定 $\sigma_x = 1/3$ 并代入式(4-64),可得 $\text{SNR} = 6.02B + 1.25$。

当 A/D 转换器的输出信噪比 $\text{SNR} \geqslant 60$ dB 时,A/D 转换器位数要满足 $B \geqslant 10$;当 A/D 转换器的输出信噪比 $\text{SNR} \geqslant 75$ dB 时,A/D 转换器位数必须要满足 $B \geqslant 13$。由此可见,通过增加 A/D 转换器的量化位数,可以提高输出序列的信噪比。

根据式(4-64)可以得到,当量化字长 $B = 8$ 位时,量化噪声功率低于信号功率约 59 dB;当量化字长 $B = 16$ 位时,量化噪声功率低于信号功率约 107 dB。通常,人类的听觉系统对音频信号的感知范围约为 100 dB,因此在设计高质量的音频系统时,用于声音信号采样的 A/D 转换器的有效字长至少需要 16 位。

如果 A/D 转换器的输入信号 $x_c(t)$ 超出限定范围,则由于限幅作用会产生很大的失真,因此在 $x_c(t)$ 进入 A/D 转换器之前要进行幅度压缩。当待量化信号 $Ax[n] = Ax_c(t)|_{t=nT}$ $(0 < A < 1)$ 时,它的平均功率(方差)为 $A^2\sigma_x^2$,根据式(4-64)可以得到

$$\text{SNR (dB)} = 10\lg\left(\frac{A^2\sigma_x^2}{\sigma_e^2}\right) = 6.02B + 10.79 + 10\lg(\sigma_x^2) + 20\lg(A) \text{ dB} \tag{4-65}$$

比较式(4-64)和式(4-65)可知,虽然经过幅度压缩的输入信号能够满足 A/D 转换器的输入要求,但是由于 $0 < A < 1$,导致 A/D 转换器的输出信噪比降低。

通常,A/D 转换器的输入信号 $x_c(t)$ 有一定的信噪比,如果量化阶数低于 $x_c(t)$ 的噪声电平,则增加 A/D 转换器的量化字长不能提高输出信噪比,却可以提高噪声电平的量化精度。此外,如果盲目地追求 A/D 转换器的输出信噪比,则会增加 A/D 转换器的有效位数,进而显著地提升数字信号处理系统的开发成本。

当 A/D 转换器输出的数字信号 $\hat{x}[n]$ 通过数字滤波器时,它包含的量化噪声 $e[n]$ 也会通过数字滤波器,并以误差形式在输出结果中表现出来。如果数字滤波器的单位脉冲响应是 $h[n]$,输入信号 $\hat{x}[n] = x[n] + e[n]$,则输出信号 $\hat{y}[n]$ 可以表示为

$$\hat{y}[n] = \hat{x}[n] * h[n] = (x[n] + e[n]) * h[n]$$

$$= x[n] * h[n] + e[n] * h[n] = y[n] + e_f[n] \tag{4-66}$$

其中:$y[n] = x[n] * h[n]$ 表示无限精度信号 $x[n]$ 输入数字滤波器得到的输出信号;$e_f[n] = e[n] * h[n]$ 表示 A/D 量化误差 $e[n]$ 输入数字滤波器得到的输出噪声。

如果量化噪声 $e[n]$ 是舍入噪声,则输出噪声 $e_f[n]$ 的平均功率(方差)为

$$\sigma_f^2 = E(\sigma_f^2[n]) = E\left(\sum_{m=0}^{\infty} h[m]e[n-m]\sum_{l=0}^{\infty} h[l]e[n-l]\right)$$

$$= \sum_{m=0}^{\infty}\sum_{l=0}^{\infty} h[m]h[l]E(e[n-m]e[n-l]) \tag{4-67}$$

其中：$E(\cdot)$ 表示数学期望。再假定 $e[n]$ 是均匀分布的白噪声，且各变量之间互不相关，得到

$$E(e[n-m]e[n-l]) = \delta[m-l]\sigma_e^2 \tag{4-68}$$

将式(4-68)代入式(4-67)，可以得到输出噪声 $e_f[n]$ 的平均功率

$$\sigma_f^2 = \sum_{m=0}^{\infty}\sum_{l=0}^{\infty} h[m]h[l] \cdot \delta[m-l]\sigma_e^2 = \sigma_e^2\sum_{m=0}^{\infty} h^2[m] \tag{4-69}$$

假定数字滤波器是因果稳定的系统，且它的单位脉冲响应 $h[n]$ 是绝对可求和的，即系统函数 $H(z)$ 的全部极点位于 z 平面上的单位圆内，可以得到 Parseval 定理的表达式

$$\sum_{m=0}^{\infty} h^2[m] = \frac{1}{2\pi j}\oint_C H(z)H(z^{-1})\frac{\mathrm{d}z}{z} \tag{4-70}$$

其中：$\oint_C$ 中是沿着单位圆逆时针方向的围线积分。将式(4-70)代入式(4-69)，可以得到

$$\sigma_f^2 = \sigma_e^2 \cdot \frac{1}{2\pi j}\oint_C H(z)H(z^{-1})\frac{\mathrm{d}z}{z} \tag{4-71}$$

再令 $z = e^{j\omega}$，代入式(4-71)可以得到输出噪声的平均功率

$$\sigma_f^2 = \sigma_e^2 \cdot \frac{1}{2\pi}\int_{-\pi}^{\pi}|H(e^{j\omega})|^2\mathrm{d}\omega \tag{4-72}$$

根据式(4-69)和式(4-72)可知，A/D 转换器产生的量化误差 $e[n]$ 会通过数字滤波器传播到系统并输出，且对输出信号的影响程度不但与 $e[n]$ 的平均功率（方差）有关，还与数字滤波器的单位脉冲响应 $h[n]$ 或频率响应 $H(e^{j\omega})$ 有关。

4.4.3 D/A 的转换误差

虽然使用理想低通滤波器可以精确地重构原始连续时间信号，但是理想低通滤波器是非因果系统，导致其在工程实践中无法实现，且不能不失真地重构连续时间信号。通常采用零阶保持系统逼近理想低通滤波器功效，即采用零阶保持内插方法重构信号。

零阶保持系统的单位冲激响应 $h(t)$ 是宽度为 T 的矩形脉冲，可以表示为

$$h_r(t) = u(t) - u(t-T) \tag{4-73}$$

$h_r(t)$ 的波形如图 4-17（a）所示；频率响应是 $h_r(t)$ 的连续时间傅里叶变换（CTFT），即

$$H_r(j\Omega) = T \cdot \mathrm{Sa}\left(\frac{\Omega T}{2}\right)e^{-j\frac{\Omega T}{2}} \tag{4-74}$$

其中：$\mathrm{Sa}(x) = \sin x/x$，是连续时间函数。$H_r(j\Omega)$ 是"主瓣"宽度为 $2\pi/T$ 的连续函数，如图 4-17（b）所示。由于在 $\Omega = 0$ 周围"主瓣"部分幅值相对较大，且"旁瓣"部分幅值随频率升高逐渐衰减，因此零阶保持系统呈现非理想的低通特性。

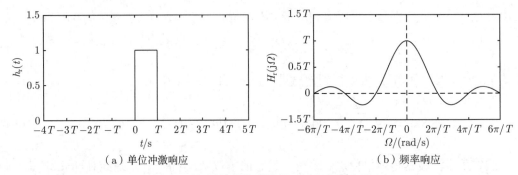

（a）单位冲激响应 　　　　　　（b）频率响应

图 4-17　零阶保持系统的时域和频域表示

根据序列 $x[n]$ 和采样周期 T 恢复的冲激串表示为

$$x_{\mathrm{s}}(t) = \sum_{n=-\infty}^{\infty} x[n]\delta(t - nT) \tag{4-75}$$

将 $x_{\mathrm{s}}(t)$ 送入零阶保持系统 $h_{\mathrm{r}}(t)$，重构的信号可以表示为

$$x_{\mathrm{r}}(t) = x_{\mathrm{s}}(t) * h_{\mathrm{r}}(t) \tag{4-76}$$

将式(4-73)和式(4-75)代入式(4-76)，可以得到零阶保持输出信号的内插公式

$$x_{\mathrm{r}}(t) = \sum_{n=-\infty}^{\infty} x[n]\left[u(t - nT) - u(t - (n+1)T)\right] \tag{4-77}$$

其中：用于重构 $x_{\mathrm{p}}(t)$ 的内插函数为

$$h_{\mathrm{r}}(t - nT) = u(t - nT) - u(t - (n+1)T) \tag{4-78}$$

利用零阶保持系统重构连续时间信号的实例如图 4-18所示。原始信号 $x_{\mathrm{c}}(t)$ 及其采样序列 $x[n]$ 分别如图 4-18（a）和图 4-18（b）所示；根据序列 $x[n]$ 恢复的冲激串 $x_{\mathrm{s}}(t)$ 如图 4-18（c）所示；使用零阶保持系统重构的连续时间信号 $x_{\mathrm{r}}(t)$ 如图 4-18（d）所示。可以看出，零阶保持系统将 nT 时刻的输入值 $x[n] = x_{\mathrm{c}}(nT)$ 保持到 $(n+1)T$ 时刻，相当于对 $x_{\mathrm{c}}(t)$ 进行"平顶"处理。插值重构的信号 $x_{\mathrm{r}}(t)$ 具有阶梯形状，它是原始信号 $x_{\mathrm{c}}(t)$ 的近似表示。

与此同时，利用时域卷积和频域乘积的对应关系，根据式(4-76)可以得到

$$X_{\mathrm{r}}(\mathrm{j}\Omega) = X_{\mathrm{s}}(\mathrm{j}\Omega) \cdot H_{\mathrm{r}}(\mathrm{j}\Omega) \tag{4-79}$$

其中：是 $X_{\mathrm{s}}(\mathrm{j}\Omega)$ 是 $x_{\mathrm{s}}(t)$ 的连续时间傅里叶变换，即

$$X_{\mathrm{s}}(\mathrm{j}\Omega) = \frac{1}{T} \cdot \sum_{n=-\infty}^{\infty} X_{\mathrm{c}}(\mathrm{j}(\Omega - n\Omega_{\mathrm{s}})) \tag{4-80}$$

将式(4-74)和式(4-80)代入式(4-79)，可以得到

$$X_{\mathrm{r}}(\mathrm{j}\Omega) = \sum_{n=-\infty}^{\infty} X_{\mathrm{c}}(\mathrm{j}(\Omega - n\Omega_{\mathrm{s}})) \cdot \mathrm{Sa}\left(\frac{\Omega T}{2}\right) \mathrm{e}^{-\mathrm{j}\frac{\Omega T}{2}} \tag{4-81}$$

由此可见，零阶保持系统的输出信号频谱 $X_{\mathrm{r}}(\mathrm{j}\Omega)$，是原始信号频谱 $X_{\mathrm{c}}(\mathrm{j}\Omega)$ 以 Ω_{s} 为周期的对外延拓，且延拓结果被 $\mathrm{Sa}\left(\dfrac{\Omega T}{2}\right)$ 加权及附加了相位延时因子 $\mathrm{e}^{-\mathrm{j}\frac{\Omega T}{2}}$。

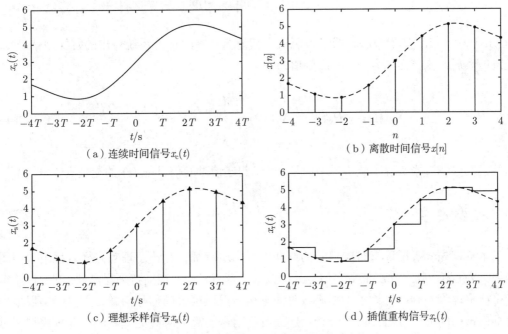

（a）连续时间信号 $x_{\mathrm{c}}(t)$

（b）离散时间信号 $x[n]$

（c）理想采样信号 $x_{\mathrm{s}}(t)$

（d）插值重构信号 $x_{\mathrm{r}}(t)$

图 4-18　零阶保持系统的信号重构实例

由于零阶保持系统不具有理想低通特性，幅度响应如图 4-19（a）所示，导致重构信号出现了幅度和相位失真，进行失真补偿的低通滤波器可以表示为

$$H_{\mathrm{p}}(\mathrm{j}\Omega) = \begin{cases} \dfrac{\mathrm{e}^{\mathrm{j}\frac{\Omega T}{2}}}{\mathrm{Sa}\left(\dfrac{\Omega T}{2}\right)}, & |\Omega| \leqslant \dfrac{\Omega_{\mathrm{s}}}{2} \\ 0, & |\Omega| > \dfrac{\Omega_{\mathrm{s}}}{2} \end{cases} \tag{4-82}$$

补偿低通滤波器 $H_{\mathrm{p}}(\mathrm{j}\Omega)$ 如图 4-19（b）所示。

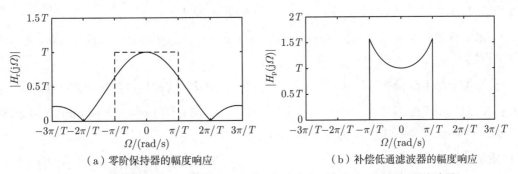

（a）零阶保持器的幅度响应

（b）补偿低通滤波器的幅度响应

图 4-19　零阶保持器和补偿低通滤波器的幅度响应（虚线表示理想低通滤波器）

特别地，零阶保持系统 $H_r(j\Omega)$ 和补偿低通滤波器 $H_p(j\Omega)$ 需要满足条件

$$H_r(j\Omega) \cdot H_p(j\Omega) = \begin{cases} 1, & |\Omega| < \pi/T \\ 0, & |\Omega| \geqslant \pi/T \end{cases} \tag{4-83}$$

即 $H_r(j\Omega)$ 和 $H_p(j\Omega)$ 级联构成了理想低通滤波器。零阶保持系统输出的阶梯型信号 $x_r(t)$ 经过补偿后，恢复出信号 $x_p(t)$ 的频谱为

$$X_p(j\Omega) = H_p(j\Omega) \cdot X_r(j\Omega) = \begin{cases} X_c(j\Omega), & |\Omega| < \pi/T \\ 0, & |\Omega| \geqslant \pi/T \end{cases} \tag{4-84}$$

即补偿低通滤波器实现了从阶梯型信号 $x_r(t)$ 到连续时间信号 $x_c(t)$ 的无失真恢复。

本章小结

本章首先分析了连续时间信号的周期采样本质特征，讨论了理想采样过程中频谱周期延拓，以此为基础推导出了数字信号处理技术的基石——奈奎斯特采样定理；其次以奈奎斯特采样定理为基础，讨论了根据离散时间重构带限连续时间信号问题，给出了实现采样位置准确重构的插值方法；再次分析了连续时间信号的离散时间处理系统的基本模型，讨论了系统实现过程中的时频变化及表示方法，推导出了连续时间等效系统及其约束条件；最后以统计分析方法为基础分析了二进制数值表示的量化误差，讨论了 A/D 转换器的量化误差和 D/A 转换器的转换误差。本章内容为数字系统频域分析、数字滤波器设计等提供了必要的理论基础。

本章习题

4.1 已知连续时间信号 $x_c(t) = 2\cos(1000\pi t)$，按照以下采样间隔 T 对 $x_c(t)$ 进行周期采样，绘制所得离散时间信号的频谱。

（1）$T = 1$ ms；　　　　（2）$T = 0.1$ ms；　　　（3）$T = 0.01$ ms。

4.2 已知连续时间信号 $x_c(t) = 2\cos(500\pi t + 0.2\pi) + 3\cos(1200\pi t + 0.3\pi)$，假定对 $x_c(t)$ 的采样频率为 $F_s = 2000$ Hz，要求：

（1）计算每个频率分量的数字频率；　　　（2）判断采样过程是否存在频谱混叠。

4.3 已知三个正弦信号 $x_{c1}(t) = \cos(2\pi t)$，$x_{c2} = \cos(6\pi t)$ 和 $x_{c3} = \cos(10\pi t)$，以采样频率 $\Omega_s = 8\pi$ rad/s 对它们进行理想采样，要求：

（1）求解采样序列的数字频率；　　　（2）绘制正弦信号 $x_1(t)$，$x_2(t)$ 和 $x_3(t)$；

（3）绘制采样序列 $x_1[n]$，$x_2[n]$ 和 $x_3[n]$；　　　（4）判断采样过程是否存在频谱混叠。

4.4 连续时间信号 $x_c(t) = \cos(2\pi f_0 t)$，$f_0 = 50$ Hz，采样频率 $F_s = 200$ Hz，得到连续时间序列 $x[n] = x_c(nT)$，计算序列 $x[n]$ 的频谱。

4.5 连续时间信号 $x_{c1}(t) = \cos(2\pi f_1 t)$，其中 $f_1 = 100$ Hz；$x_{c2}(t) = \cos(2\pi f_2 t)$，其中 $f_2 = 400$ Hz，在采样频率 $F_s = 300$ Hz 的条件下，得到序列 $x_1[n]$ 和 $x_2[n]$，要求：

(1)计算序列 $x_1[n]$ 和 $x_2[n]$ 的数字频率；　　(2)判断采样过程是否存在着频谱混叠。

4.6 已知理想采样系统的采样频率 $\Omega_s = 8\pi$，使用理想低通滤波器 $G(j\Omega) = \begin{cases} 1/4, & |\Omega| < 4\pi \\ 0, & |\Omega| \geqslant 4\pi \end{cases}$

还原采样的结果。假定连续时间信号为 $x_1(t) = \cos(2\pi t)$ 和 $x_2(t) = \cos(5\pi t)$，判断输出信号 $y_1(t)$ 和 $y_2(t)$ 是否存在失真，如果存在失真，则给出具体类型。

4.7 以采样周期 T 对连续时间信号 $x_c(t) = \cos(2\pi t)$ 进行采样，得到离散时间信号 $x[n] = x_c(nT_s)$，要求：

(1)当 $T_s = 5$ s，$T_s = 1.25$ s，$T_s = 0.50$ s，$T_s = 0.17$ s，$T_s = 0.10$ s 时，判断 $x[n]$ 的周期性；

(2)当 $x[n]$ 是周期序列时，计算单个周期内对应着 $x_c(t)$ 的周期数目。

4.8 已知连续时间周期信号 $x_c(t) = 1 + \cos(10\pi t)$，现以 $F_s = 1000$ Hz 对 $x_c(t)$ 进行等间隔地采样，绘制得到序列 $x[n]$ 及其频谱 $X(e^{j\omega})$。

4.9 已知连续时间信号 $x_c(t)$ 的最高频率分量 $F_{max} = 3000$ Hz，若以采样频率 $F_s = 8000$ Hz 对 $x_c(t)$ 进行采样，计算序列 $x[n] = x_c(n/F_s)$ 在数字频率的主值区间 $[-\pi, \pi]$ 的最高角频率分量 ω_{max}。

4.10 已知连续时间信号 $x_c(t) = \cos(\Omega_0 t)$ $(-\infty < t < \infty)$，以采样频率 $F_s = 2000$ Hz 对它进行采样，得到离散时间信号 $x[n] = \cos\left(\frac{\pi}{3}n\right)$ $(-\infty < n < \infty)$。判断 Ω_0 的取值是否唯一，如果 Ω_0 的取值不唯一，则给出两种可能的取值。

4.11 假设连续时间正弦信号 $x_c(t) = \sin(2\pi f t)$，要求：

(1)假定 $x_c(t) = \sin(2\pi f t)$ 的最高频率为 1 Hz，利用 MATLAB 软件绘制 $x_c(t)$ 的幅频特性；

(2)以采样频率 $F_s = 2$ Hz 对 $x_c(t)$ 进行采样，绘制离散时间信号 $x[n]$ 的幅频特性，并判断是否存在频谱混叠；

(3)当采样频率 $F_s = 2$ Hz 时，根据采样序列 $x[n] = x_c(nT_s)$，判断是否可以重建出原始的连续时间信号 $x_c(t)$，并给出理由。

4.12 已知连续时间信号 $x_c(t) = e^{-\alpha|t|}$，其中 $\alpha = 100$，分别以不同采样频率 $F_s = 100$ Hz 和 $F_s = 500$ Hz 对 $x_c(t)$ 等间隔采样，得到离散时间信号 $x[n]$。要求利用 MATLAB 软件：

(1)绘制连续时间信号 $x_c(t)$ 的时域波形和模拟频谱 $X_c(j\Omega)$；

(2)绘制不同采样频率下序列 $x[n]$ 的波形和数字频谱 $X(e^{j\omega})$；

(3)根据频谱形状判断是否存在频谱混叠，如果存在则解释原因。

z 变换及其反变换

问渠哪得清如许? 为有源头活水来。

——南宋 · 朱熹

与拉普拉斯变换在连续时间信号分析中的地位和作用类似,z 变换在离散时间信号和系统分析中也处于核心地位。拉普拉斯变换是连续时间傅里叶变换(CTFT)在复频域的拓展,而 z 变换是离散时间傅里叶变换(DTFT)在复频域的拓展,它们显著地扩大了分析对象及频域的覆盖范围。z 变换可以将卷积运算转换为乘法运算,将差分方程转换为代数方程,为离散时间的信号分析和系统设计提供了快捷的工具。本章将重点讨论 DTFT 和 z 变换的内在联系、序列的 z 变换及有理系统函数、典型序列的 z 变换及收敛域、z 反变换的计算方法、z 变换的主要性质等内容。

5.1 z 变换及其收敛性

5.1.1 DTFT 和 z 变换

当序列 $x[n]$ 满足绝对值可求和的条件时,其离散时间傅里叶变换(DTFT)定义为

$$X(\mathrm{e}^{\mathrm{j}\omega}) = \mathcal{F}\{x[n]\} = \sum_{n=-\infty}^{\infty} x[n]\mathrm{e}^{-\mathrm{j}\omega n} \tag{5-1}$$

因此,序列 $x[n]r^{-n}$ $(r > 0)$ 的傅里叶变换可以表示为

$$\sum_{n=-\infty}^{\infty} \left(x[n]r^{-n}\right) \cdot \mathrm{e}^{-\mathrm{j}\omega n} = \sum_{n=-\infty}^{\infty} x[n](r\mathrm{e}^{\mathrm{j}\omega})^{-n} \tag{5-2}$$

令 $z = r\mathrm{e}^{\mathrm{j}\omega}$ 并代入式 (5-2),可以得到 $x[n]$ 的 z 变换定义式

$$X(z) = \sum_{n=-\infty}^{\infty} x[n]z^{-n} = \mathcal{Z}\{x[n]\} \tag{5-3}$$

通常式 (5-3) 是复变量 z 的无穷幂级数或无限项求和，它将离散的信号 $x[n]$ 转换为连续的函数 $X(z)$。$x[n]$ 和 $X(z)$ 之间的可逆变换关系记作

$$x[n] \overset{z}{\longleftrightarrow} X(z) \tag{5-4}$$

根据式 (5-2) 和式 (5-3)，可以将序列 $x[n]$ 的 z 变换看作 $x[n]$ 与 r^{-n} 的乘积 $x[n]r^{-n}$ 的离散时间傅里叶变换。虽然某个序列 $x[n]$ 可能不满足绝对值可求和条件（如单位阶跃序列 $u[n]$），即不存在离散时间傅里叶变换，但是由于引入了衰减序列 r^{-n} $(r > 0)$，可以使 $x[n]$ 存在 z 变换，即 z 变换扩大了可变换序列的覆盖范围。

与此同时，如果令 $z = \mathrm{e}^{\mathrm{j}\omega}$（$r = 1$），则根据式 (5-1) 和式 (5-2)，$x[n]$ 的 z 变换 $X(z)$ 退化成它的离散时间傅里叶变换 $X(\mathrm{e}^{\mathrm{j}\omega})$，即

$$X(z)\big|_{z=\mathrm{e}^{\mathrm{j}\omega}} = \sum_{n=-\infty}^{\infty} x[n]z^{-n}\bigg|_{z=\mathrm{e}^{\mathrm{j}\omega}} = X(\mathrm{e}^{\mathrm{j}\omega}) \tag{5-5}$$

由于 $X(z)$ 是复变量 z 的函数，因此在 z 的复平面（简称 z 平面）上描述 $X(z)$ 更加方便。z 平面的实轴和虚轴分别对应着 z 的实部 $\mathrm{Re}(z)$ 和虚部 $\mathrm{Im}(z)$。特别地，$z = \mathrm{e}^{\mathrm{j}\omega}$ 在 z 平面上的轮廓是以单位值 1 为半径的圆形（即单位圆 $|z| = 1$），如图 5-1 所示。如果将 ω 表示为向量 $\boldsymbol{z} = \mathrm{e}^{\mathrm{j}\omega}$ 与实轴之间的角度（$\mathrm{e}^{\mathrm{j}\omega}$ 的辐角），则单位圆表示当 $0 \leqslant \omega \leqslant 2\pi$（或 $-\pi \leqslant \omega \leqslant \pi$）时 z 平面上所有点 $z = \mathrm{e}^{\mathrm{j}\omega}$ 的集合。根据式 (5-5) 和图 5-1 可知，$X(\mathrm{e}^{\mathrm{j}\omega})$ 反映 $X(z)$ 在单位圆上的情况，即傅里叶变换对应于单位圆上的 z 变换。

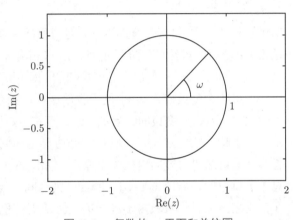

图 5-1　复数的 z 平面和单位圆

在 z 平面上计算傅里叶变换 $X(\mathrm{e}^{\mathrm{j}\omega})$ 时，如果沿着单位圆从 $z = 1$（$\omega = 0$）到 $z = \mathrm{j}$（$\omega = \pi/2$）再到 $z = -1$（$\omega = \pi$），则可以得到当 $0 \leqslant \omega \leqslant \pi$ 时的傅里叶变换 $X(\mathrm{e}^{\mathrm{j}\omega})$；如果继续沿着单位圆前进，从 $z = -1$（$\omega = \pi$）到 $z = -\mathrm{j}$（$\omega = 3\pi/2$）再到 $z = 1$（$\omega = 2\pi$），则可以得到当 $\pi \leqslant \omega \leqslant 2\pi$ 时的傅里叶变换 $X(\mathrm{e}^{\mathrm{j}\omega})$。因此在单位圆上 ω 连续地变化 2π 弧度，对应着 $\mathrm{e}^{\mathrm{j}\omega}$ 遍历单位圆一周并返回到初始位置，即 $X(\mathrm{e}^{\mathrm{j}\omega})$ 具有以 2π 弧度为周期的固有特性。

5.1.2　z 变换的收敛性

根据第 3 章可知，由幂级数表示的离散时间傅里叶变换，不是对所有的序列 $x[n]$ 都收敛，即无限项的求和结果可能不是有限值，也就是不满足条件 $|X(\mathrm{e}^{\mathrm{j}\omega})| < \infty$。同理，序列

的 z 变换定义复变量 z 的幂级数形式为

$$X(z) = \sum_{n=-\infty}^{\infty} x[n]z^{-n} \tag{5-6}$$

也不是对所有的序列 $x[n]$ 或所有的 z 值都收敛，即不满足条件 $|X(z)| < \infty$。使式 (5-6) 收敛的所有 z 值的集合，称为 z 变换的收敛域（Region of Convergence，ROC）。

根据式 (5-6) 可知，如果序列 $x[n]$ 存在着 z 变换，则必须满足条件

$$|X(z)| = \left| \sum_{n=-\infty}^{\infty} x[n]z^{-n} \right| \leqslant \sum_{n=-\infty}^{\infty} |x[n]||z|^{-n} < \infty \tag{5-7}$$

式 (5-7) 表明，$|z|$ 的取值范围确定了 $X(z)$ 的收敛特性。

将 $z = re^{j\omega}$（$|z| = r > 0$）代入式 (5-7)，可以得到

$$|X(re^{j\omega})| = \left| \sum_{n=-\infty}^{\infty} x[n]r^{-n}e^{-j\omega n} \right| \leqslant \sum_{n=-\infty}^{\infty} |x[n]r^{-n}| < \infty \tag{5-8}$$

由于 $x[n]$ 与 r^{-n} 进行了乘法运算，对傅里叶变换（$r = 1$）无法收敛的序列，对 z 变换可能是收敛的序列。虽然单位阶跃序列 $x[n] = u[n]$ 不是绝对可求和的，即傅里叶变换不存在，但是当 $r > 1$ 时，$u[n]r^{-n}$ 是绝对可求和的，即 $u[n]$ 的 z 变换存在，它的收敛域是 $|z| = r > 1$。

如果某个复数值 $z = z_0$ 位于收敛域内，则由 $|z| = |z_0|$ 确定的圆形上的所有 z 值都在收敛域内，因此 z 变换的收敛域（假定存在）是以原点为中心的环型区域，如图 5-2（a）所示。对于特定的序列 $x[n]$，圆环的外边界可能向外延伸至无穷远，如图 5-2（b）所示；或者圆环的内边界可能向内压缩至原点，如图 5-2（c）所示。特别地，如果 z 变换的收敛域包含了单位圆，如图 5-2（d）所示，则意味着当 $|z| = 1$ 时 z 变换收敛，即傅里叶变换存在；反之，如果收敛域内不包含单位圆，则傅里叶变换不存在。根据 z 变换的收敛域是否包含单位圆可以判定傅里叶变换是否存在，这在离散时间系统分析中有着广泛的应用。

5.1.3 有理函数及零极点图

如果式 (5-6) 所示的无限项求和结果可以表示为封闭的数学形式（简单的数学表达式），则 $X(z)$ 在收敛域内是有理函数，即

$$X(z) = \frac{P(z^{-1})}{Q(z^{-1})} = \frac{\sum_{k=0}^{M} b_k z^{-k}}{\sum_{k=0}^{N} a_k z^{-k}} \tag{5-9}$$

其中：分子 $P(z^{-1})$ 是关于 z^{-1} 的 M 阶多项式，$\{b_k | k = 0, 1, \cdots, M\}$ 是分子多项式的系数；分母 $Q(z^{-1})$ 是关于 z^{-1} 的 N 阶多项式[①]，$\{a_k | k = 0, 1, \cdots, N\}$ 是分母多项式的系数。

---

① 用 z^{-1} 代替 z 作为自变量，可以使分析过程更加简便。

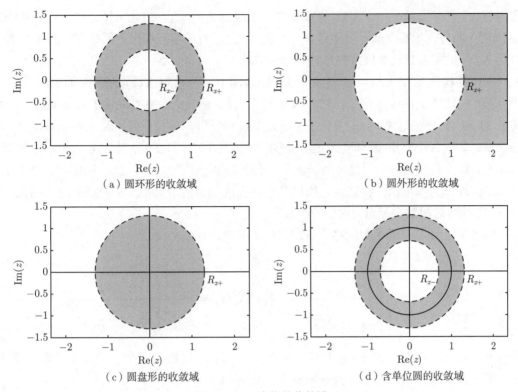

（a）圆环形的收敛域   （b）圆外形的收敛域

（c）圆盘形的收敛域   （d）含单位圆的收敛域

图 5-2 z 变换的收敛域

通常，称使 $X(z) = 0$ 的 z 值为零点，即分子多项式 $P(z^{-1})$ 的根；称使 $X(z) = \infty$ 的 z 值为极点，即分母多项式 $Q(z^{-1})$ 的根。因此，在数学上用零极点形式等价地描述式 (5-9) 为

$$X(z) = \frac{b_0}{a_0} \cdot \frac{\prod\limits_{k=1}^{M}(1 - c_k z^{-1})}{\prod\limits_{k=1}^{N}(1 - d_k z^{-1})} \tag{5-10}$$

其中：b_0 和 a_0 是非零的常数，c_k 是零点 $(k = 1, 2, \cdots, M)$，d_k 是极点 $(k = 1, 2, \cdots, N)$。如果 $X(z)$ 存在着共轭的极点（或零点），则它们一定成对地出现。特别地，极点 d_k $(k = 1, 2, \cdots, N)$ 对 $X(z)$ 的收敛域有着直接的影响。

根据式 (5-10) 中分子多项式的第 k 项（$k = 1, 2, \cdots, M$）可以得到

$$1 - c_k z^{-1} = \frac{z - c_k}{z}$$

它为 $X(z)$ 同时贡献了一个零点 $z_k = c_k$ 和一个极点 $p_k = 0$。同理，根据式 (5-10) 中分母多项式的第 k 项（$k = 1, 2, \cdots, N$）可以得到

$$1 - d_k z^{-1} = \frac{z - d_k}{z}$$

它为 $X(z)$ 同时贡献了一个零点 $z_k = 0$ 和一个极点 $p_k = d_k$。由此可知，式 (5-10) 中分子（或分母）的每一项都贡献一个零点和一个极点，且所有的零点和极点都在有限的 z 平面上，因此 $X(z)$ 的零点数目和极点数目总是相等的。

在计算软件 MATLAB 的数字信号处理工具箱中，为绘制 $X(z)$ 的零极点图形（简称零极点图）提供了 zplane() 函数，它有两种使用方法：①输入是系数向量形式 zplane($\boldsymbol{B}, \boldsymbol{A}$)，其中 $\boldsymbol{B}$ 和 $\boldsymbol{A}$ 分别是式 (5-9) 中分子多项式系数和分母多项式系数按照 z 的降幂形式构成的向量。②输入是零点-极点形式 zplane($\boldsymbol{Z}, \boldsymbol{P}$)，其中 $\boldsymbol{Z}$ 和 $\boldsymbol{P}$ 分别是式 (5-10) 中所有零点和所有极点构成的向量。当使用 zplane() 绘制零极点图时，"○" 表示零点，"×" 表示极点，单位圆作为参考圆。特别地，如果某个零点或极点的阶数是二阶及以上时，则在 "○" 或 "×" 的旁边用数字标识出它们的阶数。

例 5.1 绘制有理函数的零极点图：确定有理函数

$$X_1(z) = \frac{1 + \frac{1}{3}z^{-1}}{1 - \frac{3}{4}z^{-1} + \frac{1}{8}z^{-2}} \quad 和 \quad X_2(z) = \frac{\left(1 + \frac{2}{3}z^{-1}\right)^2}{1 - \frac{4\sqrt{2}}{5}z^{-1} + \frac{16}{25}z^{-2}}$$

的极点和零点，并用 MATLAB 软件中的函数 zplane() 绘制 $X_1(z)$ 和 $X_2(z)$ 的零极点图。

解 将 $X_1(z)$ 的分子和分母分别乘上 z^2，可以得到

$$X_1(z) = \frac{1 + \frac{1}{3}z^{-1}}{1 - \frac{1}{4}z^{-1} + \frac{1}{8}z^{-2}} \cdot \frac{z^2}{z^2} = \frac{z^2 + \frac{1}{3}z}{z^2 - \frac{3}{4}z + \frac{1}{8}} = \frac{z\left(z + \frac{1}{3}\right)}{\left(z - \frac{1}{2}\right)\left(z - \frac{1}{4}\right)}$$

因此，$X_1(z)$ 的零点 $z_1 = 0$ 和 $z_2 = -\frac{1}{3}$，且都是一阶零点；$X_1(z)$ 的极点 $p_1 = \frac{1}{2}$ 和 $p_2 = \frac{1}{4}$，且都是一阶极点。将系数向量 $\boldsymbol{B} = \left[1, \frac{1}{3}\right]^{\mathrm{T}}$ 和 $\boldsymbol{A} = \left[1, -\frac{3}{4}, \frac{1}{8}\right]^{\mathrm{T}}$ 代入 MATLAB 函数 zplane()，可以得到 $X_1(z)$ 的零极点图，如图 5-3（a）所示。

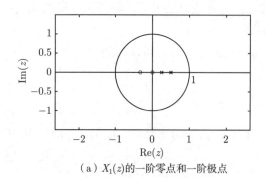

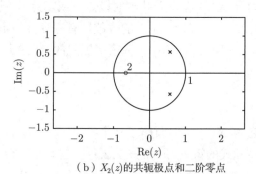

（a）$X_1(z)$的一阶零点和一阶极点　　（b）$X_2(z)$的共轭极点和二阶零点

图 5-3 $X_1(z)$ 和 $X_2(z)$ 的零极点图

将 $X_2(z)$ 表示为式 (5-9) 和式 (5-10) 所示的规范形式，可以得到

$$X_2(z) = \frac{1 + \frac{4}{3}z^{-1} + \frac{4}{9}z^{-2}}{1 - \frac{4\sqrt{2}}{5}z^{-1} + \frac{16}{25}z^{-2}} = \frac{\left(1 + \frac{2}{3}z^{-1}\right)\left(1 + \frac{2}{3}z^{-1}\right)}{\left[1 - \frac{4}{5}\left(\frac{\sqrt{2}}{2} + j\frac{\sqrt{2}}{2}\right)z^{-1}\right]\left[1 - \frac{4}{5}\left(\frac{\sqrt{2}}{2} - j\frac{\sqrt{2}}{2}\right)z^{-1}\right]}$$

因此，$X_2(z)$ 的二阶零点 $z_{1,2} = -\frac{2}{3}$，$X_2(z)$ 的一阶共轭极点 $p_{1,2} = \frac{4}{5}\left(\frac{\sqrt{2}}{2} \pm j\frac{\sqrt{2}}{2}\right)$。将系

数向量 $\boldsymbol{B} = \left[1, \frac{4}{3}, \frac{4}{9}\right]^{\mathrm{T}}$ 和 $\boldsymbol{A} = \left[1, -\frac{4\sqrt{2}}{5}, \frac{16}{25}\right]^{\mathrm{T}}$ 代入 MATLAB 函数 zplane()，可以

得到 $X_2(z)$ 的零极点图，如图 5-3（b）所示。

5.2 典型序列的 z 变换

计算 z 变换的直接方法是利用 z 变换的定义式

$$X(z) = \sum_{n=-\infty}^{\infty} x[n]z^{-n} \tag{5-11}$$

只有式 (5-11) 所示的幂级数收敛时，$X(z)$ 才有实际意义。$x[n]$ 的特性不同导致 $X(z)$ 的收敛域不同，下面讨论有限长序列、右边序列、左边序列和双边序列的 z 变换及其收敛域。

5.2.1 有限长序列

有限长序列是当 $N_1 \leqslant n \leqslant N_2$ 时 $x[n]$ 有实际值的序列，它的 z 变换可以表示成有限项之和的形式

$$X(z) = \sum_{n=N_1}^{N_2} x[n]z^{-n} \tag{5-12}$$

由于当 $N_1 \leqslant n \leqslant N_2$ 时 $x[n]$ 有界，且当 $0 < |z| < \infty$ 时 $|z^{-n}| < \infty$，即求和公式一定收敛，且收敛域是除了 $z = 0$ 和 $z = \infty$ 之外的开区域 $(0, \infty)$，又称作"有限 z 平面"，因此有限长序列 $x[n]$ 的 z 变换及其收敛域为

$$X(z) = \sum_{n=N_1}^{N_2} x[n]z^{-n}, \quad 0 < |z| < \infty \tag{5-13}$$

当 N_1 和 N_2 取特殊值时，可能扩大式 (5-13) 的收敛域，使收敛域包含 $z = 0$ 或 $z = \infty$：①当 $N_1 \geqslant 0$ 时，式 (5-13) 仅包含 z 的负幂次项，收敛域是 $0 < |z| \leqslant \infty$；②当 $N_2 < 0$ 时，式 (5-13) 仅包含 z 的正幂次项，收敛域是 $0 \leqslant |z| < \infty$。

例 5.2　计算单位脉冲序列 $\delta[n]$ 的 z 变换。

解　可以将单位脉冲序列 $\delta[n]$ 看作当 $N_1 = N_2 = 0$ 时的特殊有限长序列

$$\delta[n] = \begin{cases} 1, & n = 0 \\ 0, & n \neq 0 \end{cases}$$

它的 z 变换可以表示为

$$X(z) = \sum_{n=-\infty}^{\infty} \delta[n] z^{-n} = 1, \quad 0 \leqslant |z| \leqslant \infty$$

即 $X(z)$ 的收敛域是整个 z 平面（闭合平面）。

例 5.3　计算矩形序列 $R_N[n]$ 的 z 变换。

解　可以将矩形序列 $R_N[n]$ 看作是 $N_1 = 0$ 且 $N_2 = N - 1$ 时的特殊序列

$$R_N[n] = \begin{cases} 1, & 0 \leqslant n \leqslant N - 1 \\ 0, & \text{其他} \end{cases}$$

它的 z 变换可以表示为

$$X(z) = \sum_{n=-\infty}^{\infty} R_N[n] z^{-n} - \sum_{n=0}^{N-1} z^{-n}$$

利用等比数列的求和公式（公比是 z^{-1}），可以得到

$$X(z) = \frac{1 - z^{-N}}{1 - z^{-1}} = \frac{1}{z^{N-1}} \cdot \frac{z^N - 1}{z - 1}, \quad |z| > 0$$

即 $X(z)$ 的收敛域是不包含 $z = 0$ 的整个 z 平面（$0 < |z| \leqslant \infty$）。$X(z)$ 的 N 个零点均匀地分布在单位圆上，$N - 1$ 个极点在 $z = 0$ 位置形成 $N - 1$ 阶极点，特别地，在 $z = 1$ 位置一阶零点与一阶极点相互抵消。当 $N = 8$ 时，$R_N[n]$ 及其收敛域如图 5-4 所示。

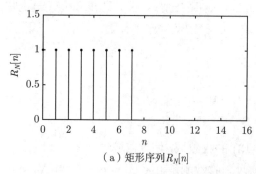

（a）矩形序列 $R_N[n]$

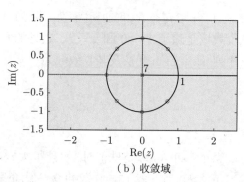

（b）收敛域

图 5-4　矩形序列及其收敛域（$N = 8$）

5.2.2 右边序列

右边序列是当 $n \geqslant N_1$ 时 $x[n]$ 有实际值，且当 $n < N_1$ 时 $x[n] = 0$ 的序列（N_1 是整数），它的 z 变换可以表示为

$$X(z) = \sum_{n=N_1}^{\infty} x[n]z^{-n} = \sum_{n=N_1}^{-1} x[n]z^{-n} + \sum_{n=0}^{\infty} x[n]z^{-n} \tag{5-14}$$

其中：第一项是有限长序列的 z 变换，它的收敛域是包括 $z = 0$ 的有限 z 平面，即 $0 \leqslant |z| < \infty$；第二项是 z 的负幂级数，根据级数收敛的阿贝尔 (N.Abel) 定理可知，它收敛域是以原点为中心、以 R_{x-} 为半径的圆周外部，即 $R_{x-} < |z| \leqslant \infty$。取上述收敛域的重合部分（交集），可以得到 $X(z)$ 的收敛域 $R_{x-} < |z| < \infty$，因此右边序列 $x[n]$ 的 z 变换及其收敛域为

$$X(z) = \sum_{n=N_1}^{\infty} x[n]z^{-n}, \quad R_{x-} < |z| < \infty \tag{5-15}$$

其中：R_{x-} 是收敛域的最小半径。

特别地，当 $N_1 = 0$ 时，右边序列退化为因果序列，即当 $n \geqslant 0$ 时 $x[n]$ 有实际值且当 $n < 0$ 时 $x[n] = 0$ 的右边序列。由于因果序列的 z 变换只包含 z 的零次幂项和负次幂项，即式 (5-14) 的第二项，因此它的收敛域是以 R_{x-} 为半径的圆周外部，即 $R_{x-} < |z| \leqslant \infty$。因果序列 $x[n]$ 的 z 变换及其收敛域可以表示为

$$X(z) = \sum_{n=0}^{\infty} x[n]z^{-n}, \quad R_{x-} < |z| \leqslant \infty \tag{5-16}$$

当 $N_1 > 0$ 时，右边序列是当 $n \geqslant N_1$ 时 $x[n]$ 有值且当 $n < N_1$ 时 $x[n] = 0$ 的序列，此时它的 z 变换及其收敛域可以表示为

$$X(z) = \sum_{n=N_1}^{\infty} x[n]z^{-n}, \quad R_{x-} < |z| \leqslant \infty$$

它的收敛域形式与因果序列相同。

例 5.4 计算右边序列 $x[n] = a^n u[n]$ 的 z 变换。

解 将因果序列 $x[n] = a^n u[n]$ 代入 z 变换的定义式，可以得到

$$X(z) = \sum_{n=-\infty}^{\infty} (a^n u[n])z^{-n} = \sum_{n=0}^{\infty} a^n z^{-n} = \sum_{n=0}^{\infty} (az^{-1})^{-n}$$

如果 $|az^{-1}| < 1$，即 $|z| > |a|$，则可以得到

$$X(z) = \frac{1}{1 - az^{-1}} = \frac{z}{z - a}, \quad |z| > |a| \tag{5-17}$$

因此，$X(z)$ 的收敛域是以原点为中心、以 $|a|$ 为半径的圆周外部。当 $a = 0.8$ 时，$x[n]$ 及其收敛域分别如图 5-5 所示。

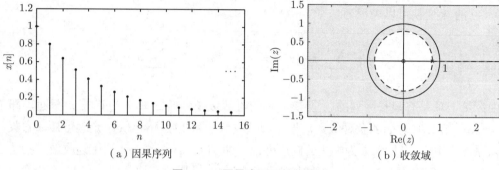

（a）因果序列   （b）收敛域

图 5-5   因果序列及其收敛域

5.2.3   左边序列

左边序列是当 $n \leqslant N_2$ 时 $x[n]$ 有实际值，且当 $n > N_2$ 时 $x[n] = 0$ 的序列（N_2 是整数），它的 z 变换可以表示为

$$X(z) = \sum_{n=-\infty}^{N_2} x[n]z^{-n} = \sum_{n=-\infty}^{-1} x[n]z^{-n} + \sum_{n=0}^{N_2} x[n]z^{-n} \tag{5-18}$$

其中：第一项是 z 的正幂级数，根据级数收敛的阿贝尔 (N.Abel) 定理可知，它的收敛域是以原点为中心，以 R_{x+} 为半径的圆周内部，即 $0 \leqslant |z| < R_{x+}$；第二项是有限长序列的 z 变换，它的收敛域是不包含 $z = 0$ 的 z 平面，即 $0 < |z| \leqslant \infty$。取上述收敛域的重合部分（交集），可以得到 $X(z)$ 的收敛域 $0 < |z| < R_{x+}$，因此左边序列 $x[n]$ 的 z 变换及其收敛域为

$$X(z) = \sum_{n=-\infty}^{N_2} x[n]z^{-n}, \quad 0 < |z| < R_{x+} \tag{5-19}$$

其中：R_{x+} 是收敛域的最大半径。

特别地，当 $N_2 = -1$ 时，左边序列转化成反因果序列，即当 $n \leqslant -1$ 时 $x[n]$ 有值，且当 $n \geqslant 0$ 时 $x[n] = 0$ 的左边序列。由于反因果序列的 z 变换只包含 z 的正次幂项，即式 (5-18) 的第一项，因此它的收敛域是以 R_{x+} 为半径的圆周内部，即 $0 \leqslant |z| < R_{x+}$。因此，反因果序列 $x[n]$ 的 z 变换及其收敛域可以表示为

$$X(z) = \sum_{n=-\infty}^{-1} x[n]z^{-n}, \quad 0 \leqslant |z| < R_{x+} \tag{5-20}$$

当 $N_2 < -1$ 时，左边序列是当 $n \leqslant N_2$ 时 $x[n]$ 有值，且当 $n > N_2$ 时 $x[n] = 0$ 的序列，此时它的 z 变换及其收敛域可以表示为

$$X(z) = \sum_{n=-\infty}^{N_2} x[n]z^{-n}, \quad 0 \leqslant |z| < R_{x+}$$

它的收敛域形式与反因果序列相同。

例 5.5　计算左边序列 $x[n] = -a^n u[-n-1]$ 的 z 变换。

解　将非因果序列 $x[n] = -a^n u[-n-1]$ 代入 z 变换的定义式，可以得到

$$X(z) = \sum_{n=-\infty}^{\infty} (-a^n u[-n-1])z^{-n} = -\sum_{n=-\infty}^{-1} a^n z^{-n} = -\sum_{n=1}^{\infty} a^{-n} z^n$$

如果 $|a^{-1}z| < 1$，即 $|z| < |a|$，则利用等比序列求和公式可以得到

$$X(z) = -\frac{a^{-1}z}{1-a^{-1}z} = \frac{1}{1-az^{-1}} = \frac{z}{z-a}, \quad |z| < |a| \tag{5-21}$$

$X(z)$ 的收敛域是以原点为中心、以 $|a|$ 为半径的圆周内部（$|z| < |a|$）。当 $a = 0.8$ 时，$x[n]$ 及其收敛域分别如图 5-6 所示。注意：虽然式 (5-17) 和式 (5-21) 的数学形式相同，但是由于它们的收敛域不同，因此对应着不同的原始序列。

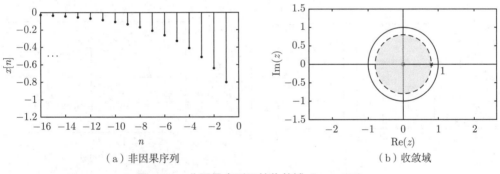

（a）非因果序列　　　　　　　　　　（b）收敛域

图 5-6　非因果序列及其收敛域 $(a = 0.8)$

5.2.4　双边序列

双边序列是当 n 取任意值（正整数、负整数和零）时 $x[n]$ 都有实际值的序列，它的 z 变换可以表示为

$$X(z) = \sum_{n=-\infty}^{\infty} x[n]z^{-n} = \sum_{n=-\infty}^{-1} x[n]z^{-n} + \sum_{n=0}^{\infty} x[n]z^{-n} \tag{5-22}$$

其中：第一项是 z 的正幂级数，它的收敛域是以原点为中心、以 R_{x+} 为半径的圆周内部，即 $0 \leqslant |z| < R_{x+}$；第二项是 z 的负幂级数和零幂次项，它的收敛域是以原点为中心、以 R_{x-} 为半径的圆周外部，即 $R_{x-} < |z| \leqslant \infty$。如果 $R_{x-} > R_{x+}$，则上述收敛域不存在重合部分（公共收敛域），即 $X(z)$ 不收敛；如果 $R_{x-} < R_{x+}$，则上述收敛域存在公共收敛区域，即：满足 $R_{x-} < |z| < R_{x+}$ 的圆环区域。

例 5.6　计算双边序列 $x[n] = \begin{cases} a^n, & n \geqslant 0 \\ b^n, & n < 0 \end{cases}$ 的 z 变换。

解　将双边序列 $x[n]$ 代到 z 变换的定义式，可以得到

$$X(z) = \sum_{n=-\infty}^{\infty} x[n]z^{-n} = \sum_{n=0}^{\infty} a^n z^{-n} + \sum_{n=-\infty}^{-1} b^n z^{-n}$$

其中：第一项是因果序列，根据例 5.4 的结论，当 $|z| > |a|$ 时，序列 $a^n u[n]$ 存在 z 变换 $1/(1 - az^{-1})$；第二项是反因果序列，根据例 5.5的结论，当 $|z| < |b|$ 时，序列 $-b^n u[-n-1]$ 存在 z 变换 $-1/(1 - bz^{-1})$。因此，只有当 $|a| < |z| < |b|$ 时，它们才有公共收敛域，即存在 z 变换

$$X(z) = \frac{1}{1 - az^{-1}} - \frac{1}{1 - bz^{-1}}, \quad |a| < |z| < |b|$$

由此可知，$X(z)$ 的收敛域是以原点为中心、以 $|a|$ 和 $|b|$ 为半径的两个同心圆之间的部分（$|a| < |z| < |b|$）。如果不满足 $|a| < |z| < |b|$ 条件，则没有公共收敛域，即 $x[n]$ 不存在 z 变换。当 $a = 0.8$ 且 $b = 1.2$ 时，序列 $x[n]$ 及其 z 变换的收敛域如图 5-7 所示。

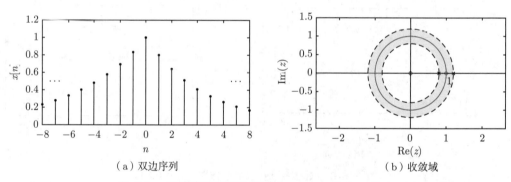

（a）双边序列　　　（b）收敛域

图 5-7　双边序列及其收敛域 ($a = 0.8$ 且 $b = 1.2$)

综上所述，序列的 z 变换及其收敛域是密切联系的，不同序列的 z 变换可能有相同的形式，但是它们的收敛域不同，反之亦然。因此计算序列的 z 变换时，一定要在计算结果中标注收敛域。表 5-1 给出了常见序列的 z 变换及其收敛域，仅供参考。

表 5-1　常见序列的 z 变换及其收敛域

序列	z 变换	收敛域
$\delta[n]$	1	全部的 z
$u[n]$	$\dfrac{1}{1 - z^{-1}}$	$|z| > 1$
$u[-n-1]$	$\dfrac{-1}{1 - z^{-1}}$	$|z| < 1$
$a^n u[n]$	$\dfrac{1}{1 - az^{-1}}$	$|z| > |a|$

序列	z 变换	收敛域
$a^n u[-n-1]$	$\dfrac{-1}{1-az^{-1}}$	$\|z\| < \|a\|$
$R_N[n]$	$\dfrac{1-z^{-N}}{1-z^{-1}}$	$\|z\| > 0$
$nu[n]$	$\dfrac{z^{-1}}{(1-z^{-1})^2}$	$\|z\| > 1$
$na^n u[n]$	$\dfrac{az^{-1}}{(1-az^{-1})^2}$	$\|z\| > \|a\|$
$na^n u[-n-1]$	$\dfrac{-az^{-1}}{(1-az^{-1})^2}$	$\|z\| < \|a\|$
$(n+1)a^n u[n]$	$\dfrac{1}{(1-az^{-1})^2}$	$\|z\| > \|a\|$
$\mathrm{e}^{-\mathrm{j}\omega_{n_0}} u[n]$	$\dfrac{1}{1-\mathrm{e}^{-\mathrm{j}\omega_0}z^{-1}}$	$\|z\| > 1$
$\sin(n\omega_0)u[n]$	$\dfrac{\sin(\omega_0)z^{-1}}{1-2\cos(\omega_0)z^{-1}+z^{-2}}$	$\|z\| > 1$
$\cos(n\omega_0)u[n]$	$\dfrac{1-\cos(\omega_0)z^{-1}}{1-2\cos(\omega_0)z^{-1}+z^{-2}}$	$\|z\| > 1$

5.3　z 反变换及其计算

在离散时间信号分析和系统设计过程中，z 变换及其反变换的用途非常广泛。通常，根据 z 变换结果 $X(z)$ 及其收敛域求解原始序列 $x[n]$ 的过程称为 z 反变换，记作 $x[n] = \mathcal{Z}^{-1}[X(z)]$。由 z 变换的定义式可知，$X(z)$ 是复变量 z 的函数（幂级数），因此 z 反变换的本质是计算幂级数的展开式系数。通常计算 z 反变换有 3 种主要方法：围线积分法（留数法）、部分分式展开法和幂级数展开法（长除法）。

5.3.1　围线积分法

序列 $x[n]$ 的 z 变换 $X(z)$ 为幂级数形式

$$X(z) = \sum_{n=-\infty}^{\infty} x[n]z^{-n}, \quad R_{x-} < |z| < R_{x+} \tag{5-23}$$

$X(z)$ 的 z 反变换可以用围线积分表示为

$$x[n] = \frac{1}{2\pi\mathrm{j}} \oint_C X(z)z^{n-1}\mathrm{d}z, \quad C \in (R_{x-}, R_{x+}) \tag{5-24}$$

其中：C 是收敛域（环状解析区域）中围绕原点的、按逆时针旋转的闭合曲线。通常计算式 (5-24) 所示的围线积分比较烦琐，更多地使用留数定理求 z 反变换。

根据留数定理，如果函数 $F(z) = X(z)z^{n-1}$ 在围线 C 上连续，且在 C 的内部有 K 个

极点 $\{z_k|k=1,2,\cdots,K\}$，在 C 的外部有 M 个极点 $\{z_m|m=1,2,\cdots,M\}$，则

$$x[n] = \frac{1}{2\pi\mathrm{j}} \oint_C X(z)z^{n-1}\mathrm{d}z = \sum_k \mathrm{Res}[X(z)z^{n-1}]_{z=z_k} \tag{5-25}$$

$$x[n] = \frac{1}{2\pi\mathrm{j}} \oint_C X(z)z^{n-1}\mathrm{d}z = -\sum_m \mathrm{Res}[X(z)z^{n-1}]_{z=z_m} \tag{5-26}$$

其中：$\mathrm{Res}[X(z)z^{n-1}]_{z=z_k}$ 表示函数 $F(z) = X(z)z^{n-1}$ 在围线 C 内第 k 个极点 z_k 位置上的留数。式 (5-25) 表明，$F(z)$ 沿着围线 C 按照逆时针方向的积分，如图 5-8（a）所示，积分结果等于 $F(z)$ 在围线 C 内所有极点的留数之和。式 (5-26) 表明，$F(z)$ 沿着围线 C 按照顺时针方向的积分，如图 5-8（b）所示，且满足 $X(z)z^{n-1}$ 的分母多项式比分子多项式高二阶或二阶以上条件时，积分结果等于 $F(z)$ 在围线 C 外所有极点的留数之和。

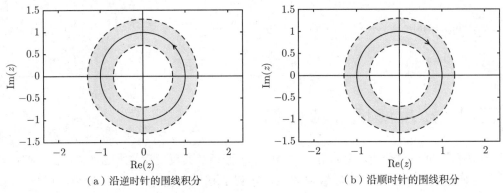

（a）沿逆时针的围线积分　　　　（b）沿顺时针的围线积分

图 5-8　围线积分的示意图

虽然式 (5-25) 和式 (5-26) 都可以求解序列 $x[n]$，但是应该以避开求解高阶极点的留数作为基础。当 n 值较大时，$X(z)z^{n-1}$ 在 $z=\infty$ 位置（C 的外部）可能存在高阶极点，选择式 (5-25) 求解 C 内部极点的留数相对简单；当 n 值较小时，$X(z)z^{n-1}$ 在 $z=0$ 位置（C 的内部）可能存在高阶极点，选择式 (5-26) 求解 C 外部极点的留数相对简单。

（1）一阶极点的留数计算。

如果 z_r 是 $X(z)z^{n-1}$ 的一阶极点，则计算留数的公式为

$$\mathrm{Res}[X(z)z^{n-1}]_{z=z_r} = [(z-z_r)X(z)z^{n-1}]_{z=z_r} \tag{5-27}$$

（2）高阶极点的留数计算。

如果 z_r 是 $X(z)z^{n-1}$ 的 k 阶极点，则计算留数公式为

$$\mathrm{Res}[X(z)z^{n-1}]_{z=z_r} = \frac{1}{(k-1)!} \frac{\mathrm{d}^{k-1}}{\mathrm{d}z^{k-1}}[(z-z_r)^k X(z)z^{n-1}]_{z=z_r} \tag{5-28}$$

当使用式 (5-27) 和式 (5-28) 时，可以计算式 (5-24) 中被积函数 $x[n]z^{n-1}$ 的所有极点的留数，而这些极点与 n 的取值有关。因此采用留数法求解 z 反变换时，应该将 n 值划分为不同的区域并计算对应的留数。

例 5.7 利用留数方法计算 z 反变换之一：假设 $X(z)$ 是序列 $x[n]$ 的 z 变换

$$X(z) = \frac{(a-b)z^{-1}}{(1-az^{-1})(1-bz^{-1})}, \quad |a| < |z| < |b|$$

利用留数方法计算 $X(z)$ 的反变换。

解 由于 $X(z)$ 的收敛域是环形区域，且积分围线 $C \in (|a|, |b|)$，由此可知 $x[n]$ 是双边序列。首先，将 $X(z)z^{n-1}$ 转换为 z 的正幂级数形式，即

$$X(z)z^{n-1} = \frac{(a-b)z^{-1}}{(1-az^{-1})(1-bz^{-1})}z^{n-1} = \frac{a-b}{(z-a)(z-b)}z^n$$

然后，将 n 划分为 $n \geqslant 0$ 和 $n < 0$ 两部分并分别求解。当 $n \geqslant 0$ 时，$X(z)z^{n-1}$ 在围线 C 内只有极点 $z=a$，根据式 (5-27) 可以得到

$$x_1[n] = \text{Res}[X(z)z^{n-1}]_{z=a} = (z-a)\frac{a-b}{(z-a)(z-b)}z^n\bigg|_{z=a} = a^n, \quad n \geqslant 0$$

当 $n < 0$ 时，$X(z)z^{n-1}$ 在围线 C 内有高阶极点 $z=0$、一阶极点 $z=b$。为了方便，可以利用式 (5-26) 和式 (5-28) 计算围线 C 外一阶极点 $z=b$ 的留数

$$x_2[n] = -\text{Res}[X(z)z^{n-1}]_{z=b} = -(z-b)\frac{a-b}{(z-a)(z-b)}z^n\bigg|_{z=b} = b^n, \quad n < 0$$

最后，得到 $X(z)$ 的反变换

$$x[n] = x_1[n] + x_2[n] = a^n u[n] + b^n u[-n-1]$$

例 5.8 利用留数方法计算 z 反变换之二：假设 $X(z)$ 是序列 $x[n]$ 的 z 变换

$$X(z) = \frac{1}{(1-4z^{-1})\left(1-\frac{1}{4}z^{-1}\right)}, \quad |z| > 4$$

利用留数方法计算 $X(z)$ 的反变换。

解 首先，将 $X(z)$ 代入 z 反变换的表达式 (5-24)，可以得到

$$x[n] = \frac{1}{2\pi \text{j}}\oint_C \frac{1}{(1-4z^{-1})\left(1-\frac{1}{4}z^{-1}\right)}z^{n-1}\text{d}z = \frac{1}{2\pi \text{j}}\oint_C \frac{z^{n+1}}{(z-4)\left(z-\frac{1}{4}\right)}\text{d}z$$

其中：围线 C 是在收敛域（$|z| > 4$）内沿着逆时针方向的闭合曲线。

然后，将 n 划分为 $n \geqslant 0$ 和 $n < 0$ 两部分并分别求解。当 $n \geqslant 0$ 时，被积函数 $z^{n+1}/\left[(z-4)\left(z-\frac{1}{4}\right)\right]$ 在围线 C 内有两个一阶极点 $z=4$ 和 $z=1/4$。因此，根据式

(5-25) 和式 (5-27) 可以得到

$$x_1[n] = \text{Res}\left[\frac{z^{n+1}}{(z-4)\left(z-\frac{1}{4}\right)}\right]_{z=4} + \text{Res}\left[\frac{z^{n+1}}{(z-4)\left(z-\frac{1}{4}\right)}\right]_{z=1/4}$$

$$= \frac{1}{15}[4^{n+2} - 4^{-n}], \quad n \geqslant 0$$

当 $n < 0$ 时，被积函数 $z^{n+1}/\left[(z-4)\left(z-\frac{1}{4}\right)\right]$ 在围线 C 外没有极点，且分母的阶次高于分子的阶次达到二阶或二阶以上，因此在 C 外的留数是零，即 $x_2[n] = 0$，$n < 0$。

最后，得到 $X(z)$ 的 z 反变换

$$x[n] = x_1[n] + x_2[n] = \begin{cases} \frac{1}{15}\left(4^{n+2} - 4^{-n}\right), & n \geqslant 0 \\ 0, & n < 0 \end{cases}$$

即 $x[n] = \frac{4}{15}\left(4^{n+2} - 4^{-n}\right)u[n]$。

5.3.2 部分分式展开法

虽然基于柯西定理的围线积分法是求解 z 反变换的常规方法，但是存在计算过程烦琐的现实问题。如果能够准确地观察、辨认和利用已有的 z 变换结果（z 变换对），则可以使求解过程更加快捷，且能够满足绝大多数的实际需求。

例如，右边序列 $x[n] = a^n u[n]$ 的 z 变换及其反变换可以表示为

$$a^n u[n] \overset{z}{\longleftrightarrow} \frac{1}{1 - az^{-1}}, \quad |z| > |a| \tag{5-29}$$

如果需要求解的 z 反变换表达式为

$$X(z) = \frac{1}{1 - \frac{1}{2}z^{-1}}, \quad |z| > \frac{1}{2}$$

则利用式 (5-29) 所示的可逆变换关系，很容易得到 $X(z)$ 的反变换 $x[n] = (1/2)^n u[n]$。

再如，左边序列 $x[n] = -a^n u[-n-1]$ 的 z 变换及其反变换可以表示为

$$-a^n u[-n-1] \overset{z}{\longleftrightarrow} \frac{1}{1 - az^{-1}}, \quad |z| < |a| \tag{5-30}$$

如果需要求解的 z 反变换表达式为

$$X(z) = \frac{1}{1 - \frac{1}{2}z^{-1}}, \quad |z| < \frac{1}{2}$$

则利用式 (5-30) 所示的变换关系，很容易得到所求的序列 $x[n] = -(1/2)^n u[-n-1]$。

典型序列的 z 变换已经制成表，如表 5-1 所示。对于已知的 $X(z)$，如果能够辨别出 $X(z)$ 的对应形式，则利用观察法可以确定所求序列 $x[n]$；如果无法辨别出 $X(z)$ 的对应形式，则可以将 $X(z)$ 简化为若干个简单项的组合形式，且每一项都可以在表 5-1 中找到对应的内容。部分分式展开法是将 $X(z)$ 分解为简单项组合的重要工具。

如果序列 $x[n]$ 的 z 变换是有理函数，则可以表示成关于 z^{-1} 的多项式之比

$$X(z) = \frac{P(z^{-1})}{Q(z^{-1})} = \frac{\sum_{k=0}^{M} b_k z^{-k}}{\sum_{k=0}^{N} a_k z^{-k}} \tag{5-31}$$

其中：$P(z^{-1})$ 是分子多项式，$Q(z^{-1})$ 是分母多项式；$\{b_k | k = 0, 1, \cdots, M\}$ 是 $P(z^{-1})$ 的系数集合，$\{a_k | k = 0, 1, \cdots, N\}$ 是 $Q(z^{-1})$ 的系数集合。式 (5-31) 的等价形式为

$$X(z) = \frac{b_0}{a_0} \cdot \frac{\prod_{k=1}^{M}(1 - c_k z^{-1})}{\prod_{k=1}^{N}(1 - d_k z^{-1})} \tag{5-32}$$

其中：b_0 和 a_0 是非零常数，$\{c_k | k = 0, 1, \cdots, M\}$ 是非零零点的集合，$\{d_k | k = 0, 1, \cdots, N\}$ 是非零极点的集合。

（1）如果 $M < N$ 且所有极点都是一阶的，式 (5-32) 可以表示为

$$X(z) = \sum_{k=1}^{N} \frac{A_k}{1 - d_k z^{-1}} \tag{5-33}$$

则式 (5-33) 两边同时乘以 $(1 - d_k z^{-1})$，并取极点值 $z = d_k$，可以得到系数

$$A_k = (1 - d_k z^{-1}) X(z) \big|_{z=d_k} \tag{5-34}$$

（2）如果 $M \geqslant N$ 且所有的极点都是一阶的，式 (5-32) 可以表示为

$$X(z) = \sum_{k=0}^{M-N} B_k z^{-k} + \sum_{k=1}^{N} \frac{A_k}{1 - d_k z^{-1}} \tag{5-35}$$

其中：第一项是阶数 $M - N$ 的简单多项式，用长除法（用分母多项式除以分子多项式，直至余因式的阶数低于分母的阶数）可得到 $M - N + 1$ 个系数 B_k。特别地，当 $M = N$ 时，第一项只包含常数项 B_0。

（3）如果 $M \geqslant N$ 且仅包含一个 S 阶的极点 $z = d_i$ 时，式 (5-32) 可以表示为

$$X(z) = \sum_{k=0}^{M-N} B_k z^{-k} + \sum_{k=1, k \neq i}^{N} \frac{A_k}{1 - d_k z^{-1}} + \sum_{m=1}^{S} \frac{C_m}{(1 - d_i z^{-1})^m} \tag{5-36}$$

则式 (5-36) 的第三项来自 S 阶的极点 $z = d_i$，计算系数 C_m 的公式如下

$$C_m = \frac{1}{(-d_i)^{S-m}} \cdot \frac{1}{(S-m)!} \left\{ \frac{\mathrm{d}^{S-m}}{\mathrm{d}(z^{-1})^{S-m}} \left[(1-d_i z^{-1})^S X(z) \right] \right\}_{z=d_i} \tag{5-37}$$

其中：$m = 1, 2, \cdots, S$。对于包含多个高阶极点的情况，计算方法类似，此处不再赘述。

例 5.9   利用部分分式展开法计算 z 反变换：假设序列 $x[n]$ 的 z 变换为

$$X(z) = \frac{1 + 2z^{-1} + z^{-2}}{1 - \frac{3}{2}z^{-1} + \frac{1}{2}z^{-2}}, \quad |z| > 1$$

利用部分分式展开方法求解 $X(z)$ 的反变换。

解   首先，将 $X(z)$ 表示为有理函数的零点-极点形式

$$X(z) = \frac{1 + 2z^{-1} + z^{-2}}{1 - \frac{3}{2}z^{-1} + \frac{1}{2}z^{-2}} = \frac{(1+z^{-1})^2}{\left(1 - \frac{1}{2}z^{-1}\right)(1-z^{-1})}, \quad |z| > 1$$

由此可知：$X(z)$ 有两个一阶极点 $p_1 = 1/2$ 和 $p_2 = 1$，有一个二阶零点 $z_{1,2} = -1$，且分子多项式的阶次和分母多项式的阶次相同（$M = N = 2$）。根据式 (5-35)，可以将 $X(z)$ 展开成三个简单项的组合形式，即

$$X(z) = B_0 + \frac{A_1}{1 - \frac{1}{2}z^{-1}} + \frac{A_2}{1 - z^{-1}}$$

其中：常数项 B_0 可以用长除法得到

$$\frac{1}{2}z^{-2} - \frac{3}{2}z^{-1} + 1 \overline{\smash{\big)}\begin{array}{l} \phantom{z^{-2}\ +2z^{-1}\ +}2 \\ z^{-2}\quad +2z^{-1}\quad +1 \\ \underline{z^{-2}\quad -3z^{-1}\quad +2} \\ +5z^{-1}\quad -1 \end{array}}$$

经过一次多项式长除运算后，余因式中 z^{-1} 的阶次是 1，低于分母多项式的阶次，没有必要再继续进行长除法运算，因此可以得到

$$X(z) = 2 + \frac{-1 + 5z^{-1}}{\left(1 - \frac{1}{2}z^{-1}\right)(1-z^{-1})} = 2 + \frac{A_1}{1 - \frac{1}{2}z^{-1}} + \frac{A_2}{1 - z^{-1}}$$

然后，利用式 (5-34) 计算部分分式展开式的系数 A_1 和 A_2

$$A_1 = \left(2 + \frac{-1 + 5z^{-1}}{\left(1 - \frac{1}{2}z^{-1}\right)(1-z^{-1})} \right)\left(1 - \frac{1}{2}z^{-1}\right)\Bigg|_{z=1/2} = -9$$

$$A_2 = \left(2 + \frac{-1 + 5z^{-1}}{\left(1 - \frac{1}{2}z^{-1}\right)\left(1 - z^{-1}\right)}\right)\left(1 - z^{-1}\right)\Bigg|_{z=1} = 8$$

因此 $X(z)$ 的部分分式展开式为

$$X(z) = 2 - \frac{9}{1 - \frac{1}{2}z^{-1}} + \frac{8}{1 - z^{-1}}$$

由于收敛域是 $|z| > 1$，因此 $X(z)$ 的部分分式展开式的第二项和第三项都对应着右边序列，利用表 5-1 可以得到如下关系：

$$2 \xleftrightarrow{z} 2\delta[n], \quad \frac{1}{1 - \frac{1}{2}z^{-1}} \xleftrightarrow{z} \left(\frac{1}{2}\right)^n u[n], \quad \frac{1}{1 - z^{-1}} \xleftrightarrow{z} u[n]$$

最后，根据 z 变换的线性特性得到序列 $x[n] = 2\delta[n] - 9\left(\frac{1}{2}\right)^n u[n] + 8u[n]$。

5.3.3　幂级数展开法

序列 $x[n]$ 的 z 变换定义为无限项求和的幂级数

$$X(z) = \sum_{n=-\infty}^{\infty} x[n]z^{-n} \tag{5-38}$$

其中：$x[n]$ 是 z^{-n} 的系数。如果以幂级数的形式给出 z 变换

$$X(z) = \cdots + x[-2]z^2 + x[-1]z^1 + x[0] + x[1]z^{-1} + x[2]z^{-2} + \cdots \tag{5-39}$$

则可以确定 $x[n]$ 的任何值。式 (5-39) 是基于幂级数展开法求解 z 反变换的基本思想，除非序列 $x[n]$ 有明显的特征，否则很难给出 $x[n]$ 的显式表达式。当 $X(z)$ 是多项式函数、有理函数或超越函数时，幂级数展开法可以便捷地计算 z 反变换。

1. 多项式函数

如果 $x[n]$ 是有限长的序列，即 $X(z)$ 是关于自变量 z^{-1} 的简单多项式，则可以根据式 (5-39) 所示的多项式系数直接确定出 $x[n]$。

例 5.10　计算多项式函数的 z 反变换：假设序列 $x[n]$ 的 z 变换为

$$X(z) = (1 - z^{-1})(1 + z^{-1})\left(1 + \frac{1}{2}z^{-1}\right)\left(1 - \frac{1}{2}z^{-1}\right)$$

根据幂级数展开法求解序列 $x[n]$。

解　$X(z)$ 是关于 z^{-1} 的多项式函数，它的唯一极点是 $z = 0$（高阶极点），采用部分分式展开法非常不便。若将 $X(z)$ 的各个因式相乘，可以展开成多项式

$$X(z) = 1 - \frac{5}{4}z^{-2} + \frac{1}{4}z^{-4}$$

利用观察方法，可以得到待求解的序列

$$x[n] = \begin{cases} 1, & n=0 \\ -5/4, & n=2 \\ 1/4, & n=4 \end{cases}$$

或者将 $x[n]$ 表示成 $x[n] = \delta[n] - \dfrac{5}{4}\delta[n-2] + \dfrac{1}{4}\delta[n-4]$。

2. 有理函数

如果 $X(z)$ 是有理多项式函数，则利用幂级数展开法求解 $x[n]$ 的过程如下：首先根据 $X(z)$ 的收敛域，确定多项式函数关于变量 z^{-1} 的升幂或降幂排列；然后利用多项式长除法，将 $X(z)$ 展开成幂级数形式；最后根据式 (5-39) 确定出原始序列 $x[n]$。①如果 $X(z)$ 的收敛域是 $|z| > R_{x-}$ 的形式，则 $x[n]$ 是右边序列，应该将 $X(z)$ 展开成 z 的负幂级数，即分子多项式和分母多项式按 z 的降幂排列（或 z^{-1} 的升幂排列）。②如果 $X(z)$ 的收敛域是 $|z| < R_{x+}$ 的形式，则 $x[n]$ 是左边序列，应该将 $X(z)$ 展开成 z 的正幂级数，即分子多项式和分母多项式按 z 的升幂排列（或 z^{-1} 的降幂排列）。

例 5.11　利用长除法计算 z 反变换之一：假设序列 $x[n]$ 的 z 变换为

$$X(z) = \frac{1}{1 - az^{-1}}, \quad |z| > |a| \tag{5-40}$$

用长除法计算原始序列 $x[n]$。

解　因为 $X(z)$ 的收敛域是以 $|a|$ 为半径的圆周外部，所以待求解的序列 $x[n]$ 为右边序列；又因为当 z 趋近于 ∞ 时，$X(z)$ 趋近于常数，所以 $x[n]$ 是因果序列。因此，利用长除法可以得到 $x(z)$ 关于 z^{-1} 的升幂级数（或 z 的降幂级数），基本过程如下

$$
\begin{array}{r}
1 \;+az^{-1}\;+a^2z^{-2}\;+\cdots \\
1-az^{-1}\overline{\big)\;1} \\
\underline{1\;-az^{-1}} \\
+az^{-1} \\
\underline{+az^{-1}\;-a^2z^{-2}} \\
+a^2z^{-2} \\
\underline{+a^2z^{-2}\;-a^3z^{-3}} \\
+a^3z^{-3}\;\cdots
\end{array}
$$

长除法的结果为

$$X(z) = \frac{1}{1 - az^{-1}} = 1 + az^{-1} + a^2z^{-2} + \cdots, \quad |z| > |a|$$

因此根据 $X(z)$ 的系数变化规律，可以得到待求的因果序列 $x[n] = a^n u[n]$。

例 5.12 利用长除法计算 z 反变换之二：根据序列的 z 变换结果

$$X(z) = \frac{-bz^{-1}}{1 - bz^{-1}}, \quad |z| < |b|$$

用长除法确定原始序列 $x[n]$。

解 因为 $X(z)$ 在 $z = b$ 位置有一阶极点，且收敛域是以 $|b|$ 为半径的圆周内部，所以待求解的 $x[n]$ 是左边序列，因此需要将 $X(z)$ 展开成 z^{-1} 的降幂（或 z 的升幂）级数。简单地整理 $X(z)$ 的表达式，可以得到

$$X(z) = \frac{-bz^{-1}}{1 - bz^{-1}} = \frac{b}{b - z}, \quad |z| < |b|$$

对 $X(z)$ 进行长除运算的过程如下：

$$
\begin{array}{r}
1 \quad +b^{-1}z \quad +b^{-2}z^2 \quad +\cdots \\[2pt]
\hline
b - z \, \big) \, \overline{b} \\
\underline{b \quad -z} \\
+z \\
\underline{+z \quad -b^{-1}z^2} \\
+b^{-1}z^2 \\
\underline{+b^{-1}z^2 \quad -b^{-2}z^3} \\
+b^{-2}z^3 \quad \cdots
\end{array}
$$

长除法的结果为

$$X(z) = 1 + b^{-1}z + b^{-2}z^2 + \cdots = \sum_{n=-\infty}^{0} b^n z^{-n}, \quad |z| < |b|$$

因此根据 $X(z)$ 的系数变化规律，可以得到非因果序列 $x[n] = b^n u[-n]$。

根据例 5.11 和例 5.12 可知，长除运算可以将 $X(z)$ 展开成关于 z^{-1} 的升幂级数或降幂级数，完全取决于 $X(z)$ 的收敛域。因此，在进行长除运算之前，首先要根据收敛域确定 $x[n]$ 是左边序列还是右边序列，然后再确定按照升幂长除或降幂进行长除运算。特别地，对于 $X(z)$ 对应双边序列的情况，首先要根据 $X(z)$ 的收敛域将其分解成求和形式 $X(z) = X_{\mathrm{L}}(z) + X_{\mathrm{R}}(z)$，其中 $X_{\mathrm{L}}(z)$ 对应左边序列，$X_{\mathrm{R}}(z)$ 对应右边序列；然后对 $X_{\mathrm{L}}(z)$ 和 $X_{\mathrm{R}}(z)$ 分别进行长除法运算，获得左边序列 $x_{\mathrm{L}}[n]$ 和右边序列 $x_{\mathrm{R}}[n]$，最终结果可以表示为 $x[n] = x_{\mathrm{L}}[n] + x_{\mathrm{R}}[n]$。

3. 超越函数

利用式 (5-38) 计算序列 $x[n]$ 的 z 变换，总是希望用简单的数学形式（如有理函数）描述幂级数的求和结果 $X(z)$；利用式 (5-39) 求解 $X(z)$ 的 z 反变换，需要将 $X(z)$ 展开成幂级数的求和形式。对数型、正弦型、双曲正弦型等超越函数的幂级数展开式已经制成规范的表，可以为求解 z 变换或 z 反变换提供便利。

例 5.13   计算对数函数的 z 反变换：根据序列 $x[n]$ 的 z 变换结果

$$X(z) = \ln(1 - az^{-1}), \quad |z| > |a|$$

利用幂级数展开法确定原始序列 $x[n]$。

解   当 $|u| < 1$ 时，$\ln(1 - u)$ 的幂级数展开式表示为

$$\ln(1 - u) = -\sum_{n=1}^{\infty} \frac{u^n}{n}$$

如果令 $u = az^{-1}$，则当 $|az^{-1}| < 1$（或 $|z| > |a|$）时，$X(z)$ 可以表示为

$$X(z) = -\sum_{n=1}^{\infty} \frac{(az^{-1})^n}{n} = -\sum_{n=1}^{\infty} \frac{a^n}{n} z^{-n}$$

因此根据 $X(z)$ 的系数变化规律，可以确定原始序列 $x[n] = -\dfrac{a^n}{n} u[n-1]$。

5.4 z 变换的性质

在离散时间信号分析和系统设计中，z 变换及其性质的应用非常广泛。假定序列 $x[n]$ 的 z 变换是 $X(z) = \mathcal{Z}(x[n])$，收敛域是 $R_{x-} < |z| < R_{x+}$，其中 R_{x-} 和 R_{x+} 是正实数。为了方便，将 $x[n]$ 和 $X(z)$ 的可逆变换关系记为

$$x[n] \overset{\mathcal{Z}}{\longleftrightarrow} X(z), \quad R_{x-} < |z| < R_{x+} \tag{5-41}$$

通常，①对于双边序列，$R_{x-} > 0$ 且 $R_{x+} < \infty$；②对于右边序列，$R_{x-} > 0$ 且 $R_{x+} = \infty$；③对于左边序列，$R_{x-} = 0$ 且 $R_{x+} < \infty$。

5.4.1   主要性质

1. 线性性质

序列的 z 变换满足齐次性和可加性，即

$$ax[n] + by[n] \overset{\mathcal{Z}}{\longleftrightarrow} aX(z) + bY(z), \quad R_- < |z| < R_+ \tag{5-42}$$

其中：a 和 b 是常数，$R_- = \max(R_{x-}, R_{y-})$，$R_+ = \min(R_{x+}, R_{y+})$。

式 (5-41) 表明，$aX(z) + bY(z)$ 的极点由 $X(z)$ 和 $Y(z)$ 的极点共同确定，在没有任何零点和极点抵消的条件下，$aX(z) + bY(z)$ 的收敛域是 $X(z)$ 的收敛域和 $Y(z)$ 的收敛域的重叠部分（收敛域的交集）。特别地，在 $X(z)$ 和 $Y(z)$ 的线性组合中，如果出现某些零点和极点相互抵消，则 $aX(z) + bY(z)$ 的收敛域可能会扩大。

例 5.14　序列组合导致收敛域扩大：计算序列 $x[n]=a^nu[n]-a^nu[n-N]$ 的 z 变换。

解：序列 $x[n]$ 由两个右边序列 $a^nu[n]$ 和 $a^nu[n-N]$ 组合而成，它们的 z 变换分别为

$$\mathcal{Z}(a^nu[n])=\sum_{n=-\infty}^{\infty}a^nu[n]z^{-n}=\sum_{n=0}^{\infty}a^nz^{-n}$$

$$=\frac{1}{1-az^{-1}},\quad |z|>|a|$$

$$\mathcal{Z}(a^nu[n-N])=\sum_{n=-\infty}^{\infty}a^nu[n-N]z^{-n}=\sum_{n=N}^{\infty}a^nz^{-n}$$

$$=\frac{a^Nz^{-N}}{1-az^{-1}},\quad |z|>|a|$$

它们的收敛域都是 $|z|>|a|$。根据式 (5-41)，可以得到 $x[n]$ 的 z 变换

$$X(z)=\frac{1}{1-az^{-1}}-\frac{a^Nz^{-N}}{1-az^{-1}}=\frac{1-a^Nz^{-N}}{1-az^{-1}}$$

$$=1+a^1z^{-1}+,\cdots,+a^{N-1}z^{-(N-1)},\quad |z|>0$$

由于序列 $a^nu[n]$ 和 $a^nu[n-N]$ 是组合运算，使得组合结果 $x[n]$ 的 z 变换在 $z=a$ 位置出现极点和零点的相互抵消，导致 $X(z)$ 收敛域延伸到除 $z=0$ 以外的整个 z 平面。

2. 时间移位

序列 $x[n]$ 的时间移位特性表示为

$$x[n-n_0]\xleftrightarrow{\mathcal{Z}}z^{-n_0}X(z),\quad R_{x-}<|z|<R_{x+} \tag{5-43}$$

其中：n_0 是整数。当 $n_0>0$ 时，$x[n]$ 向右移位；当 $n_0<0$ 时，$x[n]$ 向左移位。

证明　将移位的序列 $y[n]=x[n-n_0]$ 代入 z 变换的定义式

$$Y(z)=\mathcal{Z}(y[n])=\sum_{n=-\infty}^{\infty}y[n]z^{-n}=\sum_{n=-\infty}^{\infty}x[n-n_0]z^{-n}$$

令 $m=n-n_0$，可以得到

$$Y(z)=\sum_{m=-\infty}^{\infty}x[m]z^{-(m+n_0)}=z^{-n_0}\sum_{m=-\infty}^{\infty}x[m]z^{-m}=z^{-n_0}X(z)$$

式 (5-43) 表明，序列 $x[n]$ 在时间上移动了 n_0 个样本，对应着 $X(z)$ 在复频域上增加了 z^{-n_0} 个因子。时间移位可能导致在 $z=0$ 或 $z=\infty$ 位置上的极点（或零点）数目发生变化，即在收敛域中可能增加或去除极点（或零点）$z=0$ 或 $z=\infty$。通常，式 (5-43) 与其他方法配合使用，会使求解 z 变换或 z 反变换的过程更加快捷。

例 5.15 利用时间移位性质计算 z 变换：确定序列 $y[n] = \left(\dfrac{1}{2}\right)^{n-1} u[n-1]$ 的 z 变换。

解 将序列 $x[n] = \left(\dfrac{1}{2}\right)^{n} u[n]$ 向右平移一个样本可以得到 $y[n]$，$x[n]$ 的 z 变换为

$$X(z) = \mathcal{Z}(x[n]) = \frac{1}{1 - \frac{1}{2} z^{-1}}, \quad |z| > \frac{1}{2}$$

$X(z)$ 的零点 $z = 0$，极点 $p = \dfrac{1}{2}$。

因此，根据式 (5-43) 的结论，很容易得到 $y[n]$ 的 z 变换

$$Y(z) = z^{-1} X(z) = \frac{z^{-1}}{1 - \frac{1}{2} z^{-1}}, \quad |z| > \frac{1}{2}$$

$Y(z)$ 的零点 $z = \infty$，极点 $p = \dfrac{1}{2}$。可以看出，时间移位性质不仅提高了求解的效率，而且改变了零点的位置。

3. 指数序列乘法

如果序列 $x[n]$ 与指数序列 a^n（a 是常数）相乘，则相乘结果 $a^n x[n]$ 的 z 变换表示为

$$a^n x[n] \overset{z}{\leftrightarrow} X(z/a), \quad |a| R_{x-} < |z| < |a| R_{x+} \tag{5-44}$$

证明 将 $a^n x[n]$ 代入 z 变换的定义式，可以得到

$$\mathcal{Z}(a^n x[n]) = \sum_{n=-\infty}^{\infty} a^n x[n] z^{-n} = \sum_{n=-\infty}^{\infty} x[n] \left(\frac{z}{a}\right)^{-n}$$

$$= X\left(\frac{z}{a}\right), \quad R_{x-} < \left|\frac{z}{a}\right| < R_{x+}$$

根据式 (5-44) 可知：非零值 a 是 z 平面的尺度变换因子或压缩扩张因子，$x[n]$ 和 a^n 相乘之后，收敛域变为原来的 $|a|$ 倍，由 $R_{x-} < |z| < R_{x+}$ 变为 $|a| R_{x-} < |z| < |a| R_{x+}$。如果 $X(z)$ 有一个极点（或零点）$z = z_0$，则 $X(z/a)$ 必然有一个极点（或零点）$z = a z_0$，即极点（或零点）的位置改变了 a 倍。①如果 a 是正实数，则表示 z 平面被压缩（$a < 1$）或拉伸（$a > 1$），极点（或零点）在 z 平面内沿着径向移动。②如果 a 是幅度为 1 的复数 $a = e^{j\omega_0}$，则表示 z 平面旋转了 ω_0 的角度，极点（或零点）在 z 平面上按逆时针方向旋转了 ω_0 角度。③如果 a 是任意复数 $a = r e^{j\omega_0}$，则表示 z 平面既有幅度伸缩又有角度旋转，极点（或零点）在 z 平面上幅度伸缩了 r 倍且旋转了 ω_0 角度。

4. $X(z)$ 的微分

如果对序列 $x[n]$ 的 z 变换 $X(z)$ 求导数运算，则有

$$nx[n] \overset{z}{\longleftrightarrow} -z \frac{\mathrm{d} X(z)}{\mathrm{d} z}, \quad R_{x-} < |z| < R_{x+} \tag{5-45}$$

证明　对 z 变换的定义式两端求导数，可以得到

$$\frac{\mathrm{d}X(z)}{\mathrm{d}z} = \frac{\mathrm{d}}{\mathrm{d}z}\sum_{n=-\infty}^{\infty} x[n]z^{-n} = \sum_{n=-\infty}^{\infty}(-n)x[n]z^{-n-1} = -z^{-1}\sum_{n=-\infty}^{\infty} nx[n]z^{-n}$$

进而可以得到

$$-z\frac{\mathrm{d}X(z)}{\mathrm{d}z} = \sum_{n=-\infty}^{\infty} nx[n]z^{-n} = \mathcal{Z}(nx[n]), \quad R_{x-} < |z| < R_{x+}$$

根据式 (5-45) 可知，在时域上以 n 为权变量对 $x[n]$ 进行线性加权，对应着在复频域上对 $X(z)$ 求导数再乘以 $-z$，收敛域保持不变。

5. 复序列的共轭

如果 $x[n]$ 是复序列，则它的共轭序列 $x^*[n]$ 的 z 变换为

$$x^*[n] \xleftrightarrow{\mathcal{Z}} X^*(z^*), \quad R_{x-} < |z| < R_{x+} \tag{5-46}$$

证明　将 $x^*[n]$ 代入 z 变换的定义式，可以得到

$$\mathcal{Z}(x^*[n]) = \sum_{n=-\infty}^{\infty} x^*[n]z^{-n} = \sum_{n=-\infty}^{\infty}\left(x[n](z^{-n})^*\right)^*$$

$$= \left(\sum_{n=-\infty}^{\infty} x[n](z^*)^{-n}\right)^* = X^*(z^*), \quad R_{x-} < |z| < R_{x+}$$

如果 $x[n]$ 是实序列，即 $x[n] = x^*[n]$，则可以得到 $X(z) = X^*(z^*)$。如果 $z = z_0$ 是 $X(z)$ 的极点（或零点），则 $z = z_0^*$ 必然是 $X(z)$ 的极点（或零点），即 $X(z)$ 中的复数极点（或零点）以共轭形式成对地出现。

6. 时间倒置

如果序列 $x[n]$ 的时间倒置（或称翻转）是 $x[-n]$，则有

$$x[-n] \xleftrightarrow{\mathcal{Z}} X\left(\frac{1}{z}\right), \quad \frac{1}{R_{x+}} < |z| < \frac{1}{R_{x-}} \tag{5-47}$$

证明　将 $x[-n]$ 代入 z 变换的定义式，可以得到

$$\mathcal{Z}(x[-n]) = \sum_{n=-\infty}^{\infty} x[-n]z^{-n} = \sum_{n=-\infty}^{\infty} x[n]z^n$$

$$= \sum_{n=-\infty}^{\infty} x[n](z^{-1})^{-n} = X\left(\frac{1}{z}\right), \quad \frac{1}{R_{x+}} < |z| < \frac{1}{R_{x-}}$$

根据式 (5-47) 可知，如果 $z = z_0$ 位于 $X(z)$ 的收敛域内，则 $z = 1/z_0$ 位于 $X(z^{-1})$ 的收敛域内。特别地，如果 $x[n]$ 是偶对称序列，即 $x[n] = x[-n]$，则 $X(z) = X(z^{-1})$；如果

$x[n]$ 是奇对称序列，即 $x[n] = -x[-n]$，则 $X(z) = -X(z^{-1})$。可以看出，无论 $x[n]$ 是偶对称序列还是奇对称序列，只要 $z = z_0$ 是 $X(z)$ 的极点（或零点），$z = 1/z_0$ 就是 $X(z^{-1})$ 的极点（或零点）。

7. 初值定理

如果 $x[n]$ 是因果序列（当 $n < 0$ 时 $x[n] = 0$），则

$$x[0] = \lim_{z \to \infty} X(z) \tag{5-48}$$

证明　将 $x[n]u[n]$ 代入 z 变换的定义式

$$X(z) = \sum_{n=-\infty}^{\infty} (x[n]u[n])z^{-n} = \sum_{n=0}^{\infty} x[n]z^{-n}$$

$$= x[0] + x[1]z^{-1} + x[2]z^{-2} + \cdots$$

将对等式两端取极限运算，可以得到

$$\lim_{z \to \infty} X(z) = x[0]$$

根据式 (5-48) 可知，利用初值定理可以计算因果序列的初值 $x[0]$，或根据初值是否为常数来检验计算结果的正确性。

8. 卷积定理

如果序列 $x[n]$ 和 $h[n]$ 的 z 变换分别是 $X(z)$ 和 $H(z)$，则有

$$x[n] * h[n] \xleftrightarrow{\mathcal{Z}} X(z)H(z), \quad R_- < |z| < R_+ \tag{5-49}$$

其中：$R_- = \max(R_{x-}, R_{h-})$，$R_+ = \min(R_{x+}, R_{h+})$。

证明　将 $x[n]$ 和 $h[n]$ 的卷积 $y[n] = x[n] * h[n]$ 代入 z 变换的定义式

$$Y(z) = \mathcal{Z}(y[n]) = \sum_{n=-\infty}^{\infty} (x[n] * h[n])z^{-n}$$

$$= \sum_{n=-\infty}^{\infty} \sum_{m=-\infty}^{\infty} x[m]h[n-m]z^{-n}$$

交换求和顺序并进行变量代换，可以得到

$$Y(z) = \sum_{m=-\infty}^{\infty} x[m] \sum_{n=-\infty}^{\infty} h[n-m]z^{-n}$$

$$= \sum_{m=-\infty}^{\infty} x[m] \left[\sum_{k=-\infty}^{\infty} h[k]z^{-k} \right] z^{-m}$$

假定 $X(z)$ 和 $H(z)$ 存在公共收敛域，则

$$Y(z) = \sum_{m=-\infty}^{\infty} H(z)x[m]z^{-m}$$

$$= H(z) \sum_{m=-\infty}^{\infty} x[m]z^{-m} = X(z)H(z)$$

其中：$X(z)$ 和 $H(z)$ 公共收敛域是 $\max(R_{x-}, R_{h-}) < |z| < \min(R_{x+}, R_{h+})$。

特别地，如果 $X(z)$ 和 $H(z)$ 的收敛边界上存在零点和极点相互抵消情况，则 $X(z)H(z)$ 的收敛域可能会扩大。式 (5-49) 常用于线性时不变（LTI）系统分析：如果 LTI 系统输入是 $x[n]$、单位脉冲响应是 $h[n]$，则输出是 $y[n] = x[n] * h[n]$。根据式 (5-49) 可知，首先计算 $x[n]$ 和 $h[n]$ 的 z 变换 $X(z)$ 和 $H(z)$；然后计算 $X(z)$ 和 $H(z)$ 的乘积 $X(z)H(z)$；最后求解 $X(z)H(z)$ 的 z 反变换，同样可以得到 LTI 系统输出 $y[n] = x[n] * h[n]$。

例 5.16　利用卷积定理计算 LTI 系统输出：假定 LTI 系统的输入序列是 $x[n] = a^n u[n]$、单位脉冲响应是 $h[n] = b^n u[n]$，利用卷积定理求解输出序列 $y[n] = x[n] * h[n]$。

解　输入序列 $x[n]$ 和单位脉冲响应 $h[n]$ 的 z 变换分别为

$$X(z) = \sum_{n=-\infty}^{\infty} a^n u[n]z^{-n} = \sum_{n=0}^{\infty} a^n z^{-n} = \frac{1}{1 - az^{-1}}, \quad |z| > |a|$$

$$H(z) = \sum_{n=-\infty}^{\infty} b^n u[n]z^{-n} = \sum_{n=0}^{\infty} b^n z^{-n} = \frac{1}{1 - bz^{-1}}, \quad |z| > |b|$$

当 $|z| > \max(|a|, |b|)$ 时，$X(z)$ 和 $H(z)$ 存在着公共收敛域。根据时域卷积和复频域乘积的对应关系，LTI 系统的输出用 z 变换可以表示为

$$Y(z) = X(z)H(z) = \frac{1}{(1 - az^{-1})(1 - bz^{-1})}, \quad |z| > \max(|a|, |b|)$$

对 $Y(z)$ 进行部分分式展开，可以得到

$$Y(z) = \frac{a}{a - b} \cdot \frac{1}{1 - az^{-1}} - \frac{b}{a - b} \cdot \frac{1}{1 - bz^{-1}}$$

对 $Y(z)$ 进行 z 反变换得到输出序列

$$y[n] = x[n] * h[n] = \frac{1}{a - b}a^{n+1}u[n] - \frac{1}{a - b}b^{n+1}u[n]$$

5.4.2　性质列表

第 5.4.1 节中给出了 z 变换的常用性质和定理，它们广泛地用于离散时间信号分析和系统设计，表 5-2 归纳了 5.4.1 节的主要内容，供读者参考。

表 5-2 z 变换的主要性质和定理

序列	z 变换	收敛域
$ax[n] + bh[n]$	$aX(z) + bH(z)$	$\max[R_{x-}, R_{h-}] < |z| < \min[R_{x+}, R_{h+}]$
$x[n-m]$	$z^{-m}X(z)$	$R_{x-} < |z| < R_{x+}$
$a^n x[n]$	$x\left(\dfrac{z}{a}\right)$	$|a|R_{x-} < |z| < |a|R_{x+}$
$n^m x[n]$	$-z\dfrac{\mathrm{d}^m X(z)}{\mathrm{d}z^m}$	$R_{x-} < |z| < R_{x+}$
$x^*[n]$	$X^*(z^*)$	$R_{x-} < |z| < R_{x+}$
$x[-n]$	$X\left(\dfrac{1}{z}\right)$	$\dfrac{1}{R_{x+}} < |z| < \dfrac{1}{R_{x-}}$
$x^*[-n]$	$X^*\left(\dfrac{1}{z^*}\right)$	$\dfrac{1}{R_{x+}} < |z| < \dfrac{1}{R_{x-}}$
$(-1)^n x[n]$	$X(-z)$	$R_{x-} < |z| < R_{x+}$
$\mathrm{Re}(x[n])$	$[X(z) + X^*(z^*)]/2$	$R_{x-} < |z| < R_{x+}$
$\mathrm{Im}(x[n])$	$[X(z) - X^*(z^*)]/2$	$R_{x-} < |z| < R_{x+}$
$\displaystyle\sum_{m=0}^{n} x(m)$	$\dfrac{z}{z-1}X(z)$	$|z| > \max[R_{x-}, 1],\ x[n]$ 是因果序列
$x[n] * h[n]$	$X(z)H(z)$	$\max[R_{x-}, R_{h-}] < |z| < \min[R_{x+}, R_{h+}]$
$x[n]h[n]$	$\dfrac{1}{2\pi\mathrm{j}}\oint_C X(v)H\left(\dfrac{z}{v}\right)v^{-1}\mathrm{d}v$	$R_x - R_{h-} < |z| < R_{x+}R_{h+}$
$x(0) = \lim\limits_{z\to\infty} X(z)$		$x[n]$ 是因果序列, $|z| > R_{x-}$
$x(\infty) = \lim\limits_{z\to1}(z-1)X(z)$		$x[n]$ 是因果序列, $|z| > R_{x-}$
$\displaystyle\sum_{n=-\infty}^{\infty} x[n]h^*[n] = \dfrac{1}{2\pi\mathrm{j}}\oint_C X(v)H^*\left(\dfrac{1}{v*}\right)v^{-1}\mathrm{d}v$		$R_x - R_{h-} < 1 < R_{x+}R_{h+}$

本章小结

首先给出了 z 变换和离散时间傅里叶变换（DTFT）的内在联系，分析了 z 变换的收敛特性、有理函数的表示方法及其零极点图；其次分析了四种典型序列（有限长序列、右边序列、左边序列、双边序列）的收敛域特点，给出了常见序列的 z 变换及其收敛域；然后讨论了计算 z 反变换的三种方法（围线积分法、部分分式展开法和幂级数展开法）；最后讨论了 z 变换的主要性质和定理。z 变换是 DTFT 在复频域的拓展，在离散时间信号分析和系统设计中有极其重要的作用。

本章习题

5.1　计算以下序列的 z 变换，并给出相应的收敛域。

$(1)\delta[n - n_0]$;　　　　　　$(2)u[n - n_0]$;　　　　　　$(3)\left(\dfrac{1}{2}\right)^n u[n]$;

$(4)-\left(\dfrac{1}{2}\right)^n u[-n - 1]$;　　$(5)\left(\dfrac{1}{2}\right)^n R_{10}[n]$;　　$(6)\mathrm{e}^{\mathrm{j}\frac{\pi}{3}n} u[n]$;

$(7)\cos\left(\dfrac{\pi}{3}n\right) u[n]$;　　　　$(8)\sin\left(\dfrac{\pi}{3}n\right) u[n]$。

5.2　计算以下序列的 z 变换，并给出相应的收敛域。

$(1)a^n u[n - 2]$;　　　$(2)-a^n u[-n - 3]$;　　$(3)a^n u[n + 4]$;　　　$(4)a^n u[-n]$。

5.3　计算以下序列的 z 变换，并给出相应的收敛域。

$(1)a^n,\ 0 < |a| < 1$;　　　　$(2)a^{|n|},\ 0 < |a| < 1$;　　　$(3)\mathrm{e}^{(\sigma + \mathrm{j}\omega_0)n} u[n]$;

$(4)Ar^n \cos(\omega_0 n + \varphi) u[n]$;　　$(5)Ar^n \sin(\omega_0 n + \varphi) u[n]$;　　$(6)a^n u[n] + b^n u[-n - 1]$;

$(7)a^{|n|} \cos(\omega_0 n)$;　　　　$(8)a^{|n|} \sin(\omega_0 n)$;　　　　$(9)na^n u[n]$。

5.4　已知序列 $x[n] = a^n u[n] - b^n u[-n - 1]$。

(1)当 $x[n]$ 的 z 变换存在时，确定 a 和 b 的取值范围；

(2)假设 $x[n]$ 的 z 变换存在，计算 $X(z)$ 并给出收敛域。

5.5　已知序列的 z 变换是 $X(z)$，根据 $X(z)$ 计算频谱 $X(\mathrm{e}^{\mathrm{j}\omega})$，并使用 MATLAB 软件绘制序列的幅度特性和相位特性。

$(1)\dfrac{1}{1 - az^{-1}},\quad 0 < a < 1$;　　　　　　　$(2)\dfrac{1}{1 - 2a\cos(\omega_0)z^{-1} + a^2 z^{-2}},\quad 0 < a < 1$;

$(3)\dfrac{1 - z^{-6}}{1 - z^{-1}}$;　　　　　　　　　　$(4)\dfrac{z^{-1} - a}{1 - az^{-1}},\quad 0 < a < 1$。

5.6　已知 $x[n]$ 的 z 变换 $X(z) = \dfrac{1}{1 + \dfrac{2}{3}z^{-1}},\ |z| > \dfrac{2}{3}$，计算以下序列的 z 变换并给出收敛域。

（1）$x[2-n]+x[n-2]$；

（2）$\left(\dfrac{3}{4}\right)^{n}x[n-2]$；

（3）$(1+n)x[n]$；

（4）$x[n+2]*x[n-3]$。

5.7 分别利用留数法和长除法，计算以下函数的 z 反变换。

（1）$\dfrac{1}{1-\dfrac{2}{3}z^{-1}}$，$\quad|z|>\dfrac{2}{3}$；

（2）$\dfrac{1}{1-0.5z^{-1}}$，$\quad|z|<0.5$；

（3）$\dfrac{1-az^{-1}}{z^{-1}-a}$，$\quad|z|>|a|^{-1}$；

（4）$\dfrac{1-\dfrac{1}{3}z^{-1}}{1+\dfrac{1}{3}z^{-1}}$，$\quad|z|>\dfrac{1}{3}$。

5.8 利用部分分式展开法和 z 变换性质，计算以下函数的 z 反变换。

（1）$\dfrac{3}{(1-z^{-1})(1-2z^{-1})}$，$\quad1<|z|<2$；

（2）$\dfrac{z-5}{\left(1-\dfrac{1}{2}z^{-1}\right)\left(1+\dfrac{1}{2}z\right)}$，$\quad\dfrac{1}{2}<|z|<2$；

（3）$\dfrac{1}{(1+z^{-1})(1-z^{-1})}$，$\quad|z|<1$；

（4）$\dfrac{1+z^{-1}}{1-2\cos\omega_0 z^{-1}+z^{-2}}$，$\quad|z|>1$；

（5）$\dfrac{z^{-1}}{(1-6z^{-1})^2}$，$\quad|z|>6$；

（6）$\dfrac{z^{-2}}{1+z^{-2}}$，$\quad|z|>1$；

（7）$\dfrac{3}{z-\dfrac{1}{4}-\dfrac{1}{8}z^{-1}}$，$\quad|z|>\dfrac{1}{2}$。

5.9 利用部分分式展开法和幂级数法计算 z 反变换，并判断对应的序列是否存在离散时间傅里叶变换（DTFT）。

（1）$X(z)=\dfrac{1}{1+\dfrac{2}{3}z^{-1}}$，$\quad|z|>\dfrac{2}{3}$；

（2）$X(z)=\dfrac{1}{1+\dfrac{2}{3}z^{-1}}$，$\quad|z|<\dfrac{2}{3}$。

5.10 利用幂级数展开法，计算以下函数的 z 反变换。

（1）$X(z)=\mathrm{e}^{z}+\mathrm{e}^{1/z}$，$\quad0<|z|<\infty$；

（2）$X(z)=\ln(1+az^{-1})$，$|z|>|a|$；

（3）$X(z)=\ln(1-4z)$，$\quad|z|<\dfrac{1}{4}$。

5.11 确定 $X(z)=\dfrac{-3z^{-1}}{2-\dfrac{5}{2}z^{-1}+z^{-2}}$ 的零点和极点，使用 MATLAB 软件绘制零极点图，

并根据以下三种收敛域计算出对应的序列。

（1）$|z|>2$；　　　　　（2）$|z|<\dfrac{1}{2}$；　　　　　（3）$\dfrac{1}{2}<|z|<2$。

5.12 已知序列 $x[n]$ 的 z 变换是 $X(z)=\dfrac{\dfrac{4}{5}z}{(z-1)\left(z-\dfrac{4}{5}\right)}$，针对不同的收敛域求解 $X(z)$

的 z 反变换。

（1）$|z|<\dfrac{4}{5}$；　　　　　（2）$|z|>1$；　　　　　（3）$\dfrac{4}{5}<|z|<1$。

5.13　已知因果序列的 z 变换是 $X(z)$，求序列的初值 $x[0]$ 和终值 $x[\infty]$。

（1）$X(z) = \dfrac{1}{(1 - 0.5z^{-1})(1 + 0.5z - 1)}$；　　　　（2）$X(z) = \dfrac{z^{-1}}{1 - 1.5z^{-1} + 0.5z^{-2}}$；

（3）$X(z) = \dfrac{1 + 2z^{-1}}{1 - 0.7z^{-1} - 0.3z^{-2}}$；　　　　（4）$X(z) = \dfrac{1 + z^{-1} + z^{-2}}{(1 - z^{-1})(1 - 2z^{-1})}$。

5.14　假设离散时间 LTI 系统的单位脉冲响应是 $h[n] = 2\left(\dfrac{2}{3}\right)^n u[n]$，当系统输入 $x[n]$ 是以下序列时，利用 z 变换方法计算输出序列 $y[n]$。

（1）$x[n] = 3\left(\dfrac{3}{4}\right)^n u[n]$；　　　　（2）$x[n] = 2\left(\dfrac{1}{2}\right)^n u[n] + 3\left(\dfrac{2}{3}\right)^n u[n]$。

5.15　如果某个因果线性时不变系统的系统函数是 $H(z) = \dfrac{1}{1 - \dfrac{4}{9}z^{-2}}$，单位脉冲响应是

$h[n] = A_1 a_1^n u[n] + A_2 a_2^n u[n]$，确定参数 A_1、A_2、a_1、a_2 的值

5.16　已知 $x[n] = \alpha^n u[n]$，$y[n] = \beta^n u[n]$，$0 < |\alpha|, |\beta| < 1$，按照以下方法计算线性卷积 $f[n] = x[n] * y[n]$。

（1）按卷积公式计算 $f[n]$；　　　　（2）利用 z 变换计算 $f[n]$。

5.17　已知梳状滤波器的差分方程是 $y[n] = x[n] - x[n - N]$，确定梳状滤波器的系统函数 $H(z)$，并使用 MATLAB 软件完成。

（1）绘制零极点图；　　　　（2）绘制单位脉冲响应；　　　　（3）绘制频率响应。

5.18　如果某个线性时不变系统的函数 $H(z) = \dfrac{2z}{z - 1} + \dfrac{4z}{z - 0.9} - \dfrac{z}{z - 0.85}$，则完成。

（1）确定 $X(z)$ 的所有可能的收敛域；　　　　（2）计算不同收敛条件下的 z 反变换；

（3）使用 MATLAB 软件绘制零极点图；　　　　（4）使用 MATLAB 软件绘制频率响应。

第 6 章

LTI系统的变换域分析

> 横看成岭侧成峰，远近高低各不同。
>
> ——北宋·苏轼

离散时间线性时不变（LTI）系统同时具有线性和时不变特性，在科学研究和工程实践中得到了广泛的应用。对 LTI 系统进行时域分析，包括单位脉冲响应、输入/输出的线性卷积、线性常系数差分方程等内容。利用离散时间傅里叶变换（DTFT）和 z 变换对 LTI 系统进行变换域分析，可以得到与 LTI 系统分析、设计、实现有关的性质或结论。本章将讨论在变换域内 LTI 系统的系统函数，有理函数系统的频率响应，全通系统和最小相位系统，以及广义线性相位系统等内容。

6.1 LTI 系统的系统函数

线性时不变（LTI）系统同时满足线性和时不变性，很容易使用多种数学形式分析和描述，并建立不同数学描述方法之间的内在联系。

6.1.1 LTI 系统的 z 域表示

根据第 2 章可知，线性时不变（LTI）系统的时域特性可以完全由单位脉冲响应表征。如果 LTI 系统的输入序列是 $x[n]$，单位脉冲响应是 $h[n]$，则输出序列 $y[n]$ 表示为 $x[n]$ 和 $h[n]$ 的线性卷积

$$y[n] = x[n] * y[n] = \sum_{k=-\infty}^{\infty} x[k]h[n-k] \tag{6-1}$$

对式 (6-1) 左右两端分别进行 z 变换

$$\sum_{n=-\infty}^{\infty} y[n]z^{-n} = \sum_{n=-\infty}^{\infty} \left[\sum_{k=-\infty}^{\infty} x[k]h[n-k] \right] z^{-n}$$

交换等式右端的求和顺序，可以得到

$$Y(z) = \sum_{k=-\infty}^{\infty} x[k]z^{-k} \cdot \sum_{n=-\infty}^{\infty} h[n-k]z^{-(n-k)}$$

其中：第二个求和项是 $h[n]$ 的 z 变换，即

$$\sum_{n=-\infty}^{\infty} h[n-k]z^{-(n-k)} = \sum_{m=-\infty}^{\infty} h[m]z^{-m}$$

因此，可以得到式 (6-1) 的 z 变换的形式

$$Y(z) = X(z)H(z) \quad \text{或} \quad H(z) = \frac{Y(z)}{X(z)} \tag{6-2}$$

式 (6-2) 表明：单位脉冲响应的 z 变换 $H(z)$ 建立了输出序列的 z 变换 $Y(z)$ 与输入序列的 z 变换 $X(z)$ 之间的内在联系，通常称 $H(z)$ 为系统函数。由于 $h[n]$ 和 $H(z)$ 构成了可逆的一一映射关系，因此 LTI 系统特性可以由它的系统函数 $H(z)$ 来表征。

在科学研究和工程技术领域，特别关注离散时间系统，其输入/输出关系可以用线性常系数差分方程（Linear Constant Coefficient Difference Equation，LCCDE）描述，即

$$\sum_{k=0}^{N} a_k y[n-k] = \sum_{k=0}^{M} b_k x[n-k] \tag{6-3}$$

其中：$a_k(k=0,1,\cdots,N)$ 和 $b_k(k=0,1,\cdots,M)$ 是定常系数。如果式 (6-3) 描述的 LTI 系统是因果的，则可以用递归方法计算系统的输出；如果差分方程的辅助条件是初始复位的，即 $y[-1]=y[-2]=\cdots=0$，则式 (6-3) 描述的系统是因果的 LTI 系统。除非特殊说明，以下仅讨论都是初始复位的 LTI 系统。

对式 (6-3) 的两端分别进行 z 变换，并利用平移性质 $x[n-n_0] \overset{z}{\longleftrightarrow} z^{-n_0}X(z)$，可以得到

$$\sum_{k=0}^{N} a_k[z^{-k}Y(z)] = \sum_{k=0}^{M} b_k[z^{-k}X(z)]$$

或者等效地表示为

$$Y(z)\sum_{k=0}^{N} a_k z^{-k} = X(z)\sum_{k=0}^{M} b_k z^{-k} \tag{6-4}$$

因此，根据式 (6-4) 可以得到系统函数

$$H(z) = \frac{Y(z)}{X(z)} = \frac{\sum_{k=0}^{M} b_k z^{-k}}{\sum_{k=0}^{N} a_k z^{-k}} \tag{6-5}$$

式 (6-5) 的分子和分母都是关于 z^{-1} 的多项式[①]。根据 z 变换性质 $\delta[n-k] \overset{z}{\longleftrightarrow} z^{-k}$ 可知，以 z^{-1} 为幂次的多项式的每一项都代表着在时间上的移位。比较式 (6-3) 和式 (6-5) 可以看

---

① 虽然可以表示成关于 z 的多项式，但是表示成关于 z^{-1} 的多项式更加方便。

出，它们的求和项系数之间存在一一对应关系，因此根据差分方程可以确定系统函数，反之亦然。特别地，上述推导过程没有考虑 z 变换的收敛域问题，如果要使式 (6-4) 和式 (6-5) 成立，则 $X(z)$ 和 $Y(z)$ 必须有公共的收敛域，即它们的收敛域必须存在着重合部分。

例 6.1   根据系统函数确定差分方程：假定二阶线性时不变系统的系统函数为

$$H(z) = \frac{1 - \dfrac{4}{5}z^{-1}}{\left(1 - \dfrac{1}{2}z^{-1}\right)\left(1 + \dfrac{3}{4}z^{-1}\right)}$$

确定 $H(z)$ 对应的线性常系数差分方程。

解   将系统函数 $H(z)$ 表示成 $Y(z)/X(z)$ 的形式，可以得到

$$H(z) = \frac{Y(z)}{X(z)} = \frac{1 - \dfrac{4}{5}z^{-1}}{1 + \dfrac{1}{4}z^{-1} - \dfrac{3}{8}z^{-2}}$$

即

$$\left(1 + \frac{1}{4}z^{-1} - \frac{3}{8}z^{-2}\right)Y(z) = \left(1 - \frac{4}{5}z^{-1}\right)X(z)$$

利用 z 反变换可以得到差分方程

$$y[n] + \frac{1}{4}y[n-1] - \frac{3}{8}y[n-2] = x[n] - \frac{4}{5}x[n-1]$$

特别地，如果利用式 (6-3) 和式 (6-5) 的系数对应关系，则可以直接得到相同的结果。

6.1.2   因果性和稳定性

系统函数 $H(z)$ 的因果性和稳定性与极点位置有着密切的关系。将式 (6-5) 表示为一阶因式的乘积形式，即零极点的表示形式

$$H(z) = \frac{b_0}{a_0} \cdot \frac{\displaystyle\prod_{k=1}^{M}(1 - c_k z^{-k})}{\displaystyle\prod_{k=1}^{N}(1 - d_k z^{-k})} \tag{6-6}$$

可以看出：分子的每项因子 $(1 - c_k z^{-1}) = (z - c_k)/z$ 为系统函数 $H(z)$ 提供了一个零点 $z = c_k$ 和一个极点 $\boldsymbol{p} = 0$；同理，分母的每项因子 $(1 - d_k z^{-1}) = (z - d_k)/z$ 也为系统函数 $H(z)$ 提供了一个零点 $z = 0$ 和一个极点 $\boldsymbol{p} = d_k$。由于分子或分母的每项因式同时提供一个零点和一个极点，因此 $H(z)$ 的零点数目和极点数目总是相等的。特别地，系统函数 $H(z)$ 的收敛域由全部极点 $\{d_k | k = 1, 2, \cdots, N\}$ 共同确定，高阶系统函数可能存在多个收敛域，而每个收敛域对应着不同的单位脉冲响应。

假定 LTI 系统是因果的，它的单位脉冲响应是因果序列，即 $h[n]=0$ $(n<0)$，对 $h[n]$ 进行 z 变换可以得到

$$H(z) = \sum_{n=-\infty}^{\infty} (h[n]u[n])z^{-n} = \sum_{n=0}^{\infty} h[n]z^{-n} \tag{6-7}$$

式 (6-7) 只包含 z 的非负次幂项。如果 $H(z)$ 有 N 个极点 $d_1, d_2, \cdots, d_N$，则它的收敛域是以最大的极点模值为半径的圆周外部，即

$$\text{ROC} = \{|z| > \max(|d_1|, |d_2|, \cdots, |d_N|)\} \tag{6-8}$$

假定 LTI 系统是稳定的，它的充要条件是单位脉冲响应 $h[n]$ 是绝对值可求和的。对 $h[n]$ 的 z 变换取模值可以得到

$$|H(z)| = \left| \sum_{n=-\infty}^{\infty} h[n]z^{-n} \right| \leqslant \sum_{n=-\infty}^{\infty} |h[n]||z^{-n}| < \infty \tag{6-9}$$

当 $|z|=1$ 时，根据式 (6-9) 可以得到

$$|H(z)| \leqslant \sum_{n=-\infty}^{\infty} |h[n]||z^{-n}| \Bigg|_{|z|=1} = \sum_{n=-\infty}^{\infty} |h[n]| < \infty \tag{6-10}$$

因此，LTI 系统稳定的等价条件是系统函数 $H(z)$ 的收敛域包含单位圆周。

根据上述分析可知，满足式 (6-3) 所示差分方程的 LTI 系统，如果它是因果的且稳定的，且系统函数 $H(z)$ 中有多个极点，则所有的极点必须位于单位圆周的内部，而且收敛域是以最大的极点模值为半径的圆周外部（收敛域包含单位圆周），即

$$\text{ROC} = \{|z| > \max_k |d_k|, \ \max_k |d_k| < 1\} \tag{6-11}$$

例 6.2　根据差分方程确定 LTI 系统特性：LTI 系统的输入/输出关系满足差分方程

$$y[n] - \frac{7}{4}y[n-1] + \frac{5}{8}y[n-2] = x[n] + \frac{1}{3}x[n-1]$$

确定 LTI 系统可能存在的收敛域及其对应的因果性和稳定性。

解　首先，根据差分方程可以直接得到 LTI 系统的系统函数

$$H(z) = \frac{1 + \frac{1}{3}z^{-1}}{1 - \frac{7}{4}z^{-1} + \frac{5}{8}z^{-2}} = \frac{1 + \frac{1}{3}z^{-1}}{\left(1 - \frac{1}{2}z^{-1}\right)\left(1 - \frac{5}{4}z^{-1}\right)}$$

其中：分子多项式提供了两个一阶零点 $z_1 = -\frac{1}{3}$ 和 $z_2 = 0$，分母多项式提供了两个一阶极点 $p_1 = \frac{1}{2}$ 和 $p_2 = \frac{5}{4}$，$H(z)$ 的零极点图如图 6-1（a）所示。

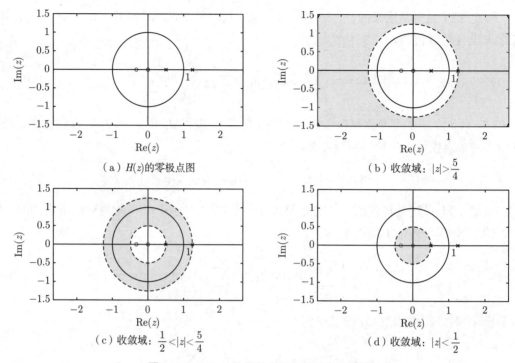

图 6-1　$H(z)$ 的零极点图和可能的收敛域

根据极点 $p_1 = \dfrac{1}{2}$ 和 $p_2 = \dfrac{5}{4}$ 可知，$H(z)$ 存在着三种可能的收敛域：

（1）当 $|z| > \dfrac{5}{4}$ 时：收敛域位于以最大的极点模值为半径的圆周外部，如图 6-1（b）所示，LTI 系统是因果的；由于收敛域不包含单位圆，所以 LTI 系统是不稳定的。因此，LTI 系统是因果且不稳定的系统。

（2）当 $\dfrac{1}{2} < |z| < \dfrac{5}{4}$ 时：收敛域位于两个极点模值为半径的圆环内部，如图 6-1（c）所示，LTI 系统是非因果的；由于收敛域包含单位圆，所以 LTI 系统是稳定的。因此，LTI 系统是非因果且稳定的系统。

（3）当 $|z| < \dfrac{1}{2}$ 时：收敛域位于以最小的极点模值为半径的圆周内部，如图 6-1（d）所示，LTI 系统是非因果的；由于收敛域不包含单位圆，所以 LTI 系统是不稳定的。因此，LTI 系统是非因果且不稳定的系统。

6.1.3　单位脉冲响应计算

系统函数 $H(z)$ 的分子多项式和分母多项式可以表示成一阶因式的乘积形式

$$H(z) = \frac{\sum\limits_{k=0}^{M} b_k z^{-k}}{\sum\limits_{k=0}^{N} a_k z^{-k}} = \frac{b_0}{a_0} \cdot \frac{\prod\limits_{k=1}^{M} (1 - c_k z^{-1})}{\prod\limits_{k=1}^{N} (1 - d_k z^{-1})} \tag{6-12}$$

为了使用部分分式展开方法得到单位脉冲响应 $h[n]$，可以将式 (6-12) 表示为

$$H(z) = \sum_{r=0}^{M-N} B_r z^{-r} + \sum_{k=1}^{N} \frac{A_k}{1 - d_k z^{-k}} \tag{6-13}$$

即使用长除法可以得到第一个求和项（只有 $M \geqslant N$ 时才有该项）的系数 B_r $(r = 0, 1, \cdots, M-N)$，使用部分分式展开法可以得到第二个求和项的系数 A_k $(k = 1, 2, \cdots, N)$。特别地，根据 $H(z)$ 对应 $h[n]$ 的长度不同，可以将 LTI 系统划分成两大类：无限长单位脉冲响应系统和有限长单位脉冲响应系统。

1. 无限长单位脉冲响应系统

如果式 (6-13) 所示的 LTI 系统是因果的，且系统函数 $H(z)$ 至少有一个非零极点，则单位脉冲响应 $h[n]$ 是至少包含一项具有 $A_k d_k^n u[n]$ 形式的无限长序列，因此称为无限长单位脉冲响应系统，简称 IIR（Infinite Impulse Response，IIR）系统。

例 6.3 确定 LTI 系统的单位脉冲响应：假定因果且稳定的 LTI 系统表示为

$$H(z) = \frac{1 + \frac{1}{2}z^{-1}}{1 - \frac{3}{4}z^{-1} + \frac{1}{8}z^{-2}}$$

确定系统的单位脉冲响应 $h[n]$。

解 首先将系统函数 $H(z)$ 表示为一阶因子的乘积形式

$$H(z) = \frac{1 + \frac{1}{2}z^{-1}}{\left(1 - \frac{1}{2}z^{-1}\right)\left(1 - \frac{1}{4}z^{-1}\right)}$$

$H(z)$ 的零点 $z_1 = -\frac{1}{2}$ 和 $z_2 = 0$，极点 $p_1 = \frac{1}{2}$ 和 $p_1 = \frac{1}{4}$，零极点图如图 6-2（a）所示。

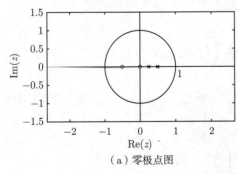
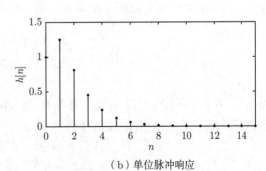

（a）零极点图 　　　　　　　　　（b）单位脉冲响应

图 6-2 $H(z)$ 的零极点图和单位脉冲响应

由于分子多项式的阶数低于分母多项式的阶数，可以直接对 $H(z)$ 进行部分分式展开

$$H(z) = \frac{A_1}{1 - \dfrac{1}{2}z^{-1}} + \frac{A_2}{1 - \dfrac{1}{4}z^{-1}}$$

其中：系数 A_1 和 A_2 分别是

$$A_1 = H(z)\left(1 - \frac{1}{2}z^{-1}\right)\bigg|_{z=\frac{1}{2}} = \frac{1 + \dfrac{1}{2}z^{-1}}{1 - \dfrac{1}{4}z^{-1}}\bigg|_{z=\frac{1}{2}} = 4$$

$$A_2 = H(z)\left(1 - \frac{1}{4}z^{-1}\right)\bigg|_{z=\frac{1}{4}} = \frac{1 + \dfrac{1}{2}z^{-1}}{1 - \dfrac{1}{2}z^{-1}}\bigg|_{z=\frac{1}{4}} = -3$$

因为 LTI 系统是因果的且稳定的，因此收敛域是 $|z| > \dfrac{1}{2}$ 和 $|z| > \dfrac{1}{4}$ 的重合部分，即 $|z| > \dfrac{1}{2}$。利用 z 变换的对应关系

$$a^n u[n] \overset{\mathcal{z}}{\longleftrightarrow} \frac{1}{1 - az^{-1}}, \ |z| > |a|$$

可以得到 $H(z)$ 对应的 z 反变换

$$h[n] = 4\left(\frac{1}{2}\right)^n u[n] - 3\left(\frac{1}{4}\right)^n u[n]$$

即 LTI 系统的无限长单位脉冲响应，如图 6-2（b）所示。

2. 有限长单位脉冲响应系统

如果式 (6-13) 所示的系统函数 $H(z)$ 除了极点 $p = 0$ 以外没有其他的非零极点，则 $H(z)$ 不存在第二个求和项（$N = 0$），即 $H(z)$ 是关于 z^{-1} 幂次的多项式

$$H(z) = \sum_{k=0}^{M} B_k z^{-k} = B_0 \prod_{k=1}^{M}(1 - c_k z^{-1}) \tag{6-14}$$

根据式 (6-14) 可知，LTI 系统由常系数 B_0 和 M 个零点 $c_1, c_2, \cdots, c_M$ 共同确定，且它的单位脉冲响应 $h[n]$ 是有限长的序列

$$h[n] = \sum_{k=0}^{M} B_k \delta[n-k] = \begin{cases} B_n, & 0 \leqslant n \leqslant M \\ 0, & \text{其他} \end{cases} \tag{6-15}$$

因此称为有限长单位脉冲响应系统，简称 FIR（Finite Impulse Response，FIR）系统。

例 6.4 根据单位脉冲响应计算差分方程：假定 FIR 系统的单位脉冲响应为

$$h[n] = a^n, \quad 0 \leqslant n \leqslant N-1$$

其中：$a > 0$，确定系统函数 $H(z)$ 的零点和极点，以及对应的差分方程。

解 FIR 系统的单位脉冲响应可以等效地表示为

$$h[n] = \begin{cases} a^n, & 0 \leqslant n \leqslant N-1 \\ 0, & \text{其他} \end{cases} \tag{6-16}$$

当 $a = 0.8$ 且 $N = 16$ 时，$h[n]$ 的波形如图 6-3（a）所示。

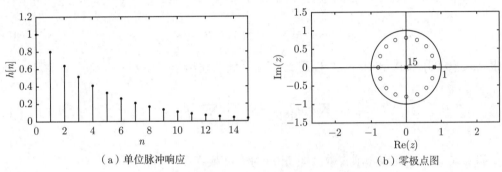

（a）单位脉冲响应　　　　　　　　　　（b）零极点图

图 6-3　单位脉冲响应和 $H(z)$ 的零极点图

将 $h[n]$ 代入 z 变换的定义式，可以得到

$$H(z) = \sum_{n=0}^{N-1} a^n z^{-n} = \frac{1 - a^N z^{-N}}{1 - az^{-1}} = \frac{1 - a^N}{z^{N-1}(z-a)} \tag{6-17}$$

根据式 (6-17) 可知，$H(z)$ 有一阶极点 $p = a$ 和 $N-1$ 阶极点 $p = 0$；$H(z)$ 的 N 个一阶零点均匀地分布在以 a 为半径的圆周上，即

$$z_k = a\mathrm{e}^{\mathrm{j}2\pi k/N}, \quad k = 0, 1, 2, \cdots, N-1$$

特别地，位于极点 $p = a$ 和零点 $z = a$ 相抵消。当 $a = 0.8$ 且 $N = 16$ 时，FIR 系统 $H(z)$ 的零极点图如图 6-3（b）所示。

FIR 系统的线性卷积等同于差分方程，即

$$y[n] = \sum_{k=0}^{N-1} h[k]x[n-k] = \sum_{k=0}^{N-1} a^k x[n-k] \tag{6-18}$$

此外，根据式 (6-18) 可以得到差分方程

$$y[n] - ay[n-1] = x[n] - a^N x[n-N] \tag{6-19}$$

注意：式 (6-18) 和式 (6-19) 是等效差分方程的不同表示形式。

6.2 LTI 系统的频域分析

6.2.1 频率响应的基本概念

线性时不变（LTI）系统的单位脉冲响应 $h[n]$ 决定了系统特性。假设 LTI 系统的输入为 $x[n]$，输出是 $x[n]$ 和 $h[n]$ 的线性卷积，即

$$y[n] = \sum_{k=-\infty}^{\infty} h[k]x[n-k] \tag{6-20}$$

令 $x[n]$ 是关于复变量 z 的指数序列（$z \in \mathbb{C}$），即

$$x[n] = z^n, \quad -\infty < n < \infty \tag{6-21}$$

则根据式 (6-20) 和式 (6-21)，可以得到 LTI 系统的输出

$$y[n] = \sum_{k=-\infty}^{\infty} h[k]z^{n-k} = \left[\sum_{k=-\infty}^{\infty} h[k]z^{-k} \right] z^n \tag{6-22}$$

如果式 (6-22) 的求和项收敛，即 $h[n]$ 的 z 变换存在，则有

$$H(z) = \sum_{k=-\infty}^{\infty} h[k]z^{-k} \tag{6-23}$$

通常称 $H(z)$ 为系统函数，它是复变量 z 的函数。根据式 (6-22) 和式 (6-23) 可以得到

$$y[n] = H(z)z^n, \quad \forall n \tag{6-24}$$

由于 $H(z)$ 是依赖于复变量 z 的函数，因此 $y[n]$ 是复值序列。

根据式 (6-21) ∼ 式 (6-24) 可知，复指数序列 z^n 是 LTI 系统的特征函数，当 z 是确定值时，$H(z)$ 是与 z^n 关联的常数。z^n 通过 LTI 系统后"保持"了它的"形状"，它既是 LTI 系统和复指数序列 z^n 的固有性质，又是利用 z 变换分析 LTI 系统的理论基础。

如果 LTI 系统是稳定的，即 $H(z)$ 的收敛域包含单位圆，则将 $z = \mathrm{e}^{\mathrm{j}\omega}$ 代入式 (6-23)，可以得到 $h[n]$ 的离散时间傅里叶变换（DTFT）

$$H(\mathrm{e}^{\mathrm{j}\omega}) = \sum_{n=-\infty}^{\infty} h[n]\mathrm{e}^{-\mathrm{j}\omega n} \tag{6-25}$$

通常称 $H(\mathrm{e}^{\mathrm{j}\omega})$ 为频率响应，它反映系统函数 $H(z)$ 在 z 平面单位圆上的情况，是关于数字频率 ω 的、以 2π 为周期的连续函数。将 $z = \mathrm{e}^{\mathrm{j}\omega}$ 代入式 (6-24)，可以得到 LTI 系统的输出

$$y[n] = H(\mathrm{e}^{\mathrm{j}\omega})\mathrm{e}^{\mathrm{j}\omega n}, \quad \forall n \tag{6-26}$$

可以看出，复指数序列 $e^{j\omega n}$ $(-\infty < n < \infty)$ 也是 LTI 系统的特征函数，对于特定的数字频率 ω，$H(e^{j\omega})$ 是与特征函数 $e^{j\omega n}$ 关联的特征值。

通常，频率响应 $H(e^{j\omega})$ 是复函数，可以表示为直角坐标形式，即

$$H(e^{j\omega}) = H_{R}(e^{j\omega}) + jH_{I}(e^{j\omega}) \tag{6-27}$$

其中：$H_{R}(e^{j\omega})$ 是实部响应，$H_{I}(e^{j\omega})$ 是虚部响应，它们都是以 2π 为周期的函数，此处不再赘述。同时，可以将 $H(e^{j\omega})$ 表示为极坐标形式

$$H(e^{j\omega}) = |H(e^{j\omega})|e^{j\angle H(e^{j\omega})} \tag{6-28}$$

其中：$|H(e^{j\omega})|$ 是幅度响应，$\angle H(e^{j\omega})$ 是相位响应，它们都是以 2π 为周期的函数。如果对相位响应 $\angle H(e^{j\omega})$ 求关于 ω 的导数之后再取负值，则可以得到群延迟

$$\mathrm{grd}[H(e^{j\omega})] = -\frac{\mathrm{d}}{\mathrm{d}\omega}[\angle H(e^{j\omega})] \tag{6-29}$$

群延迟主要用于判断 LTI 系统是否具有线性相位，如果相位响应是具有 $\angle H(e^{j\omega}) = -\omega\alpha + \beta$ $(\alpha, \beta \in \mathbb{R})$ 形式的广义线性相位，则群延迟是常数 α。

假定 FIR 系统的单位脉冲响应是长度为 N 的矩形序列，即

$$h[n] = \begin{cases} 1, & 0 \leqslant n \leqslant N-1 \\ 0, & \text{其他} \end{cases} \tag{6-30}$$

将 $h[n]$ 代入 (6-25)，可以得到频率响应

$$H(e^{j\omega}) = e^{-j(N-1)\omega/2}\frac{\sin(N\omega/2)}{\sin(\omega/2)} \tag{6-31}$$

当 $N = 8$ 时，FIR 系统的矩形序列、幅度响应、相位响应和群延迟如图 6-4 所示。

6.2.2　LTI 系统的频率响应

如果线性时不变系统的输入/输出关系满足式 (6-3) 所示的差分方程，且 LTI 系统是稳定的，则将 $z = e^{j\omega}$ 代入式 (6-5) 可以得到 LTI 系统的频率响应

$$H(e^{j\omega}) = \frac{Y(e^{j\omega})}{X(e^{j\omega})} = \frac{\sum_{k=0}^{M} b_k e^{-j\omega k}}{\sum_{k=0}^{N} a_k e^{-j\omega k}} \tag{6-32}$$

式 (6-32) 表明：$H(e^{j\omega})$ 是关于变量 $e^{-j\omega}$ 的两个多项式的比值。与系统函数类似，可以将 $H(e^{j\omega})$ 表示为零极点形式，即

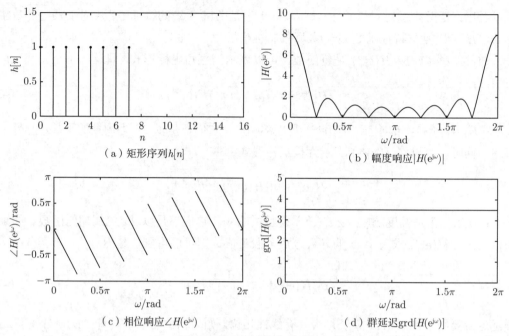

图 6-4　FIR 系统的矩形序列、幅度响应、相位响应和群延迟

$$H(\mathrm{e}^{\mathrm{j}\omega}) = \frac{b_0}{a_0} \cdot \frac{\prod\limits_{k=1}^{M}\left(1 - c_k \mathrm{e}^{-\mathrm{j}\omega k}\right)}{\prod\limits_{k=1}^{N}\left(1 - d_k \mathrm{e}^{-\mathrm{j}\omega k}\right)} \tag{6-33}$$

因此，LTI 系统的幅度响应为

$$\left|H(\mathrm{e}^{\mathrm{j}\omega})\right| = \left|\frac{b_0}{a_0}\right| \cdot \frac{\prod\limits_{k=1}^{M}\left|1 - c_k \mathrm{e}^{-\mathrm{j}\omega k}\right|}{\prod\limits_{k=1}^{N}\left|1 - d_k \mathrm{e}^{-\mathrm{j}\omega k}\right|} \tag{6-34}$$

或者表示为幅度响应平方形式，根据 $|H(\mathrm{e}^{\mathrm{j}\omega})|^2 = H(\mathrm{e}^{\mathrm{j}\omega})H^*(\mathrm{e}^{\mathrm{j}\omega})$ 可以得到

$$\left|H(\mathrm{e}^{\mathrm{j}\omega})\right|^2 = \frac{b_0 b_0^*}{a_0 a_0^*} \cdot \frac{\prod\limits_{k=1}^{M}\left(1 - c_k \mathrm{e}^{-\mathrm{j}\omega k}\right)\left(1 - c_k^* \mathrm{e}^{\mathrm{j}\omega k}\right)}{\prod\limits_{k=1}^{N}\left(1 - d_k \mathrm{e}^{-\mathrm{j}\omega k}\right)\left(1 - d_k^* \mathrm{e}^{\mathrm{j}\omega k}\right)} \tag{6-35}$$

在科学研究和工程技术领域，经常以分贝（dB）为单位表示幅度响应——将 $|H(\mathrm{e}^{\mathrm{j}\omega})|$ 表示成对数形式 $20\lg|H(\mathrm{e}^{\mathrm{j}\omega})|$ (dB)，它能够将式 (6-34) 的各项因子的乘积形式转化为求和形式。

$$20\lg\left|H(\mathrm{e}^{\mathrm{j}\omega})\right| = 20\lg\left|\frac{b_0}{a_0}\right| + \sum_{k=1}^{M} 20\lg\left|1 - c_k \mathrm{e}^{-\mathrm{j}\omega k}\right| -$$

$$\sum_{k=1}^{N} 20\lg\left|1 - d_k e^{-j\omega k}\right| \text{ (dB)} \tag{6-36}$$

通常称 $20\lg|H(e^{j\omega})|$ 为幅度增益，即 $\mathrm{Gain\ (dB)} = 20\lg|H(e^{j\omega})|$，当 $|H(e^{j\omega})| = 10^{\alpha}$ 时对应着 20α dB 增益，例如 $|H(e^{j\omega})| = 1000$ 对应着 60 dB 增益；同时称 $\mathrm{Att.(dB)} = -20\lg|H(e^{j\omega})|$ 为幅度衰减，当 $|H(e^{j\omega})| = 10^{-\alpha}$ 对应着 20α dB 衰减，如 $|H(e^{j\omega})| = 1/1000$ 对应 60 dB 衰减。

根据式 (6-33)，可以得到 LTI 系统的相位响应

$$\angle H(e^{j\omega}) = \angle\left(\frac{b_0}{a_0}\right) + \sum_{k=1}^{M}\angle\left(1 - c_k e^{-j\omega k}\right) - \sum_{k=1}^{N}\angle\left(1 - d_k e^{-j\omega k}\right) \tag{6-37}$$

其中：与零点有关的因式取正号，与极点有关的因式取负号。将式 (6-37) 代入式 (6-29)，可以得到 LTI 系统的群延迟

$$\mathrm{grd}[H(e^{j\omega})] = \sum_{k=1}^{M}\mathrm{grd}\left(1 - d_k e^{-j\omega k}\right) - \sum_{k=1}^{N}\mathrm{grd}\left(1 - c_k e^{-j\omega k}\right) \tag{6-38}$$

其中：与零点有关的因式取负号，与极点有关的因式取正号。

特别注意，相位响应 $\angle H(e^{j\omega})$ 具有固有的模糊性，这是因为

$$H(e^{j\omega}) = |H(e^{j\omega})|e^{j\angle H(e^{j\omega})} = |H(e^{j\omega})|e^{j[\angle H(e^{j\omega})+2k\pi]} \tag{6-39}$$

式 (6-39) 表明：将 $\angle H(e^{j\omega})$ 平移 $\theta = 2k\pi$ $(k\in\mathbb{Z})$ 后，因与原始相位 $\angle H(e^{j\omega})$ 相同而无法区别。通常利用数值计算方法只能得到相位的主值

$$-\pi \leqslant \mathrm{Arg}[H(e^{j\omega})] \leqslant \pi \tag{6-40}$$

如果实际相位 $\angle H(e^{j\omega})$ 超出式 (6-40) 限定的范围，则在计算过程中会产生 $2k\pi$ $(k\in\mathbb{Z})$ 的相位跳变，导致主值函数 $\mathrm{Arg}[H(e^{j\omega})]$ 不连续。

此外，当使用式 (6-38) 计算群延迟时，需要对连续相位 $\angle H(e^{j\omega})$ 求导数。用相位主值 $\mathrm{Arg}[H(e^{j\omega})]$ 可以将 $\angle H(e^{j\omega})$ 表示为

$$\angle H(e^{j\omega}) = \mathrm{Arg}[H(e^{j\omega})] + 2k\pi \tag{6-41}$$

除去 $-\pi \sim \pi$（或 $\pi \sim -\pi$）的相位跳变之外，满足导数运算关系如下：

$$\frac{\mathrm{d}}{\mathrm{d}\omega}\angle H(e^{j\omega}) = \frac{\mathrm{d}}{\mathrm{d}\omega}\mathrm{Arg}[H(e^{j\omega})] \tag{6-42}$$

因此，除了 $\mathrm{Arg}[H(e^{j\omega})]$ 的相位跳变位置，可以依据 $\mathrm{Arg}[H(e^{j\omega})]$ 计算出群延迟。

在计算软件 MATLAB 的数字信号处理工具箱中，提供了计算 LTI 系统幅度响应的函数 freqz()，它的基本形式为 $[\boldsymbol{H}, \boldsymbol{W}] = \mathrm{freqz}(\boldsymbol{B}, \boldsymbol{A}, N)$，其中 $\boldsymbol{B}$ 是按照 z 的降幂次序排列

的分子多项式系数向量，$\boldsymbol{A}$ 是按照 z 的降幂次序排列的分母多项式系数向量，N 是返回频率响应向量 $\boldsymbol{H}$ 和角频率向量 $\boldsymbol{W}$ 的长度。此外，MATLAB 还提供了计算相位响应函数 phasez()、计算群延迟函数 grpdelay()，它们的使用方法与 freqz() 类似，只是返回结果向量不同而已。关于函数 freqz()、phasez()、grpdelay() 的使用方法，可以参阅 MATLAB 软件文档。

例 6.5 根据差分方程计算 IIR 系统的频率响应：假定因果稳定的 LTI 系统的输入/输出关系满足差分方程

$$y[n] - 2r\cos\theta y[n-1] + r^2 y[n-2] = x[n]$$

求 LTI 系统的幅度响应、相位响应和群延迟。

解 根据 IIR 系统的差分方程可以得到系统函数

$$H(z) = \frac{1}{1 - 2r\cos\theta z^{-1} + r^2 z^{-2}} = \frac{1}{(1 - re^{j\theta}z^{-1})(1 - re^{-j\theta}z^{-1})}$$

$H(z)$ 包含着一个二阶零点 $z_{1,2} = 0$，两个共轭极点 $p_1 = re^{j\theta}$ 和 $p_2 = re^{-j\theta}$。当 $r = 0.8$ 且 $\theta = \pi/4$ 时，LTI 系统的零极点图如图 6-5（a）所示。

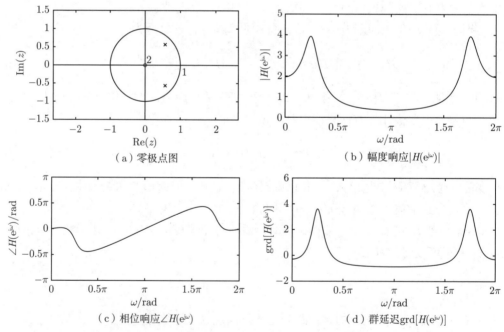

（a）零极点图　　　　　　（b）幅度响应 $|H(e^{j\omega})|$

（c）相位响应 $\angle H(e^{j\omega})$　　　　　　（d）群延迟 $grd[H(e^{j\omega})]$

图 6-5　LTI 系统的零极点图和幅度响应、相位响应和群延迟 $(r = 0.8,\ \theta = \pi/4)$

根据 LTI 系统满足因果稳定性可知，$H(z)$ 的收敛域为 $|z| > r(< 1)$。将 $z = e^{j\omega}$ 代入系统函数 $H(z)$，可以得到频率响应

$$H(e^{j\omega}) = \frac{1}{(1 - re^{-j(\omega-\theta)})(1 - re^{-j(\omega+\theta)})}$$

这里不加证明地给出幅度响应

$$|H(\mathrm{e}^{\mathrm{j}\omega})| = \frac{1}{|1+r^2-2r\cos(\omega-\theta)|^{1/2} \cdot |1+r^2-2r\cos(\omega+\theta)|^{1/2}}$$

相位响应

$$\angle H(\mathrm{e}^{\mathrm{j}\omega}) = -\arctan\frac{r\sin(\omega-\theta)}{1-r\cos(\omega-\theta)} - \arctan\frac{r\sin(\omega+\theta)}{1-r\cos(\omega+\theta)}$$

和群延迟

$$\mathrm{grd}[H(\mathrm{e}^{\mathrm{j}\omega})] = -\frac{r^2-r\cos(\omega-\theta)}{1+r^2-2r\cos(\omega-\theta)} - \frac{r^2-r\cos(\omega+\theta)}{1+r^2-2r\cos(\omega+\theta)}$$

当 $r=0.8$, $\theta=\pi/4$ 时，LTI 系统的幅度响应、相位响应和群延迟分别如图 6-5 (b) ～图 6-5 (d) 所示。可以看出，在靠近极点位置，幅度响应 $|H(\mathrm{e}^{\mathrm{j}\omega})|$ 出现了明显的峰值，群延迟 $\mathrm{grd}[H(\mathrm{e}^{\mathrm{j}\omega})]$ 发生了比较剧烈的变化，即相位响应 $\angle H(\mathrm{e}^{\mathrm{j}\omega})$ 具有明显的非线性。

例 6.6 计算 FIR 系统的频率响应：假定 FIR 系统的单位脉冲响应为

$$h[n] = \begin{cases} a^n, & 0 \leqslant n \leqslant N-1 \\ 0, & 其他 \end{cases}$$

其中：$a>0$，确定系统函数 $H(z)$ 和频率响应 $H(\mathrm{e}^{\mathrm{j}\omega})$。

解 将单位脉冲响应 $h[n]$ 代入 z 变换公式，可以得到

$$H(z) = \sum_{n=0}^{N-1} a^n z^{-n} = \frac{1-a^N z^{-N}}{1-az^{-1}}$$

$H(z)$ 的 N 个零点 $z_k = a\mathrm{e}^{\mathrm{j}2\pi k/N}$ $(k=0,1,2,\cdots,N-1)$ 均匀分布在以原点为中心、以 a 为半径的圆周上，其中零点 $z_0=a$ 和极点 $p_0=a$ 相抵消，其余 $N-1$ 个极点位于 $z=0$ 的位置。当 $a=0.95$, $N=8$ 时，FIR 系统的零极点图如图 6-6 (a) 所示。

将 $z=\mathrm{e}^{\mathrm{j}\omega}$ 代入 $H(z)$ 的表达式，可以得到 FIR 系统的频率响应

$$H(\mathrm{e}^{\mathrm{j}\omega}) = \frac{1-a^N \mathrm{e}^{-\mathrm{j}N\omega}}{1-a\mathrm{e}^{-\mathrm{j}\omega}}$$

利用欧拉公式 $\mathrm{e}^{\mathrm{j}\theta}=\cos\theta+\mathrm{j}\sin\theta$，可以得到

$$H(\mathrm{e}^{\mathrm{j}\omega}) = \frac{1-a^N\cos(N\omega)+\mathrm{j}a^N\sin(N\omega)}{1-a\cos\omega+\mathrm{j}a\sin\omega}$$

当 $a=0.95$, $N=8$ 时，FIR 系统的幅度响应、相位响应和群延迟分别如图 6-6 (b) ～图 6-6 (d) 所示。可以看出，在靠近零点位置，幅度响应 $|H(\mathrm{e}^{\mathrm{j}\omega})|$ 出现了明显的谷值，群延迟 $\mathrm{grd}[H(\mathrm{e}^{\mathrm{j}\omega})]$ 发生了剧烈变化，即相位响应 $\angle H(\mathrm{e}^{\mathrm{j}\omega})$ 呈现显著的非线性。

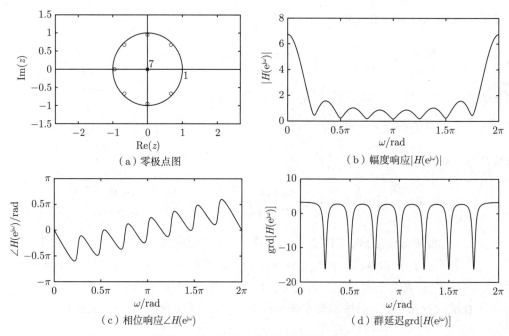

图 6-6　二阶 LTI 系统的零极点图和幅度响应、相位响应和群延迟 $(a = 0.95,\ N = 8)$

在工程实践中使用的 LTI 系统阶次往往较高，有限长单位脉冲响应（FIR）系统更是如此。直接将高阶的系统函数 $H(z)$ 分解成式 (6-33) 所示的零极点形式非常困难，导致无法得到计算频率响应的表达式，可以利用式 (6-32) 直接计算频率响应。将欧拉公式 $e^{j\theta} = \cos\theta + j\sin\theta$ 用于式 (6-32)，可以得到

$$H(e^{j\omega}) = \frac{\displaystyle\sum_{k=0}^{M} b_k \cos(k\omega) - j \sum_{k=0}^{M} b_k \sin(k\omega)}{\displaystyle\sum_{k=0}^{N} a_k \cos(k\omega) - j \sum_{k=0}^{N} a_k \sin(k\omega)} \tag{6-43}$$

依据式 (6-43) 可知，将数字频率 ω 作为自变量且限定在主值区间 $[0,\ 2\pi]$ 或 $[-\pi,\ \pi]$，利用模值计算方法可以得到幅度响应 $|H(e^{j\omega})|$；利用相位计算方法可以得到相位响应 $\angle H(e^{j\omega})$；再对 $\angle H(e^{j\omega})$ 求导数并取负值可以得到群延迟 $\mathrm{grd}[H(e^{j\omega})]$，此处不再赘述。

6.3　全通系统

全通系统又称为全通滤波器，是幅度响应为常数值的特殊系统，广泛地应用于相位补偿、系统分解、数字陷波等 LTI 系统的设计和实现过程。

6.3.1　相同幅度响应的系统

根据 6.1 节可知，满足线性常系数差分方程的线性时不变（LTI）系统可以表示为

$$H(z) = \frac{b_0}{a_0} \frac{\prod\limits_{k=1}^{M}(1 - c_k z^{-1})}{\prod\limits_{k=1}^{N}(1 - d_k z^{-1})}, \quad a_0, \, b_0 \in \mathbb{R} \tag{6-44}$$

其中：$c_1, c_2, \cdots, c_M$ 是非零的零点；$d_1, d_2, \cdots, d_N$ 是非零的极点。如果 $M > N$，$H(z)$ 在 $z = 0$ 位置上有 $M - N$ 阶极点；如果 $M < N$，$H(z)$ 在 $z = 0$ 位置上有 $N - M$ 阶零点。将 $z = e^{j\omega}$ 代入式 (6-44) 可以得到 LTI 系统的频率响应

$$H(e^{j\omega}) = \frac{b_0}{a_0} \frac{\prod\limits_{k=1}^{M}(1 - c_k e^{-j\omega})}{\prod\limits_{k=1}^{N}(1 - d_k e^{-j\omega})}, \quad a_0, \, b_0 \in \mathbb{R} \tag{6-45}$$

用 $1/z^*$ 替换式 (6-44) 中的 z，并对等式两边取共轭运算，可以得到

$$H^*\left(\frac{1}{z^*}\right) = \frac{b_0}{a_0} \frac{\prod\limits_{k=1}^{M}(1 - c_k^* z)}{\prod\limits_{k=1}^{N}(1 - d_k^* z)}, \quad a_0, \, b_0 \in \mathbb{R} \tag{6-46}$$

$H^*(1/z^*)$ 的零点是 $1/c_1^*, 1/c_2^*, \cdots, 1/c_M^*$，极点是 $1/d_1^*, 1/d_2^*, \cdots, 1/d_N^*$，此外还包括在 $z = 0$ 位置的零点或极点。将 $z = e^{j\omega}$ 代入式 (6-46) 可以得到

$$H^*(e^{j\omega}) = \frac{b_0}{a_0} \frac{\prod\limits_{k=1}^{M}(1 - c_k^* e^{j\omega})}{\prod\limits_{k=1}^{N}(1 - d_k^* e^{j\omega})}, \quad a_0, \, b_0 \in \mathbb{R} \tag{6-47}$$

比较式 (6-45) 和式 (6-47) 可知，由于 $H(e^{j\omega})$ 和 $H^*(e^{j\omega})$ 呈共轭关系，因此它们的幅度响应相同，即 $|H(e^{j\omega})| = |H^*(e^{j\omega})|$。由于 $H(z)$ 和 $H^*(1/z^*)$ 成对出现，对于 $H(z)$ 的每个零点 c_k，可以在共轭倒数位置得到零点 $1/c_k^*$，且 c_k 和 $1/c_k^*$ 对 $|H(e^{j\omega})|$ 的贡献相同（$k = 1, 2, \cdots, M$）；同理，对于 $H(z)$ 的每个极点 d_k，可以在共轭倒数位置得到极点 $1/d_k^*$，且 d_k 和 $1/d_k^*$ 对 $|H(e^{j\omega})|$ 的贡献也相同（$k = 1, 2, \cdots, N$）。

上述零点和极点的共轭倒数关系表明：如果 z_0 位于单位圆内（$|z_0| < 1$），则 $1/z_0^*$ 必然在单位圆外（$|1/z_0^*| > 1$）。特别地，当 $|z_0| = 1$ 时，z_0 和 $1/z_0^*$ 位于单位圆上的同一位置。通常，假定 LTI 系统是因果稳定的，它的全部极点必须在单位圆内，即 $\max\limits_{k} |d_k| < 1$，因此只要将 $H(z)$ 的极点分离出来，通过改变 $H(z)$ 的零点（配置在共轭倒数位置），就可以获得幅度响应相同、系统函数不同的 LTI 系统。

例 6.7 **确定有相同幅度响应的系统函数**：假设因果且稳定 LTI 系统的系统函数为

$$H(z) = \frac{1 - \dfrac{4}{5}z^{-1}}{\left(1 - \dfrac{3}{5}e^{j\pi/4}z^{-1}\right)\left(1 - \dfrac{3}{5}e^{-j\pi/4}z^{-1}\right)}$$

确定与 $H(z)$ 有相同幅度响应的稳定系统 $G(z)$。

解 系统函数 $H(z)$ 的零点是 $z_1 = 0$ 和 $z_2 = \dfrac{4}{5}$，两个共轭极点是 $p_1 = \dfrac{3}{5}\mathrm{e}^{\mathrm{j}\pi/4}$ 和 $p_2 = \dfrac{3}{5}\mathrm{e}^{-\mathrm{j}\pi/4}$，$H(z)$ 的零极点图如图 6-7（a）所示。由于 LTI 系统是因果的，因此它的收敛域 $|z| > \dfrac{3}{5}$。又因为收敛域内包含着单位圆，因此 LTI 系统又是稳定的，即存在着频率响应 $H(\mathrm{e}^{\mathrm{j}\omega})$，其中幅度响应 $|H(\mathrm{e}^{\mathrm{j}\omega})|$ 如图 6-7（b）所示，相位响应 $\angle H(\mathrm{e}^{\mathrm{j}\omega})$ 如图 6-7（c）所示。

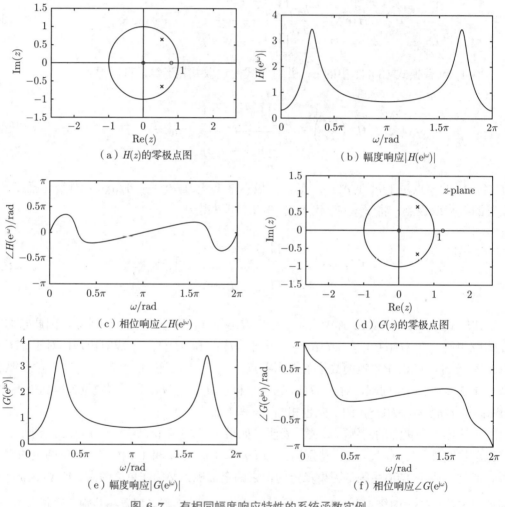

（a）$H(z)$的零极点图

（b）幅度响应$|H(\mathrm{e}^{\mathrm{j}\omega})|$

（c）相位响应$\angle H(\mathrm{e}^{\mathrm{j}\omega})$

（d）$G(z)$的零极点图

（e）幅度响应$|G(\mathrm{e}^{\mathrm{j}\omega})|$

（f）相位响应$\angle G(\mathrm{e}^{\mathrm{j}\omega})$

图 6-7　有相同幅度响应特性的系统函数实例

为了获得有相同幅度响应的不同系统函数 $G(z)$，可以将 $p_1 = \dfrac{3}{5}\mathrm{e}^{\mathrm{j}\pi/4}$ 和 $p_2 = \dfrac{3}{5}\mathrm{e}^{-\mathrm{j}\pi/4}$ 作为 $G(z)$ 的极点，$z_1 = 0$ 作为 $G(z)$ 的第一个零点，取 $z_2 = \dfrac{4}{5}$ 的共轭倒数位置的数值 $1/z_2^* = \dfrac{5}{4}$ 作为 $G(z)$ 的第二个零点，$G(z)$ 的零极点图如图 6-7（d）所示。因此，根据 $G(z)$

的零点和极点，可以构造系统函数

$$G(z) = \frac{C \cdot \left(1 - \dfrac{5}{4}z^{-1}\right)}{\left(1 - \dfrac{3}{5}\mathrm{e}^{\mathrm{j}\pi/4}z^{-1}\right)\left(1 - \dfrac{3}{5}\mathrm{e}^{-\mathrm{j}\pi/4}z^{-1}\right)}$$

其中：C 为使幅度响应 $|H(\mathrm{e}^{\mathrm{j}\omega})|$ 和 $|G(\mathrm{e}^{\mathrm{j}\omega})|$ 相等的比例系数。

当 $\omega = 0$ 时，$H(z)$ 的幅度响应为

$$|H(z)| = |H(z)|_{z=\mathrm{e}^{\mathrm{j}0}=1} = \frac{\dfrac{1}{5}}{\left(1 - \dfrac{3}{5}\mathrm{e}^{\mathrm{j}\pi/4}\right)\left(1 - \dfrac{3}{5}\mathrm{e}^{-\mathrm{j}\pi/4}\right)}$$

$G(z)$ 的幅度响应为

$$|G(z)| = |G(z)|_{z=\mathrm{e}^{\mathrm{j}0}=1} = \frac{\dfrac{1}{4}|C|}{\left(1 - \dfrac{3}{5}\mathrm{e}^{\mathrm{j}\pi/4}\right)\left(1 - \dfrac{3}{5}\mathrm{e}^{-\mathrm{j}\pi/4}\right)}$$

当满足条件 $|H(z)| = |G(z)|$ 时，可以得到 $\dfrac{1}{4}|C| = \dfrac{1}{5}$，因此可以取 $C = \pm\dfrac{4}{5}$。

当 $C = \dfrac{4}{5}$ 时，因果稳定的系统函数 $G(z)$ 可以表示为

$$G(z) = \frac{\dfrac{4}{5}\left(1 - \dfrac{5}{4}z^{-1}\right)}{\left(1 - \dfrac{3}{5}\mathrm{e}^{\mathrm{j}\pi/4}z^{-1}\right)\left(1 - \dfrac{3}{5}\mathrm{e}^{-\mathrm{j}\pi/4}z^{-1}\right)}$$

根据系统函数 $G(z)$ 得到的幅度响应 $|G(\mathrm{e}^{\mathrm{j}\omega})|$，如图 6-7（e）所示，相位响应 $\angle G(\mathrm{e}^{\mathrm{j}\omega})$ 如图 6-7（f）所示。从图 6-7 可以看出：$H(z)$ 中的分子因式 $1 - \dfrac{4}{5}z^{-1}$ 和 $G(z)$ 中的分子因式 $\dfrac{4}{5}\left(1 - \dfrac{5}{4}z^{-1}\right)$ 对幅度响应的贡献相同，但是因零点位置的不同，使得相位响应存在着很大的差异。

6.3.2　全通系统的主要性质

全通系统（或称全通滤波器）是幅度响应为单位值（$|H_{\mathrm{ap}}(\mathrm{e}^{\mathrm{j}\omega})| = 1$），且与数字频率 ω 无关的线性时不变系统。单位幅度的约束条件使全通系统的系统函数 $H(z)$ 的极点和零点只能以共轭倒数的形式出现，例如一阶全通系统的系统函数为

$$H_{\mathrm{ap}}(z) = \frac{z^{-1} - a^*}{1 - az^{-1}} \tag{6-48}$$

$H_{\mathrm{ap}}(z)$ 的极点是 $p = a$，零点是 $z = 1/a^*$，它们呈共轭倒数关系。如果 $H_{\mathrm{ap}}(z)$ 是因果稳定的，则极点必须位于单位圆内，即 $|a| < 1$。$H_{\mathrm{ap}}(z)$ 的频率响应为

$$H_{\mathrm{ap}}(\mathrm{e}^{\mathrm{j}\omega}) = \frac{\mathrm{e}^{-\mathrm{j}\omega} - a^*}{1 - a\mathrm{e}^{-\mathrm{j}\omega}} = \mathrm{e}^{-\mathrm{j}\omega} \cdot \frac{1 - a^*\mathrm{e}^{\mathrm{j}\omega}}{1 - a\mathrm{e}^{-\mathrm{j}\omega}} \tag{6-49}$$

式 (6-49) 最右端的第一项 $\mathrm{e}^{-\mathrm{j}\omega}$ 的幅度为 1，第二项的分子和分母呈共轭关系，因此 $|H_{\mathrm{ap}}(\mathrm{e}^{\mathrm{j}\omega})| = 1$。特别地，式 (6-48) 所示的一阶全通系统是构成高阶全通系统的基本单元。一阶全通系统的极点和零点都是实数，当 $a = 0.8$ 时对应的零极点图和频率响应如图 6-8 所示。

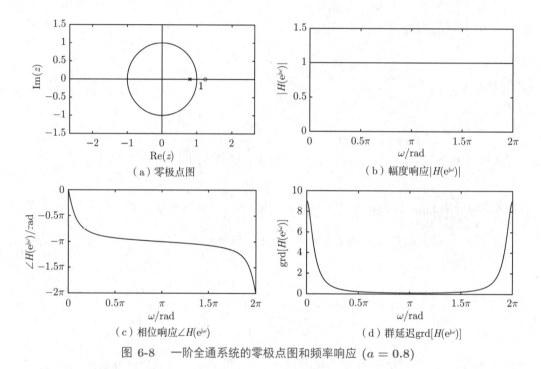

（a）零极点图　　　　　　　　　　（b）幅度响应 $|H(\mathrm{e}^{\mathrm{j}\omega})|$

（c）相位响应 $\angle H(\mathrm{e}^{\mathrm{j}\omega})$　　　　　（d）群延迟 $\mathrm{grd}[H(\mathrm{e}^{\mathrm{j}\omega})]$

图 6-8　一阶全通系统的零极点图和频率响应 ($a = 0.8$)

如果二阶全通系统 $H_{\mathrm{ap}}(z)$ 的极点是复数形式的，它们必然以共轭成对方式出现，即 $p_1 = a$ 和 $p_2 = a^*$，则根据共轭倒数关系可以得到 $H_{\mathrm{ap}}(z)$ 的零点 $z_1 = 1/a^*$ 和 $p_2 = 1/a$，它们也以共轭成对方式出现，因此二阶全通系统的系统函数为

$$H_{\mathrm{ap}}(z) = \frac{z^{-1} - a^*}{1 - az^{-1}} \cdot \frac{z^{-1} - a}{1 - a^*z^{-1}} \tag{6-50}$$

其中：$a \in \mathbb{C}$。如果 $H_{\mathrm{ap}}(z)$ 是因果稳定的，则极点 $p_1 = a$ 和 $p_2 = a^*$ 必然位于单位圆内，即满足 $|a| < 1$ 条件，因此零点 $z_1 = 1/{}^*a$ 和 $z_2 = 1/a$ 位于单位圆外。当极点 $p_{1,2} = 0.8\mathrm{e}^{\pm\mathrm{j}\pi/4}$ 时，二阶全通系统的零极点图和频率响应如图 6-9 所示。

如果全通系统的单位脉冲响应 $h[n]$ 是实函数，则 N 阶全通系统可以表示为

$$H_{\mathrm{ap}}(z) = \prod_{k=1}^{N_{\mathrm{b}}} \frac{z^{-1} - b_k}{1 - b_kz^{-1}} \cdot \prod_{k=1}^{N_{\mathrm{c}}} \frac{(z^{-1} - c_k^*)(z^{-1} - c_k)}{(1 - c_kz^{-1})(1 - c_k^*z^{-1})} \tag{6-51}$$

其中：N_b 是实极点的数目，$2N_\text{c}$ 是复极点的数目，且 $N = N_\text{b} + 2N_\text{c}$。$b_k \in \mathbb{R}$ 是 $H_\text{ap}(z)$ 的实极点 $(k = 1, 2, \cdots, N_\text{b})$；$c_k,\, c_k^* \in \mathbb{R}$ 是 $H_\text{ap}(z)$ 的复极点 $(k = 1, 2, \cdots, N_\text{c})$。如果 $H_\text{ap}(z)$ 是因果稳定的，则必须满足条件：$\max\limits_{k} |b_k| < 1$ 且 $\max\limits_{k} |c_k| < 1$。

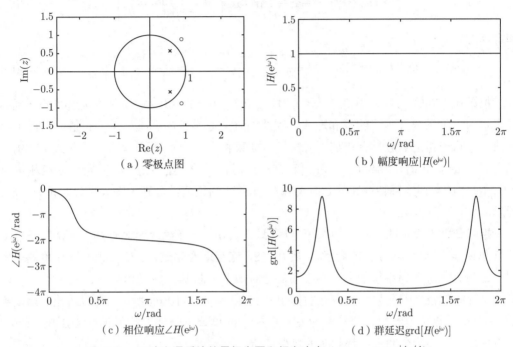

图 6-9　二阶全通系统的零极点图和频率响应 $(p_{1,2} = 0.8\mathrm{e}^{\pm \mathrm{j}\pi/4})$

可以将式 (6-51) 所示的 N 阶全通系统表示为有理函数形式

$$H_\text{ap}(z) = \frac{a_N + a_{N-1}z^{-1} + \cdots + a_1 z^{-(N-1)} + 1 \cdot z^{-N}}{1 + a_1 z^{-1} + \cdots + a_{N-1}z^{-(N-1)} + a_N z^{-N}}$$

$$= \frac{\displaystyle\sum_{k=0}^{N} a_k z^{-N+k}}{\displaystyle\sum_{k=0}^{N} a_k z^{-k}} = z^{-N} \frac{\displaystyle\sum_{k=0}^{N} a_k z^{k}}{\displaystyle\sum_{k=0}^{N} a_k z^{-k}} = z^{-N} \frac{A(z^{-1})}{A(z)} \tag{6-52}$$

其中：$a_0 = 1$，$a_k \in \mathbb{R}$ $(k = 1, 2, \cdots, N)$；$A(z)$ 是关于变量 z^{-1} 的实系数多项式。根据式 (6-52) 可知，$H_\text{ap}(z)$ 的分子多项式系数和分母多项式系数按阶次呈逆序关系。例如，分母多项式系数向量 $\boldsymbol{A} = \left[1,\, \dfrac{1}{2},\, \dfrac{1}{4},\, \dfrac{1}{8}\right]^{\mathrm{T}}$，则分子多项式系数向量 $\boldsymbol{B} = \left[\dfrac{1}{8},\, \dfrac{1}{4},\, \dfrac{1}{2},\, 1\right]^{\mathrm{T}}$。如果 $H_\text{ap}(z)$ 是因果稳定的，则 $A(z)$ 的所有极点位于单位圆内，而 $z^{-N}A(z^{-1})$ 的所有零点位于单位圆外，且极点和零点呈现共轭倒数关系。

高阶全通系统的频率响应，可以由式 (6-49) 所示的一阶全通系统的频率响应级联得到。假设一阶全通系统 $H_\text{ap}(z)$ 的极点是 $a = r\mathrm{e}^{\mathrm{j}\theta}$ $(r < 1)$，将它代入式 (6-49) 可以得到频率响应

$$H_{ap}(e^{j\omega}) = \frac{e^{-j\omega} - re^{-j\theta}}{1 - re^{j\theta}e^{-j\omega}} \tag{6-53}$$

相位响应

$$\angle H_{ap}(e^{j\omega}) = -\omega - 2\arctan\left[\frac{r\sin(\omega - \theta)}{1 - r\cos(\omega - \theta)}\right] \tag{6-54}$$

和群延迟

$$\mathrm{grd}[H_{ap}(e^{j\omega})] = \frac{1 - r^2}{1 + r^2 - 2r\cos(\omega - \theta)} = \frac{1 - r^2}{|1 - re^{j\theta}e^{-j\omega}|^2} \tag{6-55}$$

根据式 (6-55) 可知, 当 $0 < r < 1$ 时, $\mathrm{grd}[H_{ap}(e^{j\omega})] > 0$。由于高阶全通系统群延迟可以表示为一阶系统群延迟的求和形式, 因此高阶全通系统的群延迟总为正值, 而群延迟的正值性意味着相位响应具有单调下降特性。如果将 $z = e^{j\omega}$（即 $r = 1$）代入式 (6-49), 可以得到当 $\omega = 0$ 时, 相位值是零; 当 $\omega = \pi$ 时, 相位值是 $-\pi$。一阶全通系统相位响应 $\angle H_{ap}(e^{j\omega})$ 的单调下降特性和群延时 $\mathrm{grd}[H_{ap}(e^{j\omega})]$ 的正值性分别如图 6-8（c）和图 6-8（d）所示。

推广到因果稳定的高阶全通系统, 当频率 ω 从 $0 \sim \pi$ 连续地变化时, 相位响应 $\angle H_{ap}(e^{j\omega})$ 从 0 单调地下降到 $-N\pi$; 或者当 ω 从 $0 \sim 2\pi$ 连续地变化时, $\angle H_{ap}(e^{j\omega})$ 从 0 单调地下降到 $-2N\pi$。二阶全通系统的相位响应和群延时如上页图 6-9（c）和图 6-9（d）所示, 四阶全通系统的零极点图和频率响应分别如图 6-10(a) $\sim$ 图 6-10(d) 所示。可以看出, 幅度响应 $|H_{ap}(e^{j\omega})|$ 的单位值特性、相位响应 $\angle H_{ap}(e^{j\omega})$ 的单调下降特性、群延迟 $\mathrm{grd}[H_{ap}(e^{j\omega})]$ 的正值特性, 是各阶全通系统都具有的典型性质。

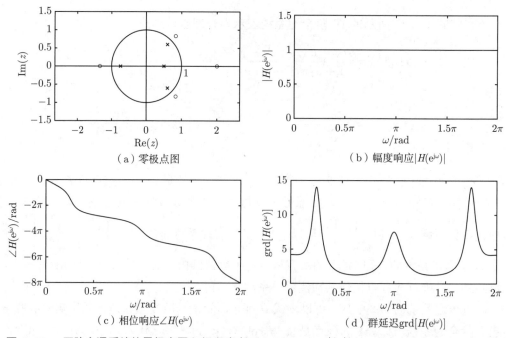

（a）零极点图 （b）幅度响应 $|H(e^{j\omega})|$

（c）相位响应 $\angle H(e^{j\omega})$ （d）群延迟 $\mathrm{grd}[H(e^{j\omega})]$

图 6-10　四阶全通系统的零极点图和频率响应 ($p_{1,2} = 0.85e^{\pm j\pi/4}$, $p_3 = 0.50$, $p_4 = -0.75$)

由于全通系统的幅度响应是单位值，因此可以将全通系统等效为关于频率 ω 的特殊相位因子 $H_{\mathrm{ap}}(\mathrm{e}^{\mathrm{j}\omega}) = \mathrm{e}^{\mathrm{j}\phi(\omega)}$，其中，$\phi(\omega) \in \mathbb{R}$ 是关于 ω 的单调下降的连续函数，且 $\phi(0) = 0$。特别地，任意 LTI 系统的频域响应 $H(\mathrm{e}^{\mathrm{j}\omega})$ 和相位因子 $\mathrm{e}^{\mathrm{j}\phi(\omega)}$ 级联而不会改变幅度特性，即 $|H(\mathrm{e}^{\mathrm{j}\omega})\mathrm{e}^{\mathrm{j}\phi(\omega)}| = |H(\mathrm{e}^{\mathrm{j}\omega})|$，因此可以利用全通系统 $H_{\mathrm{ap}}(z)$ 进行相位失真补偿，或者进行基于最小相位系统的理论分析和系统设计。

6.4　最小相位系统

6.4.1　原系统及其逆系统

对于系统函数为 $H(z)$ 的 LTI 系统，如果存在系统函数为 $G(z)$ 的 LTI 系统，使得

$$H(z)G(z) = 1 \tag{6-56}$$

或者它们的单位脉冲响应满足条件

$$h[n] * g[n] = \delta[n] \tag{6-57}$$

则称 $G(z)$ 是 $H(z)$ 的逆系统，称 $H(z)$ 是 $G(z)$ 的原系统，它们的级联关系如图 6-11 所示。

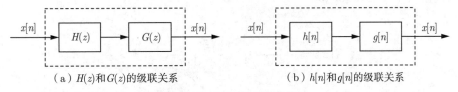

（a）$H(z)$ 和 $G(z)$ 的级联关系　　　（b）$h[n]$ 和 $g[n]$ 的级联关系

图 6-11　原系统及其逆系统

式 (6-56) 表明：$H(z)$ 和 $G(z)$ 的级联系统等效为单位值系统，因此 $G(z)$ 可以表示为

$$G(z) = \frac{1}{H(z)} \tag{6-58}$$

如果将有理函数 $H(z)$ 表示为零极点形式

$$H(z) = \frac{b_0}{a_0} \cdot \frac{\prod\limits_{k=1}^{M}(1 - c_k z^{-1})}{\prod\limits_{k=1}^{N}(1 - d_k z^{-1})} \tag{6-59}$$

其中：$a_0 \in \mathbb{R}$ 和 $b_0 \in \mathbb{R}$ 是常系数，$c_k \in \mathbb{C}$ 是第 k 个零点 $(k = 1, 2, \cdots, M)$，$d_k \in \mathbb{C}$ 是第 k 个极点 $(k = 1, 2, \cdots, N)$，则根据式 (6-58) 可以得到

$$G(z) = \frac{a_0}{b_0} \cdot \frac{\prod\limits_{k=1}^{N}(1 - d_k z^{-1})}{\prod\limits_{k=1}^{M}(1 - c_k z^{-1})} \tag{6-60}$$

比较式 (6-59) 和式 (6-60) 可知：$H(z)$ 的零点对应 $G(z)$ 的极点，且 $H(z)$ 的极点对应 $G(z)$ 的零点。特别地，如果 $z = 0$ 是 $H(z)$ 的零点，则 $p = 0$ 是 $G(z)$ 的极点，反之亦然。

例 6.8 根据原系统确定逆系统之一：假设有理系统函数

$$H(z) = \frac{1 - \frac{1}{2}z^{-1}}{1 - \frac{4}{5}z^{-1}}, \quad |z| > \frac{4}{5}$$

确定逆系统 $G(z)$ 及其单位脉冲响应 $g[n]$。

解 根据原系统 $H(z)$ 和逆系统 $G(z)$ 的关系式 (6-58)，可以得到

$$G(z) = \frac{1}{H(z)} = \frac{1 - \frac{4}{5}z^{-1}}{1 - \frac{1}{2}z^{-1}}$$

由于 $G(z)$ 只有一个非零极点 $p = \frac{1}{2}$，使得它的收敛域有两种可能：$|z| > \frac{1}{2}$ 或 $|z| < \frac{1}{2}$。只有当 $G(z)$ 的收敛域选择 $|z| > \frac{1}{2}$ 时，才能够使其与 $H(z)$ 的收敛域 $|z| > \frac{4}{5}$ 存在着重合的区域。因此，$G(z)$ 可以表示为

$$G(z) = \frac{1}{1 - \frac{1}{2}z^{-1}} - \frac{\frac{4}{5}z^{-1}}{1 - \frac{1}{2}z^{-1}}, \quad |z| > \frac{4}{5}$$

对 $G(z)$ 进行 z 反变换，可以得到单位脉冲响应

$$g[n] = \left(\frac{1}{2}\right)^n u[n] - \frac{4}{5}\left(\frac{1}{2}\right)^{n-1} u[n-1]$$

此时，原系统 $H(z)$ 和逆系统 $G(z)$ 都是因果稳定的 LTI 系统。

例 6.9 根据原系统确定逆系统之二：假设有理系统函数

$$H(z) = \frac{\frac{1}{2} - z^{-1}}{1 - \frac{4}{5}z^{-1}}, \quad |z| > \frac{4}{5}$$

确定逆系统 $G(z)$ 及其单位脉冲响应 $g[n]$，并给出其因果性和稳定性。

解 根据原系统和逆系统的关系式 (6-58)，可以得到

$$G(z) = \frac{1 - \frac{4}{5}z^{-1}}{\frac{1}{2} - z^{-1}} = \frac{2 - \frac{8}{5}z^{-1}}{1 - 2z^{-1}}$$

$G(z)$ 的极点为 $p=2$，因此它的收敛域有两种可能：$|z|<2$ 或 $|z|>2$，且二者都与 $H(z)$ 的收敛域 $|z|>\dfrac{4}{5}$ 存在着重合部分，它们都是有效的收敛域且对应着不同的系统。

当收敛域为 $\dfrac{4}{5}<|z|<2$ 时，$H(z)$ 的逆系统

$$G_1(z)=\frac{2}{1-2z^{-1}}-\frac{\frac{8}{5}z^{-1}}{1-2z^{-1}},\quad \frac{4}{5}<|z|<2$$

对 $G_1(z)$ 进行 z 反变换，可以得到单位脉冲响应

$$g_1[n]=-2\cdot 2^n u[-n-1]+\frac{8}{5}\cdot 2^{n-1}u[-n]$$

当收敛域为 $|z|>2$ 时，$H(z)$ 的逆系统

$$G_2(z)=\frac{2}{1-2z^{-1}}-\frac{\frac{8}{5}z^{-1}}{1-2z^{-1}},\quad |z|>2$$

对 $G_2(z)$ 进行 z 反变换，可以得到单位脉冲响应

$$g_2[n]=2\cdot 2^n u[n]-\frac{4}{5}\cdot 2^{n-1}u[n-1]$$

根据系统函数及其收敛域可知：$G_1(z)$ 是非因果的、稳定的 LTI 系统，而 $G_2(z)$ 是因果的、不稳定的 LTI 系统。由于同一系统 $H(z)$ 对应着不同的逆系统 $G_1(z)$ 和 $G_2(z)$，提高了系统分析和设计的复杂度，因此需要对 $H(z)$ 施加更多的约束条件。

如果式 (6-59) 所示的系统函数 $H(z)$ 是因果稳定的，则 $H(z)$ 的所有极点必须位于单位圆内，它的收敛域是以最大的极点模值为半径的圆周外部，即满足条件

$$\max_k|d_k|<1,\quad |z|>\max_k|d_k| \tag{6-61}$$

同理，如果 $H(z)$ 的逆系统 $G(z)$ 也是因果稳定的，则 $G(z)$ 的极点及收敛域满足条件

$$\max_k|c_k|<1,\quad |z|>\max_k|c_k| \tag{6-62}$$

由于 $H(z)$ 和 $G(z)$ 互为逆系统且能够同时存在，根据式 (6-61) 和式 (6-62) 可知，$H(z)$ 和 $G(z)$ 的零点与极点、公共收敛域需要满足条件

$$\max_k(|c_k|,|d_k|)<1,\quad |z|>\max_k(|c_k|,|d_k|) \tag{6-63}$$

即 $H(z)$ 的所有零点和极点都位于单位圆内，且收敛域在所有零点和极点的最大模值为半径的圆周外，特别地，式 (6-63) 使原系统和逆系统具有唯一性和因果稳定性。

6.4.2　最小相位和全通分解

假定 LTI 系统是因果且稳定的，则系统函数 $H(z)$ 的全部极点必须位于单位圆内，但是 LTI 系统的因果稳定性没有约束零点。只有考虑 LTI 系统的逆系统时，才将零点限定在单位圆内。最小相位系统是所有零点和所有极点都位于单位圆内的因果稳定系统，最大相位系统是所有极点位于单位圆内、所有零点位于单位圆外的因果稳定系统；混合相位系统是所有极点位于单位圆内、部分零点位于单位圆内的因果稳定系统。

图 6-12（a）给出最小相位系统的零极点图，$H_{\min}(z)$ 包含零点 $z_{1,2} = 0.9\mathrm{e}^{\pm\mathrm{j}\frac{3}{5}\pi}$ 和 $z_{3,4} = 0.8\mathrm{e}^{\pm\mathrm{j}\frac{4}{5}\pi}$。图 6-12（b）给出最大相位系统的零极点图，$H_{\max}(z)$ 包含零点 $z_{1,2} = 1.11\mathrm{e}^{\pm\mathrm{j}\frac{3}{5}\pi}$ 和 $z_{3,4} = 1.25\mathrm{e}^{\pm\mathrm{j}\frac{4}{5}\pi}$，它们分别与 $H_{\min}(z)$ 的零点呈共轭倒数关系。图 6-12（c）给出混合相位系统 I 的零极点图，$H_{\mathrm{mixI}}(z)$ 包含零点 $z_{1,2} = 1.11\mathrm{e}^{\pm\mathrm{j}\frac{3}{5}\pi}$ 和 $z_{3,4} = 0.8\mathrm{e}^{\pm\mathrm{j}\frac{4}{5}\pi}$。图 6-12（d）给出混合相位系统 II 的零极点图，$H_{\mathrm{mixII}}(z)$ 包含零点 $z_{1,2} = 0.9\mathrm{e}^{\pm\mathrm{j}\frac{3}{5}\pi}$ 和 $z_{3,4} = 1.25\mathrm{e}^{\pm\mathrm{j}\frac{4}{5}\pi}$。

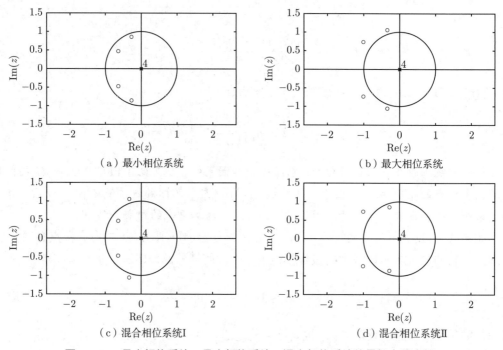

图 6-12　最小相位系统、最大相位系统、混合相位系统的零极点图实例

图 6-12 所示的四个系统函数在 $z = 0$ 有高阶极点，且单位圆内的零点与单位圆外的零点呈共轭倒数关系，根据 6.3.1 节可知，它们可以获得相同的幅度响应。特别地，最大相位系统和混合相位系统都可以用最小相位系统和全通系统表示。

最小相位和全通分解定理：任何有理形式的非最小相位系统 $H(z)$ 都可以表示为最小相位系统和全通系统的级联形式

$$H(z) = H_{\min}(z)H_{\mathrm{ap}}(z) \tag{6-64}$$

其中：$H_{\min}(z)$ 是最小相位系统，$H_{\mathrm{ap}}(z)$ 是全通系统。

证明 假设系统函数 $H(z)$ 有一个零点 $z = 1/c^*$ 位于单位圆外 ($|c| < 1$)，而其余的零点都位于单位圆内，因此可以将 $H(z)$ 表示为

$$H(z) = H_1(z)(z^{-1} - c^*) \tag{6-65}$$

其中：$H_1(z)$ 是最小相位系统。将式 (6-65) 等效地表示为

$$H(z) = \left[H_1(z)(1 - cz^{-1})\right] \cdot \frac{z^{-1} - c^*}{1 - cz^{-1}} \tag{6-66}$$

式 (6-66) 等号右端的第二项是一阶全通系统，第一项 $H_1(z) = H_{\min}(z)(1 - cz^{-1})$ 是最小相位系统，$H_{\min}(z)$ 和 $H(z)$ 的区别在于：它将 $H(z)$ 的单位圆外零点 $z = 1/c^*$ 映射到单位圆内的共轭倒数位置 $z = c$。如果 $H(z)$ 有多个零点位于单位圆外，则可以依次将它们映射到单位圆内的共轭倒数位置。推广到一般情况：任何有理形式的非最小相位系统（单位圆上没有零点和极点）都可以用式 (6-64) 进行数学描述。

特别地，将 $z = e^{j\omega}$ 代入式 (6-64) 并取模值运算，可以得到

$$|H(e^{j\omega})| = |H_{\min}(e^{j\omega})| \cdot |H_{ap}(e^{j\omega})| = |H_{\min}(e^{j\omega})| \tag{6-67}$$

式 (6-67) 表明：非最小相位系统（包括最大相位系统和混合相位系统）的幅度响应 $|H(e^{j\omega})|$ 仅取决于最小相位系统的幅度响应 $|H_{\min}(e^{j\omega})|$，而与全通系统的幅度响应 $|H_{ap}(e^{j\omega})|$ 无关。

例 6.10 最小相位和全通分解：因果稳定的一阶系统表示为

$$H(z) = \frac{1 - \dfrac{3}{2}z^{-1}}{1 + \dfrac{4}{5}z^{-1}}, \quad |z| > \frac{4}{5}$$

将 $H(z)$ 表示为最小相位系统和全通系统的级联形式。

解 系统函数 $H(z)$ 的零点为 $z = \dfrac{3}{2}$，极点为 $p = -\dfrac{4}{5}$。由于 LTI 系统是因果稳定的，因此收敛域为 $|z| > \dfrac{4}{5}$。对 $H(z)$ 进行最小相位和全通分解，首先需要将单位圆外的零点 $z = \dfrac{3}{2}$ 映射到单位圆内的共轭倒数位置 $z = \dfrac{2}{3}$，然后使用零点 $z = \dfrac{2}{3}$ 和极点 $p = \dfrac{4}{5}$ 构成最小相位系统，与此同时，使用零点 $z = \dfrac{3}{2}$ 和 $p = \dfrac{2}{3}$ 构成全通系统。

以上述最小相位和全通分解的思路为基础，可以得到

$$H(z) = \frac{1 - \dfrac{3}{2}z^{-1}}{1 + \dfrac{4}{5}z^{-1}} = -\frac{3}{2} \cdot \frac{z^{-1} - \dfrac{2}{3}}{1 + \dfrac{4}{5}z^{-1}} = -\frac{3}{2} \cdot \frac{1 - \dfrac{2}{3}z^{-1}}{1 + \dfrac{4}{5}z^{-1}} \cdot \frac{z^{-1} - \dfrac{2}{3}}{1 - \dfrac{2}{3}z^{-1}}$$

其中：全通系统部分为

$$H_{ap}(z) = \frac{z^{-1} - \dfrac{2}{3}}{1 - \dfrac{2}{3}z^{-1}}$$

最小相位系统部分为

$$H_{\min}(z) = -\frac{3}{2} \cdot \frac{1 - \frac{2}{3}z^{-1}}{1 + \frac{4}{5}z^{-1}}$$

为了方便地使用分解结果，通常用规范形式表示最小相位系统和全通系统。

6.4.3　最小相位系统性质

最小相位系统的全部零点和全部极点都位于 z 平面的单位圆内，是因果稳定的线性时不变系统，且具有因果稳定的逆系统。"最小相位系统"的确切称谓应该是"最小相位滞后系统"。相对于最大相位系统和混合相位系统，最小相位系统有三个重要的性质：最小相位滞后、最小群延迟和最小能量延迟。

1. 最小相位滞后

根据式 (6-65) 所示的最小相位和全通分解定理，非最小相位系统的连续相位可以表示为最小相位系统连续相位与全通系统连续相位的求和形式，即

$$\arg[H(e^{j\omega})] = \arg[H_{\min}(e^{j\omega})] + \arg[H_{ap}(e^{j\omega})] \tag{6-68}$$

其中：$\arg[\cdot]$ 表示与主值相位 $\mathrm{Arg}[\cdot]$ 关联的连续相位。

由于全通系统具有从 $\omega = 0$ 到 π 单调递减的负相位，即 $\arg[H_{ap}(e^{j\omega})] \leqslant 0$，通常称负相位为相位滞后。式 (6-68) 表明，相对于 $\arg[H(e^{j\omega})]$ 而言，$\arg[H_{\min}(e^{j\omega})]$ 的相位滞后最小。如果将 $H_{\min}(z)$ 的零点从单位圆内映射到单位圆外的共轭倒数位置，则形成的非最小相位系统 $H(z)$ 的连续相位值减小（或者负值增加）。

图 6-13（a）给出了图 6-12（a）所示最小相位系统的连续相位；图 6-13（b）～ 图 6-13（d）分别给出了图 6-12（b）～ 图 6-12（d）所示非最小相位系统（包括最大相位系统和混合相位系统）经过最小相位和全通分解得到全通系统的连续相位，它们呈现单调下降的负相位特性。根据式 (6-68) 和图 6-13 可知：最小相位系统的相位滞后最小，最大相位系统的相位滞后最大，混合相位系统的相位滞后介于二者之间。

2. 最小群延迟

根据式 (6-65) 所示的最小相位和全通分解定理，非最小相位系统的群延迟可以表示为最小相位系统的群延迟和全通系统的群延迟的求和形式，即

$$\mathrm{grd}\left[H(e^{j\omega})\right] = \mathrm{grd}\left[H_{\min}(e^{j\omega})\right] + \mathrm{grd}\left[H_{ap}(e^{j\omega})\right] \tag{6-69}$$

全通系统的群延迟在 ω 为 $0 \sim \pi$ 内是正值，即 $\mathrm{grd}\left[H_{ap}(e^{j\omega})\right] \geqslant 0$，根据式 (6-69) 可知，非最小相位系统的群延迟 $\mathrm{grd}\left[H(e^{j\omega})\right]$ 大于最小相位系统的群延迟 $\mathrm{grd}\left[H_{\min}(e^{j\omega})\right]$，即 $H_{\min}(z)$ 的群延迟最小，因此称 $H_{\min}(z)$ 为最小群延迟系统。

图 6-14（a）给出了图 6-12（a）所示最小相位系统的群延迟，图 6-14（b）～ 图 6-14（d）分别给出了图 6-12（b）～ 图 6-12（d）所示的非最小相位系统（包括最大相位系统和混合

相位系统）经过最小相位和全通分解得到全通系统部分的群延迟，它们均呈现正值特性。根据式 (6-69) 和图 6-14 可知，最小相位系统的群延迟最小，最大相位系统的群延迟最大，而混合相位系统的群延迟介于二者之间。

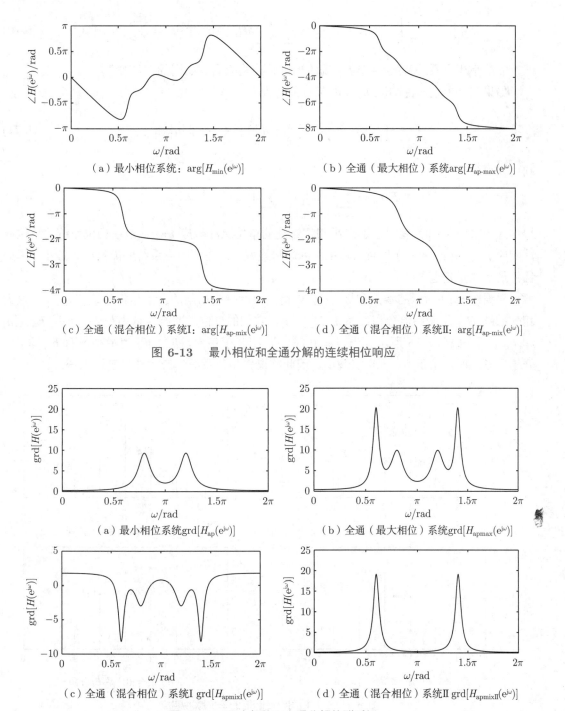

（a）最小相位系统：$\arg[H_{\min}(e^{j\omega})]$　　　　（b）全通（最大相位）系统$\arg[H_{\text{ap-max}}(e^{j\omega})]$

（c）全通（混合相位）系统I：$\arg[H_{\text{ap-mix}}(e^{j\omega})]$　　　　（d）全通（混合相位）系统II：$\arg[H_{\text{ap-mix}}(e^{j\omega})]$

图 6-13　最小相位和全通分解的连续相位响应

（a）最小相位系统$\text{grd}[H_{\text{ap}}(e^{j\omega})]$　　　　（b）全通（最大相位）系统$\text{grd}[H_{\text{apmax}}(e^{j\omega})]$

（c）全通（混合相位）系统I $\text{grd}[H_{\text{apmixI}}(e^{j\omega})]$　　　　（d）全通（混合相位）系统II $\text{grd}[H_{\text{apmixII}}(e^{j\omega})]$

图 6-14　最小相位和全通分解的群延迟

3. 最小群能量延时

由于非最小相位系统 $H(z)$ 与最小相位系统 $H_{\min}(z)$ 的幅度响应相同，即 $|H(\mathrm{e}^{\mathrm{j}\omega})| = |H_{\min}(\mathrm{e}^{\mathrm{j}\omega})|$，因此根据帕瑟法尔（Parseval）定理可以得到

$$\sum_{n=0}^{\infty} |h[n]|^2 = \frac{1}{2\pi} \int_{-\pi}^{\pi} |H(\mathrm{e}^{\mathrm{j}\omega})|^2 \mathrm{d}\omega = \frac{1}{2\pi} \int_{-\pi}^{\pi} |H_{\min}(\mathrm{e}^{\mathrm{j}\omega})|^2 \mathrm{d}\omega = \sum_{n=0}^{\infty} |h_{\min}[n]|^2 \tag{6-70}$$

即，非最小相位系统和最小相位系统的单位脉冲响应具有相同的"能量"。

如果定义单位脉冲响应 $h[n]$ 的部分能量为

$$E[n] = \sum_{k=0}^{n} |h[k]|^2 = |h[0]|^2 + \cdots + |h[n]|^2 \tag{6-71}$$

则可以得到[①]

$$E[n] = \sum_{k=0}^{n} |h[k]|^2 \leqslant \sum_{k=0}^{n} |h_{\min}[k]|^2 = E_{\min}[n] \tag{6-72}$$

根据式 (6-72) 可知，相对于非最小相位系统的单位脉冲响应 $h[n]$，最小相位系统的单位脉冲响应 $h_{\min}[n]$ 向 $n = 0$ 位置"集中"的趋势最好，即最小相位系统的能量延迟最小，因此称为最小能量延迟系统。

根据图 6-12 所示的零点和极点，可以得到幅度响应相同的最小相位系统 $H_{\min}(z)$、最大相位系统 $H_{\max}(z)$ 和混合相位系统 $H_{\mathrm{mix}}(z)$，它们的单位脉冲响应分别是 $h_{\min}[n]$、$h_{\max}[n]$ 和 $h_{\mathrm{mix}}[n]$，如图 6-15 所示。当 $n = 0$ 时，$h_{\min}[0]$ 值最大，$h_{\max}[0]$ 值最小，而 $h_{\mathrm{mix}}[0]$ 值介于二者之间。由于 $h_{\max}[0]$ 值最小，因此称最大相位系统为最大能量延迟系统。

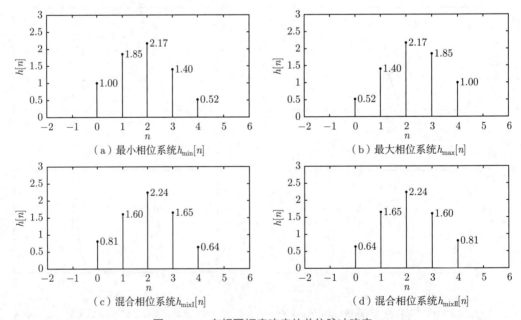

（a）最小相位系统 $h_{\min}[n]$ （b）最大相位系统 $h_{\max}[n]$

（c）混合相位系统 $h_{\mathrm{mixI}}[n]$ （d）混合相位系统 $h_{\mathrm{mixII}}[n]$

图 6-15　有相同幅度响应的单位脉冲响应

---

① 证明过程比较复杂，这里直接给出结论。

6.5 广义线性相位系统

具有线性相位的线性时不变系统在语音、图像、视频等信息处理系统中得到了广泛的应用。为了使因果的 LTI 系统有线性相位，需要对单位脉冲响应施加约束条件。建立线性相位系统的概念，是设计线性相位数字滤波器的基础。

6.5.1 线性相位系统特点

如果线性时不变系统的频率响应可以表示为

$$H(e^{j\omega}) = |H(e^{j\omega})|e^{-j\omega\alpha} \tag{6-73}$$

其中：α 是实数，则称该系统有线性相位 $\angle H(e^{j\omega}) = -\omega\alpha$。根据式 (6-73) 可知，线性相位系统的群延迟是常数，即 $\mathrm{grd}[H(e^{j\omega})] = \alpha$。

如果线性时不变系统的频率响应可以表示为

$$H(e^{j\omega}) = A(e^{j\omega})e^{-j(\omega\alpha+\beta)} \tag{6-74}$$

其中：α 和 β 是实数，$A(e^{j\omega})$ 是关于 ω 的实函数，则称该系统有广义线性相位 $\angle H(e^{j\omega}) = -(\omega\alpha+\beta)$。特别地，当 $A(e^{j\omega}) \geqslant 0$ 时，$|H(e^{j\omega})| = A(e^{j\omega})$；当 $A(e^{j\omega}) < 0$ 时，$|H(e^{j\omega})| = -A(e^{j\omega})$。根据式 (6-74) 可知，广义线性相位系统的群延迟也是常数，即 $\mathrm{grd}[H(e^{j\omega})] = \alpha$。因此术语"线性相位"既表示线性相位 $-\omega\alpha$，又表示广义线性相位 $-(\omega\alpha+\beta)$。

具有线性相位的理想低通数字滤波器的频率响应为

$$H_{\mathrm{lp}}(e^{j\omega}) = \begin{cases} e^{-j\omega\alpha}, & |\omega| \leqslant \omega_{\mathrm{c}} \\ 0, & \omega_{\mathrm{c}} < |\omega| \leqslant \pi \end{cases} \tag{6-75}$$

其中：ω_{c} 是截止频率。对式 (6-75) 进行离散时间傅里叶反变换（IDTFT），可以得到理想低通数字滤波器的单位脉冲响应

$$h_{\mathrm{lp}}[n] = \frac{\sin\omega_{\mathrm{c}}(n-\alpha)}{\pi(n-\alpha)}, \quad -\infty < n < \infty \tag{6-76}$$

当 $\omega_{\mathrm{c}} = 0.5\pi$ 且 α 取不同值时，单位脉冲响应 $h_{\mathrm{lp}}[n]$ 如图 6-16 所示。当 $\alpha = 0$ 时，$h_{\mathrm{lp}}[n]$ 是零相位的低通滤波器，$h_{\mathrm{lp}}[n]$ 关于 $n = 0$ 对称，如图 6-16（a）所示。当 α 是整数时，$h_{\mathrm{lp}}[n]$ 关于 $n = \alpha$ 对称，如图 6-16（b）所示。当 α 不是整数但 2α 是整数时，$h_{\mathrm{lp}}[n]$ 也关于 $n = \alpha$ 对称，如图 6-16（c）所示；当 α 和 2α 都为非整数时，$h_{\mathrm{lp}}[n]$ 完全不对称，如图 6-16（d）所示。

式 (6-76) 所示的单位脉冲响应定义在从 $-\infty \sim \infty$，因此具有线性相位的理想低通滤波器为非因果系统。特别地，因果的 IIR 数字滤波器不具有线性相位特性。为了使因果的数

字滤波器具有线性相位，它的单位脉冲响应必须是有限长的。FIR 数字滤波器具有线性相位特性的充分条件是它的单位脉冲响应 $h[n]$ 满足对称特性，即

$$h[n] = h[N-1-n], \quad 0 \leqslant n \leqslant N-1 \tag{6-77}$$

或者满足反对称特性，即

$$h[n] = -h[N-1-n], \quad 0 \leqslant n \leqslant N-1 \tag{6-78}$$

其中：$\alpha = (N-1)/2$ 是对称的中心。

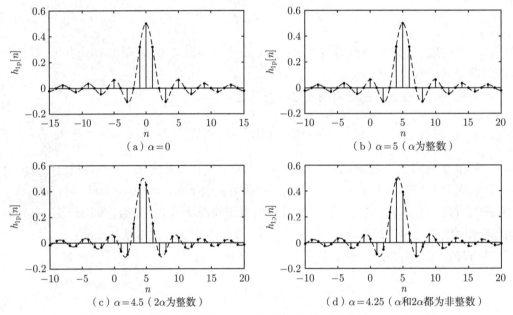

图 6-16   线性相位理想低通滤波器的单位脉冲响应实例 $(\omega_{\mathrm{c}} = 0.5\pi)$

6.5.2 四类线性相位系统

假定 FIR 数字滤波器的单位脉冲响应 $h[n]$ 是长度为 N 的实序列，且 $h[0]$ 是第一个非零值，即限定 $h[n]$ 的下标 $0 \leqslant n \leqslant N-1$。根据 $h[n]$ 是否满足对称或反对称条件，以及 N 是奇数还是偶数，可以将 FIR 数字滤波器分为四类，每种类型的系统函数 $H(z)$ 都有特定的零点约束，并影响着频率响应 $H(\mathrm{e}^{\mathrm{j}\omega})$。

1. 第 I 类线性相位系统

第 I 类线性相位系统是单位脉冲响应 $h[n]$ 满足对称条件且长度 N 为奇数的线性相位系统，即

$$h[n] = h[N-1-n], \quad 0 \leqslant n \leqslant N-1 \tag{6-79}$$

其中：$N = 2r+1$, $r \in \mathbb{Z}^{+}$。此时，$h[n]$ 关于 $\alpha = (N-1)/2$ 对称且 α 是整数，当 $N = 13$ 时，$h[n]$ 如图 6-17（a）所示。第 I 类线性相位系统的频率响应可以表示为

$$H(\mathrm{e}^{\mathrm{j}\omega}) = \mathrm{e}^{-\mathrm{j}\omega(N-1)/2} \cdot \sum_{k=0}^{(N-1)/2} a[k]\cos(k\omega) = A(\mathrm{e}^{\mathrm{j}\omega})\mathrm{e}^{-\mathrm{j}\omega\alpha} \tag{6-80}$$

其中：

$$a[0] = h\left[\frac{N-1}{2}\right], \quad a[k] = 2h\left[\frac{N-1}{2}-k\right], \quad k = 1, 2, \cdots, \frac{N-1}{2}$$

当 $N=13$ 时，幅值函数 $A(\mathrm{e}^{\mathrm{j}\omega})$ 如图 6-17（b）所示。由于 $A(\mathrm{e}^{\mathrm{j}\omega})$ 关于 $\omega=0$ 和 $\omega=\pi$ 都呈现偶对称，因此第 I 类线性相位系统可以用于设计数字低通、高通、带通或带阻滤波器。

2. 第 II 类线性相位系统

第 II 类线性相位系统是单位脉冲响应 $h[n]$ 满足对称条件且长度 N 为偶数的线性相位系统，即

$$h[n] = h[N-1-n], \quad 0 \leqslant n \leqslant N-1 \tag{6-81}$$

其中：$N=2r,\ r \in \mathbb{Z}^+$。此时，$h[n]$ 关于 $\alpha=(N-1)/2$ 对称且 2α 是整数（α 不是整数），当 $N=14$ 时 $h[n]$ 如图 6-17（c）所示。第 II 类线性相位系统的频率响应可以表示为

$$H(\mathrm{e}^{\mathrm{j}\omega}) = \mathrm{e}^{-\mathrm{j}\omega(N-1)/2} \sum_{k=1}^{N/2} b[k]\cos\left[\left(k-\frac{1}{2}\right)\omega\right] = A(\mathrm{e}^{\mathrm{j}\omega})\mathrm{e}^{-\mathrm{j}\omega\alpha} \tag{6-82}$$

其中：

$$b[k] = 2h\left[\frac{N}{2}-k\right], \quad k = 1, 2, \cdots, \frac{N}{2}$$

当 $N=14$ 时，幅值函数 $A(\mathrm{e}^{\mathrm{j}\omega})$ 如图 6-17（d）所示。由于 $A(\mathrm{e}^{\mathrm{j}\omega})$ 关于 $\omega=\pi$ 呈奇对称，即 $H(\mathrm{e}^{\mathrm{j}\pi})=0$，因此第 II 类线性相位系统只能用于设计数字低通或带通滤波器。

3. 第 III 类线性相位系统

第 III 类线性相位系统是单位脉冲响应 $h[n]$ 满足反对称条件且长度 N 为奇数的线性相位系统，即

$$h[n] = -h[N-1-n], \quad 0 \leqslant n \leqslant N-1 \tag{6-83}$$

其中：$N=2r+1,\ r \in \mathbb{Z}^+$。此时，$h[n]$ 关于 $\alpha=(N-1)/2$ 反对称且 α 是整数，当 $N=13$ 时如图 6-17（e）所示。第 III 类线性相位系统的频率响应可以表示为

$$H(\mathrm{e}^{\mathrm{j}\omega}) = \mathrm{j}\mathrm{e}^{-\mathrm{j}\omega(N-1)/2} \sum_{k=1}^{(N-1)/2} c[k]\sin(k\omega) = A(\mathrm{e}^{\mathrm{j}\omega})\mathrm{e}^{-\mathrm{j}(\omega\alpha-\pi/2)} \tag{6-84}$$

其中：

$$c[k] = 2h\left[\frac{N-1}{2}-k\right], \quad k = 1, 2, \cdots, \frac{N-1}{2}$$

当 $N=13$ 时，幅值函数 $A(\mathrm{e}^{\mathrm{j}\omega})$ 如图 6-17（f）所示。由于 $A(\mathrm{e}^{\mathrm{j}\omega})$ 是奇对称的 $(k \in \mathbb{Z})$，即 $H(\mathrm{e}^{\mathrm{j}0})=0$ 且 $H(\mathrm{e}^{\mathrm{j}\pi})=0$，因此第 III 类线性相位系统只能用于设计数字带通滤波器。

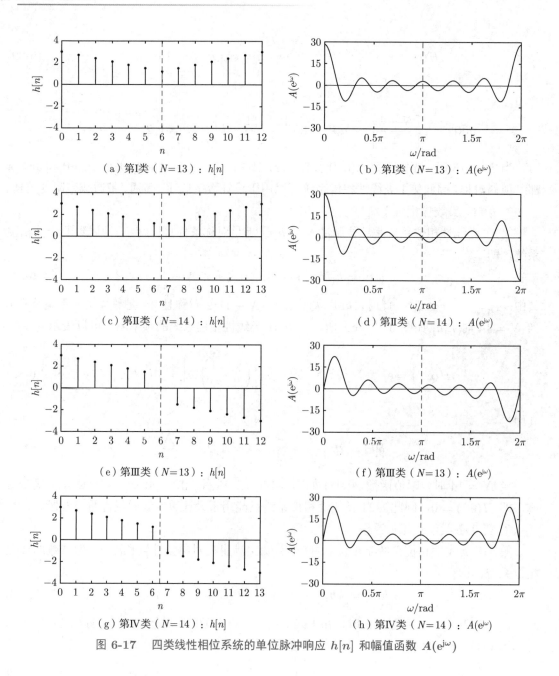

图 6-17　四类线性相位系统的单位脉冲响应 $h[n]$ 和幅值函数 $A(\mathrm{e}^{\mathrm{j}\omega})$

4. 第 IV 类线性相位系统

第 IV 类线性相位系统是单位脉冲响应 $h[n]$ 满足反对称条件且长度 N 为偶数的线性相位系统，即

$$h[n] = -h[N-1-n], \quad 0 \leqslant n \leqslant N-1 \tag{6-85}$$

其中：$N = 2r$，$r \in \mathbb{Z}^+$。此时，$h[n]$ 关于 $\alpha = (N-1)/2$ 对称且 2α 是整数（α 不是整数），当 $N=14$ 时 $h[n]$ 如图 6-17（g）所示。第 IV 类线性相位系统的频率响应可以表示为

$$H(\mathrm{e}^{\mathrm{j}\omega}) = \mathrm{j}\mathrm{e}^{-\mathrm{j}\omega(N-1)/2} \sum_{n=1}^{N/2} d[k]\sin\left[\left(k-\frac{1}{2}\right)\omega\right] = A(\mathrm{e}^{\mathrm{j}\omega})\mathrm{e}^{-\mathrm{j}(\omega\alpha-\pi/2)} \qquad (6\text{-}86)$$

其中：

$$d[k] = 2h\left[\frac{N}{2}-k\right], \quad k=1,2,\cdots,\frac{N}{2}$$

当 $N=14$ 时，幅值函数 $A(\mathrm{e}^{\mathrm{j}\omega})$ 如图 6-17（h）所示。由于 $A(\mathrm{e}^{\mathrm{j}\omega})$ 关于 $\omega=0$ 呈奇对称，即 $H(\mathrm{e}^{\mathrm{j}0})=0$，因此第 IV 类线性相位系统只能用于设计数字高通或带通滤波器。

6.5.3　线性相位系统零点分布

单位脉冲响应 $h[n]$ 的对称性，包括式 (6-77) 和式 (6-78) 所示的对称和反对称，为线性相位系统施加了约束条件，同时使系统函数 $H(z)$ 的零点分布独具特色。分析第 I 类和第 II 类的线性相位系统，它们的单位脉冲响应满足对称条件

$$h[n] = h[N-1-n], \quad 0 \leqslant n \leqslant N-1 \qquad (6\text{-}87)$$

因此 $h[n]$ 的 z 变换可以表示为

$$H(z) = \sum_{n=0}^{N-1} h[n]z^{-n} = \sum_{n=0}^{N-1} h[N-1-n]z^{-n} \qquad (6\text{-}88)$$

利用 $k=N-1-n$ 进行变量代换，可以得到

$$H(z) = z^{-(N-1)}\sum_{k=0}^{N-1} h[k]z^{k} = z^{-(N-1)}H(z^{-1}) \qquad (6\text{-}89)$$

根据式 (6-88) 和式 (6-89) 可知，如果 $z=r\mathrm{e}^{\mathrm{j}\theta}$ $(r>0)$ 是 $H(z)$ 的零点，则 $z^{-1} = r^{-1}\mathrm{e}^{-\mathrm{j}\theta}$ 必然是 $H(z)$ 的零点。如果 $h[n]$ 是实序列，则零点以共轭成对的形式出现，这意味着 $z^{*}=r\mathrm{e}^{-\mathrm{j}\theta}$ 是 $H(z)$ 的零点，$1/z^{*}=r^{-1}\mathrm{e}^{\mathrm{j}\theta}$ 必然是 $H(z)$ 的零点。因此，$H(z)$ 中成对出现（复数共轭及其共轭倒数）的四个零点可以表示为一阶因式的乘积形式

$$(1-r\mathrm{e}^{\mathrm{j}\theta}z^{-1})(1-r\mathrm{e}^{-\mathrm{j}\theta}z^{-1})(1-r^{-1}\mathrm{e}^{\mathrm{j}\theta}z^{-1})(1-r^{-1}\mathrm{e}^{-\mathrm{j}\theta}z^{-1}) \qquad (6\text{-}90)$$

（1）如果 $H(z)$ 的零点位于单位圆上 $(r=1)$，则 z 与 $1/z^{*}$ 重合，且 z^{*} 与 $1/z$ 重合，此时只有两个共轭成对出现的零点，它们可以表示为一阶因式的乘积形式

$$(1-r\mathrm{e}^{\mathrm{j}\theta}z^{-1})(1-r\mathrm{e}^{-\mathrm{j}\theta}z^{-1})\big|_{r=1} = (1-\mathrm{e}^{\mathrm{j}\theta}z^{-1})(1-\mathrm{e}^{-\mathrm{j}\theta}z^{-1}) \qquad (6\text{-}91)$$

（2）如果 $H(z)$ 的零点是实数且不在单位圆上（$r\neq\pm1$ 且 $\theta=0$ 或 $\theta=\pi$），则它的倒数也是 $H(z)$ 的零点，可以将它们表示为一阶因式的乘积形式

$$(1-rz^{-1})(1-r^{-1}z^{-1}) \quad \text{or} \quad (1+rz^{-1})(1+r^{-1}z^{-1}) \qquad (6\text{-}92)$$

其中：第一项表示零点是正数的情况，第二项表示零点是负数的情况。

（3）如果 $z=1$ 或 $z=-1$ 是 $H(z)$ 的零点，无论共轭还是倒数都是它们自身，则可以将它们表示为一阶因式的形式

$$(1-z^{-1}) \quad \text{or} \quad (1+z^{-1}) \tag{6-93}$$

将 $z=-1$ 代入式 (6-89)，可以得到 $H(-1)=(-1)^{-(N-1)}H(-1)=(-1)^{N-1}H(-1)$。当 N 是奇数时，等式自然成立；当 N 是偶数时，$H(-1)=-H(-1)=0$。因此，第 II 类线性相位系统（N 是偶数）在 $z=-1=\mathrm{e}^{\mathrm{j}\pi}$ 位置存在零点。

再分析第 III 类和第 IV 类线性相位系统，它们的单位脉冲响应满足反对称条件

$$h[n]=-h[N-1-n], \quad 0 \leqslant n \leqslant N-1 \tag{6-94}$$

对式 (6-94) 进行 z 变换，可以得到 $H(z)$ 有如下性质：

$$H(z)=-z^{-(N-1)}H(z^{-1}) \tag{6-95}$$

根据式 (6-95) 可知，当 $z=1$ 时，无论 N 是奇数还是偶数，$H(1)=-H(1)=0$。当 $z=-1$ 时，$H(-1)=-(-1)^{-(N-1)}H(-1)=(-1)^{N}H(-1)$，可以得到：当 N 是奇数时，$H(-1)=0$；当 N 是偶数时，等式自然成立。因此，第 III 类线性相位系统（N 是奇数）在 $z=\pm 1$ 位置存在零点，而第 IV 类线性相位系统（N 是偶数）仅在 $z=1$ 位置存在零点。

上述四种线性相位系统的零极点图的实例如图 6-18 所示，其中在 $z=1$ 或 $z=-1$ 位置的零点是系统函数固有的，在设计 FIR 线性相位数字滤波器时要特别注意。例如，当设计单位脉冲响应 $h[n]$ 满足对称条件的线性相位高通滤波器时，根据对称条件只能选择第 I 类或第 II 类线性相位系统；由于第 II 类线性相位系统在 $z=\mathrm{e}^{\mathrm{j}\pi}=-1$ 位置存在零点，即在高频通带内存在着幅度响应为零情况，因此只能选择第 I 类线性相位系统作为原型系统。

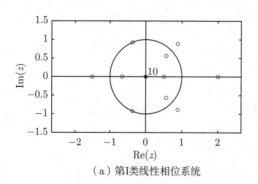
（a）第I类线性相位系统

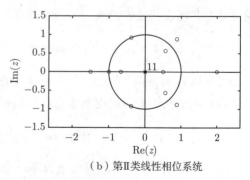
（b）第II类线性相位系统

图 6-18　四类线性相位系统的零极点图的实例

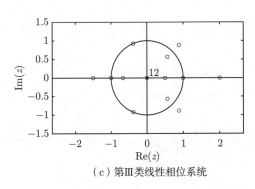
（c）第Ⅲ类线性相位系统

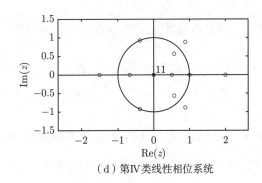
（d）第Ⅳ类线性相位系统

图 6-18　（续）

本章小结

本章主要论述了线性时不变系统的变换域分析方法。首先讨论了 LTI 系统的系统函数，给出了因果性和稳定性的判定方法；其次讨论了系统函数的频率响应，包括幅度响应、相位响应和群延迟；再次讨论了两类特殊系统（全通系统和最小相位系统），分析了系统函数特点和频率响应特性；最后针对 FIR 系统，讨论了广义线性相位系统及零点分布特性。本章对 LTI 系统的变换域分析是数字系统设计和实现的基础，相关方法在科学研究与工程实践中得到了广泛的应用。

本章习题

6.1 离散时间 LTI 系统的单位脉冲响应 $h[n]$ 表示为如下序列，判断它们是否对应着稳定的系统；如果 $h[n]$ 对应着稳定的系统，则计算系统函数 $H(z)$ 并给出收敛域。

（1）$e^{j\pi n/3}$；　　　　　（2）$\cos(\frac{\pi}{3}n)$；　　　　　（3）$5^n e^{j\frac{\pi}{3}n}$；　　　　　（4）$5^n u[n]$；

（5）$5^n u[-n-1]$；　　　（6）$\left(\frac{1}{4}\right)^n u[n] - 4^n u[-n-1]$。

6.2 假定离散时间 LTI 系统的频率响应 $H(e^{j\omega})$ 是以下函数，且当输入序列 $x[n] = \cos\left(\frac{\pi}{4}n\right)$ 时，计算 LTI 系统的输出序列 $y[n]$。

（1）$H(e^{j\omega}) = \dfrac{1}{1 - \dfrac{2}{3}e^{-j\omega}}$ $(-\pi \leqslant \omega \leqslant \pi)$；　　　（2）$H(e^{j\omega}) = \dfrac{1 - e^{-j2\omega}}{1 + \dfrac{3}{4}e^{-j4\omega}}$ $(-\pi \leqslant \omega \leqslant \pi)$。

6.3 假设离散时间 LTI 系统的单位脉冲响应 $h[n] = 3\left(\dfrac{4}{5}\right)^n u[n]$，当输入序列 $x[n] = 4\left(\dfrac{2}{3}\right)^n u[n]$ 时，要求：

（1）确定 LTI 系统的系统函数 $H(z)$；　　　（2）求解 LTI 系统的输出序列 $y[n]$。

6.4 假定离散时间 LTI 系统的单位脉冲响应 $h[n] = \left(\dfrac{2}{3}\right)^n u[n]$，要求：

（1）求解 LTI 系统的频率响应 $H(e^{j\omega})$，并计算 $\omega = \pm\pi/4$ 时的频率响应值；

（2）当输入序列 $x[n] = \cos\left(\dfrac{\pi}{3}n\right)u[n]$ 时，计算 LTI 系统的输出序列 $y[n]$。

6.5 假设离散时间 LTI 系统的单位脉冲响应 $h[n] = 5\left(\dfrac{3}{4}\right)^n u[n]$，当系统输入是以下序列时，利用 z 变换计算 LTI 系统的输出序列 $y[n]$。

（1）$x[n] = \left(\dfrac{1}{3}\right)^n u[n]$；　　　　（2）$x[n] = \cos\left(\dfrac{\pi}{4}n\right)u[n]$。

6.6 假设因果离散时间 LTI 系统的输入序列 $x[n]$ 和输出序列 $y[n]$ 满足差分方程 $y[n] - \dfrac{3}{4}y[n-1] + \dfrac{1}{8}y[n-2] = x[n] - 2x[n-1]$，要求：

（1）确定系统函数 $H(z)$；　　　　（2）确定频率响应 $H(e^{j\omega})$。

6.7 假设离散时间 LTI 系统的频率响应 $H(e^{j\omega}) = \dfrac{1 - e^{-j\omega} + e^{-j2\omega}}{1 - \dfrac{1}{4}e^{-j\omega} - \dfrac{3}{8}e^{-j2\omega}}$，要求：

（1）确定 LTI 系统的系统函数 $H(z)$；　　　　（2）计算单位脉冲响应 $h[n]$；

（3）给出 LTI 系统的差分方程；　　　　（4）使用 MATLAB 软件绘制幅度响应。

6.8 假设因果离散时间 LTI 系统的输入序列 $x[n]$ 和输出序列 $y[n]$ 满足差分方程 $y[n] - ay[n-1] = x[n-1]$，其中 a 是实常数，要求：

（1）确定单位脉冲响应 $h[n]$；　　　　（2）当系统稳定时确定 a 的范围；

（3）绘制系统的零极点图；　　　　（4）计算频率响应 $H(e^{j\omega})$；

（5）使用 MATLAB 软件绘制幅度响应 $|H(e^{j\omega})|$ 和相位响应 $\angle H(e^{j\omega})$；

（6）分析幅度响应 $|H(e^{j\omega})|$ 的峰值和谷值与 LTI 系统的零点和极点的关系。

6.9 假设离散时间 LTI 系统的系统函数 $H(z) = \dfrac{1 + \dfrac{2}{3}z^{-1}}{\left(1 - \dfrac{1}{2}z^{-1}\right)\left(1 + \dfrac{1}{4}z^{-1}\right)}$，要求：

（1）确定 $H(z)$ 的可能收敛域；　　　　（2）判断 LTI 系统的因果性和稳定性；

（3）如果 LTI 系统是因果且稳定的，计算单位脉冲响应 $h[n]$；

（4）使用 MATLAB 软件绘制幅度响应 $|H(e^{j\omega})|$ 和相位响应 $\angle H(e^{j\omega})$；

（5）根据 $H(z)$ 的零极点图，分析 $|H(e^{j\omega})|$ 与零点和极点之间的关系。

6.10 假设离散时间 LTI 系统可以表示为如下差分方程形式，求解系统函数 $H(z)$ 和频率响应 $H(e^{j\omega})$，并利用 MATLAB 软件绘制幅度响应 $|H(e^{j\omega})|$ 和相位响应 $\angle H(e^{j\omega})$。

（1）$y[n] = \sum\limits_{m=0}^{4} x[n-m]$;　　　　　　　　　（2）$y[n] = \sum\limits_{m=0}^{4} \left(\dfrac{4}{5}\right)^m x[n-m]$;

（3）$y[n] = x[n] + \dfrac{16}{25} y[n-2]$;　　　　　　　　（4）$y[n] = x[n] - \dfrac{1}{4} y[n-1] + \dfrac{1}{8} y[n-2]$;

（5）$y[n] = 2x[n] + x[n-1] + \dfrac{3}{8} y[n-1] - \dfrac{1}{8} y[n-2]$。

6.11　根据系统函数 $H(z)$ 判断 LTI 系统是否为最小相位系统，并简要说明理由。

（1）$H(z) = \dfrac{\left(1 - 2z^{-1}\right)\left(1 + \dfrac{1}{2} z^{-1}\right)}{\left(1 - \dfrac{1}{3} z^{-1}\right)\left(1 + \dfrac{1}{3} z^{-1}\right)}$;　　　　（2）$H(z) = \dfrac{\left(1 + \dfrac{1}{4} z^{-1}\right)\left(1 - \dfrac{1}{4} z^{-1}\right)}{\left(1 - \dfrac{2}{3} z^{-1}\right)\left(1 + \dfrac{2}{3} z^{-1}\right)}$;

（3）$H(z) = \dfrac{\left(1 - \dfrac{1}{3} z^{-1}\right)}{\left(1 - \dfrac{\mathrm{j}}{2} z^{-1}\right)\left(1 + \dfrac{\mathrm{j}}{2} z^{-1}\right)}$;　　　　（4）$H(z) = \dfrac{z^{-1}\left(1 - \dfrac{1}{3} z^{-1}\right)}{\left(1 - \dfrac{\mathrm{j}}{2} z^{-1}\right)\left(1 + \dfrac{\mathrm{j}}{2} z^{-1}\right)}$。

6.12　假设因果离散时间 LTI 系统的系统函数 $H(z) = \dfrac{1 - 3z^{-1}}{\left(1 - \dfrac{1}{2} z^{-1}\right)\left(1 - \dfrac{1}{4} z^{-1}\right)}$，将 $H(z)$

表示为最小相位系统和全通系统的级联形式 $H(z) = H_{\min}(z) H_{\mathrm{ap}}(z)$。

6.13　假设因果离散时间 LTI 系统的系统函数 $H(z) = \dfrac{\left(1 + \dfrac{2}{3} z^{-1}\right)\left(1 - \dfrac{3}{2} z^{-1}\right)}{1 - \dfrac{16}{25} z^{-2}}$，要求：

（1）绘制系统函数的零极点图;　　　　（2）判断 LTI 系统的稳定性;

（3）对 $H(z)$ 进行最小相位和全通分解，得到 $H(z) = H_{\min}(z) H_{\mathrm{ap}}(z)$。

6.14　假设离散时间 LTI 系统的输入序列 $x[n] = \left(\dfrac{1}{2}\right)^n u[n] + 2^n u[-n-1]$，系统输出

$y[n] = 4\left(\dfrac{1}{2}\right)^n u[n] - 5\left(\dfrac{3}{4}\right)^n u[n]$，针对 LTI 系统要求：

（1）求解系统函数 $H(z)$;　　　　　　　（2）绘制 $H(z)$ 的零极点图;

（3）判断稳定性和因果性;　　　　　　　（4）求解单位脉冲响应 $h[n]$;

（5）确定表征系统的差分方程;　　　　　（6）绘制幅度响应和相位响应。

6.15　线性常系数差分方程描述的离散时间 LTI 系统满足初始松弛条件，如果 LTI 系统的

阶跃响应 $y[n] = \left[\left(\dfrac{1}{3}\right)^n + \left(\dfrac{1}{4}\right)^n + 1\right] u[n]$，利用 z 变换方法，要求

（1）确定系统函数 $H(z)$;　　　　　　　（2）确定对应的差分方程;

（3）判断系统的稳定性;　　　　　　　　（4）求解单位脉冲响应。

6.16 假设离散时间 LTI 系统的输入序列为 $x[n] = -\dfrac{1}{3} \cdot \left(\dfrac{1}{2}\right)^n u[n] - \dfrac{4}{3} \cdot 2^n u[-n-1]$ 时，

输出序列的 z 变换 $Y(z) = \dfrac{1 - z^{-2}}{\left(1 - \dfrac{1}{2}z^{-1}\right)(1 - 2z^{-1})}$，要求：

(1)计算序列 $x[n]$ 的 z 变换；　　　　(2)给出 $Y(z)$ 的可能收敛域；

(3)判断不同收敛条件下的系统稳定性；　　　(4)确定 LTI 系统可能的单位脉冲响应。

6.17 假设因果离散时间 LTI 系统的输入序列 $x[n]$ 和输出序列 $y[n]$ 满足差分方程 $y[n] = b_0 x[n] + b_1 x[n-1] - a_1 y[n-1]$，且 LTI 系统存在着逆系统，确定逆系统的差分方程。

6.18 假设因果离散时间 LTI 系统的单位脉冲响应分别为 $h_1[n] = a\delta[n] + b\delta[n-1] + \delta[n-2]$，$h_2[n] = c^n u[n]$ 和 $h_3[n] = d^n u[n]$，其中 $|c| < 1$、$|d| < 1$。如果将 $h_1[n]$、$h_2[n]$ 和 $h_3[n]$ 级联后，LTI 系统的幅度响应是 $|H(\mathrm{e}^{\mathrm{j}\omega})| = 1$，则确定实常数 a、b、c、d 的值。

6.19 假设因果离散时间 LTI 系统的单位冲激响应为 $h[n] = a_{-2}\delta[n] + a_{-1}\delta[n+1] + a_0\delta[n] + a_1\delta[n-1] + a_2\delta[n-2]$，其中 $a_{-2}, a_{-1}, a_0, a_1, a_2 \in \mathbb{R}$，要求：

(1)确定 LTI 系统的频率响应 $H(\mathrm{e}^{\mathrm{j}\omega})$；　　(2)确定 $H(\mathrm{e}^{\mathrm{j}\omega})$ 具有零相位的条件；

(3)确定 $H(\mathrm{e}^{\mathrm{j}\omega})$ 有线性相位的条件。

第 7 章

离散傅里叶变换

沉舟侧畔千帆过，病树前头万木春。

——唐·刘禹锡

虽然离散时间傅里叶变换（DTFT）在数字信号分析中占有重要的地位，但是它的变换结果是以 2π 为周期的连续函数。有限长序列的离散傅里叶变换（DFT）是频域离散化的变换，它的变换结果仍然是有限长的序列，因此可以使用计算机进行计算。DFT 既是有限长序列的频域表示方法，又是很多数字信号处理算法的核心。特别地，它是高效算法——快速傅里叶变换（FFT）的理论基础，因此在数字信号处理中占有极其重要的地位。本章首先给出离散傅里叶级数（DFS）的基本概念；表示方法和主要性质；然后系统地论述 DFT 的基本定义、表示方法及主要性质；最后给出 DFT 的典型应用——计算有限长序列的圆周卷积，在特定的条件下能够获得与线性卷积相同的计算结果。

7.1 离散傅里叶级数

7.1.1 DFS 的基本概念

假定 $\tilde{x}[n]$ 是以 N 为周期的离散时间信号（序列），可以表示为

$$\tilde{x}[n] = \tilde{x}[n+rN], \quad r \in \mathbb{Z} \tag{7-1}$$

其中："~" 表示周期序列。类似于连续时间周期信号，可以用离散傅里叶级数（DFS）表示式 (7-1) 所示的周期序列，即：将 $\tilde{x}[n]$ 表示成在频率上呈谐波关系，且周期为 N 的复指数序列 $\mathrm{e}^{\mathrm{j}\frac{2\pi}{N}kn}$ $(k \in \mathbb{Z},\ k \geqslant 0)$ 的求和形式。

通常，称当 $k=1$ 时的复指数序列 $\mathrm{e}_1[n] = \mathrm{e}^{\mathrm{j}\frac{2\pi}{N}n}$ 为基频序列，称当 $k>1$ 时的复指数序列 $\mathrm{e}_k[n] = \mathrm{e}^{\mathrm{j}\frac{2\pi}{N}nk}$ 为 k 次谐波序列。特别地，$\mathrm{e}_k[n]$ 是以 N 为周期的序列，即

$$\mathrm{e}_{k+rN}[n] = \mathrm{e}^{\mathrm{j}\frac{2\pi}{N}(k+rN)n} = \mathrm{e}^{\mathrm{j}\frac{2\pi}{N}kn} = \mathrm{e}_k[n], \quad r \in \mathbb{Z} \tag{7-2}$$

当 $N=40$ 且 $k=3$ 时，$\mathrm{e}^{\mathrm{j}\frac{2\pi}{N}nk} = \cos\left(\dfrac{2\pi}{N}nk\right) + \mathrm{j}\sin\left(\dfrac{2\pi}{N}nk\right)$ 的实部和虚部如图 7-1 所示。可以看出，它们也是以 $N=40$ 为周期的序列。

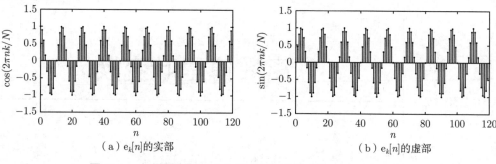

（a）$e_k[n]$的实部 　　　　　　　（b）$e_k[n]$的虚部

图 7-1　复指数序列 $e_k[n]$ 的实部和虚部 ($N = 40$, $k = 3$)

因此，以 $e_k[n] = e^{j\frac{2\pi}{N}nk}$ 为基础的离散傅里叶级数（DFS）表示方法只包括 N 个独立的谐波分量，这与连续时间傅里叶级数（CTFS）包含无限多个频率分量明显不同。为了消除歧义，仅取 $k = 0, 1, \cdots, N-1$ 时的 N 个谐波分量。可以将式 (7-1) 所示的周期序列 $\tilde{x}[n]$ 展开成离散傅里叶级数（DFS）形式

$$\tilde{x}[n] = \frac{1}{N}\sum_{k=0}^{N-1} \tilde{X}[k]e^{j\frac{2\pi}{N}kn} \tag{7-3}$$

其中：$\tilde{X}[k]$ 是 DFS 的展开式系数。

为了得到第 k 个谐波系数 $\tilde{X}[k]$，将式 (7-3) 两端同时乘以 $e^{-j\frac{2\pi}{N}rn}$，并在范围 n 为 $0 \sim N-1$ 求和，可以得到

$$\sum_{n=0}^{N-1} \tilde{x}[n]e^{-j\frac{2\pi}{N}rn} = \sum_{n=0}^{N-1}\left[\frac{1}{N}\sum_{k=0}^{N-1}\tilde{X}[k]e^{j\frac{2\pi}{N}kn}\right]e^{-j\frac{2\pi}{N}rn}$$

$$= \frac{1}{N}\sum_{k=0}^{N-1}\tilde{X}[k]\left[\sum_{n=0}^{N-1}e^{j\frac{2\pi}{N}(k-r)n}\right] \tag{7-4}$$

将式 (7-4) 中方括号内的求和项简化为

$$\sum_{n=0}^{N-1}e^{j\frac{2\pi}{N}(k-r)n} = \frac{1 - e^{j\frac{2\pi}{N}(k-r)N}}{1 - e^{j\frac{2\pi}{N}(k-r)}} = \begin{cases} N, & k-r = mN \\ 0, & k-r \neq mN \end{cases} \tag{7-5}$$

其中：m 是任意的整数，即 $m \in \mathbb{Z}$。将式 (7-5) 代入式 (7-4)

$$\tilde{X}[r] = \sum_{n=0}^{N-1}\tilde{x}[n]e^{-j\frac{2\pi}{N}nr}$$

用变量 k 代换变量 r，得到展开式的系数

$$\tilde{X}[k] = \sum_{n=0}^{N-1}\tilde{x}[n]e^{-j\frac{2\pi}{N}nk} \tag{7-6}$$

式 (7-6) 是求解式 (7-3) 中第 k 个谐波系数的计算公式 ($k = 0, 1, \cdots, N-1$)。特别地，根据 $e_k[n] = e^{j\frac{2\pi}{N}kn}$ 的周期性，$\tilde{X}[k]$ 也是以 N 为周期的序列

$$\tilde{X}[k+rN] = \sum_{n=0}^{N-1} \tilde{x}[n]e^{-j\frac{2\pi}{N}n(k+rN)}$$

$$= \sum_{n=0}^{N-1} \tilde{x}[n]e^{-j\frac{2\pi}{N}nk} \cdot e^{-j2\pi nr} = \tilde{X}[k] \tag{7-7}$$

式 (7-6) 和式 (7-3) 构成了离散傅里叶级数（DFS）及其逆级数（IDFS）的变换关系，且 $\tilde{x}[n]$ 和 $\tilde{X}[k]$ 都是以 N 为周期的序列。式 (7-3) 表明，$\tilde{x}[n]$ 是由 N 个不同频率的谐波序列 $e_k = e^{j\frac{2\pi k}{N}n}$ ($k = 0, 1, \cdots, N-1$) 叠加而成，而每个频率分量所占的比重 $\tilde{X}[k]$ 是离散傅里叶级数的展开式系数，并可以根据式 (7-6) 计算得到，即式 (7-6) 将 $\tilde{x}[n]$ 分解成 N 个不同频率的谐波分量。通常，称式 (7-6) 为分析公式，记作 $\tilde{X}[k] = \mathrm{DFS}(\tilde{x}[n])$；称式 (7-3) 为合成公式，记作 $\tilde{x}[n] = \mathrm{IDFS}(\tilde{X}[k])$；将式 (7-6) 和式 (7-3) 的可逆变换关系表示为：$\tilde{x}[n] \xleftrightarrow{\mathrm{DFS}} \tilde{X}[k]$。

特别地，$\tilde{x}[n]$ 和 $\tilde{X}[k]$ 在时域和频域分别是周期序列，而它们的每个周期都是长度为 N 的有限长非周期序列，因此周期序列 $\tilde{x}[n]$ 的离散傅里叶级数与有限长序列 $x[n]$ 的离散傅里叶变换（DFT）之间存在着内在的联系。

7.1.2　DFS 的简约表示

为了方便表示，经常用复变量 W_N 代替 $e^{-j\frac{2\pi}{N}}$，此时式 (7-6) 与式 (7-3) 所示的离散傅里叶级数及其逆级数可以表示为

$$\tilde{X}[k] = \sum_{n=0}^{N-1} \tilde{x}[n]W_N^{kn} \tag{7-8}$$

$$\tilde{x}[n] = \frac{1}{N}\sum_{k=0}^{N-1} \tilde{X}[k]W_N^{-nk} \tag{7-9}$$

特别地，W_N 的如下性质为 DFS 分析提供了便捷工具。

（1）周期性：

$$W_N^{n+rN} = W_N^n \cdot W_N^{rN} = W_N^n \tag{7-10}$$

（2）可约性：

$$W_N^{rn} = W_{N/r}^n, \quad W_{rN}^{rn} = W_N^n \tag{7-11}$$

（3）共轭性：

$$W_N^n = (W_N^{-n})^* = (W_N^*)^{-n} \tag{7-12}$$

（4）正交性：

$$\sum_{n=0}^{N-1} W_N^{nk}(W_N^{nm})^* = \sum_{n=0}^{N-1} W_N^{(k-m)n} = \begin{cases} N, & k-m = rN \\ 0, & k-m \neq rN \end{cases} \tag{7-13}$$

例 7.1 计算周期矩形脉冲序列的 **DFS**：$\tilde{x}[n]$ 是以 $N=10$ 为周期的矩形脉冲序列，且每个周期内矩形脉冲的长度是 5，即以 $N=10$ 为周期对 $R_5[n]$ 进行周期延拓而得到的序列，计算 $\tilde{x}[n]$ 的离散傅里叶级数 $\tilde{X}[k]$。

解 以 $N=10$ 为周期的矩形脉冲序列 $\tilde{x}[n]$，如图 7-2（a）所示，它的一个周期可以表示为

$$x[n] = \begin{cases} 1, & 0 \leqslant n \leqslant 4 \\ 0, & 5 \leqslant n \leqslant 9 \end{cases}$$

其波形如图 7-2（b）所示。

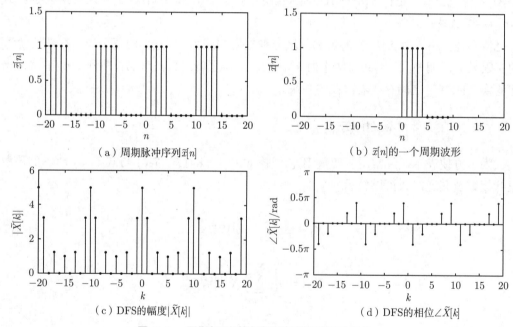

（a）周期脉冲序列 $\tilde{x}[n]$ （b）$\tilde{x}[n]$ 的一个周期波形

（c）DFS的幅度 $|\tilde{X}[k]|$ （d）DFS的相位 $\angle\tilde{X}[k]$

图 7-2 周期矩形脉冲序列的离散傅里叶级数

在计算 $\tilde{x}[n]$ 的离散傅里叶级数时，仅在一个周期范围内求和，即

$$\tilde{X}[k] = \sum_{n=0}^{9} \tilde{x}[n] W_{10}^{kn} = \sum_{n=0}^{4} W_{10}^{kn}$$

利用等比序列的求和公式，可以将 $\tilde{X}[k]$ 表示成封闭的形式，即

$$\tilde{X}[k] = \frac{1 - W_{10}^{5k}}{1 - W_{10}^{k}} = \frac{1 - \mathrm{e}^{-\mathrm{j}\frac{2\pi}{10}5k}}{1 - \mathrm{e}^{-\mathrm{j}\frac{2\pi}{10}k}} = \mathrm{e}^{-\mathrm{j}\frac{4\pi}{10}k} \frac{\sin(\pi k/2)}{\sin(\pi k/10)}$$

$\tilde{X}[k]$ 的幅度 $|\tilde{X}[k]|$ 和相位 $\angle\tilde{X}[k]$ 分别如图 7-2（c）和图 7-2（d）所示，可以看出 $|\tilde{X}[k]|$ 是以 N 为周期的偶函数，$\angle\tilde{X}[k]$ 是以 N 为周期的奇函数。

7.2 DFS 的主要性质

与连续时间傅里叶级数（CTFS）在模拟信号处理中的地位类似，离散傅里叶级数在数字信号分析中也得到广泛的应用。由于分析对象 $\tilde{x}[n]$ 及其 DFS 结果 $\tilde{X}[k]$ 都是周期序列，因此 DFS 的性质独具特色。

1. 线性性质

如果 $\tilde{x}[n]$ 和 $\tilde{y}[n]$ 是周期为 N 的序列，它们的离散傅里叶级数分别为 $\tilde{X}[k]$ 和 $\tilde{Y}[k]$，即 $\tilde{x}[n] \xleftrightarrow{\text{DFS}} \tilde{X}[k]$ 和 $\tilde{y}[n] \xleftrightarrow{\text{DFS}} \tilde{Y}[k]$，则

$$a\tilde{x}[n] + b\tilde{y}[n] \xleftrightarrow{\text{DFS}} a\tilde{X}[k] + b\tilde{Y}[k] \tag{7-14}$$

其中：a 和 b 是任意的常数。特别地，$a\tilde{X}[k] + b\tilde{Y}[k]$ 也是以 N 为周期的序列。可以将式 (7-14) 推广到多个周期序列的线性组合，即

$$\sum_{m=1}^{M} a_m\tilde{x}_m[n] \xleftrightarrow{\text{DFS}} \sum_{m=1}^{M} a_m\tilde{X}_m[k]$$

其中：$a_m(m = 1, 2, \cdots, M)$ 是任意的实数或复数。

2. 序列移位

如果 $\tilde{x}[n]$ 是周期为 N 的序列，它的离散傅里叶级数为 $\tilde{X}[k]$，即 $\tilde{x}[n] \xleftrightarrow{\text{DFS}} \tilde{X}[k]$，则

$$\tilde{x}[n+m] \xleftrightarrow{\text{DFS}} W_N^{-km}\tilde{X}[k] \tag{7-15}$$

其中：$m \in \mathbb{Z}$，是任意的整数。

证明 将 $\tilde{x}[n+m]$ 代入离散傅里叶级数的定义式

$$\text{DFS}(\tilde{x}[n+m]) = \sum_{n=0}^{N-1} \tilde{x}[n+m]W_N^{kn} = \sum_{r=m}^{N-1+m} \tilde{x}[r]W_N^{k(r-m)}$$

$$= W_N^{-mk} \sum_{r=m}^{N-1+m} \tilde{x}[r]W_N^{kr}, \quad r = n+m$$

由于 $\tilde{x}[n]$ 的平移不影响它的周期性，且求和过程在一个周期内进行，因此

$$\text{DFS}(\tilde{x}[n+m]) = W_N^{-mk}\tilde{X}[k] = \text{e}^{\text{j}\frac{2\pi}{N}mk}\tilde{X}[k]$$

假定在式 (7-15) 中，$m = pN + q$ $(p \in \mathbb{Z},\ q \in \mathbb{Z}$且$0 \leqslant q \leqslant N-1)$，根据 $\tilde{x}[n]$ 的周期性可以得到 $\tilde{x}[n+m] = \tilde{x}[n+q]$，即 $\tilde{x}[n]$ 在时域移位上存在着模糊性；再根据 W_N 的周期性可以得到 $W_N^{-mk}\tilde{X}[k] = W_N^{-qk}\tilde{X}[k]$，即 $\tilde{X}[k]$ 在相位变化上也存在着模糊性。因此，周期序列在时域上的移位模糊导致在频域上的相位模糊，通过式 (7-15) 得到了体现。

3. 调制特性

如果 $\tilde{x}[n]$ 是周期为 N 的序列，它的离散傅里叶级数为 $\tilde{X}[k]$，即 $\tilde{x}[n] \overset{\text{DFS}}{\longleftrightarrow} \tilde{X}[k]$，则

$$W_N^{mn}\tilde{x}[n] \overset{\text{DFS}}{\longleftrightarrow} \tilde{X}[k+m] \tag{7-16}$$

其中：m 是任意的整数。

证明 将 $W_N^{mn}\tilde{x}[n]$ 代入离散傅里叶级数的定义式

$$\text{DFS}(W_N^{mn}\tilde{x}[n]) = \sum_{n=0}^{N-1} (W_N^{mn}\tilde{x}[n]) W_N^{kn}$$

$$= \sum_{n=0}^{N-1} \tilde{x}[n] W_N^{(k+m)n} = \tilde{X}[k+m]$$

假定在式 (7-16) 中，$m = pN + q$ $(p \in \mathbb{Z}, q \in \mathbb{Z}$且$0 \leqslant q \leqslant N-1)$，根据 W_N 的周期性可以得到 $W_N^{mn} = W_N^{qn}$，从而得到 $W_N^{mn}\tilde{x}[n] = W_N^{pn}\tilde{x}[n]$，即 $\tilde{x}[n]$ 在时域的调制上存在着模糊；再根据 $\tilde{X}[k]$ 的周期性可以得到 $\tilde{X}[k+m] = \tilde{X}[k+q]$，即 $\tilde{X}[k]$ 在频域的移位上存在着模糊。因此，周期序列在时域的调制模糊导致在频域的移位模糊，通过式 (7-16) 得到了体现。

4. 对偶性质

如果 $\tilde{x}[n]$ 是周期为 N 的序列，它的离散傅里叶级数为 $\tilde{X}[k]$，即 $\tilde{x}[n] \overset{\text{DFS}}{\longleftrightarrow} \tilde{X}[k]$，则

$$\tilde{X}[n] \overset{\text{DFS}}{\longleftrightarrow} N\tilde{x}[-k] \tag{7-17}$$

比较 DFS 的定义式 (7-8) 和 IDFS 的定义式 (7-9) 可知：前者和后者之间在形式上的差别仅在于 $1/N$ 因子，以及 W_N 因子在指数上的符号，且它们在本质上都是周期为 N 的序列，因此在时域与频域之间存在着对偶关系。

证明 根据 IDFS 的定义式 (7-9) 可以得到

$$N\tilde{x}[-n] = \sum_{k=0}^{N-1} \tilde{X}[k] W_N^{kn}$$

交换变量 n 与变量 k 得

$$N\tilde{x}[-k] = \sum_{n=0}^{N-1} \tilde{X}[n] W_N^{nk} = \text{DFS}(\tilde{X}[n])$$

基于此得到对偶关系 $\tilde{X}[n] \overset{\text{DFS}}{\longleftrightarrow} N\tilde{x}[-k]$。

5. 时域周期卷积

如果 $\tilde{x}[n]$ 和 $\tilde{y}[n]$ 都是周期为 N 的序列，它们的离散傅里叶级数分别为 $\tilde{X}[k]$ 和 $\tilde{Y}[k]$，即：$\tilde{x}[n] \overset{\text{DFS}}{\longleftrightarrow} \tilde{X}[k]$ 与 $\tilde{y}[n] \overset{\text{DFS}}{\longleftrightarrow} \tilde{Y}[k]$，则

$$\sum_{m=0}^{N-1} \tilde{x}[m]\tilde{y}[n-m] \overset{\text{DFS}}{\longleftrightarrow} \tilde{X}[k]\tilde{Y}[k] \tag{7-18}$$

即 $\tilde{x}[n]$ 与 $\tilde{y}[n]$ 的时域周期卷积对应着 $\tilde{X}[k]$ 与 $\tilde{Y}[k]$ 的频域乘积。

证明 将 $\tilde{G}[k] = \tilde{X}[k]\tilde{Y}[k]$ 代入离散傅里叶逆级数的定义式

$$\tilde{g}[n] = \text{IDFS}(\tilde{G}[k]) = \frac{1}{N}\sum_{k=0}^{N-1}\left[\tilde{X}[k]\tilde{Y}[k]\right]W_N^{-kn}$$

用 $\tilde{X}[k]$ 的离散傅里叶级数展开式替换 $\tilde{X}[k]$

$$\tilde{g}[n] = \frac{1}{N}\sum_{k=0}^{N-1}\left[\sum_{m=0}^{N-1}\tilde{x}[m]W_N^{km}\right]\tilde{Y}[k]W_N^{-kn}$$

交换求和顺序，可以得到

$$\tilde{g}[n] = \sum_{m=0}^{N-1}\tilde{x}[m]\left[\frac{1}{N}\sum_{k=0}^{N-1}\tilde{Y}[k]W_N^{-k(n-m)}\right]$$

$$= \sum_{m=0}^{N-1}\tilde{x}[m]\tilde{y}[n-m] = \text{IDFS}(\tilde{X}[k]\tilde{Y}[k])$$

6. 频域周期卷积

如果 $\tilde{x}[n]$ 和 $\tilde{y}[n]$ 都是周期为 N 的序列，它们的离散傅里叶级数分别为 $\tilde{X}[k]$ 和 $\tilde{Y}[k]$，即 $\tilde{x}[n]\overset{\text{DFS}}{\longleftrightarrow}\tilde{X}[k]$ 与 $\tilde{y}[n]\overset{\text{DFS}}{\longleftrightarrow}\tilde{Y}[k]$，则

$$\tilde{x}[n]\tilde{y}[n]\overset{\text{DFS}}{\longleftrightarrow}\frac{1}{N}\sum_{m=0}^{N-1}\tilde{X}[m]\tilde{Y}[k-m] \tag{7-19}$$

即 $\tilde{x}[n]$ 与 $\tilde{y}[n]$ 的序列乘积对应着 $\tilde{X}[k]$ 与 $\tilde{Y}[k]$ 的周期卷积，且是它们与 $1/N$ 因子相乘的结果。

证明 将 $\tilde{f}[n] = \tilde{x}[n]\tilde{y}[n]$ 代入离散傅里叶级数的定义式

$$\tilde{F}[k] = \text{DFS}(\tilde{f}[n]) = \sum_{n=0}^{N-1}\left(\tilde{x}[n]\tilde{y}[n]\right)W_N^{nk}$$

用 $\tilde{x}[n]$ 的离散傅里叶逆级数展开式替换 $\tilde{x}[n]$

$$\tilde{F}[k] = \sum_{n=0}^{N-1}\left[\left(\frac{1}{N}\sum_{m=0}^{N-1}\tilde{X}[m]W_N^{-nm}\right)\tilde{y}[n]\right]W_N^{nk}$$

交换求和顺序，可以得到

$$\tilde{F}[k] = \frac{1}{N}\sum_{m=0}^{N-1}\tilde{X}[m]\left[\sum_{n=0}^{N-1}\tilde{y}[n]W_N^{(k-m)n}\right]$$

$$= \frac{1}{N}\sum_{m=0}^{N-1}\tilde{X}[m]\tilde{Y}[k-m] = \text{DFS}(\tilde{x}[n]\tilde{y}[n])$$

式 (7-18) 和式 (7-19) 构成了离散傅里叶级数及其逆级数的乘积和卷积的对偶关系。离散傅里叶级数还存在与离散时间傅里叶变换和 z 变换等类似的其他性质，此处不再赘述。深入理解 DFS 的基本性质，对掌握离散傅里叶变换非常重要。

7.3　离散傅里叶变换

虽然周期序列的离散傅里叶级数在理论分析上非常重要，但是实践中更关注如何将离散傅里叶级数理论用于有限长的序列。从定性的角度讲，可以将周期序列看作有限长序列的周期延拓，将有限长序列看作周期序列的一个周期，因此周期序列的离散傅里叶级数与有限长序列的离散傅里叶变换存在着内在的联系。

7.3.1　DFT 的定义

假定有限长序列 $x[n]$ 的长度为 N，且仅在 $n = 0$ 到 $n = N - 1$ 的范围内有非零值，在其他位置上取零值，即

$$x[n] = \begin{cases} x[n], & 0 \leqslant n \leqslant N-1 \\ 0, & \text{其他} \end{cases} \tag{7-20}$$

序列 $\tilde{x}[n]$ 是以 N 为周期，且对 $x[n]$ 延拓得到的序列，则

$$\tilde{x}[n] = \sum_{r=-\infty}^{\infty} x[n+rN], \quad r \in \mathbb{Z} \tag{7-21}$$

其中：称 $\tilde{x}[n]$ 的第一个周期 $x[n]$ 为"主值序列"，即

$$x[n] = \begin{cases} \tilde{x}[n], & 0 \leqslant n \leqslant N-1 \\ 0, & \text{其他} \end{cases} \tag{7-22}$$

称 $x[n]$ 的取值范围 $0 \leqslant n \leqslant N - 1$ 为"主值区间"。式 (7-21) 与式 (7-22) 的关系可以描述为：$\tilde{x}[n]$ 是 $x[n]$ 的周期延拓，$x[n]$ 是 $\tilde{x}[n]$ 的主值序列，具体实例如图 7-3 所示。

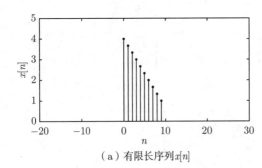

（a）有限长序列$x[n]$

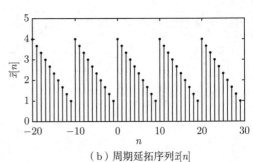

（b）周期延拓序列$\tilde{x}[n]$

图 7-3　有限长序列及其周期延拓序列实例

根据离散傅里叶级数及其逆级数的定义式

$$\tilde{X}[k] = \sum_{n=0}^{N-1} \tilde{x}[n] W_N^{kn} \tag{7-23}$$

$$\tilde{x}[n] = \frac{1}{N}\sum_{k=0}^{N-1}\tilde{X}[k]W_N^{-kn} \tag{7-24}$$

可以看出，它们的求和范围都限定在主值区间，适用于 $\tilde{x}[n]$ 和 $\tilde{X}[k]$ 的主值序列 $x[n]$ 和 $X[k]$。因此，定义有限长序列的离散傅里叶变换及其反变换如下：

假定序列 $x[n]$ 的长度为 N，它的离散傅里叶变换 $X[k]$ 依然是长度为 N 的序列，$x[n]$ 和 $X[k]$ 满足可逆变换关系

$$X[k] = \sum_{n=0}^{N-1}x[n]W_N^{kn}, \quad 0\leqslant k\leqslant N-1 \tag{7-25}$$

$$x[n] = \frac{1}{N}\sum_{k=0}^{N-1}X[k]W_N^{-kn}, \quad 0\leqslant n\leqslant N-1 \tag{7-26}$$

根据式 (7-25) 和式 (7-26)，可知 $x[n]$ 可以唯一地确定 $X[k]$，反之亦然。特别地，$x[n]$ 和 $X[k]$ 都是有 N 个独立数值的序列，即它们相互包含等量的信息。与离散傅里叶级数类似，称式 (7-25) 为分析公式，记作 $X[k] = \mathrm{DFT}(x[n])$；称式 (7-26) 为合成公式，记作 $x[n] = \mathrm{IDFT}(X[k])$；式 (7-25) 与式 (7-26) 的可逆变换关系表示为 $x[n]\xleftrightarrow{\mathrm{DFT}}X[k]$。

例 7.2 计算矩形脉冲序列的 **DFT**：假定 $x[n]$ 是长度为 N 的矩形脉冲序列，且非零数值的有效范围是 $0\leqslant n\leqslant M-1\,(M\leqslant N)$，它可以表示为

$$x[n] = \begin{cases} 1, & 0\leqslant n\leqslant M-1 \\ 0, & M\leqslant n\leqslant N-1 \end{cases}$$

计算 $x[n]$ 的离散傅里叶变换 $X[k]$。

解：将序列 $x[n]$ 代入离散傅里叶变换的定义式 (7-25)

$$X[k] = \sum_{n=0}^{N-1}x[n]W_N^{nk} = \sum_{n=0}^{M-1}W_N^{nk}$$

使用等比序列的求和公式，可以得到

$$X[k] = \sum_{n=0}^{M-1}\mathrm{e}^{-\mathrm{j}\frac{2\pi}{N}nk} = \mathrm{e}^{-\mathrm{j}\frac{(M-1)\pi}{N}k}\frac{\sin(\pi k/2)}{\sin(\pi k/N)}$$

当 $N=21$ 且 $M=5$ 时，$x[n]$ 和 $|X[k]|$ 分别如图 7-4（a）和图 7-4（b）所示。

对比 DFS-IDFS 的定义式 (7-23) 与式 (7-24) 和 DFT-IDFT 的定义式 (7-25) 与式 (7-26) 可以发现，无论是正变换还是反变换，它们都存在着周期序列与其主值序列的对应关系。为了简化描述，引入运算符号 $((n))_N$，用以表示"n 对 N 取余数"或"n 对 N 取模值"。

对于任意整数 $n\in\mathbb{Z}$，如果用 N 除 n 得到商 r 和余数 m，即 $n=rN+m$，其中 $r\in\mathbb{Z}$ 且 $0\leqslant m\leqslant N-1$，则 $((n))_N = ((r\times N+m))_N = m$。例如，当 $N=7$ 时，由于 $19=2\times 7+5$，因此 $((19))_7=5$；由于 $-12=-2\times 7+2$，因此 $((-12))_7=2$。

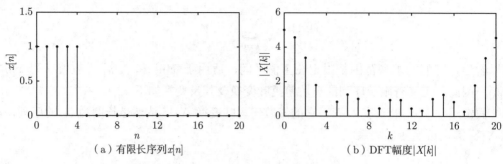

图 7-4　有限长序列及其离散傅里叶变换实例

假定 $\tilde{f}[n]$ 是周期为 N 的序列,其主值序列 $f[n]$ $(0 \leqslant n \leqslant N - 1)$。如果 $\tilde{f}[n]$ 的下标表示为 $n = rN + m$ $(r \in \mathbb{Z}$且$0 \leqslant m \leqslant N - 1)$ 时,则 $\tilde{f}[n]$ 的值与 $f[m]$ 的值相等,即 $\tilde{f}[n] = \tilde{f}[rN + m] = \tilde{f}[m] = f[m] = f((n))_N$。例如,$\tilde{f}[n]$ 是周期为 $N = 7$ 的序列,$f[n]$ 是它的主值序列,则 $\tilde{f}[19] = f((19))_7 = f[5]$,$\tilde{f}[-12] = f((-12))_7 = f[2]$。

因此,利用取余数运算 $((n))_N$ 可以将式 (7-21) 所示的周期延拓运算和式 (7-22) 所示的主值抽取运算表示为

$$\tilde{x}[n] = x((n))_N, \quad x[n] = \tilde{x}[n]R_N[n] \tag{7-27}$$

其中:$R_N[n]$ 是长度为 N 的矩形序列。同理,周期序列 $\tilde{x}[n]$ 的离散傅里叶级数 $\tilde{X}[k]$ 与其主值序列 $x[n]$ 的离散傅里叶变换 $X[k]$ 的对应关系可以表示为

$$\tilde{X}[k] = X((k))_N, \quad X[k] = \tilde{X}[k]R_N[k] \tag{7-28}$$

7.3.2　与其他变换的关系

根据 7.3.1 节可知,离散傅里叶变换与其反变换构成了可逆变换关系。假定 $x[n]$ 是长度为 N 的序列,它的离散傅里叶变换定义为

$$X[k] = \sum_{n=0}^{N-1} x[n]W_N^{nk}, \quad 0 \leqslant k \leqslant N - 1 \tag{7-29}$$

令 $W_N = \mathrm{e}^{-\mathrm{j}\frac{2\pi}{N}}$,可以将式 (7-29) 表示成等价的形式,即

$$X[k] = \sum_{n=0}^{N-1} x[n]\mathrm{e}^{-\mathrm{j}\frac{2\pi}{N}kn}, \quad 0 \leqslant k \leqslant N - 1 \tag{7-30}$$

1. DFT 与 DFS 的关系

对有限长序列 $x[n]$ 进行以 N 为周期的延拓,可以得到周期序列 $\tilde{x}[n]$,它的离散傅里叶级数 $\tilde{X}[k]$ 也是以 N 为周期的序列,即

$$\tilde{X}[k] = \sum_{n=0}^{N-1} \tilde{x}[n]\mathrm{e}^{-\mathrm{j}\frac{2\pi}{N}nk} = \sum_{n=0}^{N-1} x[n]\mathrm{e}^{-\mathrm{j}\frac{2\pi}{N}nk} \tag{7-31}$$

比较式 (7-30) 与式 (7-31) 可以看出，如果限定式 (7-31) 中的 k 值位于主值区间，即 $0 \leqslant k \leqslant N-1$，则可以从 $\tilde{X}[k]$ 中提取出 $X[k]$，即

$$X[k] = \tilde{X}[k]\Big|_{0 \leqslant k \leqslant N-1} = \tilde{X}[k]R_N[k] \tag{7-32}$$

再利用 $W_N^{nk} = \mathrm{e}^{-\mathrm{j}\frac{2\pi}{N}nk}$ 的周期性，可以得到

$$\tilde{X}[k] = X[k+rN] = X((k))_N, \quad r \in \mathbb{Z} \tag{7-33}$$

因此，离散傅里叶变换与离散傅里叶级数之间的内在关系可以描述为：$X[k]$ 是 $\tilde{X}[k]$ 的主值序列，而 $\tilde{X}[k]$ 是 $X[k]$ 的周期延拓。有限长序列 $x[n]$ 及其 DFT 结果 $X[k]$ 如图 7-5（a）和图 7-5（b）所示；对应的周期延拓序列 $\tilde{x}[n]$ 及其 DFS 结果 $\tilde{X}[k]$ 如图 7-5（c）和图 7-5（d）所示。

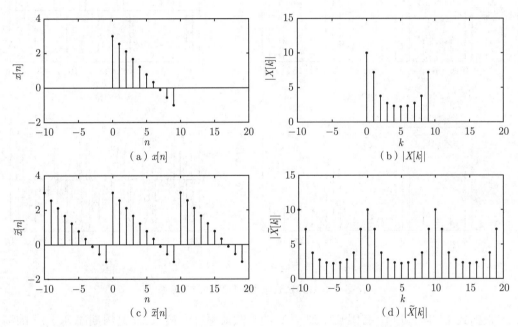

图 7-5　有限长序列及其 DFT 与它对应的周期序列及其 DFS

2. DFT 与 DTFT 的关系

对于长度为 N 的序列 $x[n]$ $(0 \leqslant n \leqslant N-1)$，它的离散时间傅里叶变换为

$$\tilde{X}(\mathrm{e}^{\mathrm{j}\omega}) = \sum_{n=-\infty}^{\infty} x[n]R_N[n]\mathrm{e}^{-\mathrm{j}\omega n} = \sum_{n=0}^{N-1} x[n]\mathrm{e}^{-\mathrm{j}\omega n} \tag{7-34}$$

$\tilde{X}(\mathrm{e}^{\mathrm{j}\omega})$ 是以 2π 为周期的连续函数。为了论述方便，在式 (7-34) 中用 $\tilde{X}(\mathrm{e}^{\mathrm{j}\omega})$ 代替 $X(\mathrm{e}^{\mathrm{j}\omega})$。序列 $x[n]$ 经过以 N 为周期的延拓，得到周期序列 $\tilde{x}[n]$ 的离散傅里叶级数表示为

$$\tilde{X}[k] = \sum_{n=0}^{N-1} \tilde{x}[n]\mathrm{e}^{-\mathrm{j}\frac{2\pi}{N}kn} = \sum_{n=0}^{N-1} x[n]\mathrm{e}^{-\mathrm{j}\frac{2\pi}{N}kn} \tag{7-35}$$

如果令 $\omega = 2\pi k/N$，则式 (7-34) 转化成式 (7-35)。因此，可以将 $\tilde{X}[k]$ 看作是对连续函数 $X(\mathrm{e}^{\mathrm{j}\omega})$ 的频域等间隔采样，即

$$\tilde{X}[k] = \tilde{X}(\mathrm{e}^{\mathrm{j}\omega})\Big|_{\omega = \frac{2\pi}{N}k}, \quad k \in \mathbb{Z} \tag{7-36}$$

周期序列 $\tilde{x}[n]$ 的 DFS 结果为 $\tilde{X}[k]$，它的幅度 $|\tilde{X}[k]|$ 和相位 $\angle\tilde{X}[k]$ 分别如图 7-6（a）和图 7-6（b）所示；主值序列 $x[n]$ 的 DTFT 结果为 $\tilde{X}(\mathrm{e}^{\mathrm{j}\omega})$，它的幅度 $|\tilde{X}(\mathrm{e}^{\mathrm{j}\omega})|$ 和相位 $\angle\tilde{X}(\mathrm{e}^{\mathrm{j}\omega})$ 分别如图 7-6（c）和图 7-6（d）中的虚线所示。可以看出，$|\tilde{X}[k]|$ 和 $\angle\tilde{X}[k]$ 分别是 $|\tilde{X}(\mathrm{e}^{\mathrm{j}\omega})|$ 和 $\angle\tilde{X}(\mathrm{e}^{\mathrm{j}\omega})$ 的等间隔采样，即 $\tilde{X}[k]$ 是 $\tilde{X}(\mathrm{e}^{\mathrm{j}\omega})$ 的频域等间隔采样。

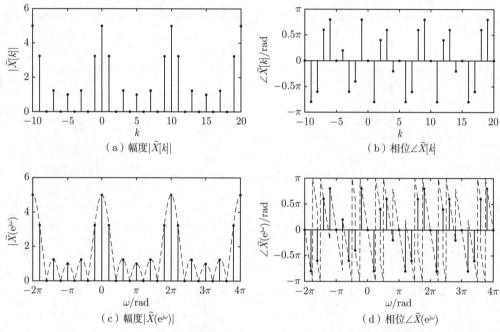

（a）幅度 $|\tilde{X}[k]|$ （b）相位 $\angle\tilde{X}[k]$

（c）幅度 $|\tilde{X}(\mathrm{e}^{\mathrm{j}\omega})|$ （d）相位 $\angle\tilde{X}(\mathrm{e}^{\mathrm{j}\omega})$

图 7-6　DFS 与 DTFT 的内在联系

根据式 (7-34) 可知，有限长序列 $x[n]$ 的离散傅里叶变换 $X[k]$ 是周期序列 $\tilde{x}[n]$ 的离散傅里叶级数 $\tilde{X}[k]$ 的主值序列，再根据式 (7-36) 可以得到

$$X[k] = \tilde{X}(\mathrm{e}^{\mathrm{j}\omega})\Big|_{\omega = \frac{2\pi}{N}k} \cdot R_N[k] \tag{7-37}$$

因此，离散傅里叶变换与离散时间傅里叶变换的内在关系可以描述为：$X[k]$ 是对 $\tilde{X}(\mathrm{e}^{\mathrm{j}\omega})$ 等间隔采样的主值序列。由于 $X(\mathrm{e}^{\mathrm{j}\omega})$ 的主值区间为 $[0, 2\pi)$，因此 $X[k]$ 的下标 k 对应的数字频率 $\omega_k = 2\pi k/N$ $(0 \leqslant k \leqslant N-1)$，频域采样间隔为 $\Delta\omega = 2\pi/N$。

3. DFT 与 z 变换的关系

对于长度为 N 的序列 $x[n]$ $(0 \leqslant n \leqslant N-1)$，它的 z 变换（ZT）表示为

$$X(z) = \sum_{n=-\infty}^{\infty} (x[n]R_N[n])\, z^{-n} = \sum_{n=0}^{N-1} x[n]z^{-n} \tag{7-38}$$

$X(z)$ 的收敛域是除去 $z = 0$ 以外的整个 z 平面。与此同时，$x[n]$ 的离散时间傅里叶变换 $X(\mathrm{e}^{\mathrm{j}\omega})$ 反映了 z 变换 $X(z)$ 在单位圆周上的情况，即

$$\tilde{X}(\mathrm{e}^{\mathrm{j}\omega}) = X(z)\Big|_{z=\mathrm{e}^{\mathrm{j}\omega}} \tag{7-39}$$

根据式 (7-36) 与式 (7-39) 可知：周期序列 $\tilde{x}[n]$ 的离散傅里叶级数 $\tilde{X}[k]$，是对应主值序列 $x[n]$ 的 z 变换 $X(z)$ 在单位圆周上的等间隔采样的结果，即

$$\tilde{X}[k] = X(z)\Big|_{z=\mathrm{e}^{\mathrm{j}\frac{2\pi}{N}k}}, \quad k \in \mathbb{Z} \tag{7-40}$$

由于 $x[n]$ 的 DFT 结果 $X[k]$ 是 $\tilde{X}[k]$ 的主值序列，即 $X[k] = \tilde{X}[k]R_N[n]$，因此令 $z = \mathrm{e}^{\mathrm{j}\frac{2\pi}{N}k}$ $(k = 0, 1, \cdots, N-1)$，可以根据式 (7-40) 直接得到 $X[k]$，即

$$X[k] = X(z)|_{z=\mathrm{e}^{\mathrm{j}\frac{2\pi}{N}k}}, \quad 0 \leqslant k \leqslant N-1 \tag{7-41}$$

式 (7-41) 所示的等间隔采样实例如图 7-7 所示。假定 $x[n]$ 是有效区间为 $0 \leqslant n \leqslant M-1$、长度为 N $(M \leqslant N)$ 的矩形脉冲序列，当 $M = 8$ 且 $N = 30$ 时，序列 $x[n]$ 如图 7-7（a）所示；$x[n]$ 的离散时间傅里叶变换的幅度特性 $|X(\mathrm{e}^{\mathrm{j}\omega})|$ 如图 7-7（b）中的虚线所示，$x[n]$ 的离散傅里叶变换的幅度特性 $|X[k]|$ 是 $|X(\mathrm{e}^{\mathrm{j}\omega})|$ 在 $[0, 2\pi]$ 的等间隔采样结果；式 (7-41) 所示的 $X[k]$ 和 $X(z)$ 之间的复频域采样关系，如图 7-7（c）所示；用三维图形描述的 $|X[k]|$ 和 $|X(z)|$ 之间的幅度采样关系，如图 7-7（d）所示。

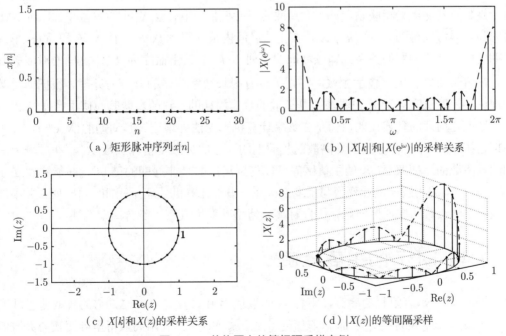

（a）矩形脉冲序列 $x[n]$　　　　　　（b）$|X[k]|$ 和 $|X(\mathrm{e}^{\mathrm{j}\omega})|$ 的采样关系

（c）$X[k]$ 和 $X(z)$ 的采样关系　　　　　　（d）$|X(z)|$ 的等间隔采样

图 7-7　单位圆上的等间隔采样实例

通过上述分析，离散傅里叶变换与 z 变换的关系可以描述为：$X[k]$ 是 $X(z)$ 在单位圆周上（$z = \mathrm{e}^{\mathrm{j}\omega}$）且在主值区间内（$0 \leqslant \omega < 2\pi$）的等间隔采样，其中 $z_k = \mathrm{e}^{\mathrm{j}\frac{2\pi}{N}k}$ 是 N 等分单位圆周的第 k 个采样位置，对应的数字频率 $\omega_k = 2\pi k/N$ $(k = 0, 1, \cdots, N-1)$。

4. 三种变换关系汇总

综上所述，有限长序列 $x[n]$ 的离散傅里叶变换为 $X[k]$，离散时间傅里叶变换为 $X(\mathrm{e}^{\mathrm{j}\omega})$，$z$ 变换（ZT）为 $X(z)$，$\tilde{x}[n]$ 是 $x[n]$ 的周期延拓序列，它的离散傅里叶级数为 $\tilde{X}[k]$。上述变换之间的相互关系如图 7-8 所示。

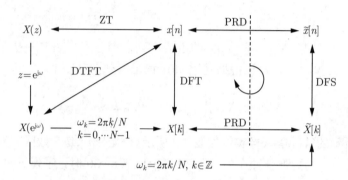

图 7-8　DFT 与 DFS、DTFT、ZT 关系（PRD 代表周期延拓与主值抽取关系）

序列 $x[n]$ 和 $X(z)$ 通过 z 变换及其反变换相联系，序列 $x[n]$ 和 $X(\mathrm{e}^{\mathrm{j}\omega})$ 通过离散时间傅里叶变换及其反变换相联系；当 $z = \mathrm{e}^{\mathrm{j}\omega}$ 时 $X(z)$ 退化成 $X(\mathrm{e}^{\mathrm{j}\omega})$，即 $X(\mathrm{e}^{\mathrm{j}\omega})$ 反映 $X(z)$ 在单位圆上的情况。对序列 $x[n]$ 进行周期延拓得到序列 $\tilde{x}[n]$，而 $\tilde{x}[n]$ 和 $\tilde{X}[k]$ 通过离散傅里叶级数及其逆级数相联系，$x[n]$ 的离散傅里叶变换 $X[k]$ 是 $\tilde{X}[k]$ 的主值序列，对 $X(\mathrm{e}^{\mathrm{j}\omega})$ 等间隔采样可以得到 $\tilde{X}[k]$ $(k \in \mathbb{Z})$，在主值区间内采样得到 $X[k]$，而 $\tilde{X}[k]$ 和 $X[k]$ 形成了周期延拓与主值抽取的关系，即频域周期序列 $\tilde{X}[k]$ 与其主值序列 $X[k]$ 之间的对应关系。

在科学研究和工程技术领域，特别关注有限长数字信号的分析与处理。根据傅里叶分析理论，有限长信号 $x[n]$ 在时域上是离散的且非周期的，它的离散时间傅里叶变换 $X(\mathrm{e}^{\mathrm{j}\omega})$ 在频域上是周期的且连续的，但是在数字计算机上无法处理连续且周期的 $X(\mathrm{e}^{\mathrm{j}\omega})$。$x[n]$ 的周期延拓序列 $\tilde{x}[n]$ 在时域上是离散的且周期的，它的离散傅里叶级数 $\tilde{X}[k]$ 在频域上是周期的且离散的。抽取 $\tilde{X}[k]$ 的主值区间可以得到离散的且非周期的 $X[k]$，即能够建立 $x[n]$ 和 $X[k]$ 之间的离散傅里叶变换与反变换关系。由于计算机处理 $x[n]$ 和 $X[k]$ 时，并不涉及离散傅里叶级数的周期性问题，因此称离散傅里叶变换具有"隐含周期特性"。

7.4　DFT 的主要性质

假定 $x[n]$ 是有限长的序列，下标 n 的取值为 $0 \leqslant n \leqslant N-1$，它的离散傅里叶变换 $X[k]$ 也是有限长的序列，下标 k 取值为 $0 \leqslant k \leqslant N-1$。利用离散傅里叶变换与离散傅里叶级数的内在联系，可以直接得到 DFT 的主要性质。

7.4.1　主要性质

1. 线性性质

如果 $x[n]$ 和 $y[n]$ 都是有限长序列，它们的离散傅里叶变换分别是 $X[k] = \mathrm{DFT}(x[n])$ 和 $Y[k] = \mathrm{DFT}(y[n])$，则

$$\mathrm{DFT}(ax[n] + by[n]) = aX[k] + bY[k] \tag{7-42}$$

其中：a 和 b 是常数。特别注意：①如果 $x[n]$ 和 $y[n]$ 的长度都为 N，则 $aX[k] + bY[k]$ 是长度为 N 的频域序列；②如果 $x[n]$ 的长度为 M，$y[n]$ 的长度为 N，则需要对 $x[n]$ 和 $y[n]$ 进行补零运算，使它们达到相同的长度 $L \geqslant \max(M, N)$。补零序列的线性组合 $ax[n] + by[n]$ 及其 DFT 运算结果 $aX[k] + bY[k]$ 是长度为 L 的序列，此时 DFT 的计算公式为

$$X[k] = \sum_{n=0}^{L-1} x[n]\mathrm{e}^{-\mathrm{j}\frac{2\pi}{L}nk} = \sum_{n=0}^{L-1} x[n]W_L^{nk} \tag{7-43}$$

因此，只有计算相同长度序列的离散傅里叶变换，式 (7-42) 所示的线性特性才有意义。

2. 圆周移位

如果序列 $x[n]$ 的长度为 N，它的离散傅里叶变换 $X[k] = \mathrm{DFT}(x[n])$，则圆周移位序列 $x_m[n] = x((n+m))_N R_N[n]$ 的离散傅里叶变换为

$$X_m[k] = \mathrm{DFT}(x_m[n]) = W_N^{-mk}X[k] \tag{7-44}$$

圆周移位的运算过程如下：首先以 N 为周期对 $x[n]$ 进行延拓，得到周期序列 $\tilde{x}[n]$；其次对 $\tilde{x}[n]$ 进行移位，得到移位的序列 $\tilde{x}[n+m]$；最后抽取 $\tilde{x}[n+m]$ 的主值区间 $(0 \leqslant n \leqslant N-1)$，得到主值序列 $x_m[n] = \tilde{x}[n+m]R_N[n] = x((n+m))_N R_N[n]$。有限长序列 $x[n]$ 的圆周移位实例如图 7-9 所示。

证明　根据离散傅里叶变换的定义式，可以得到

$$X_m[k] = \mathrm{DFT}\left(x((n+m))_N R_N[n]\right) = \mathrm{DFT}(\tilde{x}[n+m]R_N[n])$$

根据 DFS 与 DFT 的关系

$$X[k] = \tilde{X}[k]R_N[k]$$

可以得到

$$X_m[k] = \mathrm{DFS}(\tilde{x}[n+m]) \cdot R_N[k]$$

再利用 DFS 的移位性质：$\mathrm{DFS}(\tilde{x}[n+m]) = W_N^{-mk}\tilde{X}[k]$，可以得证

$$X_m[k] = W_N^{-mk}\tilde{X}[k] \cdot R_N[k] = W_N^{-mk}X[k]$$

式 (7-44) 表明：在时域对 $x[n]$ 进行圆周移位，等同于在频域引入因子 $W_N^{-mk} = \mathrm{e}^{\mathrm{j}\frac{2\pi}{N}km}$，产生的相位 $2\pi km/N$ 与频率 $\omega_k = 2\pi k/N$ 成正比，且不改变 $X[k]$ 的幅度特性。

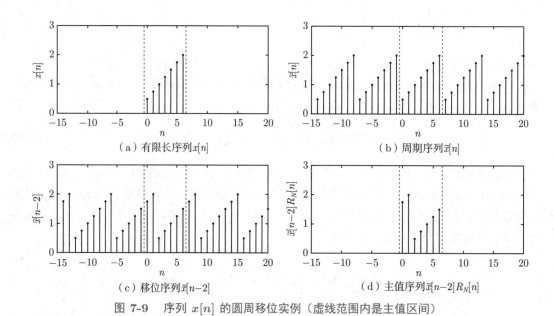

图 7-9　序列 $x[n]$ 的圆周移位实例（虚线范围内是主值区间）

3. 调制特性

如果序列 $x[n]$ 的长度为 N，它的离散傅里叶变换为 $X[k]$，则 $X_m[k] = X((k+m))_N R_N[n]$ 的离散傅里叶反变换为

$$\text{IDFT}(X((k+m))_N R_N[n]) = W_N^{mn} x[n] \tag{7-45}$$

证明　根据离散傅里叶反变换的定义式

$$x_m[n] = \text{IDFT}(X((k+m))_N R_N[n]) = \text{IDFT}(\tilde{X}[k+m] R_N[k])$$

利用 $x[n]$ 和 $\tilde{x}[n]$ 的关系 $x[n] = \tilde{x}[n] R_N[n]$，可以得到

$$x_m[n] = \text{IDFS}(\tilde{X}[k+m]) \cdot R_N[n]$$

再利用 DFS 的调制性质 $\text{IDFS}(\tilde{X}[k+m]) = W_N^{mn} \tilde{x}[n]$，可以得出

$$x_m[n] = W_N^{mn} \tilde{x}[n] \cdot R_N[n] = W_N^{mn} x[n]$$

式 (7-45) 表明，在时域对 $x[n]$ 进行调制（与 W_N^{mn} 相乘），等效于在频域对 $X[k]$ 进行圆周移位。式 (7-44) 与式 (7-45) 共同构成了 DFT 的圆周移位关系。

4. 对偶性质

假定序列 $x[n]$ 的长度为 N，它的离散傅里叶变换 $X[k] = \text{DFT}(x[n])$。如果将 $X[k]$ 中的 k 换成 n，则 $X[n]$ 的离散傅里叶变换为

$$\text{DFT}(X[n]) = N x[N-k] \tag{7-46}$$

证明　离散傅里叶变换与离散傅里叶级数之间存在着本质联系，为了方便，采用周期序列的对偶性进行证明。因为 $x[n]$ 是 $\tilde{x}[n]$ 的主值序列，$\tilde{x}[n]$ 是 $x[n]$ 的周期延拓，因此根据 DFS 的对偶关系 $\tilde{X}[n] \xleftrightarrow{\text{DFS}} N\tilde{x}[-k]$ 可得

$$\text{DFT}(X[n]) = \text{DFT}(\tilde{X}[n]R_N[n]) = N\tilde{x}[-k]R_N[k]$$

利用时域关系 $x[k] = \tilde{x}[k]R_N[k] = x((k))_N R_N[k]$，可得

$$\text{DFT}(X[n]) = Nx((-k))_N \cdot R_N[k]$$

由于 $x((-k))_N$ 以 N 为周期的，因此得到

$$\text{DFT}(X[n]) = Nx((N-k))_N R_N[k] = Nx[N-k]$$

5. 共轭对称性

如果序列 $x[n]$ 的长度为 N，它的离散傅里叶变换为 $X[k] = \text{DFT}(x[n])$，则复数共轭序列 $x^*[n]$ 的离散傅里叶变换为

$$\text{DFT}(x^*[n]) = X^*[N-k] \tag{7-47}$$

证明　将 $x^*[n]$ 代入离散傅里叶变换定义式，可以得到

$$\text{DFT}(x^*[n]) = \sum_{n=0}^{N-1} x^*[n]W_N^{nk} = \left[\sum_{n=0}^{N-1} x[n]W_N^{-nk}\right]^*$$

其中：$0 \leqslant k \leqslant N-1$。由于 $W_N^{nN} = \text{e}^{-\text{j}\frac{2\pi}{N}nN} = \text{e}^{-\text{j}2\pi n} = 1$

$$\text{DFT}(x^*[n]) = \left[\sum_{n=0}^{N-1} x[n]W_N^{-nk}W_N^{nN}\right]^* = \left[\sum_{n=0}^{N-1} x[n]W_N^{(N-k)n}\right]^*$$

因此当 $0 \leqslant k \leqslant N-1$ 时，可以得到

$$\text{DFT}(x^*[n]) = X^*((N-k))_N \cdot R_N[k] = X^*[N-k]$$

根据 DFT 的定义，$X[k]$ 只有 N 个有效值 $(0 \leqslant k \leqslant N-1)$。当 $k=0$ 时，$X^*((N-0))_N = X^*((N))_N = X^*[0]$，而不是 $X^*((N-0))_N = X^*((N))_N = X^*[N]$，因为 $X[N]$ 超出了主值区间。严格地讲，当 $k=0$ 时，不能使用等式 $X^*((N-k))_N = X^*[N-k]$，因此式 (7-47) 的严格形式应该为 $\text{DFT}(x^*[n]) = X^*((N-k))_N$。由于 $X[k]$ 位于 N 等分的单位圆周上，而圆周的起点就是终点，即满足 $X[N] = X[0]$，因此习惯上仍使用式 (7-47) 描述共轭对称性质。

6. 帕瑟法尔定理

如果序列 $x[n]$ 的长度为 N，它的离散傅里叶变换为 $X[k] = \mathrm{DFT}(x[n])$，则

$$\sum_{n=0}^{N-1} |x[n]|^2 = \frac{1}{N} \sum_{n=k}^{N-1} |X[k]|^2 \qquad (7\text{-}48)$$

证明 式 (7-48) 左侧的求和项可以表示为

$$\sum_{n=0}^{N-1} |x[n]|^2 = \sum_{n=0}^{N-1} x[n]x^*[n] = \left. \sum_{n=0}^{N-1} x[n]y^*[n] \right|_{x[n]=y[n]}$$

将 $y[n]$ 的 IDFT 表达式代入等式的右端

$$\sum_{n=0}^{N-1} x[n]y^*[n] = \sum_{n=0}^{N-1} x[n] \left[\frac{1}{N} \sum_{k=0}^{N-1} Y[k]W_N^{-nk} \right]^*$$

交换 n 与 k 的求和顺序，可以得到

$$\sum_{n=0}^{N-1} x[n]y^*[n] = \frac{1}{N} \sum_{k=0}^{N-1} Y^*[k] \left[\sum_{n=0}^{N-1} x[n]W_N^{nk} \right]$$

由于括号内求和项是 $x[n]$ 的 DFT 定义式，因此

$$\sum_{n=0}^{N-1} x[n]y^*[n] = \frac{1}{N} \sum_{k=0}^{N-1} X[k]Y^*[k]$$

当 $x[n] = y[n]$ 时，可得到式 (7-48) 所示的帕瑟法尔（Parseval）定理。

如果将具有 $\sum |x[n]|^2$ 形式的求和结果赋予"能量"的概念（并非真实的能量），则式 (7-48) 体现了能量守恒的基本思想——时域的"能量"等于频域的"能量"，它是能量守恒定律在离散傅里叶变换中的表现。在其他形式的傅里叶分析方法中，如离散时间傅里叶变换，也存在着类似形式的帕瑟法尔定理。

7. 圆周卷积

如果序列 $x[n]$ 和 $y[n]$ 的长度都为 N，它们的离散傅里叶变换分别为 $X[k] = \mathrm{DFT}(x[n])$ 和 $Y[k] = \mathrm{DFT}(y[n])$，则 $G[k] = X[k]Y[k]$ 的离散傅里叶反变换为

$$g[n] = \mathrm{IDFT}(X[k]Y[k]) = \sum_{m=0}^{N-1} x[m]y((n-m))_N R_N[n] \qquad (7\text{-}49)$$

证明 可以将式 (7-49) 右端看作 $\tilde{x}[n]$ 与 $\tilde{y}[n]$ 进行周期卷积后再取主值序列。如果将 $Z[k] = X[k]Y[k]$ 进行以 N 为周期的延拓，则得到周期序列 $\tilde{Z}[k] = \tilde{X}[k]\tilde{Y}[k]$。根据离散傅里叶级数（DFS）的卷积性质，可以得到

$$\tilde{g}[n] = \sum_{m=0}^{N-1} \tilde{x}[m]\tilde{y}[n-m] = \sum_{m=0}^{N-1} x((m))_N y((n-m))_N$$

当 $0 \leqslant m \leqslant N-1$ 时，$x((m))_N = x[m]$，可以得到

$$g[n] = \tilde{g}[n]R_N[n] = \left[\sum_{m=0}^{N-1} x[m]y((n-m))_N \right] R_N[n]$$

同理，经过简单的变量换元，也可以得到

$$g[n] = \tilde{g}[n]R_N[n] = \left[\sum_{m=0}^{N-1} y[m]x((n-m))_N \right] R_N[n]$$

根据式 (7-49) 可知，卷积计算只在主值区间 $(0 \leqslant m \leqslant N-1)$ 内进行，而又可以将 $y((n-m))_N$ 看作是均匀分布在圆周上的 N 个值 $\{y[n]|n=0,1,\cdots,N-1\}$ 的圆周移位（又称循环移位），因此称式 (7-49) 所示的卷积为"圆周卷积"，记作 $g[n] = x[n] \circledast y[n]$，以区别于线性卷积 $g[n] = x[n] * y[n]$。有限长序列 $x[n]$ 与 $y[n]$ 的圆周卷积实例如图 7-10 所示。

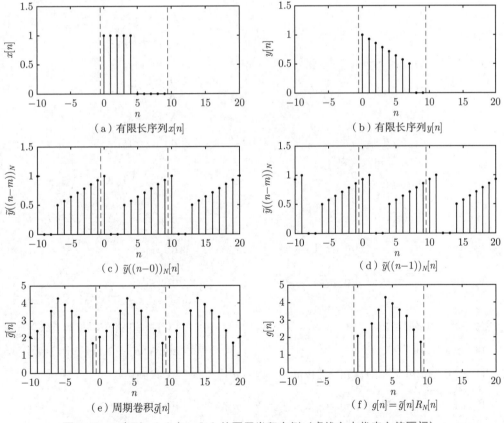

图 7-10 序列 $x[n]$ 与 $y[n]$ 的圆周卷积实例（虚线之内代表主值区间）

同理可以证明：如果序列 $x[n]$ 和 $y[n]$ 的长度都为 N，它们的离散傅里叶变换分别为 $X[k] = \mathrm{DFT}(x[n])$ 和 $Y[k] = \mathrm{DFT}(y[n])$，则 $g[n] = x[n]y[n]$ 的离散傅里叶变换为

$$G[k] = \mathrm{DFT}(x[n]y[n]) = \frac{1}{N}\sum_{m=0}^{N-1} X[m]Y((k-m))_N R_N[k] \tag{7-50}$$

式 (7-49) 与式 (7-50) 分别表示时域圆周卷积和频域圆周卷积。特别地，参与圆周卷积的两个序列的长度必须相同且需要进行圆周移位，这与线性卷积明显不同。

7.4.2 性质列表

第 7.4.1 节讨论了离散傅里叶变换的主要性质，此外，类似于离散时间傅里叶变换、z 变换和离散傅里叶级数的其他性质，如表 7-1 所示。

表 7-1　DFT 的性质（序列长度为 N）

序号	序列	离散傅里叶变换（DFT）的性质
1	$ax_1[n] + bx_2[n]$	$aX_1[k] + bX_2[k]$
2	$x((n+m))_N R_N[n]$	$W_N^{-mk} X[k]$
3	$X[n]$	$Nx[N-k]$
4	$W_N^{nl} x[n]$	$X((k+l))_N R_N[k]$
5	$x_1[n] \circledast x_2[n]$	$X_1[k]X_2[k]$
6	$x_1[n]x_2[n]$	$\frac{1}{N}\sum_{m=0}^{N-1} X_1[m]X_2((k-m))_N R_N[k]$
7	$x^*[n]$	$X^*[N-k]$
8	$x[N-n]$	$X[N-k]$
9	$x^*[N-n]$	$X^*[k]$
10	$\mathrm{Re}(x[n])$	$X_{\mathrm{ep}}[k] = \frac{1}{2}(X[k] + X^*[N-k])$
11	$j\mathrm{Im}(x[n])$	$X_{\mathrm{op}}[k] = \frac{1}{2}(X[k] - X^*[N-k])$
12	$x_{\mathrm{ep}}[n] = \frac{1}{2}(x[n] + x^*[N-n])$	$\mathrm{Re}(X[k])$
13	$x_{\mathrm{op}}[n] = \frac{1}{2}(x[n] - x^*[N-n])$	$j\mathrm{Im}(x[k])$
14	$x[n] \in \mathbb{R}$	$X[k] = X^*[N-k]$
15	$x[n] \in \mathbb{R}$	$|X[k]| = |X[N-k]|$
16	$x[n] \in \mathbb{R}$	$\arg(X[k]) = -\arg(X[N-k])$
17	$x[n] \in \mathbb{R},\ x_{\mathrm{ep}}[n] = \frac{1}{2}(x[n] + x[N-n])$	$\mathrm{Re}(X[k])$
18	$x[n] \in \mathbb{R},\ x_{\mathrm{op}}[n] = \frac{1}{2}(x[n] - x[N-n])$	$j\mathrm{Im}(X[k])$
19	$\sum_{n=0}^{N-1} x[n]y^*[n] = \frac{1}{N}\sum_{k=0}^{N-1} X[k]Y^*[k]$	$\sum_{n=0}^{N-1} |x[n]|^2 = \frac{1}{N}\sum_{k=0}^{N-1} |x[k]|^2$

7.5　圆周卷积的 DFT 计算

在科学研究与工程技术领域，很多数字信号处理系统具有线性时不变（LTI）特性。如果 LTI 系统的单位脉冲响应为 $h[n]$、输入序列为 $x[n]$，则输出序列 $y[n]$ 可以表示为 $x[n]$ 与 $h[n]$ 的线性卷积 $y[n] = x[n] * h[n]$。特别地，利用圆周卷积可以计算线性卷积，且可以使用快速傅里叶变换（FFT），在运算速度上有很大的优势。本节讨论如何使用圆周卷积代替线性卷积，以及如何利用离散傅里叶变换计算线性卷积。

7.5.1　圆周卷积的表示方法

如果 $x[n]$ 为长度为 M 的序列 $(0 \leqslant n \leqslant M-1)$，$y[n]$ 为长度为 N 的序列 $(0 \leqslant n \leqslant N-1)$，则 $x[n]$ 与 $y[n]$ 的线性卷积表示为

$$f[n] = x[n] * y[n] = \sum_{m=-\infty}^{\infty} x[m]y[n-m] \tag{7-51}$$

当利用式 (7-51) 计算 $f[n]$ 时，$x[m]$ 的非零区间为 $0 \leqslant m \leqslant M-1$，$y[n-m]$ 的非零区间为 $0 \leqslant n-m \leqslant N-1$。将上述两个不等式相加，可以得到 $f[n]$ 的非零区间为

$$0 \leqslant n \leqslant M+N-2 \tag{7-52}$$

在式 (7-52) 给定的区间之外，使 $x[m] = 0$，或使 $y[n-m] = 0$，从而使 $f[n] = 0$，因此 $f[n] = x[n] * y[n]$ 是长度为 $M+N-1$ 的序列。例如，$x[n]$ 为长度 $M=4$ 的矩形序列，$y[n]$ 为长度 $N=6$ 的矩形序列，则 $f[n] = x[n] * y[n]$ 的长度为 $L = 4+6-1 = 9$。

假定序列 $x[n]$ 的长度为 M，序列 $y[n]$ 的长度为 N。如果对 $x[n]$ 和 $y[n]$ 计算长度为 $L \geqslant \max(M,N)$ 的圆周卷积，则需要将 $x[n]$ 和 $y[n]$ 看作长度为 L 的序列。由于 $x[n]$ 有 M 个非零值，因此需要补 $L-M$ 个零值；由于 $y[n]$ 有 N 个非零值，因此需要补 $L-N$ 个零值。补零后的序列表示为

$$x[n] = \begin{cases} x[n], & 0 \leqslant n \leqslant M-1 \\ 0, & M \leqslant n \leqslant L-1 \end{cases} \tag{7-53}$$

$$y[n] = \begin{cases} y[n], & 0 \leqslant n \leqslant N-1 \\ 0, & N \leqslant n \leqslant L-1 \end{cases} \tag{7-54}$$

为了论述方便，补零后的序列仍然记作 $x[n]$ 和 $y[n]$。

为了得到圆周卷积 $g[n] = x[n] \circledast y[n]$，需要对式 (7-53) 与式 (7-54) 给出的补零序列 $x[n]$ 和 $y[n]$ 进行以 L 为周期的延拓，形成两个周期序列

$$\tilde{x}[n] = \sum_{r=-\infty}^{\infty} x[n+rL] \tag{7-55}$$

$$\tilde{y}[n] = \sum_{r=-\infty}^{\infty} y[n+rL] \tag{7-56}$$

因此，$\tilde{x}[n]$ 与 $\tilde{y}[n]$ 的周期卷积表示为

$$\tilde{g}[n] = \sum_{m=0}^{L-1} \tilde{x}[m]\tilde{y}[n-m] = \sum_{m=0}^{L-1} x[m] \sum_{r=-\infty}^{\infty} y[n+rL-m] \tag{7-57}$$

交换式 (7-57) 右端的求和顺序，可以得到

$$\tilde{g}[n] = \sum_{r=-\infty}^{\infty} \left[\sum_{m=0}^{L-1} x[m]y[n+rL-m] \right]$$

其中：大括号内部为式 (7-51) 所示的线性卷积，因此得到

$$\tilde{g}[n] = \sum_{r=-\infty}^{\infty} f[n+rL], \quad f[n] = \sum_{m=0}^{L-1} x[m]y[n-m] \tag{7-58}$$

式 (7-58) 表明：$\tilde{x}[n]$ 与 $\tilde{y}[n]$ 的周期卷积 $\tilde{g}[n] = x[n] \circledast y[n]$ 是线性卷积 $f[n] = x[n] * y[n]$ 的周期延拓，其中 $x[n]$ 和 $y[n]$ 均为长度为 L 的补零序列。

根据式 (7-51) 和式 (7-52)，线性卷积 $f[n] = x[n] * y[n]$ 有 $M+N-1$ 个非零的序列值。如果周期卷积 $\tilde{g}[n] = x[n] \circledast y[n]$ 的周期为 $L < N+M-1$，则按照式 (7-58) 对 $f[n]$ 进行周期延拓后，必然导致相邻周期的部分非零值存在叠加的现象，即出现了波形混叠；只有当周期 $L \geqslant M+N-1$ 时，按照式 (7-58) 进行周期延拓才不会产生波形混叠。此时，$\tilde{g}[n]$ 中每个周期的前 $N+M-1$ 个值来自 $f[n]$ 的非零值，其余的 $L-(M+N-1)$ 个值来自填补的零值。

图 7-11 给出了利用式 (7-58) 进行周期延拓的示意图。$x[n]$ 与 $y[n]$ 的线性卷积结果 $f[n] = x[n] * y[n]$，如图 7-11（a）所示，$f[n]$ 的长度为 $L=8$。分别以 $L=8$ 和 $L=10$ 对 $f[n]$ 进行周期延拓，如图 7-11（b）和图 7-11（c）所示，计算结果 $\tilde{g}[n]$ 不存在波形混叠。当以 $L=6$ 对 $f[n]$ 进行周期延拓，如图 7-11（d）所示，计算结果 $\tilde{g}[n]$ 存在着波形混叠。

根据圆周卷积的定义，有限长序列 $x[n]$ 与 $y[n]$ 的圆周卷积是对应序列 $\tilde{x}[n]$ 与 $\tilde{y}[n]$ 的周期卷积 $\tilde{g}[n]$ 的主值序列，即

$$g[n] = x[n] \circledast y[n] \cdot R_L[n] = \tilde{g}[n]R_L[n]$$

$$= \left[\sum_{r=-\infty}^{\infty} f[n+rL] \right] R_L[n] \tag{7-59}$$

特别地，使圆周卷积等于线性卷积而不产生波形混叠的必要条件为

$$L \geqslant M+N-1 \tag{7-60}$$

根据式 (7-57) 与式 (7-59) 可知：在计算有限长序列的圆周卷积时，首先可以将长度为 L 的补零序列 $x[n]$ 固定；其次对补零序列 $y[n]$ 进行时间上的翻转，并相对于 $x[n]$ 进行循环移位；再次将固定序列与移位序列的对应数值相乘并求和，得到当前循环移位的圆周卷积结果；最后遍历主值区间 $(0 \leqslant n \leqslant L-1)$，即可以得到圆周卷积 $g[n] = x[n] \circledast y[n]$。特别地，线性卷积不存在循环移位问题，这是它与圆周卷积的本质区别。

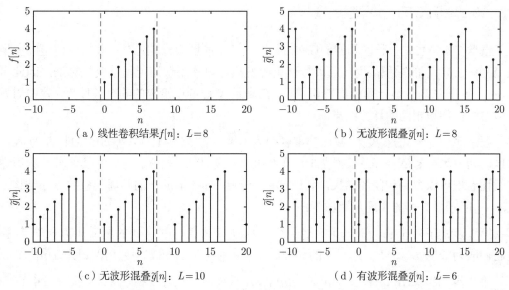

图 7-11 线性卷积 $f[n]$ 及其周期延拓 $\tilde{g}[n]$（虚线之内代表主值区间）

　　假定 $x[n] = R_4[n]$ 是长度为 $M = 4$ 的矩形序列，如图 7-12（a）所示。$y[n] = R_6[n]$ 是长度为 $N = 6$ 的矩形序列，如图 7-12（b）所示。$x[n]$ 与 $y[n]$ 的线性卷积 $f[n] = x[n] * y[n]$ 是 $M+N-1 = 9$ 的序列，如图 7-12（c）所示。在计算 $x[n]$ 与 $y[n]$ 的圆周卷积 $g[n] = x[n] \circledast y[n]$ 时，如果延拓周期取 $L = 6$ 则出现了严重的波形混叠，如图 7-12（d）所示。如果取 $L = 8$，则出现了轻度的波形混叠（在 $n = 0$ 和 $n = 7$ 位置），如图 7-12（e）所示。如果取 $L = 9$，即满足式 (7-60) 给出的约束条件，则圆周卷积 $g[n]$ 与线性卷积 $f[n]$ 的结果相同，如图 7-12（c）和图 7-12（f）所示。

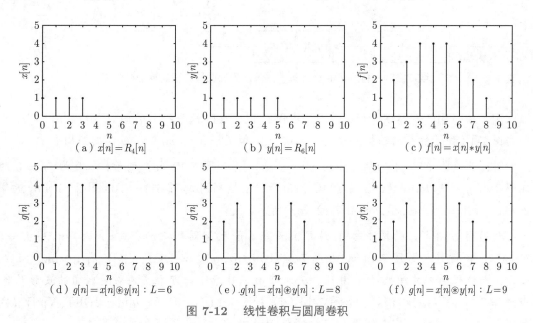

图 7-12 线性卷积与圆周卷积

7.5.2 用 DFT 计算圆周卷积

根据 7.4 节可知，长度相同的序列 $x[n]$ 与 $y[n]$ 的圆周卷积，对应着离散傅里叶变换结果 $X[k]$ 与 $Y[k]$ 的乘积，而计算离散傅里叶变换可以使用快速傅里叶变换算法，因此可以利用 FFT 算法高效地计算圆周卷积，即：在满足式 (7-60) 给定的约束条件下，使圆周卷积获得与线性卷积相同的计算结果。

假定序列 $x[n]$ 的长度为 M，非零区间为 $0 \leqslant n \leqslant M-1$，序列 $y[n]$ 的长度为 N，非零区间为 $0 \leqslant n \leqslant N-1$。根据 7.5.1 节可知，当满足 $L \geqslant M+N-1$ 条件时，圆周卷积与线性卷积可以得到相同的结果，利用 DFT 计算 $x[n]$ 与 $y[n]$ 的圆周卷积的算法结构，如图 7-13 所示，具体的实现步骤如下：

第 1 步：序列补零。在 $x[n]$ 的尾部补 $L-M$ 个零值，在 $y[n]$ 的尾部补 $L-N$ 个零值，使它们成为长度 $L \geqslant M+N-1$ 的序列。为了方便表示，补零序列仍然记为 $x[n]$ 与 $y[n]$。

第 2 步：计算 DFT。计算 $x[n]$ 和 $y[n]$ 的 L 点离散傅里叶变换，得到 $X[k] = \mathrm{DFT}(x[n])$ 和 $Y[k] = \mathrm{DFT}(y[n])$。

第 3 步：DFT 相乘。计算 $X[k]$ 与 $Y[k]$ 的点对点乘积，得到长度为 L 的频域相乘结果 $G[k] = X[k]Y[k]$。

第 4 步：计算 IDFT。计算 $G[k] = X[k]Y[k]$ 的离散傅里叶反变换 $g[n] = \mathrm{IDFT}(G[k])$，即得到 $x[n]$ 与 $y[n]$ 的圆周卷积 $g[n] = x[n] \circledast y[n]$。

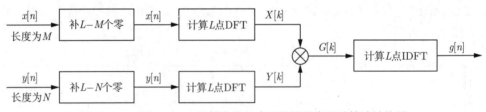

图 7-13　利用 DFT 计算有限长序列的圆周卷积的算法结构图

例 7.3　用圆周卷积计算线性卷积实例：假定有限长序列 $x[n] = R_4[n]$，$y[n] = R_6[n]$，利用图 7-13 所示的算法结构，分别计算 $L=8$ 和 $L=9$ 时 $x[n]$ 与 $y[n]$ 的圆周卷积。

解：长度为 $M=4$ 的矩形序列 $x[n] = R_4[n]$，如图 7-12（a）所示；长度为 $N=6$ 的矩形序列 $y[n] = R_4[n]$，如图 7-12（b）所示；直接利用式 (7-51)，计算 $x[n]$ 与 $y[n]$ 的线性卷积 $f[n] = x[n] * y[n]$，如图 7-12（c）所示。

利用图 7-13 所示的算法结构，计算 $x[n]$ 与 $y[n]$ 的圆周卷积 $g[n] = x[n] \circledast y[n]$。当 $L=8$ 时 $|X[k]|$ 和 $|Y[k]|$，如图 7-14（a）和图 7-14（b）所示；$g[n] = \mathrm{IDFT}(X[k]Y[k])$，如图 7-14（c）所示，与线性卷积的结果 $f[n]$ 相比，$g[n]$ 在 $n=0$ 和 $n=7$ 位置存在着轻微的波形混叠；当 $L=9$ 时 $|X[k]|$ 和 $|Y[k]|$，如图 7-14（d）和图 7-14（e）所示；$g[n] = \mathrm{IDFT}(X[k]Y[k])$，如图 7-14（f）所示，它与线性卷积的结果 $f[n]$ 相比，$g[n]$ 不存在波形混叠。

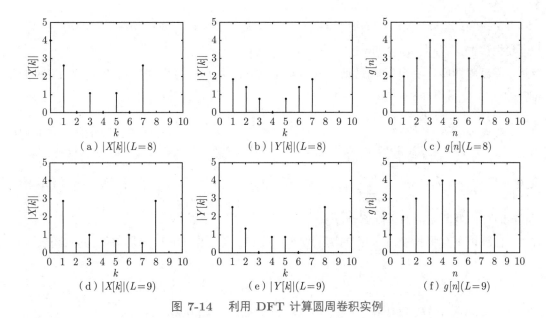

图 7-14 利用 DFT 计算圆周卷积实例

本章小结

首先讨论了离散周期信号的频域表示方法——离散傅里叶级数，并给出了 DFS 的主要性质。其次系统地讨论了有限长序列的频域表示方法——离散傅里叶变换，分析了 DFT 与其他变换（DFS、DTFT、ZT 等）的内在联系，给出了 DFT 的主要性质及其证明过程。最后讨论了线性卷积与圆周卷积的区别，给出了利用 DFT 计算圆周卷积的方法。深入地理解 DFS 与 DFT 的基本概念、掌握各种变换的内在关系、建立线性卷积与周期卷积的对应关系，对构建数字信号处理的知识体系非常重要。本章内容将为快速傅里叶变换、数字滤波器设计等章节提供理论基础支持。

本章习题

7.1 利用离散傅里叶级数公式，计算以下周期序列的 DFS。

$(1)\tilde{x}[n] = [\underline{2}, 0, 2, 0]$, $\quad N = 4$;

$(2)\tilde{x}[n] = [\underline{0}, 0, 1, 0, 0]$, $\quad N = 5$;

$(3)\tilde{x}[n] = [\underline{j}, j, -j, -j]$, $\quad N = 4$;

$(4)\tilde{x}[n] = [\underline{1}, j, j, 1]$, $\quad N = 4$。

7.2 根据以下周期序列的 DFS 系数 $\tilde{X}[k]$，求解原始的周期序列 $\tilde{x}[n]$。

$(1)\tilde{X}[k] = [\underline{4}, -5, 3, -5]$, $\quad N = 4$;

$(2)\tilde{X}[k] = [\underline{0}, 0, 2, 0]$, $\quad N = 4$;

$(3)\tilde{X}[k] = [\underline{5}, -2j, 3, 2j]$, $\quad N = 4$;

$(4)\tilde{X}[k] = [\underline{1}, 2, 3, 4, 5]$, $\quad N = 5$。

7.3 利用 MATLAB 软件提供的函数，计算以下周期序列的离散傅里叶级数。

$(1)\tilde{x}[n] = 3\cos\left(\dfrac{5}{8}\pi n\right)$, $\quad N = 16$;

$(2)\tilde{x}[n] = 4\sin\left(\dfrac{2\pi}{9}(n-3)\right)$, $\quad N = 18$。

7.4 假设 $\tilde{x}[n]$ 和 $\tilde{y}[n]$ 是周期序列，利用离散傅里叶级数的定义式，证明以下基本性质（符号 ⊚ 表示周期卷积）：

（1）可交换性：$\tilde{x}[n] \odot \tilde{y}[n] = \tilde{y}[n] \odot \tilde{x}[n]$；　　　（2）脉冲移位：$\tilde{x}[n] * \delta[n-m] = \tilde{x}[n-m]$；

（3）卷积移位：$\tilde{x}[n-m] \odot \tilde{y}[n]|_{n=j} = \tilde{x}[n] \odot \tilde{y}[n]|_{n=j-m}$。

7.5　假设周期序列 $\tilde{x}[n]$ 的离散傅里叶级数是 $\tilde{X}[k]$，给出计算周期序列 $\tilde{X}[n]$ 的 DFS 的便捷方法。

7.6　假设 $x[n] = \begin{cases} 1, & 0 \leqslant n \leqslant 3 \\ 0, & \text{其他} \end{cases}$ 和 $y[n] = \begin{cases} 1, & 4 \leqslant n \leqslant 6 \\ 0, & \text{其他} \end{cases}$ 是有限长的序列，它们的周期延拓序列分别为 $\tilde{x}[n] = \sum\limits_{r=-\infty}^{\infty} x[n+7r]$ 和 $\tilde{y}[n] = \sum\limits_{r=-\infty}^{\infty} x[n+7r]$，计算 $\tilde{x}[n]$、$\tilde{y}[n]$ 的周期卷积 $\tilde{f}[n]$ 及其离散傅里叶级数 $\tilde{F}[k]$。

7.7　计算以下有限长序列 $x[n]$ 的离散傅里叶变换，并给出 DFT 结果 $X[k]$ 的封闭表达式。

（1）$x[n] = R_N[n]$；　　　　　　　　　　　　（2）$x[n] = \mathrm{e}^{\mathrm{j}\omega_0 n} R_N[n]$；

（3）$x[n] = \cos(\omega_0 n) R_N[n]$；　　　　　　　（4）$x[n] = \sin(\omega_0 n) R_N[n]$。

7.8　长度 $N = 10$ 的序列 $x[n] = \begin{cases} 1, & 0 \leqslant n \leqslant 4 \\ 0, & 5 \leqslant n \leqslant 9 \end{cases}$ 和 $y[n] = \begin{cases} 1, & 0 \leqslant n \leqslant 4 \\ -1, & 5 \leqslant n \leqslant 9 \end{cases}$，要求：

（1）作图表示 $x[n]$ 和 $y[n]$；　　　　　　　　（2）计算 $f[n] = x[n] \circledast y[n]$。

7.9　已知有限长序列 $x[n] = \cos\left(\dfrac{2\pi}{N}n\right) R_N[n]$ 和 $y[n] = \sin\left(\dfrac{2\pi}{N}n\right) R_N[n]$，使用用直接卷积和 DFT 两种方法分别求解：

（1）$f[n] = x[n] \circledast x[n]$；　　　　（2）$f[n] = y[n] \circledast y[n]$；　　　　（3）$f[n] = x[n] \circledast y[n]$。

7.10　假设 $x[n]$ 是长度为 N 的序列，$x_{\mathrm{e}}[n]$ 和 $x_{\mathrm{o}}[n]$ 分别是 $x[n]$ 的共轭偶部与共轭奇部，即 $x_{\mathrm{e}}[n] = x_{\mathrm{e}}^*[N-n] = \dfrac{1}{2}(x[n] + x^*[N-n])$，$x_{\mathrm{o}}[n] = -x_{\mathrm{o}}^*[N-n] = \dfrac{1}{2}(x[n] + x^*[N-n])$，证明以下等式成立：

（1）$\mathrm{DFT}(x_{\mathrm{e}}[n]) = \mathrm{Re}(X[k])$；　　　　　　　（2）$\mathrm{DFT}(x_{\mathrm{o}}[n]) = \mathrm{jIm}(X[k])$。

7.11　假设序列 $x[n]$ 的长度为 N，证明以下结论成立：

（1）如果 $x[n]$ 是偶对称的实序列，即 $x[n] = x[N-n]$，则 $X[K]$ 是偶对称的实序列；

（2）如果 $x[n]$ 是奇对称的实序列，即 $x[n] = -x[N-n]$，则 $X[k]$ 是奇对称的纯虚数序列。

7.12　假设 $x[n]$ 是长度为 N 的实序列，它的 N 点 DFT 为 $X[k]$，$X[k]$ 的实部和虚部记作 $X_{\mathrm{R}}[k]$ 和 $X_{\mathrm{I}}[k]$，即 $X[k] = X_{\mathrm{R}}[k] + jX_{\mathrm{I}}[k]$，证明以下性质成立：

（1）实部为偶对称：$X_{\mathrm{R}}[k] = X_{\mathrm{R}}[N-k]$；　　（2）实部为奇对称：$X_{\mathrm{I}}[k] = -X_{\mathrm{I}}[N-k]$。

7.13　假设 $x[n]$ 是长度为 N 的矩形序列，即 $x[n] = R_N[n]$，要求：

（1）计算 z 变换 $X(z)$ 并绘制零极点图；　　（2）计算频谱 $X(\mathrm{e}^{\mathrm{j}\omega})$ 并绘制幅度响应；

（3）用封闭形式表达 $\mathrm{DFT}(x[n])$，并与 $X(\mathrm{e}^{\mathrm{j}\omega})$ 进行比较。

7.14　假设 $x[n]$ 是长度为 N 的序列，$X[k]$ 是 $x[n]$ 的 N 点 DFT，即 $X[k] = \mathrm{DFT}(x[n])$，证明等式 $x[n] = \mathrm{IDFT}(X[k]) = \dfrac{1}{N} \cdot \{\mathrm{DFT}(X^*[k])\}^*$ 成立。

7.15　假设序列 $x[n]$ 的长度为 N，它的离散傅里叶变换为 $X[k]$，即 $X[k] = \mathrm{DFT}(x[n])$。当 $0 \leqslant m \leqslant N-1$ 时计算以下序列的 DFT：

$$(1)\, x[n] \cos\left(\frac{2\pi m}{N} n\right); \qquad (2)\, x[n] \sin\left(\frac{2\pi m}{N} n\right).$$

7.16　假设 $x[n]$ 是长度为 N 的序列，它的 $\mathrm{DFT}\, X[k] = \mathrm{DFT}(x[n])$。现将 $x[n]$ 的长度扩大 r 倍，形成长度为 rN 的序列 $y[n] = \begin{cases} x[n], & 0 \leqslant n \leqslant N-1 \\ 0, & N \leqslant n \leqslant rN-1 \end{cases}$。要求：计算 $Y[k] = \mathrm{DFT}(y[n])$，并给出 $Y[k]$ 和 $X[k]$ 的关系。

7.17　假设 $x[n]$ 是长度为 N 的序列，它的 DFT $X[k] = \mathrm{DFT}(x[n])$。将 $x[n]$ 的每两个点之间填入 $L-1$ 个零值，形成长度为 rN 的序列 $y[n] = \begin{cases} x[n/L], & n = mL \\ 0, & \text{其他} \end{cases}$，其中 $m = 0, 1, \cdots, N-1$。要求：计算 $Y[k] = \mathrm{DFT}(y[n])$，并给出 $Y[k]$ 和 $X[k]$ 的关系。

第 8 章

快速傅里叶变换

少年易老学难成，一寸光阴不可轻。
——南宋·朱熹

在数字信号处理技术发展过程中，由于 DFT（离散傅里叶变换）的计算量很大，导致在很长时间内没有得到广泛应用，直到 Cooley 和 Turkey 在 1965 年提出 FFT（快速傅里叶变换）算法为止。虽然 FFT 只是 DFT 的快速算法，但是它使计算效率提高了 $1 \sim 3$ 个数量级。经过全球科研工作者的共同努力，已经开发出内容完善、运行高效的一组算法，统称为 FFT 算法，并已经是通用计算仿真软件（如 MATLAB 等）和专用数字信号处理器（DSP）的重要组成部分，它们广泛地用于雷达通信、电子工程、自动控制、电气工程、机器人工程等领域。本章首先在分析 DFT 计算特点的基础上给出 FFT 算法的基本思想，其次基于时间抽取和频率抽取技术讨论基-2 的 FFT 算法，最后针对有限长序列讨论基于 FFT 算法实现线性卷积的问题。

8.1　DFT 的计算特点

在数字信号处理技术中，有限长序列占有非常重要的地位，利用 DFT 可以实现有限长序列频域特性的离散化。例如，在数字滤波器的设计过程中使用 DFT 计算频率响应的采样值，可以检验系统的幅频特性。特别地，利用 DFT 可以进行数字信号的频谱分析，诸如雷达系统对运动目标的探测、声呐系统对水下目标的分析、语言系统对音频信号的频带压缩、输电系统对电网的谐波分析以及各种电子测量仪器的频谱分析等，都无一例外地使用了 DFT 技术。虽然 FFT 不是全新的变换，但是它在根本上改变了 DFT 的计算受限问题，为数字信号处理技术的广泛应用起到了不可替代的作用。

8.1.1　DFT 计算量分析

如果 $x[n]$ 是长度为 N 的序列，则它的 DFT 为

$$X[k] = \text{DFT}(x[n]) = \sum_{n=0}^{N-1} x[n] W_N^{nk} \tag{8-1}$$

其中：$k = 0, 1, \cdots, N-1$，$W_N = \mathrm{e}^{-\mathrm{j}\frac{2\pi}{N}}$。通常 $x[n]$ 和 W_N^{nk} 是复数，使得计算每个 $X[k]$ 值需要 N 次复数乘法、$N-1$ 次复数加法。由于序列 $X[k]$ 包含 N 个值，因此完成全部 DFT 计算需要 $N \times N = N^2$ 次复数乘法和 $N \times (N-1) = N^2 - N$ 次复数加法。特别地，复数乘法比复数加法的运算复杂，单次运算的时间消耗也更多。

可以看出，实现 DFT 所需的计算量与 N^2 成正比，无论乘法次数还是加法次数都是如此。特别地，当 N 值增大时所需计算量将急剧上升。例如，当 $N = 10$ 时，需要约 100 次复数乘法；当 $N = 10^3$ 时，需要 10^6 次复数乘法。如果需要实时计算 DFT，则对计算速度要求非常苛刻。注意：为了便于统计计算量，总是将 W_N^n 看作复数，虽然在特殊情况下 W_N^{nk} 可能非常简单，例如当 $W_N^0 = 1$ 时无须进行复数乘法运算，但是当 N 值较大时此类特殊情况对总体计算量的影响很小，可以忽略不计。

通常，可以将复数乘法转化成实数乘法和实数加法。根据复数乘法的计算公式 $(a + \mathrm{j}b)(c + \mathrm{j}d) = (ac - bd) + \mathrm{j}(ad + bc)$ 可知，每次复数乘法需要 4 次实数乘法和 2 次实数加法；根据复数加法的计算公式 $(a + \mathrm{j}b) + (c + \mathrm{j}d) = (a + c) + \mathrm{j}(b + d)$ 可知，每次复数加法需要 2 次实数加法。因此，可以将计算式 (8-1) 表示为

$$X[k] = \sum_{n=0}^{N-1} \left\{ \left(\mathrm{Re}(x[n])\mathrm{Re}(W_N^{nk}) - \mathrm{Im}(x[n])\mathrm{Im}(W_N^{nk}) \right) + \right.$$
$$\left. \mathrm{j}\left(\mathrm{Re}(x[n])\mathrm{Im}(W_N^{nk}) + \mathrm{Im}(x[n])\mathrm{Re}(W_N^{nk}) \right) \right\} \tag{8-2}$$

其中：$\mathrm{Re}(\cdot)$ 表示实部运算，$\mathrm{Im}(\cdot)$ 表示虚部运算。因此计算每个 $X[k]$ 值需要 $4N$ 次实数乘法，需要 $2(N-1) + 2N = 4N - 2$ 次实数加法。基于此，完成全部的 DFT 计算需要 $N \times 4N = 4N^2$ 次实数乘法和 $N \times (4N - 2) = 4N^2 - 2N$ 次实数加法。

$X[k]$ 的离散傅里叶反变换（IDFT）定义为

$$x[n] = \mathrm{IDFT}(X[k]) = \frac{1}{N} \sum_{k=0}^{N-1} x[n] W_N^{-nk} \tag{8-3}$$

其中：$n = 0, 1, \cdots, N-1$。比较式 (8-1) 和式 (8-3) 可知，DFT 和 IDFT 运算的计算形式相同，只是后者增加了常系数 $1/N$ 而已，因此二者所需的计算量基本相同。

8.1.2 降低计算量方法

根据 8.1.1 节可知，计算 N 点 DFT 需要的计算量与 N^2 成正比，当 N 值较大时将制约着 DFT 的实时结果。如果利用系数 $W_N^{nk} = \mathrm{e}^{-\mathrm{j}\frac{2\pi nk}{N}} = \cos(2\pi nk/N) - \mathrm{j}\sin(2\pi nk/N)$ 的周期性和对称性，则可以有效地降低 DFT 的计算量。

（1）W_N^{nk} 的周期性表示为

$$W_N^{nk} = W_N^{(n+N)k} = W_N^{n(N+k)} \tag{8-4}$$

即 W_N^{nk} 是关于变量 n 或变量 k 的、以 N 为周期的复数序列。

（2）W_N^{nk} 的反对称性表示为

$$W_N^{(N-n)k} = W_N^{n(N-k)} = W_N^{-nk} = (W_N^{nk})^* \tag{8-5}$$

这里利用 W_N 性质 $W_N^{-1} = W_N^*$ 和 $W_N^{nN} = W_N^{kN} = 1$。

（3）W_N^{nk} 的 $N/2$ 性质表示为

$$W_N^{nk+N/2} = W_N^{N/2} \cdot W_N^{nk} = -W_N^{nk} \tag{8-6}$$

这里利用了计算关系 $W_N^{N/2} = -1$。

利用式 (8-4) ～ 式 (8-6) 所示的运算性质，可以将式 (8-1) 的某些项合并。例如，可以将第 n 项和第 $N-n$ 项的实部和虚部分别组合如下

$$\text{Re}(x[n])\text{Re}(W_N^{nk}) + \text{Re}(x[N-n])\text{Re}(W_N^{(N-n)k})$$

$$= \{\text{Re}(x[n]) + \text{Re}(x[N-n])\}\text{Re}(W_N^{nk}) - \text{Im}(x[n])\text{Im}(W_N^{nk}) - \text{Im}(x[N-n])\text{Im}(W_N^{(N-n)k})$$

$$= -\{\text{Im}(x[n]) + \text{Im}(x[N-n])\}\text{Im}(W_N^{nk})$$

可以看出，经过组合之后，所需乘法次数约减少了 $1/2$。此外，当 $W_N^{nk} = \cos(2\pi nk/N) - \mathrm{j}\sin(2\pi nk/N)$ 的实部或虚部取 0 或 1 时，也可以省略掉对应的乘法运算。

与此同时，将较长序列的 DFT 分解成较短序列的 DFT 的组合形式，也可以减小 DFT 的计算量。直接利用式 (8-1) 计算 N 点 DFT 需要 N^2 次复数乘法，如果将 N 点（N 是偶数）DFT 分解成两个 $N/2$ 点 DFT 的组合形式，则需要 $(N/2)^2 + (N/2)^2 = N^2/2$ 次复数乘法，即所需复数乘法次数仅是原来的 $1/2$。

快速傅里叶变换算法充分利用 W_N^{nk} 的周期性和对称性，以及将长序列分解成短序列的技术途径（将 N 点序列的 DFT 逐次分解成 $N/2$ 点子序列的 DFT），再利用旋转因子 W_N^{nk} 的性质，由 $N/2$ 点子序列的 DFT 逐次合成 N 点序列的 DFT，以此类推，直至分解成 2 点序列的 DFT 为止，以此提高了 DFT 的计算效率。通常，FFT 算法要求 N 是 2 的整数次幂，即 $N = 2^M$，因此称为基-2 的 FFT 算法。本章主要论述两种基-2 的 FFT 算法：①按时间抽取的 FFT 算法，它对时域序列 $x[n]$ 按奇偶次序进行分解；②按频率抽取的 FFT 算法，它对频域序列 $X[k]$ 按奇偶次序进行分解。

8.2 按时间抽取的 FFT 算法

根据 8.1 节可知，在计算有限长序列的 DFT 时，将长序列的 DFT 逐次分解成短序列的 DFT 可以提高计算效率。按照在时间次序上是偶数还是奇数分解序列并实现 DFT 的快速算法，称为按时间抽取的 FFT 算法，简称 DIT-FFT 算法。

8.2.1 按时间抽取思想

假定序列 $x[n]$（$0 \leqslant n \leqslant N-1$）的长度 N 是 2 的整数次幂，即 $N = 2^M$（$M \in \mathbb{Z}^+$）。由于 N 是偶数，可以将 $x[n]$ 分解成两个长度为 $N/2$ 的序列 $x_1[n]$ 和 $x_2[n]$，其中 $x_1[n]$ 由

$x[n]$ 的偶数项组成，$x_2[n]$ 由 $x[n]$ 的奇数项组成，它们可以表示为

$$\begin{cases} x_1[r] = x[2r] \\ x_2[r] = x[2r+1] \end{cases}, \quad r = 0, 1, \cdots, N/2 - 1 \tag{8-7}$$

因此，$x[n]$ 的离散傅里叶变换系数 $X[k]$ 可以表示为

$$X[k] = \text{DFT}(x[n]) = \sum_{n=0}^{N-1} x[n] W_N^{nk}$$

$$= \sum_{n \text{ is even}} x[n] W_N^{nk} + \sum_{n \text{ is odd}} x[n] W_N^{nk} \tag{8-8}$$

将式 (8-7) 代入式 (8-8) 的偶数求和项和奇数求和项，可以得到

$$X[k] = \sum_{r=0}^{N/2-1} x[2r] W_N^{2rk} + \sum_{r=0}^{N/2-1} x[2r+1] W_N^{(2r+1)k}$$

$$= \sum_{r=0}^{N/2-1} x_1[r](W_N^2)^{rk} + W_N^k \sum_{r=0}^{N/2-1} x_2[r](W_N^2)^{rk} \tag{8-9}$$

如果将 W_N^2 转变为 $W_{N/2}$ 的形式，即

$$W_N^2 = \text{e}^{-\text{j}(\frac{2\pi}{N}2)} = \text{e}^{-\text{j}(\frac{2\pi}{N/2})} = W_{N/2} \tag{8-10}$$

则将式 (8-10) 代入式 (8-9) 并基于式 (8-8)，可以得到

$$X[k] = \sum_{r=0}^{N/2-1} x_1[r] W_{N/2}^{rk} + W_N^k \sum_{r=0}^{N/2-1} x_2[r] W_{N/2}^{rk}$$

$$= \text{DFT}(x_1[n]) + W_N^k \cdot \text{DFT}(x_2[n]) = X_1[k] + W_N^k X_2[k] \tag{8-11}$$

其中：$X_1[k]$ 和 $X_2[k]$ 分别是 $x_1[r]$ 和 $x_2[r]$ 的 $N/2$ 点 DFT，即

$$X_1[k] = \sum_{r=0}^{N/2-1} x_1[r] W_{N/2}^{rk} = \sum_{r=0}^{N/2-1} x[2r] W_{N/2}^{rk} \tag{8-12a}$$

$$X_2[k] = \sum_{r=0}^{N/2-1} x_2[r] W_{N/2}^{rk} = \sum_{r=0}^{N/2-1} x[2r+1] W_{N/2}^{rk} \tag{8-12b}$$

由式 (8-11) 可知：一个 N 点序列的 DFT 可以分解成两个 $N/2$ 点序列的 DFT 的组合形式，利用该公式也可以将两个 $N/2$ 点序列的 DFT 合成一个 N 点序列的 DFT。特别地，$X_1[k]$ 和 $X_2[k]$ 都是长度为 $N/2$ 的复序列，都包含 $N/2$ 个有效数值，即 $k = 0, 1, \cdots, N/2-1$；

而 $X[k]$ 是长度为 N 的复序列,它包含 N 个有效数值,即 $k = 0, 1, \cdots, N-1$。因此,要想用 $X_1[k]$ 和 $X_2[k]$ 表示 $X[k]$,还要利用 $W_{N/2}^{rk}$ 的周期性 $W_{N/2}^{rk} = W_{N/2}^{r(k+N/2)}$,即

$$X_1[k+N/2] = \sum_{r=0}^{N/2-1} x_1[r]W_{N/2}^{r(k+N/2)} = \sum_{r=0}^{N/2-1} x_1[r]W_{N/2}^{rk} = X_1[k] \qquad (8\text{-}13\text{a})$$

$$X_2[k+N/2] = \sum_{r=0}^{N/2-1} x_2[r]W_{N/2}^{r(k+N/2)} = \sum_{r=0}^{N/2-1} x_2[r]W_{N/2}^{rk} = X_2[k] \qquad (8\text{-}13\text{b})$$

再根据式 (8-11) 可以得到

$$X[k+N/2] = X_1[k+N/2] + W_N^{r(k+N/2)} X_2[k+N/2]$$
$$= X_1[k] + W_N^{r(k+N/2)} X_2[k] = X_1[k] - W_N^k X_2[k] \qquad (8\text{-}14)$$

式 (8-14) 利用了 W_N^{rk} 的性质 $W_N^{r(k+N/2)} = W_N^{rk} W_N^{N/2} = -W_N^{rk}$。因此,根据式 (8-11) 和式 (8-14) 可以得到 $X[k]$ 的完整表示形式

$$X[k] = X_1[k] + W_N^k X_2[k] \qquad (8\text{-}15\text{a})$$

$$X[k+N/2] = X_1[k] - W_N^k X_2[k] \qquad (8\text{-}15\text{b})$$

其中 $k - 0, 1, \cdots, N/2$。由此可知:式 (8-15a) 用于计算 $X[k]$ 的前半部分(k 为 $0 \sim N/2-1$),式 (8-15b) 用于计算 $X[k]$ 的后半部分(k 为 $N/2 \sim N-1$)。

式 (8-15) 所示的运算关系可以用蝶形运算符号来表示,如图 8-1(a)所示。左侧的两条支路作为输入,中间的圆圈表示加法和减法运算,右侧的两条支路作为输出。如果某条支路上需要进行乘法运算,则将系数放置在该支路上的箭头旁边。具体地,式 (8-15) 的运算关系如图 8-1(b)给出的"蝶形结"所示。

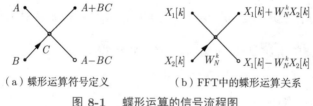

(a)蝶形运算符号定义 　　　　(b)FFT中的蝶形运算关系

图 8-1　蝶形运算的信号流程图

当序列 $x[n]$ 的长度 $N = 8$ 时,式 (8-15) 所示的计算关系如图 8-2 所示。根据 n 的奇偶性将 N 点序列划分为两个 $N/2$ 点的序列,而计算每个 $N/2$ 点 DFT 需要 $N^2/2$ 次复数乘法,故此需要 $N^2/4 + N^2/4 = N^2/2$ 次复数乘法。此外,将两个 $N/2$ 点 DFT 合成 N 点 DFT 时,在蝶形运算中还需要 $N/2$ 次复数乘法,因此共需要 $N^2/2 + N/2 \approx N^2/2$ 次复数乘法,即求解 DFT 的计算量近似地减少到原来的 1/2。

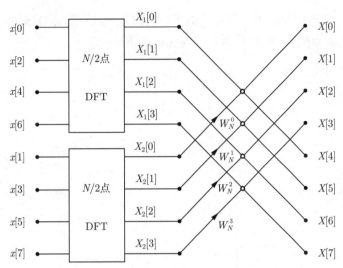

图 8-2 将 N 点 DFT 分解成两个 $N/2$ 点 DFT($N = 8$) 的计算关系

上述分解方法对降低计算量非常有效。当 $N = 2^M$ 时 $N/2$ 仍是偶数，可以继续分解 $N/2$ 点的序列 $x_1[r]$ 和 $x_2[r]$，即：将它们再次分解成偶数项部分和奇数项部分，并执行 $N/4$ 点 DFT 计算。例如，可以将 $x_1[r]$ 分解成 $N/4$ 点的偶数项和奇数项序列

$$\begin{cases} x_3[s] = x_1[2s] \\ x_4[s] = x_1[2s + 1] \end{cases} \tag{8-16}$$

其中：$s = 0, 1, \cdots, N/4 - 1$。

假定 $x_3[s]$ 和 $x_4[s]$ 的 $N/4$ 点 DFT 分别是 $X_3[l]$ 和 $X_4[l]$，因此 $X_1[l]$ 可以表示为

$$X_1[l] = X_3[l] + W_{N/2}^l X_4[l] \tag{8-17a}$$

$$X_1[l + N/4] = X_3[l] - W_{N/2}^l X_4[l] \tag{8-17b}$$

其中：$l = 0, 1, \cdots, N/4 - 1$。利用关系 $W_{N/2}^l = W_N^{2l}$ 可以将式 (8-17) 规范化

$$X_1[l] = X_3[l] + W_N^{2l} X_4[l] \tag{8-18a}$$

$$X_1[l + N/4] = X_3[l] - W_N^{2l} X_4[l] \tag{8-18b}$$

当 $N = 8$ 时，式 (8-18) 所示的计算关系如图 8-3（a）所示。同理，可以将 $x_2[r]$ 分解成 $N/4$ 点的偶数项和奇数项序列，并按照上述方法对 $X_2[l]$ 进行合成，得到类似于式 (8-18) 所示的形式，此处不再赘述，它的计算关系如图 8-3（b）所示。

经过上述两次分解，将一个 N 点 DFT 分解成四个 $N/4$ 点 DFT。当 $N = 8$ 时的蝶形运算如图 8-4 所示。与此同时，所需计算量约减少到原来的 $1/4$，即复数乘法次数由原来的 N^2 减小到 $N^2/4$。

以此类推，按照上述方法可以将 $N/4$ 点 DFT 继续逐次分解，直至将计算 $N = 2^M$ 点 DFT 转化为计算 2 点 DFT 为止，而 2 点 DFT 可以直接用一个"蝶形结"表示。当 $N = 8$

时，完整 FFT 计算过程如图 8-5 所示。由于每级的分解过程，都是按照输入序列的下标是偶数还是奇数来抽取序列，因此称为按时间抽取的 FFT 算法。

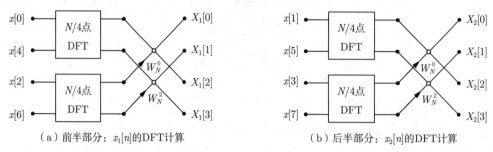

（a）前半部分：$x_1[n]$的DFT计算　　　　　　（b）后半部分：$x_2[n]$的DFT计算

图 8-3　将 $N/2$ 点 DFT 分解成 $N/4$ 点 DFT$(N = 8)$

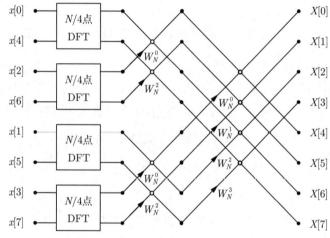

图 8-4　将 N 点 DFT 分解成 $N/4$ 点 DFT 的蝶形运算 $(N = 8)$

8.2.2　FFT 的计算优势

对于长度为 $N = 2^M$ 的序列，按时间抽取的 FFT 算法，经过 $M = \log_2 N$ 级的分解，将 N 点 DFT 转化为 $N/2$ 个 2 点 DFT，以此形成 M 级的蝶形运算（当 $N = 8$ 时的 3 级 FFT 计算流程如图 8-5 所示）。由于每级分解包含 $N/2$ 个蝶形运算，即包含 $N/2$ 次复数乘法和 N 次复数加法，因此 M 级运算所需的计算量为

$$\begin{cases} N_{\mathrm{m}} = N/2 \cdot M = N/2 \log_2 N \\ N_{\mathrm{a}} = N \cdot M = N \log_2 N \end{cases} \tag{8-19}$$

其中：N_{m} 表示复数乘法次数，N_{a} 表示复数加法次数。

根据式 (8-19) 得到的计算量与实际情况相比略有差别，因为当 $W_N^0 = 1$、$W_N^{N/2} = -1$ 和 $W_N^{\pm N/4} = \pm \mathrm{j}$ 时不需要复数乘法。例如，$N = 8$ 时只有系数 W_N^1 和 W_N^3 需要计算。为了方便比较，总是将 W_N^{nk} 看作复数，而不考虑上述的特殊情况，是因为当 N 值较大时它

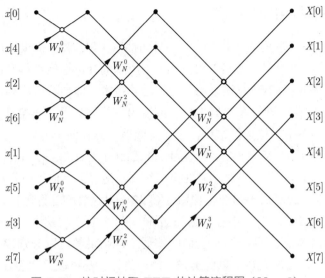

图 8-5 按时间抽取 FFT 的计算流程图 ($N = 8$)

们对计算量的影响很小。根据式 (8-19) 可知：FFT 算法的复数乘法次数 N_{m} 和复数加法次数 N_{a} 都与 $N \log_2 N$ 成正比，而直接计算 DFT 的复数乘法次数和复数加法次数都与 N^2 成正比，因此可以将 $N^2/(N \log_2 N) = N/\log_2 N$ 作为计算量的评价指标。

表 8-1 给出了当 N 取不同值时 N^2 和 $(N \log_2 N)$ 的比较情况，可以看出，当 N 值较大时（$N > 64$），按时间抽取的 FFT 算法比直接计算 DFT 方法快 $1 \sim 3$ 个数量级。例如当 $N = 4096$ 时，如果采用 FFT 算法需要 1 秒，则直接计算 DFT 需要将近 6 分钟（341 秒），FFT 算法提升计算效率的能力可见一斑，且序列越长效率提升越显著。

表 8-1 FFT 算法和 DFT 算法的比较 ($N = 2^M$)

M	N	N^2	$N \log_2 N$	$N^2/(N \log_2 N)$
1	2	4	2	2.0
2	4	16	8	2.0
3	8	64	24	2.7
4	16	256	64	4.0
5	32	1024	160	6.4
6	64	4096	384	10.7
7	128	16384	896	18.3
8	256	65536	2048	32.0
9	512	262144	2608	56.9
10	1024	1048576	10240	102.4
11	2048	4194304	22528	186.2
12	4096	16777216	49152	341.3

8.2.3 原位运算和码位倒序

当计算 $N = 2^M$ 点序列的 DFT 时，按时间抽取 FFT 算法需要 $M = \log_2 N$ 级分解，且每级分解还包括 $N/2$ 个蝶形运算。根据图 8-1 所示的蝶形运算结构和图 8-5 所示的 FFT 计算流程图，可以看出，FFT 算法采用了原位运算技术，即当输入序列进入一组存储器后，每级计算结果始终保存在该组存储器中，直到输出最终结果前不再需要其他的存储器。按时间抽取 FFT 算法采用原位运算结构，可以有效地节省存储单元。

假定输入序列的长度 $N = 8$，序列值为 $x[0], x[4], x[2], x[6], x[1], x[5], x[3], x[7]$，它们保存在存储单元 $A[0], A[1], \cdots, A[7]$ 中。在第一级蝶形运算开始时，$x[0]$ 和 $x[4]$ 保存在 $A[0]$ 和 $A[1]$ 中，经过蝶形运算后不需要再保留 $x[0]$ 和 $x[4]$，故可以将运算结果保存在 $A[0]$ 和 $A[1]$ 之内。同理，$A[2]$ 和 $A[3]$ 中存储的 $x[2]$ 和 $x[6]$、$A[4]$ 和 $A[5]$ 中存储的 $x[1]$ 和 $x[5]$、$A[6]$ 和 $A[7]$ 中存储的 $x[3]$ 和 $x[7]$，它们的蝶形运算结果都可以分别存储于 $A[2]$ 和 $A[3]$、$A[4]$ 和 $A[5]$、$A[6]$ 和 $A[7]$ 之内。以此类推，每一级计算都可以采取上述原位运算方式，只是蝶形运算的组合关系不同而已。

虽然在 M 级蝶形运算结束后，存储单元 $A[0], A[1], \cdots, A[7]$ 中保存了 FFT 算法的顺序输出结果 $X[0], X[1], \cdots, X[7]$，但是输入序列没有按照自然顺序进入存储单元，而是按照 $x[0], x[4], x[2], x[6], x[1], x[5], x[3], x[7]$ 的非自然顺序进入存储单元。当采用二进制表示 $x[n]$ 和 $X[k]$ 的顺序时，它们之间存在着码位倒序关系，即将自然顺序的二进制码位倒置过来，第一码位变为最后码位，最后码位变为第一码位。例如，按自然顺序存放 $x[1]$ 的位置，将存放 FFT 计算结果 $X[4]$；当用二进制表示时，在 $x[001]$ 的位置存放着 $X[100]$。当 $N = 8$ 时，自然顺序与码位倒序关系如表 8-2 所示。

表 8-2　自然顺序与码位倒序关系 $(N = 8)$

自然顺序	二进制表示	码位倒序	码位倒序
0	000	000	0
1	001	100	4
2	010	010	2
3	011	110	6
4	100	001	1
5	101	101	5
6	110	011	3
7	111	111	7

在实际的 FFT 计算过程中，按码位倒序关系将序列 $x[n]$ 输入到存储单元很不方便。因此，可以先将 $x[n]$ 按自然顺序输入到存储单元，然后通过变址运算将自然顺序转化为码位倒序关系，最后进行逐级原位运算得到序列 $x[n]$ 的 FFT 计算结果 $X[k]$。当 $N = 8$ 时，对输入序列 $x[n]$ 的变址运算如图 8-6 所示。

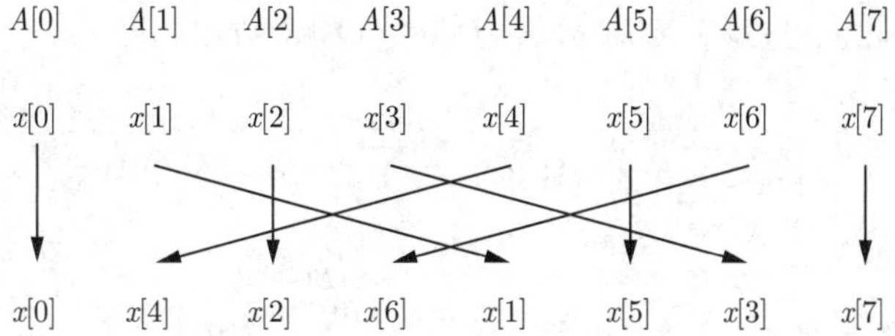

$$A[0] \quad A[1] \quad A[2] \quad A[3] \quad A[4] \quad A[5] \quad A[6] \quad A[7]$$

图 8-6   按时间抽取 FFT 算法的输入序列变址运算 $(N = 8)$

此外，如果序列 $x[n]$ 的长度 N 不是 2 的整数次幂，则需要通过补零方法使之满足该条件，且通常以补零数目最少为基本原则。假定 $x[n]$ 的长度 $N = 500$，则在 $x[n]$ 尾部补 12 个零值，使长度 $N = 2^9 = 512$；而不在 $x[n]$ 尾部补 524 个零，使长度 $N = 2^{10} = 1024$。

8.3   按频率抽取的 FFT 算法

在 8.2 节中，将长度 $N = 2^M$ 的序列 $x[n]$ 按偶数项和奇数项分开，可以构造出按时间抽取 FFT 算法。如果将 $x[n]$ 按前半部分和后半部分分开（对应着将 $X[k] = \mathrm{DFT}(x[n])$ 按偶数项和奇数项分开），则可以构造出按频率抽取 FFT 算法（DIF-FFT）。

8.3.1   按频率抽取思想

假定序列 $x[n]$ 的长度 N 是 2 的整数次幂，即 $N = 2^M$ $(M \in \mathbb{Z}^+)$，可以将 $x[n]$ 分解成前半部分和后半部分，它们分别是长度为 $N/2$ 的两个序列。因此，$x[n]$ 的离散傅里叶变换可以表示为

$$X[k] = \mathrm{DFT}(x[n]) = \sum_{n=0}^{N-1} x[n]W_N^{nk}$$

$$= \sum_{n \text{ is head}} x[n]W_N^{nk} + \sum_{n \text{ is tail}} x[n]W_N^{nk} \tag{8-20}$$

其中：$k = 0, 1, \cdots, N-1$。根据式 (8-20) 可以得到

$$X[k] = \sum_{n=0}^{N/2-1} x[n]W_N^{nk} + \sum_{n=0}^{N/2-1} x[n+N/2]W_N^{(n+N/2)k}$$

$$= \sum_{n=0}^{N/2-1} x[n]W_N^{nk} + W_N^{(N/2)k} \sum_{n=0}^{N/2-1} x[n+N/2]W_N^{nk} \tag{8-21}$$

由于 $W_N^{N/2} = -1$，$W_N^{(N/2)k} = (-1)^k$，即当 k 是偶数时，$(-1)^k = 1$；当 k 是奇数时，$(-1)^k = -1$。因此根据式 (8-21) 可以得到

$$X[k] = \sum_{n=0}^{N/2-1} x[n]W_N^{nk} + (-1)^k \sum_{n=0}^{N/2-1} x[n+N/2]W_N^{nk} \tag{8-22}$$

再根据 k 值的奇偶性，可以将 $X[k]$ 分解成偶数项和奇数项，即

$$X[2r] = \sum_{n=0}^{N/2-1} x[n]W_N^{2nr} + \sum_{n=0}^{N/2-1} x[n+N/2]W_N^{2nr} \tag{8-23a}$$

$$X[2r+1] = \sum_{n=0}^{N/2-1} x[n]W_N^{n(2r+1)} - \sum_{n=0}^{N/2-1} x[n+N/2]W_N^{n(2r+1)} \tag{8-23b}$$

其中：$r = 0, 1, \cdots, N/2-1$。再利用关系 $W_N^{2nr} = W_{N/2}^{nr}$，可以得到

$$X[2r] = \sum_{n=0}^{N/2-1} \left(x[n] + x[n+N/2]\right)W_{N/2}^{nr} \tag{8-24a}$$

$$X[2r+1] = \sum_{n=0}^{N/2-1} \left(x[n] - x[n+N/2]\right)W_N^{n}W_{N/2}^{nr} \tag{8-24b}$$

如果令 $x_1[n]$ 和 $x_2[n]$ 是长度为 $N/2$ 的两个序列

$$x_1[n] = x[n] + x[n+N/2] \tag{8-25a}$$

$$x_2[n] = (x[n] - x[n+N/2])W_N^{n} \tag{8-25b}$$

其中：$0 \leqslant n < N/2$，则式 (8-24) 可以表示为两个 $N/2$ 点 DFT，即

$$X[2r] = \sum_{n=0}^{N/2-1} x_1[n]W_{N/2}^{nr} = \mathrm{DFT}(x_1[n]) \tag{8-26a}$$

$$X[2r+1] = \sum_{n=0}^{N/2-1} x_2[n]W_{N/2}^{nr} = \mathrm{DFT}(x_2[n]) \tag{8-26b}$$

式 (8-26) 所示的运算关系可以表示成如图 8-7 所示的蝶形运算。虽然图 8-7 和图 8-1 的运算结构不同，但是需要的复数乘法次数和复数加法次数完全相同。

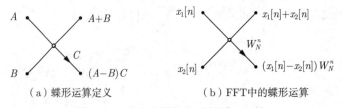

$$\text{（a）蝶形运算定义} \qquad \text{（b）FFT中的蝶形运算}$$

图 8-7　按频率抽取方法的蝶形运算

　　上述计算过程将一个 $N = 2^M$ 点 DFT 分解成两个 $N/2$ 点 DFT。当 $N = 8$ 时用蝶形运算表示的计算流程，如图 8-8 所示。可以看出，将 $X[k]$ 划分为偶数项和奇数项两部分。与按时间抽取 FFT 算法类似，可以再将每个 $N/2$ 点 DFT 分解成两个 $N/4$ 点 DFT，

即再次划分为偶数项和奇数项两部分。当 $N = 8$ 时用蝶形运算表示的计算流程，如图 8-9 所示。

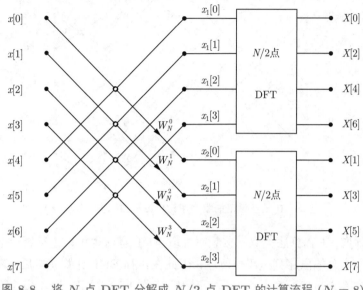

图 8-8 将 N 点 DFT 分解成 $N/2$ 点 DFT 的计算流程 ($N = 8$)

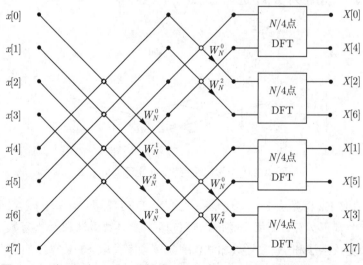

图 8-9 将 N 点 DFT 分解成 $N/4$ 点 DFT 的计算流程 ($N = 8$)

以此类推，经过 $M = \log_2 N$ 次逐级分解，$N = 2^M$ 点 DFT 最终可以分解成 $N/2$ 个 2 点 DFT，而每个 2 点 DFT 只包含加法和减法运算 ($W_N^0 = 1$)。为了便于发现各级蝶形运算的系数变化规律，在 2 点 DFT 中使用系数 W_N^0。当 $N = 8$ 时，FFT 算法的计算结构如图 8-10 所示。由于每级运算都按照频域序列值是属于偶数项还是属于奇数项进行分组，因此称之为按频率抽取 FFT 算法，简记为 DIF-FFT。

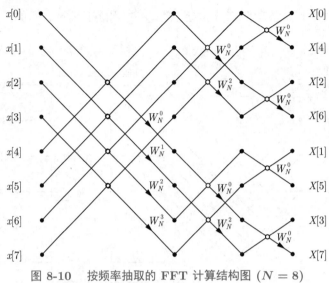

图 8-10　按频率抽取的 FFT 计算结构图 ($N = 8$)

　　与按时间抽取 FFT 算法类似，按频率抽取 FFT 算法也可以进行原位运算，且它的输入序列是自然顺序且输出序列是码位倒序，因此在执行 FFT 计算完毕后，需要通过变址运算将码位倒序转换为自然顺序。当 $N = 8$ 时对计算结果 $X[k]$ 进行变址运算的基本原理，如图 8-11 所示。特别注意，按时间抽取 FFT 算法对输入序列 $x[n]$ 进行变址运算，而按频率抽取 FFT 算法对输出序列 $X[k]$ 进行变址运算，这种差异来源于两种 FFT 算法的抽取对象不同。

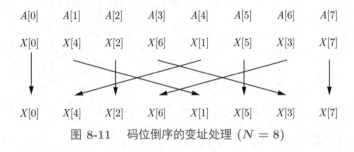

图 8-11　码位倒序的变址处理 ($N = 8$)

　　在按频率抽取 FFT 算法中，实现 $N = 2^M$ 点 DFT 需要 $M = \log_2 N$ 级分解，且每级分解包含 $N/2$ 个蝶形运算，而每个蝶形运算包括 1 次复数乘法和 2 次复数加法，即每级分解包括 $N/2$ 次复数乘法和 N 次复数加法，因此按频率抽取 FFT 算法的计算量可以表示为

$$\begin{cases} N_\mathrm{m} = N/2 \cdot M = N/2 \log_2 N \\ N_\mathrm{a} = N \cdot M = N \log_2 N \end{cases} \tag{8-27}$$

其中：N_m 表示复数乘法次数，N_a 表示复数加法次数。与式 (8-19) 比较可知，按时间抽取 FFT 和按频率抽取 FFT 的计算量完全相同，且它们变址运算的计算量也相同，因此它们是计算性能完全等价的两种基-2 的 FFT 算法。

8.3.2 IDFT 的计算方法

当按时间抽取 FFT 算法或按频率抽取 FFT 算法用于计算离散傅里叶反变换时，统称为快速傅里叶反变换（IFFT）。序列 $x[n]$ 的 DFT 和 IDFT 定义为

$$X[k] = \text{DFT}(x[n]) = \sum_{k=0}^{N-1} x[n]W_N^{nk} \tag{8-28a}$$

$$x[n] = \text{IDFT}(X[k]) = \frac{1}{N}\sum_{k=0}^{N-1} X[k]W_N^{-nk} \tag{8-28b}$$

观察式 (8-28) 可以发现，只要将 DFT 的系数 W_N^{nk} 转变为 W_N^{-nk}，并将计算结果与常系数 $1/N$ 相乘，即可以利用 FFT 算法快速计算 IDFT。

当使用按时间抽取 FFT 算法求解 IDFT 时，需要将时域序列 $x[n]$ 替换为频域序列 $X[k]$，即将按照 $x[n]$ 的奇偶顺序进行分组替换为按照 $X[k]$ 的奇偶顺序进行分组，因此称之为按照频率抽取 IFFT。同理，当使用按频率抽取 FFT 算法求解 IDFT 时，需要将频域序列 $X[k]$ 替换为时域序列 $x[n]$，即按照 $X[k]$ 的奇偶顺序进行分组，替换为按照 $x[n]$ 的奇偶顺序进行分组，因此称之为按时间抽取 IFFT。所以，FFT 算法和 IFFT 算法存在着对偶关系，即：按频率抽取 FFT 算法对应着按时间抽取 IFFT 算法，且按时间抽取 FFT 算法对应着按频率抽取 IFFT 算法。

在基-2 的 IFFT 算法中，序列长度 $N = 2^M$，系数 $1/N$ 可以表示为 $1/N = (1/2)^M$，即：在 M 级分解的每级运算都包含 $1/2$ 因子，因此需要定义按频率抽取 IFFT 和按时间抽取 IFFT 的蝶形运算，如图 8-12 所示。特别地，如果将图 8-12（a）所示的蝶形运算代替按时间抽取 FFT 的蝶形运算，则得到按频率抽取 IFFT 算法；如果将图 8-12（b）所示的蝶形运算代替按频率抽取 FFT 的蝶形运算，则得到按时间抽取 IFFT 算法。

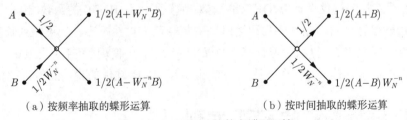

（a）按频率抽取的蝶形运算　　　　　　（b）按时间抽取的蝶形运算

图 8-12　IFFT 的基本蝶形运算

当 $N = 8$ 时按时间抽取 IFFT 算法流程图，如图 8-13 所示。虽然编写图 8-13 所示 IFFT 算法程序并不困难，但是需要改动 FFT 程序及其计算参数。如果不改动 FFT 的计算程序也能够计算 IFFT，则 FFT 算法的通用性会更好。对 IDFT 的定义式取共轭运算可以得到

$$x^*[n] = \left[\frac{1}{N}\sum_{k=0}^{N-1} X[k]W_N^{-nk}\right]^* = \frac{1}{N}\sum_{k=0}^{N-1} X^*[k]W_N^{nk} \tag{8-29}$$

再对式 (8-29) 取共轭运算可以得到

$$x[n] = \left[\frac{1}{N} \sum_{k=0}^{N-1} X^*[k] W_N^{nk} \right]^* = \frac{1}{N} \cdot \text{DFT}^*(X^*[k]) \tag{8-30}$$

根据式 (8-30) 可知：首先对 $X[k]$ 取共轭（改变 $X[k]$ 的虚部符号）得到 $X^*[k]$；其次利用按时间抽取或按频率抽取 FFT 算法求解 $X^*[k]$ 的 DFT；最后将计算结果再取共轭运算并乘以常数 $1/N$，即可以得到原始的序列 $x[n]$。

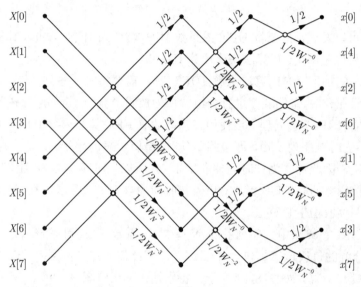

图 8-13　按时间抽取 IFFT 的算法流程图 ($N = 8$)

目前很多仿真软件或设备开发软件都集成了快速傅里叶变换程序，例如，MATLAB 软件的信号处理工具箱提供了计算 DFT 的函数 fft() 和计算 IDFT 的函数 ifft()，且 fft() 和 ifft() 均是内建函数，它的输入序列和输出序列都规范为自然顺序。如果序列长度 $N = 2^M$，则使用 FFT（或 IFFT）算法快速计算；如果 $N \neq 2^M$，则使用 DFT（或 IDFT）的定义式计算。关于 fft() 和 ifft() 的使用方法，可参见 MATLAB 软件的说明文档，此处不再赘述。

8.4　线性卷积的 FFT 实现

在工程实践中，经常遇到长序列 $x[n]$ 和短序列 $h[n]$ 进行线性卷积计算的问题，例如，用单位脉冲响应 $h[n]$ 的数字滤波器，对地震监测系统采集的地震信号 $x[n]$ 进行数字滤波。如果通过计算圆周卷积获得线性卷积，且计算圆周卷积时采用 FFT 算法，则会面临两个实际问题：①在接收序列 $x[n]$ 完毕之前，无法对 $x[n]$ 计算 FFT，这可能会导致很大的时间滞后，即无法进行数字信号的实时处理；②如果 $x[n]$ 很长而 $h[n]$ 很短，在利用 FFT 算法时对 $h[n]$ 的补零数目会很多，则导致无法发挥 FFT 的计算优势。

8.4.1 卷积与 DFT

假定有限冲激响应（FIR）数字滤波器的单位脉冲响应 $h[n]$ 的长度为 N_1，有限长序列 $x[n]$ 的长度为 N_2，它们可以分别表示为

$$h[n] = \begin{cases} h[n], & 0 \leqslant n \leqslant N_1 - 1 \\ 0, & \text{其他} \end{cases} \tag{8-31}$$

$$x[n] = \begin{cases} x[n], & 0 \leqslant n \leqslant N_2 - 1 \\ 0, & \text{其他} \end{cases} \tag{8-32}$$

当 $x[n]$ 通过 FIR 数字滤波器时，输出序列 $y[n]$ 是 $x[n]$ 和 $h[n]$ 的线性卷积（简称卷积）

$$y[n] = x[n] * h[n] = \sum_{m=-\infty}^{\infty} x[m]h[n-m] \tag{8-33}$$

其中：$y[n]$ 的长度是 $N = N_1 + N_2 - 1$，它可以表示为

$$y[n] = \begin{cases} y[n], & 0 \leqslant n \leqslant N - 1 \\ 0, & \text{其他} \end{cases} \tag{8-34}$$

再假定 $x[n]$ 和 $h[n]$ 都是复数序列，根据式 (8-33) 可知：为了获得第 n 个输出值 $y[n]$，每个输入值 $x[n]$ 都要和 N_1 个 $h[n]$ 序列值相乘一次；而 $x[n]$ 有 N_2 个有效值，因此完成全部卷积计算所需的复数乘法次数 $N_D = N_1 N_2$。如果 FIR 数字滤波器具有线性相位特性，即：满足对称条件 $h[n] = h[N-1-n]$ 或反对称条件 $h[n] = -h[N-1-n]$，则利用 $h[n]$ 的对称性可以将计算量减少 $1/2$（第 7 章的结论），此时所需的复数乘法次数为

$$N_D = N_1 N_2 / 2 \tag{8-35}$$

特别地，既可以在时域计算卷积又可以在频域计算卷积，后者采用计算圆周卷积方式实现线性卷积，它的算法结构如图 8-14 所示。为了提高计算效率，用 FFT 算法代替 DFT 运算，且 N 是 2 的整数次幂，即 $N = N_1 + N_2 - 1 = 2^M$。根据图 8-14 可以看出，计算圆周卷积需要 3 次 N 点 FFT(或 IFFT)，而每次 N 点 FFT（或 IFFT）需要 $N/2 \cdot \log_2 N$ 次复数乘法运算，还包括 $X[k]$ 和 $H[k]$ 的 N 次复数乘法运算，因此，图 8-14 所需的复数乘法次数为

$$N_F = 3 \times (N/2 \log_2 N) + N = N(1 + 3/2 \log_2 N) \tag{8-36}$$

根据式 (8-35) 和式 (8-36)，可以得到直接计算线性卷积和基于圆周卷积方式计算所需复数乘法次数的比值

$$C_m = \frac{N_D}{N_F} = \frac{N_1 N_2 / 2}{N(1 + 3/2 \log_2 N)}$$

$$= \frac{N_1 N_2}{2(N_1 + N_2 - 1)[1 + 3/2 \log_2(N_1 + N_2 - 1)]} \tag{8-37}$$

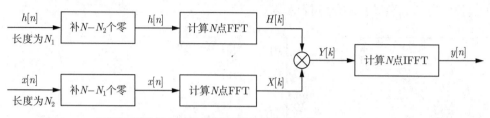

图 8-14　利用圆周卷积方式计算线性卷积的算法结构图 $(N = N_1 + N_2 - 1)$

（1）当 $x[n]$ 的长度和 $h[n]$ 的长度比拟时，即 $N_1 \approx N_2$，此时 $N = N_1 + N_2 - 1 \approx 2N_1$，根据式 (8-37) 可以得到

$$C_{\mathrm{m}} \approx \frac{N_1 N_1}{2N_1[1 + 3/2 \log_2(2N_1)]} = \frac{N_1}{10 + 6 \log_2 N_1} \tag{8-38}$$

不同 N_1 条件下的 C_{m} 值如表 8-3 和图 8-15 所示。

表 8-3　当 $N_1 = N_2$ 时复数乘法次数比值 C_{m}

$N_1 = N_2$	8	16	32	64	128	256	512	1024	2048
$\log_2 N_1$	3	4	5	6	7	8	9	10	11
C_{m}	0.29	0.47	0.80	1.39	2.46	4.41	8.00	14.62	26.95

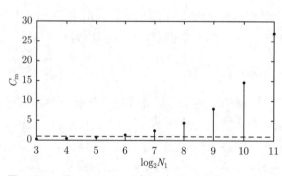

图 8-15　当 $N_1 = N_2$ 时的 C_{m} 值（虚线：$C_{\mathrm{m}} = 1$）

从表 8-3 可以看出：①当 $N_1 = N_2 < 64$ 时，$C_{\mathrm{m}} < 1$，基于圆周卷积方法的计算效率低于直接计算线性卷积方法；②当 $N_1 = N_2 = 64$ 时，$C_{\mathrm{m}} \approx 1$，基于圆周卷积方法的计算效率略高于直接计算线性卷积方法；③当 $N_1 = N_2 > 64$ 时，$C_{\mathrm{m}} \gg 1$，基于圆周卷积方法的计算效率优于直接计算线性卷积方法，且序列越长计算效率越高。因此，只有当 $N_1 \approx N_2 > 64$ 时，才使用基于圆周卷积方法计算线性卷积。

（2）当 $x[n]$ 的长度远大于 $h[n]$ 的长度时，即 $N_1 \ll N_2$，此时 $N = N_1 + N_2 - 1 \approx N_2$，根据式 (8-37) 可以得到

$$C_{\mathrm{m}} \approx \frac{N_1 N_2}{2N_2[1 + 3/2 \log_2 N_2]} = \frac{N_1}{2 + 3 \log_2 N_2} \tag{8-39}$$

不同 N_1 条件下的 C_{m} 值如表 8-4 和图 8-16 所示。

表 8-4　当 $N_1 \ll N_2$ 时复数乘法次数比值 C_m

N_2/N_1	2	4	8	16	32	64	128	256	512
$\log_2(N_2/N_1)$	1	2	3	4	5	6	7	8	9
C_m	1.60	1.39	1.23	1.1034	1.00	0.91	0.84	0.78	0.7273

从表 8-4 可以看出：①当 $N_2 < 32N_1$ 时，$C_\mathrm{m} > 1$，基于圆周卷积方法的计算效率高于直接计算线性卷积方法，且 N_2/N_1 越小，计算效率越高；②当 $N_2 = 32N_1$ 时，$C_\mathrm{m} = 1$，基于圆周卷积方法的计算效率等同于直接计算线性卷积方法，但实现过程相对复杂；③当 $N_2 > 32N_1$ 时，$C_\mathrm{m} < 1$，基于圆周卷积方法的计算效率低于直接计算线性卷积方法，N_2/N_1 越小计算效率越低。因此将 $N_2/N_1 = 32$ 作为是否采用基于圆周卷积方法的判定依据。

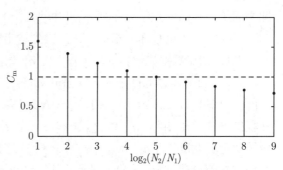

图 8-16　当 $N_1 \ll N_2$ 时 C_m 值（虚线表示 $C_\mathrm{m} = 1$）

特别地，当序列 $x[n]$ 很长（$N_2 \gg N_1$）时无法发挥 FFT 算法的计算优势，主要原因是对 $h[n]$ 补零过多而导致计算消耗过大。为了解决该问题，可以采用分段卷积或分段滤波方法，其基本思想是将 $x[n]$ 分解成若干个较短的子序列，并用基于圆周卷积方法处理每个子序列，重叠相加法和重叠保留法是实现上述思想的最常见方法。

8.4.2　重叠相加法

重叠相加法的基本思想：将输入序列 $x[n]$ 分割成若干个长度为 N_2 的子序列，依次计算每个子序列 $x_i[n]$ 和 FIR 数字滤波器单位脉冲响应 $h[n]$ 的线性卷积，并对卷积结果 $y_i[n]$ 的重叠部分进行相加（$i \in \mathbb{Z}$），从而得到数字滤波器的输出结果 $y[n]$。

如果将 $x[n]$ 分割成长度为 N_2 的子序列，则第 i 个子序列可以表示为

$$x_i[n] = \begin{cases} x[n], & iN_2 \leqslant n \leqslant (i+1)N_2 - 1 \\ 0, & \text{其他} \end{cases} \tag{8-40}$$

且可以将 $x[n]$ 表示为所有子序列的求和形式

$$x[n] = \sum_{i=-\infty}^{\infty} x_i[n] \tag{8-41}$$

因此输出序列 $y[n]$ 可以表示为

$$y[n] = x[n] * h[n] = \sum_{i=-\infty}^{\infty} x_i[n] * h[n] = \sum_{i=-\infty}^{\infty} y_i[n] \tag{8-42}$$

其中：$y_i[n] = x_i[n] * h[n]$ $(i \in \mathbb{Z})$。式 (8-42) 表明，只要计算出子序列 $x_i[n]$ 和单位脉冲响应 $h[n]$ 的线性卷积，并将所有的卷积结果 $y_i[n]$ 相加，就可以得到输出序列 $y[n]$。

在计算 $x_i[n]$ 和 $h[n]$ 的线性卷积时，可以采用图 8-14 所示的基于圆周卷积方法。首先需要对 $x_i[n]$ 和 $h[n]$ 分别补零，使补零序列的长度是 $N = N_1 + N_2 - 1 = 2^M$，为了方便，补零序列仍然记作 $x_i[n]$ 和 $h[n]$；其次利用基-2 的 FFT 算法计算 $x_i[n]$ 和 $h[n]$ 的圆周卷积，它等效于线性卷积 $y_i[n] = x_i[n] * h[n]$；由于 $y_i[n]$ 的长度是 N，$x_i[n]$ 的长度是 N_2，因此相邻子序列的卷积结果序列 $y_i[n]$ 和 $y_{i+1}[n]$ 存在着 $N_1 - 1$ 点的重叠，根据式 (8-42) 可知，只要将上述重叠部分相加，最后得到输出序列 $y[n]$。

例如，FIR 数字滤波器的输入序列 $x[n]$，如图 8-17（a）所示；单位脉冲响应 $h[n] = R_{N_1}[n]$ $(N_1 = 7)$，如图 8-17（b）所示；将 $x[n]$ 分解成三个长度是 $N_2 = 10$ 的子序列 $x_0[n]$，$x_1[n]$ 和 $x_2[n]$，如图 8-17（c）所示；由于 $N = N_1 + N_2 - 1 = 16 = 2^4$，符合利用 FFT 算法计算圆周卷积的条件；$x_0[n]$，$x_1[n]$ 和 $x_2[n]$ 和 $h[n]$ 的线性卷积 $y_0[n]$，$y_1[n]$ 和 $y_2[n]$，如图 8-17（d）所示；可以看出，$y_i[n]$ 和 $y_{i+1}[n]$ $(i = 0, 1)$ 之间存在着 $N_1 - 1 = 6$ 点的重叠，如果将所有存在重叠部分的 $y_i[n]$ 求和，得到的计算结果 $y_c[n]$，如图 8-17（f）所示，它和直接计算线性卷积方法得到的结果 $y_1[n] = x[n] * h[n]$（如图 8-17（e）所示）完全相同。

综上所述，基于重叠相加法计算线性卷积的主要步骤如下：

第 1 步：计算 $H[k]$。将长度为 N_1 的单位脉冲响应 $h[n]$ 补零至 $N = 2^M$ 点，并利用 FFT 算法计算它的 N 点 DFT，即 $H[k] = \text{DFT}(h[n])$。

第 2 步：序列分解。将输入序列 $x[n]$ 分解成长度 N_2 的子序列 $x_i[n]$ $(i \in \mathbb{Z})$ 且满足 $N_1 + N_2 - 1 = N = 2^M$。

第 3 步：计算 $X_i[k]$。利用 FFT 算法计算补零子序列 $x_i[n]$（补 $N_1 - 1$ 个零）的 N 点 DFT，得到 $X_i[k] = \text{DFT}(x_i[n])$。

第 4 步：计算 $Y_i[k]$。在离散傅里叶变换域内计算 $X_i[k]$ 和 $H[k]$ 的 N 点复数乘法，得到 $Y_i[k] = X_i[k]H[k]$，$i \in \mathbb{Z}$。

第 5 步：计算 $y_i[n]$。利用 IFFT 算法计算 $Y_i[k]$ 的 N 点 IDFT，得到 $x_i[n]$ 和 $h[n]$ 的线性卷积 $y_i[n] = \text{IDFT}(Y_i[k]) = x_i[n] * h[n]$。

第 6 步：重叠相加。对包含重叠部分的所有线性卷积结果 $y_i[n]$ $(i \in \mathbb{Z})$ 求和，最终得到输出序列 $y[n] = \sum_i y_i[n] = x[n] * h[n]$。

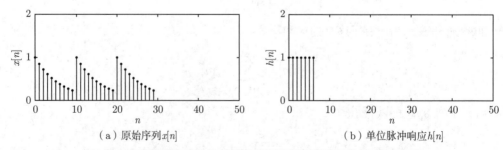

（a）原始序列 $x[n]$　　　　　　　　　　　（b）单位脉冲响应 $h[n]$

图 8-17　重叠相加方法计算线性卷积实例（重叠部分用阴影表示）

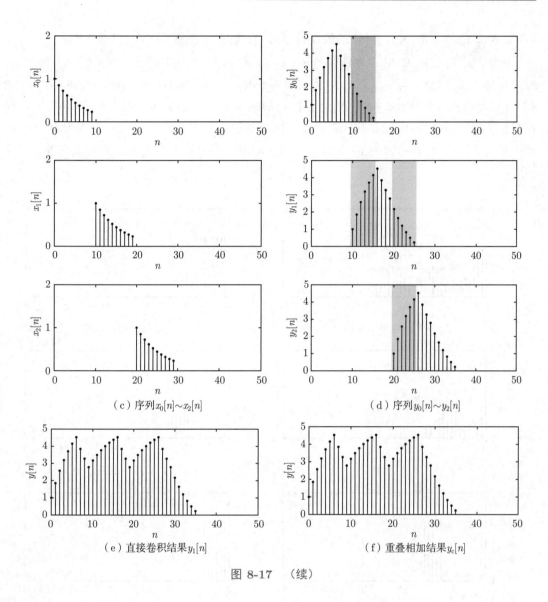

（c）序列 $x_0[n] \sim x_2[n]$　　　　　　　　（d）序列 $y_0[n] \sim y_2[n]$

（e）直接卷积结果 $y_1[n]$　　　　　　　　（f）重叠相加结果 $y_c[n]$

图 8-17 （续）

8.4.3 重叠保留法

第 8.4.2 节论述的重叠相加法将原始序列 $x[n]$ 分解成若干个子序列之后，需要对第 i 个子序列 $x_i[n]$ $(i \in \mathbb{Z})$ 进行补零处理。如果对需要补零的部分不进行补零，而使用原始序列 $x[n]$ 中的对应值，则基于圆周卷积方法计算 $x_i[n]$ 和 $h[n]$ 的线性卷积时会出现时域混淆现象。仔细分析圆周卷积过程可以发现，混淆只发生在卷积结果的起始部分。

根据圆周卷积的定义式，第 i 个子序列 $x_i[n]$ 和 $h[n]$ 的 N 点圆周卷积表示为

$$y_i[n] = x_i[n] \circledast h[n] = \sum_{m=0}^{N-1} x_i[m]h((n-m))_N \cdot R_N[n] \tag{8-43}$$

其中：$h[n]$ 的长度是 N_1，$x_i[n]$ 的长度是 N_2，且满足 $N = N_1 + N_2 - 1 = 2^M$。

例如，序列 $x[n]$ 和 $h[n]$ 分别如图 8-18（a）和图 8-18（b）所示，第 i 个子序列 $x_i[m]$ 如图 8-18（c）所示。当 $n = 0, 1, N_1-1, N-1$ 时，$h((n-m))_N$ 分别如图 8-18（d）$\sim$ 图 8-18(g) 所示。由于当 $0 \leqslant n \leqslant N_1-2$ 时，$h((n-m))_N$ 在 $x_i[n]$ 的尾部存在非零值，导致在此区间 $y_i[n]$ 的值混入 $x_i[n]$ 和 $h[n]$ 的圆周卷积结果中，如图 8-18(h) 中的阴影部分所示；而当 $N_1-1 \leqslant n \leqslant N-1$，$h((n-m))_N = h[n-m]$ 时圆周卷积结果与线性卷积结果相同。

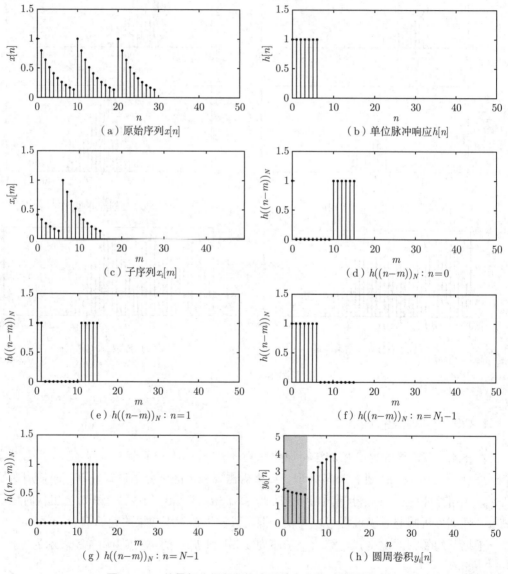

图 8-18　补零部分保留原始序列值产生的时域混淆现象

根据图 8-18 可以看出，在 $x_i[n]$ 与 $h[n]$ 的圆周卷积结果中，当 $0 \leqslant n \leqslant N_1-2$ 时，圆

周卷积结果存在着时域混叠，是需要去掉的部分；而当 $N_1 - 1 \leqslant n \leqslant N - 1$ 时，圆周卷积结果与线性卷积结果相同，是需要保留的部分。因此，当计算 $x[n]$ 与 $h[n]$ 的线性卷积时，首先需要在 $x[n]$ 的前面补 $N_1 - 1$ 个零，再将补零序列分解成若干个长度为 N 的子序列，其中第 i 个子序列 $x_i[n] (i \in \mathbb{Z})$ 表示为

$$x_i[n] = \begin{cases} x[n + iN_2], & 0 \leqslant n \leqslant N - 1 \\ 0, & \text{其他} \end{cases} \tag{8-44}$$

其次利用 FFT 算法求得 $x_i[n]$ 与 $h[n]$ 的圆周卷积 $y_i[n] = x_i[n] \circledast h[n]$；最后抛弃 $y_i[n]$ 的前 $N_1 - 1$ 个点，将所有 $y_i[n]$ 顺序拼接，即可得到输出序列 $y[n]$。

图 8-19 给出了基于重叠保留法计算线性卷积的实例，补零序列 $x[n]$ 和单位脉冲响应 $h[n]$ 分别如图 8-19（a）和 8-19（b）所示。将 $x[n]$ 分解成长度 $N = 16$ 的四个序列 $x_i[n]$ $(i = 0, 1, 2, 3)$，如图 8-19（c）所示。采用 FFT 算法计算 $x_i[n]$ 与 $h[n]$ 的圆周卷积 $y_i[n]$ $(i = 0, 1, 2, 3)$，如图 8-19（d）所示。去掉 $y_i[n]$ 的前 $N_1 - 1 = 6$ 个点（阴影部分），并将所有 $y_i[n]$ $(i = 0, 1, 2, 3)$ 拼接起来，即得到如图 8-19（f）所示输出序列 $y_c[n]$。与如图 8-19（e）所示的线性卷积结果 $y_l[n]$ 比较可知，$y_c[n]$ 存在着 $N_1 - 1$ 点的时间滞后，它来自于在 $x[n]$ 前面的补零运算。

综上所述，基于重叠保留法计算线性卷积的主要步骤如下：

第 1 步：计算 $H[k]$。将长度为 N_1 的单位脉冲响应 $h[n]$ 补零至 $N = 2^M$ 点，并利用 FFT 算法计算 N 点 DFT，即 $H[k] = \text{DFT}(h[n])$。

第 2 步：序列分解。将 $x[n]$ 的前面补 $N_1 - 1$ 个零值，并将补零的序列 $x[n]$ 分解成若干个长度为 N 的子序列 $x_i[n]$，且 $x_i[n]$ 的尾部和 $x_{i+1}[n]$ 的头部存 $N_1 - 1$ 点重叠。

第 3 步：计算 $X_i[k]$。利用 FFT 算法计算所有子序列 $x_i[n]$ 的 N 点 DFT，即得到 $X_i[k] = \text{DFT}(x_i[n])$，$i \in \mathbb{Z}$。

第 4 步：计算 $Y_i[k]$。在离散傅里叶变换域计算 $X_i[k]$ 和 $H[k]$ 的 N 点复数乘法，得到输出序列的 N 点 DFT 结果：$Y_i[k] = X_i[k]H[k]$。

第 5 步：计算 $y_i[n]$。利用快速算法计算 $Y_i[k]$ 的 N 点 IFFT 得到 $x_i[n]$ 和 $h[n]$ 的圆周卷积 $y_i[n] = \text{IDFT}(Y_i[k]) = x_i[n] * h[n]$，并将 $y_i[n]$ 的前 $N_1 - 1$ 点标记为无效。

第 6 步：保留相加。对标记为有效部分的所有圆周卷积结果 $y_i[n]$ 求和，最终得到数字滤波器的输出 $y[n] = \sum_i y_i[n] = x[n] * h[n]$。

通常，重叠相加法和重叠保留法的计算量相差不大，但是后者在拼接输出序列 $y[n]$ 时省去了加法运算。与直接计算线性卷积的结果相比，重叠保留法存在着时间上的滞后问题，且单位脉冲响应越长滞后越大。特别注意，由于两种方法都使用了 FFT 算法计算圆周卷积，只有当 FIR 数字滤波器的单位脉冲响应 $h[n]$ 长度超过 32 且输入序列很长时，才选择上述两种方法计算线性卷积，以此获得更高的计算效率。

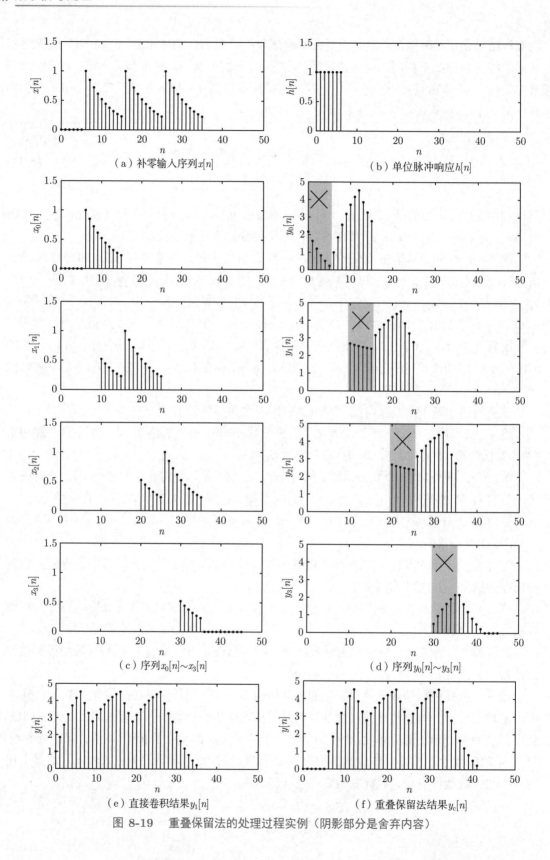

（a）补零输入序列$x[n]$

（b）单位脉冲响应$h[n]$

（c）序列$x_0[n] \sim x_3[n]$

（d）序列$y_0[n] \sim y_3[n]$

（e）直接卷积结果$y_1[n]$

（f）重叠保留法结果$y_c[n]$

图 8-19　重叠保留法的处理过程实例（阴影部分是舍弃内容）

本章小结

快速傅里叶变换在数字信号处理技术中占有极其重要的地位，理解它与离散傅里叶变换的联系及掌握 FFT 算法的实现原理非常重要。本章首先分析了直接计算 DFT 所需的计算量，并给出了提升计算效率的基本思想；其次论述了按时间抽取和按频率抽取的基-2 的 FFT 算法，并简述了 FFT 算法中蝶形运算、原位运算、码位倒序等运算；最后论述了基于 FFT 算法实现线性卷积的重叠相加法和重叠保留法。本章为数字信号分析、数字滤波器设计、以及 DFT 理论的工程应用提供了技术基础。

本章习题

8.1　假设某台通用计算机的平均运算速度是每次复数乘法 10 μs，每次复数加法 2 μs。当计算 $N = 1024$ 点的 DFT$(x[n])$ 时，估计以下的计算时间：

（1）用 DFT 公式计算所需的时间；　　　　　　（2）用 FFT 算法计算所需的时间。

8.2　程序 A 按照 DFT 的定义式计算 DFT，计算时间是 N^2 秒；程序 B 按照按时间抽取方法的基-2 的 FFT 算法计算 DFT，计算时间是 $10N\log_2 N$ 秒。如果 $x[n]$ 是长度 $N = 2^m$ 的序列，则确定 N 满足何种条件时，程序 B 比程序 A 的计算速度快。

8.3　使用按时间抽取和按频率抽取的基-2 的 FFT 算法，分别得到长度 $N = 8$ 的序列 $x[n] = \{\underline{1}, 0, 1, 0, 1, 0, 1, 0\}$ 的 DFT 结果，比较两者的异同之处。

8.4　假设序列 $x[n]$ 的长度为 N，它的离散傅里叶变换 $X[k] = \text{DFT}(x[n])$，按照计算离散傅里叶反变换的算法结构

$$x[n] = \text{IDFT}(X[k]) = \frac{1}{N}\{\text{DFT}(X^*[k])\}^*$$

设计利用 FFT 算法实现 IFFT 的程序模块，给出基-2 的 FFT 算法的访问方法（不必给出基-2 的 FFT 算法具体内容）。

8.5　假设 $x[n]$ 是长度为 M 的序列 $(0 \leqslant m \leqslant M-1)$，它的 z 变换 $X(z) = \sum\limits_{n=0}^{M-1} x[n]z^{-n}$，而 $X(z)$ 在单位圆上 N 个等距离点上的采样值为 $X(z_k)$，其中 $z_k = \mathrm{e}^{\mathrm{j}\frac{2\pi}{N}k}$ $(k = 0, 1, \cdots, N-1)$。在以下两种条件下，如何使用基-2 的 FFT 算法确定全部 $X(z_k)$ 值。

（1）当 $N \leqslant M$ 时使用 N 点的 FFT 算法；　　（2）当 $N > M$ 时使用 N 点的 FFT 算法。

8.6　假设 $x[n]$ 和 $y[n]$ 是长度为 N 的实序列，它们的离散傅里叶变换结果是 $X[k]$ 和 $Y[k]$。现在需要根据 $X[k]$ 和 $Y[k]$ 计算原始序列 $x[n]$ 和 $y[n]$，为了提高运算效率，设计基-2 的 N 点 IFFT 算法。

8.7　假设 $X[k]$ $(k = 0, 1, \cdots, 2N-1)$ 是 $2N$ 点实序列 $x[n]$ 的 DFT 结果，现在需要根据 DFT 结果 $X[k]$ 计算原始序列 $x[n]$，为了提高运算效率，试设计基-2 的 N 点 IFFT 算法并加以实现（提示：利用 N 点 FFT 算法和 $2N$ 点 FFT 算法的关系）。

8.8　如果某数字信号处理程序可以计算 DFT，即输入序列是 $x[n]$，输出 DFT 的结果是 $X[k]$。利用该程序设计 IDFT 算法，实现输入是 $X[k]$（或与 $X[k]$ 有简单联系的序列），输出是 $x[n]$（或与 $x[n]$ 有简单联系的序列）。

8.9　假设 $x[n]$ 是长度为 N 的实序列，其中 N 是 2 的幂，即 $N = 2^m \ (m \in \mathbb{R})$。令 $x_1[n]$ 和 $x_2[n]$ 分别是长度为 $N/2$ 的实序列，且 $x_1[n] = x[2n]$、$x_2[n] = x[2n+1]$，其中 $n = 0, 1, \cdots, N/2 - 1$。给出用 $x_1[n]$ 和 $x_2[n]$ 的 DFT 结果 $X_1[k]$ 和 $X_2[k]$ 计算 $X[k]$ 的方法。

8.10　已知长度为 L 的实序列 $x[n]$ 和长度为 P 的实序列 $y[n]$，它们的线性卷积 $z[n] = x[n] * y[n]$，要求：

(1)给出线性卷积结果 $z[n]$ 的长度值；　　　　　(2)给出计算线性卷积的实数乘法次数；

(3)如果利用 DFT 方法获得线性卷积结果，给出计算 DFT 和 IDFT 的最小序列长度；

(4)如果 $L = P = N/2$ 且 $N = 2^m$，给出利用 FFT 算法计算 $z[n]$ 所需的复数乘法次数。

8.11　假定离散时间 LTI 系统的输入序列和输出序列满足差分方程 $y[n] = \sum\limits_{k=0}^{N} b_k x[n-k] - \sum\limits_{k=1}^{N} a_k y[n-k]$，它的系统函数是 $H(z)$。如果有可供使用的基-2 的 FFT 算法程序，给出计算 $X\left(\mathrm{e}^{\mathrm{j}\omega_k}\right) \ (\omega_k = 2\pi k/N, \ k = 0, 1, \cdots, N-1)$ 的具体方法。

第 9 章

离散时间系统结构

> 君子慎始，差若毫厘，缪以千里。
>
> ——战国·《礼记》

线性时不变（LTI）系统在科学研究和工程实践中得到了广泛应用，例如，对数字信号的检测、滤波、预测等会使用一类重要的 LTI 系统——数字滤波器。针对系统函数为有理多项式的 LTI 系统，可以使用线性常系数差分方程描述输入和输出之间的关系。系统函数、差分方程和单位脉冲响应都是描述 LTI 系统的有效形式，当使用软件或硬件实现 LTI 系统时，需要将差分方程或系统函数转化为可以实现的软件算法或硬件结构。本章首先给出了实现 LTI 系统的三个基本单元：加法器、乘法器和延时器，并给出有理函数系统的信号流程图（简称流图）表示方法；其次针对有限冲激响应（FIR）系统，论述直接型和级联型结构、以及获得线性相位的特殊结构；再次针对无限冲激响应（IIR）系统，论述直接型、级联型、并联型和转置型结构；最后针对 LTI 系统实现过程中存在的有限字长问题，讨论了量化误差的多种来源、表现形式及其实际影响。

9.1 LTI 系统的流图表示

离散时间线性时不变系统同时满足线性性质和时不变性质，即 LTI 系统的输入/输出关系在满足叠加定理的同时，系统特性不随着时间的变化而变化。LTI 系统的基本功能是对输入序列进行特定运算并转化为输出序列，既可以在通用数字计算机上以软件方式实现，又可以在专用数字信号处理器（DSP）上以硬件方式实现。无论软件实现还是硬件实现，在抽象概念层面上，都有相同的计算结构和计算单元。

9.1.1 信号流图的基本单元

根据第 2 章可知，在时域上描述离散时间 LTI 系统的输入/输出关系有两种形式：线性卷积和常系数差分方程。如果 LTI 系统的输入序列为 $x[n]$，输出序列为 $y[n]$，单位脉冲响应为 $h[n]$，则可以用线性卷积表示 LTI 系统的输入/输出关系

$$y[n] = \sum_{k=-\infty}^{\infty} h[k]x[n-k] \tag{9-1}$$

如果 LTI 系统的系统函数为有理多项式且初始状态为零，则可以用线性常系数差分方程表示 LTI 系统的输入/输出关系

$$\sum_{k=0}^{N} a_k y[n-k] = \sum_{k=0}^{M} b_k x[n-k] \tag{9-2}$$

其中：b_k 和 a_k 是实系数且 $a_0 = 1$。还可以将式(9-2)表示为递归形式

$$y[n] = \sum_{k=0}^{M} b_k x[n-k] - \sum_{k=1}^{N} a_k y[n-k] \tag{9-3}$$

当采用硬件或软件实现 LTI 系统时，需要将差分方程转换为可以实现的算法结构，并用方框图或信号流图进行描述。比较式(9-1)和式(9-3)可以看出，在计算输出序列 $y[n]$ 的过程中，它们都使用了三个功能相同的基本单元：延时器、乘法器和加法器，它们的方框图符号如图 9-1（a）所示，信号流图符号如图 9-1（b）所示。特别地，通常采用 D 触发器实现延时器的功能，它的单位脉冲响应 $h[n] = \delta[n-1]$。由于 $\delta[n-m]$ 的 z 变换是 z^{-m}，即 $\mathcal{Z}(\delta[n-m]) = z^{-m}$，因此用 z^{-1} 表示延迟 1 个样本及用 z^{-m} 表示延迟 m 个样本。

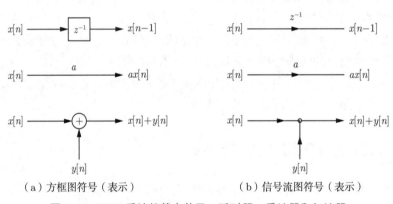

（a）方框图符号（表示）　　　　　　（b）信号流图符号（表示）

图 9-1　LTI 系统的基本单元：延时器、乘法器和加法器

为了描述给定的 LTI 系统，需要将图 9-1所示的基本单元（延迟器、加法器和乘法器）连接成"网络"，用信号流图方法更加方便。信号流图是由多个有向支路构成的网络，它们在节点位置相互连接，每条支路有一个输入节点和一个输出节点，方向用箭头表示。在信号流图中，节点包括加法器和分支点两类，前者包括多个流入支路的节点，后者包括多个流出支路的节点，分别如图 9-2中的节点 j 和节点 k 所示。

在信号流图中，每个支路的输出都是输入变量的线性变换，包括乘法运算和延时运算，并将运算符号标注在箭头的旁边（支路增益为 1 时可以省略）。特别地，信号流图包括两个特殊的节点：① 源节点，是没有输入支路的节点，如图 9-2中用变量 $x[n]$ 标注的节点，它用于描述 LTI 系统的输入序列；② 阱节点，是只有输入支路的节点，如图 9-2中用变量 $y[n]$ 标注的节点，它用于描述 LTI 系统的输出序列。

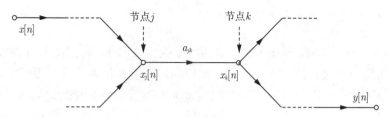

图 9-2　信号流图的支路和节点

通常线性时不变系统的系统函数 $H(z)$ 与线性常系数差分方程有着密切的联系。假定 LTI 系统的系统函数为

$$H(z) = \frac{b_0 + b_1 z^{-1}}{1 + a_1 z^{-1}} \tag{9-4}$$

则它的输入/输出关系可以用差分方程表示为

$$y[n] = b_0 x[n] + b_1 x[n-1] - a_1 y[n-1] \tag{9-5}$$

根据式(9-5)可以得到 LTI 系统的框图和信号流图，如图 9-3所示。

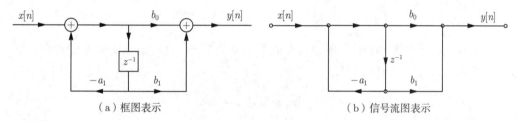

（a）框图表示　　　　　　　　　（b）信号流图表示

图 9-3　LTI 系统框图和信号流图

对比图 9-3所示的框图和信号流图可知，它们的系数之间存在着一一对应关系，但是用信号流图表示更加简便。与此同时，比较图 9-3和式(9-5)可知，信号流图的增益（延时器用增益 z^{-1} 表示）和差分方程的系数之间也存在着一一对应关系，即与输入序列 $x[n]$ 及其延迟 $x[n-1]$ 有关的系数取正号；与输出序列 $y[n]$ 及其延迟 $y[n-1]$ 有关的系数取负号。差分方程是为实现系统而定义的有序运算，也可以用一对差分方程来表示式(9-4)所示的系统。

$$\begin{cases} w[n] = -a_1 w[n-1] + x[n] \\ y[n] = b_0 w[n] + b_1 w[n-1] \end{cases} \tag{9-6}$$

在实现上述 LTI 系统时，如果采用式(9-6)所示的方案，则只需要一个存储器（保存 $w[n-1]$）；如果采用式(9-5)所示的方案，则需要两个存储器（保存 $x[n-1]$ 和 $y[n-1]$）。由此可见，虽然实现 LTI 系统有多种方式，但是所需的计算量或存储器数目可能有所不同。

9.1.2　LTI 系统的流图化简

根据 9.1.1 节内容可知，基于差分方程（或系统函数）可以确定出 LTI 系统的信号流图，反之亦然。如果信号流图的连接关系是不规则的，则直接化简差分方程组并确定系统函数往往是非常困难的。利用 z 变换方法将时域的差分运算关系转化为复频域（z 变换域）的代数运算关系，可以有效地降低求解系统函数的复杂度。下面以数字全通系统为例，讨论如何利用 z 变换将 LTI 系统的信号流图转化为系统函数（或差分方程）。

例 9.1　根据信号流图确定差分方程：已知 LTI 系统的信号流图如图 9-4（a）所示（其中 a 是实数），确定该信号流图对应的系统函数、差分方程以及单位脉冲响应。

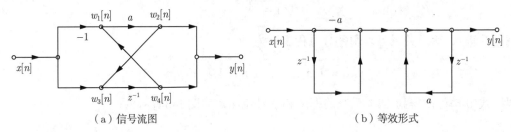

（a）信号流图　　　　　　　　　　　　（b）等效形式

图 9-4　信号流图及其等效形式

解　首先，针对图 9-4（a）所示信号流图的每个节点，使用节点变量写出差分方程，将信号流图表示成差分方程组的形式

$$w_1[n] = w_4[n] - x[n]$$

$$w_2[n] = \alpha w_1[n]$$

$$w_3[n] = w_2[n] + x[n]$$

$$w_4[n] = w_3[n-1]$$

$$y[n] = w_2[n] + w_4[n]$$

其次，对该差分方程组进行 z 变换，将差分方程组转化为代数方程组

$$W_1(z) = W_4(z) - X(z)$$

$$W_2(z) = aW_1(z)$$

$$W_3(z) = W_2(z) + X(z)$$

$$W_4(z) = z^{-1}W_3(z)$$

$$Y(z) = W_2(z) + W_4(z)$$

再次，消去中间变量 $W_1(z)$ 和 $W_3(z)$，可以得到

$$W_2(z) = a[W_4(z) - X(z)]$$

$$W_4(z) = z^{-1}[W_2(z) + X(z)]$$

将 $W_2(z)$ 和 $W_4(z)$ 用 $X(z)$ 表示为

$$W_2(z) = \frac{a(z^{-1} - 1)}{1 - az^{-1}} X(z)$$

$$W_4(z) = \frac{z^{-1}(1 - a)}{1 - az^{-1}} X(z)$$

并将 $W_2(z)$ 和 $W_4(z)$ 代入 $Y(z) = W_2(z) + W_4(z)$

$$Y(z) = W_2(z) + W_4(z) = \frac{z^{-1} - a}{1 - az^{-1}} X(z)$$

最后，计算系统函数 $H(z) = Y(z)/X(z)$，可以得到

$$H(z) = \frac{Y(z)}{X(z)} = \frac{z^{-1} - a}{1 - az^{-1}}$$

可以看出，$H(z)$ 是一阶全通系统的标准形式，它对应的差分方程为

$$y[n] = ay[n - 1] - ax[n] + x[n - 1]$$

等效的信号流图形式如图 9-4（b）所示。对 $H(z)$ 进行 z 反变换，可以得到单位脉冲响应

$$h[n] = a^{n-1}u[n - 1] - a^{n+1}u[n]$$

比较图 9-4（a）和图 9-4（b）可知，不同信号流图所需的计算资源存在着很大的差别，前者只需一个乘法器和一个延时器，而后者需要两个乘法器和两个延时器。例 9.1同时表明，系统函数、差分方程、单位脉冲响应和信号流图都是描述 LTI 系统的有效形式，而系统函数处于核心地位，是各种表示方法之间转换的桥梁。因此，在讨论 FIR 系统和 IIR 系统的信号流图时，从系统函数角度出发会更加便捷。由于 FIR 系统和 IIR 系统存在着很大的差别，因此需要分别讨论它们的系统结构。

9.2 FIR 系统的基本结构

假定 FIR 系统的单位脉冲响应 $h[n]$ 是长度为 N 的因果序列，它的系统函数是关于 z^{-1} 的多项式

$$H(z) = \sum_{n=0}^{N-1} h[n]z^{-n} \tag{9-7}$$

根据式(9-7)可知，除了在 $z = 0$ 位置有极点，$H(z)$ 仅有零点。如果 FIR 系统的输入序列为 $x[n]$、输出序列为 $y[n]$，则式(9-7)对应的差分方程为

$$y[n] = \sum_{k=0}^{N-1} h[k]x[n - k] \tag{9-8}$$

式(9-8)表明：输出序列 $y[n]$ 是输入序列 $x[n]$ 和单位脉冲响应 $h[n]$ 的有限项卷积。

9.2.1 横截型结构

将因果 FIR 系统的系统函数表示为关于 z^{-1} 的多项式

$$H(z) = \frac{Y(z)}{X(z)} = \sum_{k=0}^{N-1} b_k z^{-k} \tag{9-9}$$

其中：$b_k(0 \leqslant k \leqslant N-1)$ 是常系数。式(9-9)对应的差分方程为

$$y[n] = \sum_{k=0}^{N-1} b_k x[n-k] \tag{9-10}$$

比较式(9-8)和式(9-10)，可以得到 FIR 系统的单位脉冲响应

$$h[n] = \begin{cases} b_n, & 0 \leqslant n \leqslant N-1 \\ 0, & \text{其他} \end{cases} \tag{9-11}$$

即 $h[n] = b_n, 0 \leqslant n \leqslant N-1$。根据式(9-8)、式(9-10)和式(9-11)，可以得到 FIR 系统的横截型结构，如图 9-5（a）所示；经过变形还可以得到它的等效结构（转置型结构），如图 9-5（b）所示。

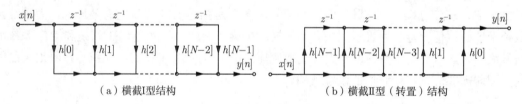

（a）横截I型结构　　　　　　　　　　（b）横截II型（转置）结构

图 9-5　FIR 系统的横截型结构

根据图 9-5和式(9-8)可知，实现 FIR 系统需要 $N-1$ 个延时器、N 个乘法器、以及 $N-1$ 个加法器。如果单位脉冲响应 $h[n]$ 存在着对称性或反对称性（线性相位的 FIR 系统），则可以利用对称性质减少乘法器的数量。

9.2.2 级联型结构

如果 FIR 系统单位脉冲响应 $h[n]$ 的长度为 N，则它的系统函数 $H(z)$ 可以分解为一阶因子的乘积形式

$$H(z) = \sum_{n=0}^{N-1} h[n]z^{-n} = A \prod_{k=0}^{N-1} (1 + \beta_k z^{-1}) \tag{9-12}$$

其中：$z_k = -\beta_k\ (k = 0, 1, 2, \cdots, N-1)$ 是 $H(z)$ 的第 k 个零点。如果 $h[n]$ 是实数，则 $H(z)$ 的复根以共轭成对方式出现，将所有成对的复根组合表示为实系数二阶因子的乘积形式

$$H(z) = A \prod_{k=0}^{M-1} (1 + \beta_{1k} z^{-1} + \beta_{2k} z^{-2}) \tag{9-13}$$

其中：$N = 2M$；β_{1k} 和 β_{2k} 是第 k 个二阶因子的实系数，$0 \leqslant k \leqslant M - 1$。

根据式(9-12)和式(9-13)，可以将 $H(z)$ 表示为一阶系统或二阶系统的级联形式，分别如图 9-6（a）和图 9-6（b）所示。

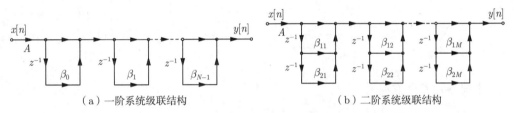

（a）一阶系统级联结构　　　　　　　　　　（b）二阶系统级联结构

图 9-6　FIR 系统的级联型结构

在图 9-6（a）所示信号流图中，每个一阶网络控制着一个零点，若想调整零点只需改变一阶因式 $(1 + \beta_k z^{-1})$ 的系数 β_k。在图 9-6（b）所示信号流图中，每个二阶网络控制着共轭成对形式的两个零点，若调整零点需要改变二阶因式 $(1 + \beta_{1k} z^{-1} + \beta_{2k} z^{-2})$ 的系数 β_{1k} 和 β_{2k}。相对于 FIR 系统的直接型结构，图 9-6所示的级联型结构在调整零点方面更加方便。

在 MATLAB 软件的信号处理工具箱中，函数 tf2sos() 可以将直接型结构转化为级联型结构，而函数 sos2tf() 可以将级联型结构转化为直接型结构。有关它们的使用方法，请参见 MATLAB 软件的帮助文档，此处不再赘述。

例 9.2　根据 FIR 系统函数确定信号流图：假定 FIR 系统的系统函数 $H(z) = 1 + 3z^{-1} + 4z^{-2} + 2z^{-3}$，绘制 $H(z)$ 的级联型结构的信号流图。

解　对系统函数 $H(z)$ 进行因式分解，得到 $H(z) = (1 + z^{-1})(1 + 2z^{-1} + 2z^{-2})$，因此得到一阶系统和二阶系统的级联结构，如图 9-7（a）所示；或者交换一阶系统和二阶系统的级联顺序，得到等效的级联结构，如图 9-7（b）所示。

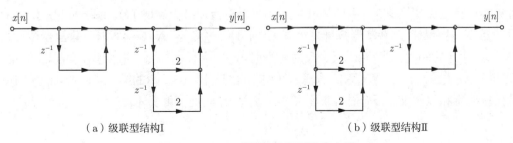

（a）级联型结构I　　　　　　　　　　（b）级联型结构II

图 9-7　FIR 系统的级联型结构实例

9.2.3　线性相位结构

如果因果 FIR 系统的单位脉冲响应为 $h[n]$ $(0 \leqslant n \leqslant N-1)$，且关于 $a = (N-1)/2$ 呈对称或反对称，即满足如下条件

$$h[n] = \pm h[N-1-n] \tag{9-14}$$

则 FIR 系统具有严格的线性相位特性[①]。利用式(9-14)所示的对称性，可以简化 FIR 系统的信号流图。为了论述方便，仅讨论式(9-14)满足对称条件（取正号）的情况。

如果 N 是奇数且 $h[n]$ 满足对称条件（第 I 类 FIR 系统），则系统函数为

$$H(z) = \sum_{n=0}^{N-1} h[n]z^{-n} = \sum_{n=0}^{(N-1)/2-1} h[n]\left(z^{-n} + z^{-(N-1-n)}\right) + h\left[\frac{N-1}{2}\right]z^{-\frac{N-1}{2}} \tag{9-15}$$

式(9-15)对应的差分方程为

$$y[n] = \sum_{k=0}^{(N-1)/2-1} h[k]\left(x[n-k] + x[n-(N-1-k)]\right) + h\left[\frac{N-1}{2}\right]x\left[n - \frac{N-1}{2}\right] \tag{9-16}$$

因此，根据式(9-16)可以得到第 I 类线性相位 FIR 系统的基本结构，如图 9-8（a）所示。

如果 N 是偶数且 $h[n]$ 满足对称条件（第 II 类 FIR 系统），则系统函数为

$$H(z) = \sum_{n=0}^{N-1} h[n]z^{-n} = \sum_{n=0}^{N/2-1} h[n]\left(z^{-n} + z^{-(N-1-n)}\right) \tag{9-17}$$

式(9-17)对应的差分方程为

$$y[n] = \sum_{k=0}^{N/2-1} h[k]\left(x[n-k] + x[n-(N-1-k)]\right) \tag{9-18}$$

因此，根据式(9-18)可以得到第 II 类线性相位 FIR 系统的基本结构，如图 9-8（b）所示。

根据图 9-8可知，利用单位脉冲响应 $h[n]$ 的对称性 $h[n] = h[N-1-n]$，在与 $h[n]$ 进行乘法运算之前计算 $x[n] + x[N-1-n]$，可以有效地减少实现 FIR 系统所需乘法器的数目。当 N 是奇数时，乘法器数量减少到 $(N+1)/2$ 个；当 N 是偶数时，乘法器数量减少到 $N/2$ 个。特别地，当 $h[n]$ 具有反对称性时，即 $h[n] = -h[N-1-n]$，可以得到第 III 类和第 IV 类线性相位 FIR 系统的基本结构，它们与图 9-8所示的第 I 类和第 II 类 FIR 系统结构非常相似（仅在每个合并项上差一个负号），此处不再赘述。

---

① 相关结论的证明过程将在 11 章给出。

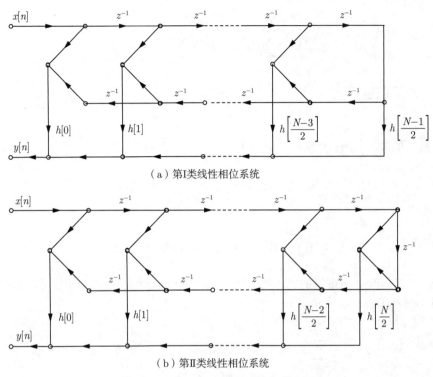

（a）第I类线性相位系统

（b）第II类线性相位系统

图 9-8　线性相位 FIR 系统的基本结构

9.3　IIR 系统的基本结构

IIR 系统的系统函数 $H(z)$ 在有限的 z 平面上（$z \neq 0$ 位置）存在着极点，且在实现结构上存在反馈支路（或者环路），可以用递归型结构加以实现。因果 IIR 系统的系统函数可以表示为

$$H(z) = \frac{B(z)}{A(z)} = \frac{\sum\limits_{k=0}^{M} b_k z^{-k}}{1 - \sum\limits_{k=1}^{N} a_k z^{-k}} \tag{9-19}$$

其中：$B(z)$ 和 $A(z)$ 分别是关于 z^{-1} 的 M 阶和 N 阶多项式[①]

$$B(z) = \sum_{k=0}^{M} b_k z^{-k}, \quad A(z) = 1 - \sum_{k=1}^{N} a_k z^{-k} \tag{9-20}$$

如果 IIR 系统的输入序列为 $x[n]$、输出序列为 $y[n]$，则根据式(9-19)可以得到 IIR 系统对应的线性常系数差分方程

---

① 为了论述方便，对分子和分母的多项式系数进行了规范化。

$$y[n] = \sum_{k=0}^{M} b_k x[n-k] + \sum_{k=1}^{N} a_k y[n-k] \tag{9-21}$$

9.3.1 直接型结构

1. 直接 I 型

IIR 系统的输入/输出关系可以表示为

$$Y(z) = H(z)X(z) = \frac{1}{A(z)} \cdot [B(z)X(z)] \tag{9-22}$$

或者

$$W(z) = B(z)X(z), \quad Y(z) = \frac{1}{A(z)}W(z) \tag{9-23}$$

它将 $H(z)$ 表示为两个子系统的第 I 类级联形式。将式(9-20)代入式(9-23),可以得到式(9-23)对应的两个差分方程

$$w[n] = \sum_{k=0}^{M} b_k x[n-k], \quad y[n] = w[n] + \sum_{k=1}^{N} a_k y[n-k] \tag{9-24}$$

其中: 第一个方程对应着输入序列 $x[n]$、输出序列 $w[n]$ 的全零点系统(所有极点都在 $z=0$ 位置),可以使用对 $x[n]$ "延时-加权-求和"的横向结构来实现; 第二个方程对应着输入序列 $w[n]$、输出序列 $y[n]$ 的全极点系统(所有零点都在 $z-0$ 位置),可以使用对 $y[n]$ 进行"延时-加权-求和"的反馈结构来实现。根据式(9-24)得到的信号流图如图 9-5(a)所示,可以看出,实现该 IIR 系统需要 $M+N$ 个延时器、$M+N+1$ 个乘法器和 $M+N$ 个加法器。

2. 直接 II 型

IIR 系统的输入/输出关系还可以表示为

$$Y(z) = H(z)X(z) = B(z) \cdot \left[\frac{1}{A(z)}X(z)\right] \tag{9-25}$$

或者

$$W(z) = \frac{1}{A(z)}X(z), \quad Y(z) = B(z)W(z) \tag{9-26}$$

它将 $H(z)$ 表示为两个子系统的第 II 类级联形式。将式(9-20)代入式(9-26),可以得到(9-26)对应的两个差分方程

$$w[n] = x[n] + \sum_{k=1}^{M} a_k w[n-k], \quad y[n] = \sum_{k=0}^{N} b_k w[n-k] \tag{9-27}$$

其中: 第一个方程对应着输入序列 $x[n]$、输出序列 $w[n]$ 的全极点系统,可以使用对 $w[n]$ "延时-加权-求和"的反馈结构来实现; 第二个方程对应着输入序列 $w[n]$、输出序列 $y[n]$ 的

全零点系统，可以使用对 $w[n]$ "延时-加权-求和" 的横向结构来实现。根据式(9-27)得到的信号流图如图 9-9（b）所示，可以看出，实现该 IIR 系统需要 $M+N$ 个延时器、$M+N+1$ 个乘法器和 $M+N$ 个加法器。

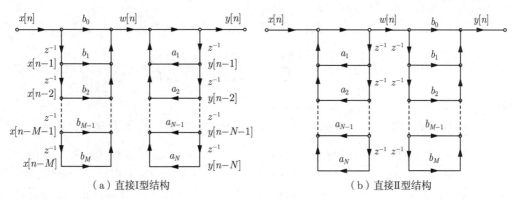

（a）直接I型结构　　　　　　　　　　（b）直接II型结构

图 9-9　IIR 系统的直接型结构

如果系统函数的分子多项式 $B(z)$ 和分母多项式 $A(z)$ 的阶数相同（$M=N$），则根据式(9-27)可以得到两个差分方程

$$w[n] = x[n] + \sum_{k=1}^{N} a_k w[n-k], \quad y[n] = \sum_{k=0}^{N} b_k w[n-k] \tag{9-28}$$

由式(9-28)可以得到直接 II 型结构，如图 9-10（a）所示。由于图 9-10（a）的两条延时链都用于延时相同的序列 $w[n]$，因此可以合并成一条延时链，进而得到 IIR 系统的正准型结构，如图 9-10（b）所示，可以看出：它需要 N 个延时器、$2N+1$ 个乘法器和 $2N$ 个加法器。

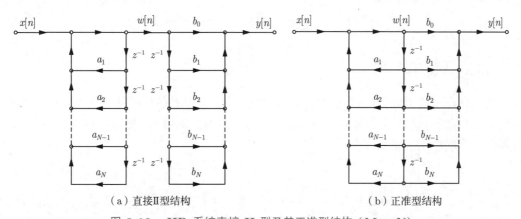

（a）直接II型结构　　　　　　　　　　（b）正准型结构

图 9-10　IIR 系统直接 II 型及其正准型结构 $(M=N)$

综上所述，IIR 系统有两种直接型的系统结构：直接 I 型和直接 II 型。前者首先将输入序列 $x[n]$ 通过全零点系统 $B(z)$ 得到中间变量 $w[n]$，然后再将 $w[n]$ 通过全极点系统 $1/A(z)$ 得到输出序列 $y[n]$；后者先将输入序列 $x[n]$ 通过全极点系统 $1/A(z)$ 得到中间变量 $w[n]$，

然后将 $w[n]$ 通过全零点系统 $B(z)$ 得到输出序列 $y[n]$。特别地，虽然直接 I 型和直接 II 型的实现顺序不同，但是它们需要的乘法器、加法器和延时器数目相同。如果直接 II 型系统的分子多项式和分母多项式的阶数相同，则可以通过合并延时链方法，得到延时器数目最少、结构最紧凑的正准型结构。

例 9.3 根据 IIR 系统函数确定信号流图：已知 IIR 系统的系统函数为

$$H(z) = \frac{6 + 1.2z^{-1} - 0.72z^{-2} + 1.728z^{-3}}{8 + 10.4z^{-1} - 0.728z^{-2} - 2.352z^{-3}}$$

确定 $H(z)$ 的直接 II 型结构和正准型结构。

解 将系统函数表示为规范化的形式，即将分母多项式的 z^0 系数规范化为 1。

$$H(z) = \frac{3}{4} \cdot \frac{1 + 0.2z^{-1} - 0.12z^{-2} + 0.288z^{-3}}{1 + 1.3z^{-1} + 0.91z^{-2} - 0.294z^{-3}} = \frac{0.75 + 0.15z^{-1} - 0.09z^{-2} + 0.216z^{-3}}{1 + 1.3z^{-1} + 0.91z^{-2} - 0.294z^{-3}}$$

因此，根据 IIR 系统函数和信号流图的系数对应关系，可以得到直接 II 型结构，如图 9-11（a）所示；合并图 9-11（a）中的两条延时链，可以得到正准型结构，如图 9-11（b）所示。特别注意：反馈延时链的系数符号与分母多项式的系数符号恰恰相反。

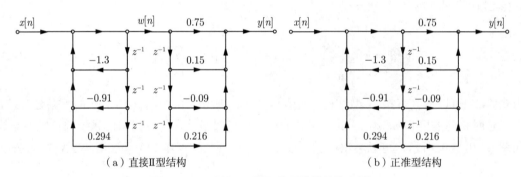

（a）直接 II 型结构   （b）正准型结构

图 9-11   直接 II 型及其正准型结构实例

9.3.2   级联型结构

利用有理系统函数的因式分解方法，可以推导出 IIR 系统的级联型结构。如果将系统函数 $H(z)$ 的分子多项式和分母多项式都分解为一阶因式的乘积，则可以将 $H(z)$ 表示为一阶系统的级联形式，即

$$H(z) = \frac{\sum\limits_{k=0}^{M} b_k z^{-k}}{1 - \sum\limits_{k=1}^{N} a_k z^{-k}} = A \prod_{k=1}^{\max(M,N)} \frac{1 + \beta_k z^{-1}}{1 - \alpha_k z^{-1}} \tag{9-29}$$

其中：α_k 和 β_k 分别是 k 个一阶系统的分母多项式系数和分子多项式系数，通常 α_k 和 β_k 都是复数，且 $\alpha_i \neq \alpha_j$。当 α_k 和 β_k 都是实数时，根据式(9-29)可以得到 IIR 系统的一阶系统级联结构，如图 9-12（a）所示。

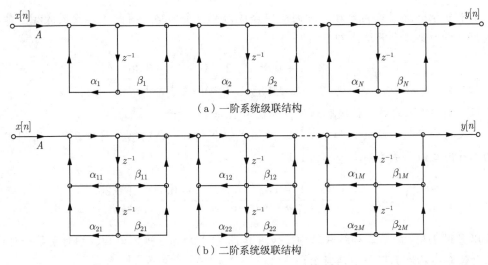

（a）一阶系统级联结构

（b）二阶系统级联结构

图 9-12 IIR 系统的级联结构

如果 IIR 系统的单位脉冲响应 $h[n]$ 是实序列，则分子多项式系数和分母多项式系数以共轭成对复数的形式出现，因此可以将它们组合成为实系数二阶系统的级联形式

$$H(z) = A \prod_{k=1}^{N_s} \frac{(1 + \beta_k z^{-1})(1 + \beta_k^* z^{-1})}{(1 - \alpha_k z^{-1})(1 - \alpha_k^* z^{-1})} = A \prod_{k=1}^{N_s} H_k(z) \tag{9-30}$$

其中：$N_s = \max(M, N)/2$；第 k 个二阶系统 $H_k(z)$ 为

$$H_k(z) = \frac{(1 + \beta_k z^{-1})(1 + \beta_k^* z^{-1})}{(1 - \alpha_k z^{-1})(1 - \alpha_k^* z^{-1})} = \frac{1 + \beta_{1k} z^{-1} + \beta_{2k} z^{-2}}{1 - \alpha_{1k} z^{-1} - \alpha_{2k} z^{-2}} \tag{9-31}$$

其中：β_{1k}，β_{2k}，α_{1k}，α_{1k} 分别是第 k 个二阶系统的实系数。根据式(9-31)可以得到二阶直接 II 型系统的级联结构，如图 9-12（b）所示。图 9-12所示的级联结构有很强的灵活性，通过改变极点、零点的不同组合或级联系统的不同次序，即可得到不同的信号流图。

例 9.4 根据系统函数确定级联型结构：已知 IIR 系统的系统函数为

$$H(z) = \frac{6 + 1.2z^{-1} - 0.72z^{-2} + 1.728z^{-3}}{8 + 10.4z^{-1} - 0.728z^{-2} - 2.352z^{-3}}$$

确定 $H(z)$ 的两种级联型结构。

解 将系统函数 $H(z)$ 分解为一阶系统和二阶系统的乘积形式

$$H(z) = \frac{3}{4} \cdot \frac{1 + 0.2z^{-1} - 0.12z^{-2} + 0.288z^{-3}}{1 - 1.3z^{-1} + 0.9z^{-2} - 0.294z^{-3}} = \frac{3}{4} \cdot \frac{(1 + 0.8z^{-1})(1 - 0.6z^{-1} + 0.36z^{-2})}{(1 - 0.6z^{-1})(1 - 0.7z^{-1} + 0.49z^{-2})}$$

可以看到分子多项式和分母多项式分别包含一对共轭零点和一对共轭极点。

如果分子一阶因式和分母一阶因式组合成为第一个网络，将分子二阶因式和分母二阶因式组合成为第二个网络，即

$$H_1(z) = \frac{3}{4} \cdot \frac{1 + 0.8z^{-1}}{1 - 0.6z^{-1}} \cdot \frac{1 - 0.6z^{-1} + 0.36z^{-2}}{1 - 0.7z^{-1} + 0.49z^{-2}}$$

则可以得到 $H(z)$ 的第一种级联结构，如图 9-13（a）所示。

如果将分子的一阶因式和分母的二阶因式组合成第一个网络，将分母的一阶因式和分子的二阶因式组合成为第二个网络，即

$$H_2(z) = \frac{3}{4} \cdot \frac{1 + 0.8z^{-1}}{1 - 0.7z^{-1} + 0.49z^{-2}} \cdot \frac{1 - 0.6z^{-1} + 0.36z^{-2}}{1 - 0.6z^{-1}}$$

则可以得到 $H(z)$ 的第二种级联结构，如图 9-13（b）所示。可以看出，相对于第一种结构，第二种级联结构增加了一个延时器。

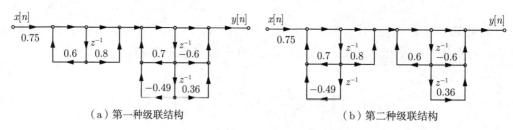

（a）第一种级联结构　　　　　　　　　　（b）第二种级联结构

图 9-13　IIR 系统的级联结构实例

9.3.3　并联型结构

利用有理系统函数的部分分式展开方法，可以推导出 IIR 系统的并联型结构。如果系统函数 $H(z)$ 的分子多项式阶数低于分母多项式阶数（$M < N$）且分母多项式没有重根，则可以将 $H(z)$ 展开成 N 个一阶因子的求和形式

$$H(z) = \frac{\sum_{k=0}^{M} b_k z^{-k}}{1 - \sum_{k=1}^{N} a_k z^{-k}} = \sum_{k=1}^{N} \frac{A_k}{1 - \alpha_k z^{-1}} \tag{9-32}$$

其中：α_k 是 $H(z)$ 的第 k 个极点且 $\alpha_i \neq \alpha_j$，通常 A_k 和 α_k 都是复数。式(9-32)将 $H(z)$ 表示为 N 个一阶系统函数的求和形式，因此可以用 N 个一阶系统并联方法实现 IIR 系统。当 $N = 4$ 时，IIR 系统的并联型结构如图 9-14（a）所示。

如果 IIR 系统的单位脉冲响应 $h[n]$ 是实序列，则 $H(z)$ 的极点以共轭成对的复数形式出现，因此在部分分式展开中，可以将共轭成对的复数极点组合成实系数的二阶系统

$$H(z) = \sum_{k=1}^{N_s} H_k(z) = \sum_{k=1}^{N_s} \frac{\beta_{0k} + \beta_{1k} z^{-1}}{1 - \alpha_{1k} z^{-1} - \alpha_{2k} z^{-2}} \tag{9-33}$$

其中：$N_s = N/2$ 是整数；β_{0k}、β_{1k}、α_{1k}、α_{2k} 是第 k 个二阶系统的实系数。式(9-33)将 $H(z)$ 表示为多个二阶系统的并联形式，当 $N = 6$ 时，$H(z)$ 的二阶系统并联型结构如图 9-14（b）所示。

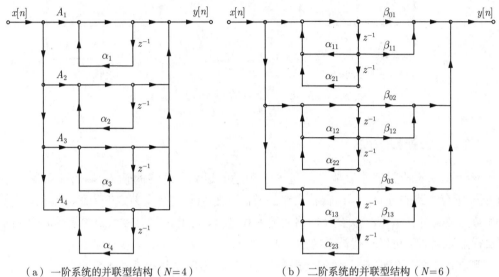

（a）一阶系统的并联型结构（$N=4$）　　　（b）二阶系统的并联型结构（$N=6$）

图 9-14　IIR 系统的并联型结构

例 9.5　根据系统函数确定并联型结构：已知 IIR 系统的系统函数为

$$H(z) = \frac{1 + 0.875z^{-1}}{1 - 0.5z^{-1} + 0.76z^{-2} - 0.63z^{-3}}$$

确定 $H(z)$ 的两种并联型结构。

解　用部分分式展开方法将 IIR 系统函数 $H(z)$ 表示为

$$H(z) = \frac{1 + 0.875z^{-1}}{(1 + 0.2z^{-1} + 0.9z^{-2})(1 - 0.7z^{-1})} = \frac{A + Bz^{-1}}{1 + 0.2z^{-1} + 0.9z^{-2}} + \frac{C}{1 - 0.7z^{-1}}$$

用部分分式展开和系数对应相等的方法，得到 $A = 0.2794$，$B = 0.9265$，$C = 0.7206$，代入值后系统函数 $H(z)$ 表示为

$$H(z) = \frac{0.2794 + 0.9265z^{-1}}{1 + 0.2z^{-1} + 0.9z^{-2}} + \frac{0.7206}{1 - 0.7z^{-1}}$$

因此，根据 $H(z)$ 得到并联型结构及其等效形式，如图 9-15所示。可以看出，通过改变并联型结构中的二阶系统，可以获得对应的等效结构。

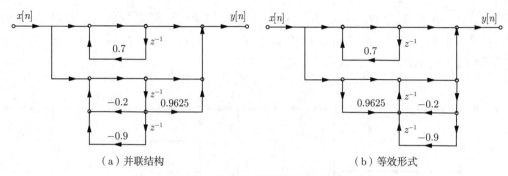

（a）并联结构　　　　　　　　　　　　　（b）等效形式

图 9-15　IIR 系统的并联型结构及其等效形式

9.3.4　转置型结构

网络计算的转置理论表明，经过如下顺序的运算，网络的输入/输出关系保持不变：
① 翻转所有支路的方向，同时保持支路的增益不变；② 将分支节点变为求和节点，同时将求和节点变为分支节点；③ 交换网络的输入和输出。因此，在 IIR 系统的信号流图（网络）中执行上述运算，可以获得该系统的转置型结构。

例 9.6　根据系统函数确定转置型结构：已知 IIR 系统的系统函数为

$$H(z) = \frac{1 + b_1 z^{-1} + b_2 z^{-2}}{1 - a_1 z^{-1} - a_2 z^{-2}}$$

给出它的直接 I 型和直接 II 型结构及其转置型结构。

解　IIR 系统的直接 I 型及其转置型结构分别如图 9-16（a）和图 9-16（b）所示；直接 II 型及其转置结构分别如图 9-16（c）和图 9-16（d）所示。

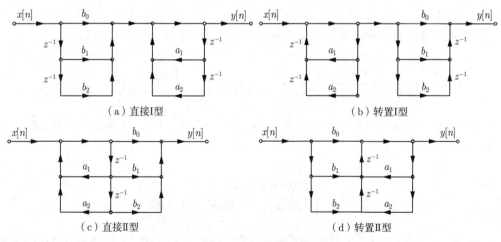

（a）直接I型　　　　　　　　　　　　　　（b）转置I型

（c）直接II型　　　　　　　　　　　　　　（d）转置II型

图 9-16　直接型 IIR 系统的转置型结构

上述以 IIR 系统为例论述的转置型结构求解方法，同样适用于 FIR 系统。例如，图 9-5所示的横截 I 型和横截 II 型结构即互为转置型结构。FIR 系统和 IIR 系统还有很多其他类型的实现结构，如频率采样结构、格型结构、格型-梯形结构、以及它们的转置型结构，此处不再赘述。

9.4　LTI 系统的有限字长效应

虽然离散时间线性时不变系统可能有多种等效的体系结构，但是当使用有限数值精度实现 LTI 系统，并使用数值计算方法处理输入信号时，都需要对数字信号、系统参数、中间变量、处理结果等进行有限位数的二进制编码表示。受到编码位数或寄存器长度的限制，二进制编码（数值量化）过程会产生量化效应，导致 LTI 系统特性偏离系统性能指标，进而使系统输出偏离预期结果。典型的量化效应包括：A/D 转换器的量化效应，LTI 系统的系数量化效应和处理系统的运算量化效应等。由于它们都和寄存器的有限字长有关联，故此统称为有限寄存器长度效应，简称为有限字长效应。

9.4.1　系数量化效应

通常使用有理系统函数表示线性时不变（LTI）系统为

$$H(z) = \frac{B(z)}{A(z)} = \frac{B_0}{A_0} \cdot \frac{\displaystyle\prod_{k=1}^{M}(1 - c_k z^{-1})}{\displaystyle\prod_{k=1}^{N}(1 - d_k z^{-1})} \tag{9-34}$$

其中：c_k 是第 k 个非零的零点；d_k 是第 k 个非零的极点。因此 LTI 系统的频率响应为

$$H(\mathrm{e}^{\mathrm{j}\omega}) = H(z)|_{z=\mathrm{e}^{\mathrm{j}\omega}} = \frac{B_0}{A_0} \cdot \frac{\displaystyle\prod_{k=1}^{M}(1 - c_k \mathrm{e}^{-\mathrm{j}\omega})}{\displaystyle\prod_{k=1}^{N}(1 - d_k \mathrm{e}^{-\mathrm{j}\omega})} \tag{9-35}$$

根据式(9-34)和式(9-35)可知，当用有限的数值精度表示分子多项式和分母多项式时，量化误差　　　点和极点的位置发生偏移，进而导致 LTI 系统的频率特性发生变化。

例 9.7　量化误差影响 LTI 系统频率特性：二阶 IIR 带通滤波器的归一化系统函数为

$$H(z) = \frac{1-\alpha}{2} \cdot \frac{1 - z^{-2}}{1 - \beta(1+\alpha)z^{-1} + \alpha z^{-2}}$$

其中：$\beta = \cos\omega_0$，ω_0 是中心频率；$\alpha = r^2$，$r\ (<1)$ 是正实数。当 $\omega_0 = 0.4\pi$、$\alpha = 0.9$ 时，采用舍入运算对 $H(z)$ 的两个参数 β 和 α 进行 $B = 5$ 位的量化运算（不考虑其他误差），绘制 IIR 带通滤波器的零极点图和幅度响应。

解　用 $B = 5$ 位对 $\beta = \cos(0.4\pi) = 0.3090$ 和 $\alpha = 0.9000$ 进行量化，得到量化结果 $\hat{\beta} = 0.2500$ 和 $\hat{\alpha} = 0.8750$，导致共轭对称的复数极点从 $p_{1,2} = 0.2936 \pm \mathrm{j}0.9021$ 偏移到 $\hat{p}_{1,2} = 0.2344 \pm \mathrm{j}0.9056$。

LTI 系统系数量化前后的零极点图如图 9-17（a）所示；量化前后的幅度响应如图 9-17（b）所示。受到量化误差的影响，极点位置发生了偏移（零点位置 $z_{1,2} = \pm 1$，保持不变），导致幅度响应的中心频率偏离预定频率，即从 $\omega_0 = 0.40\pi$ 变为 $\hat{\omega}_0 = 0.42\pi$。

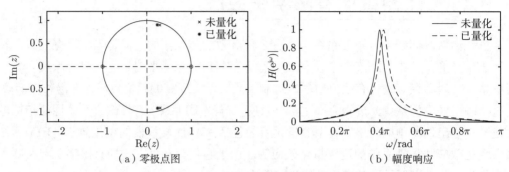

（a）零极点图   （b）幅度响应

图 9-17   IIR 带通滤波器的系数量化影响

为了论述方便，将式(9-34)所示的系统函数 $H(z)$ 表示为如下的规范化形式：

$$H(z) = \frac{B(z)}{A(z)} = \frac{\sum\limits_{k=0}^{M} b_k z^{-k}}{1 - \sum\limits_{k=1}^{N} a_k z^{-k}} \tag{9-36}$$

其中：b_k 为分子多项式系数，a_k 为分母多项式系数。假定 b_k 的量化结果为 $\hat{b}_k$，量化误差为 Δb_k；a_k 的量化结果为 $\hat{a}_k$，量化误差为 Δa_k，即

$$\hat{a}_k = a_k + \Delta a_k, \quad \hat{b}_k = b_k + \Delta b_k \tag{9-37}$$

由此，系数量化之后的系统函数可以表示为

$$\hat{H}(z) = \frac{\hat{B}(z)}{\hat{A}(z)} = \frac{\sum\limits_{k=0}^{M} \hat{b}_k z^{-k}}{1 - \sum\limits_{k=1}^{N} \hat{a}_k z^{-k}} \tag{9-38}$$

根据式(9-36)和式(9-38)可知，系数量化改变了分子分母多项式和分母多项式，即改变了系统函数的零点位置和极点位置。特别地，量化误差导致的极点位置偏移，不仅影响着 LTI 系统的频率响应，而且影响着 LTI 系统的稳定特性，甚至使稳定系统变为不稳定系统。因此，分析系数量化误差对极点位置的影响，可以反映出它对系统稳定性的影响。

式(9-36)的分母多项式 $A(z)$ 有 N 个根，它们是系统函数 $H(z)$ 的 N 个极点 $d_1, d_2, \cdots,$ d_N，因此，可以将 $A(z)$ 表示成因式分解形式

$$A(z) = 1 - \sum_{k=1}^{N} a_k z^{-k} = \prod_{k=1}^{N} (1 - d_k z^{-1}) \tag{9-39}$$

假设经过系数量化的第 k 个极点是 $\hat{d}_k$，它的位置偏差为 Δd_k，则有

$$\hat{d}_k = d_k + \Delta d_k, \quad k = 1, 2, \cdots, N \tag{9-40}$$

为了描述系数量化对极点位置的影响，引入了极点位置灵敏度概念，它是指每个极点位置 $d_k \ (k = 1, 2, \cdots, N)$ 对系数偏差 $\Delta a_k \ (k = 1, 2, \cdots, N)$ 的敏感程度。类似地，零点位置敏感度是指每个零点位置 $c_k \ (k = 1, 2, \cdots, M)$ 对系数偏差 $\Delta c_k \ (k = 1, 2, \cdots, M)$ 的敏感程度。由于二者的分析方法类似，因此仅讨论极点位置敏感度。

根据式(9-39)和式(9-40)可知，第 k 个极点的位置偏差 Δd_k 与所有的系数偏差 $\Delta a_i (i = 1, 2, \cdots, N)$ 有关，即

$$\Delta d_k = \sum_{i=1}^{N} \frac{\partial d_k}{\partial a_i} \Delta a_i \tag{9-41}$$

其中：$\dfrac{\partial d_k}{\partial a_i}$ 是第 k 个极点 d_k 对第 i 个系数 a_i 变化的灵敏度，即第 i 个系数量化误差 Δa_i 对第 k 个极点位置偏差 Δd_k 的影响程度。通常，$\dfrac{\partial d_k}{\partial a_i}$ 越大，Δa_i 对 Δd_k 的影响越强；$\dfrac{\partial d_k}{\partial a_i}$ 越小，Δa_i 对 Δd_k 的影响越弱。下面推导量化误差和极点位置的内在联系。

根据式(9-39)的前半部分，可以得到

$$\frac{\partial A(z)}{\partial a_i} = -z^{-i} \tag{9-42}$$

根据式(9-39)的后半部分，可以得到

$$\frac{\partial A(z)}{\partial d_k} = (-z^{-1}) \prod_{l=1, l \neq k}^{N} (1 - d_l z^{-1}) = -z^{-N} \prod_{l=1, l \neq k}^{N} (z - d_l) \tag{9-43}$$

再根据偏导数的运算性质，可以得到

$$\frac{\partial d_k}{\partial a_i} = \frac{\partial A(z)/\partial a_i}{\partial A(z)/\partial d_k} \bigg|_{z=d_k} = \frac{\partial A(z)/\partial a_i \big|_{z=d_k}}{\partial A(z)/\partial d_k \big|_{z=d_k}} \tag{9-44}$$

因此，将式(9-42)和式(9-43)代入式(9-44)，可以得到

$$\frac{\partial d_k}{\partial a_i} = \frac{(d_k)^{-i}}{(d_k)^{-N} \displaystyle\prod_{l=1, l \neq k}^{N} (d_k - d_l)} = \frac{d_k^{N-i}}{\displaystyle\prod_{l=1, l \neq k}^{N} (d_k - d_l)} \tag{9-45}$$

通常，称极点位置 $d_k \ (k = 1, 2, \cdots, N)$ 对分母多项式系数 $a_i \ (i = 1, 2, \cdots, N)$ 的偏导数 $\partial d_k / \partial a_i$ 为极点位置灵敏度，它表示第 i 个系数 a_i 变化对第 k 个极点 d_k 位置的影响程度。

再将式(9-45)代入式(9-41)，可以得到

$$\Delta d_k = \sum_{i=1}^{N} \frac{\partial d_k}{\partial a_i} \Delta a_i = \sum_{i=1}^{N} \frac{d_k^{N-i}}{\prod_{l=1,l\neq k}^{N}(d_k - d_l)} \Delta a_i \tag{9-46}$$

式(9-45)给出了极点位置灵敏度的数学表示，式(9-46)给出了极点位置偏差的数学表示。根据式(9-45)和式(9-46)可知，系数量化误差引起的极点位置偏差 Δd_k 决定于以下因素。

（1）极点分布影响：可以认为式(9-45)中 $d_k - d_l$ $(k \neq l)$ 是从极点 d_l 指向极点 d_k 的矢量。如果极点分布越稀疏，即矢量 $d_k - d_l$ $(k \neq l)$ 越长，则极点位置灵敏度越低；反之，极点分布越密集，即矢量 $d_k - d_l$ $(k \neq l)$ 越短，则极点位置灵敏度越高。根据式(9-46)可知，极点位置灵敏度越低，极点位置偏差越小，反之亦然。

（2）量化误差影响：根据式(9-46)可知，极点位置偏差 Δd_k 受到所有系数的量化误差 Δa_i $(i = 1, 2, \cdots, N)$ 的直接影响。系数量化误差 Δa_i 越大，极点位置偏差 Δd_k 越大；反之，系数量化误差 Δa_i 越小，极点位置偏差 Δd_k 越小。因此，如果增加二进制表示的寄存器长度，则可以减小系数量化误差，进而减小极点位置偏差。

（3）系统阶数影响：根据式(9-46)可知，LTI 系统阶数 N 越高，极点位置灵敏度越高，极点位置偏差 Δd_k 越大，反之亦然。由于高阶系统的极点数目多且密集，低阶系统的极点数目少且稀疏，因此前者对系数量化误差更加敏感，后者对系数量化误差较为迟钝。如果将高阶系统的直接型结构转化为低阶系统的并联型或级联型结构，则可以减轻系数量化误差对极点位置的影响，同时可以降低极点位置灵敏度。

9.4.2 运算量化效应

线性时不变（LTI）系统的实现过程包括三种基本运算：延迟、加法和数乘。特别地，延迟操作不会产生字长变化。在定点数运算中，两个定点数相加可能产生进位溢出，需要进行溢出或饱和处理；两个定点数相乘可能导致位数变长，需要进行舍入或截尾处理。无论是溢出误差还是量化误差，都会影响 LTI 系统的整体性能。因为二进制乘法结果的位数增加，对尾数舍入或截尾运算会产生量化误差，称为乘法量化效应。在定点数运算中，无论加法还是乘法都可能使二进制位数增加，因此都要考虑量化效应。

在定点数乘法运算中，产生舍入或截尾量化误差现象非常普遍。由于舍入和截尾都是非线性运算，因此采用统计方法可以简化分析过程。无限精度乘法运算可以表示为 $y[n] = ax[n]$，它的信号流图如图 9-18（a）所示。对相乘结果 $y[n]$ 进行舍入或截尾运算，即有限精度乘法结果 $\hat{y}[n] = Q(y[n])$ 会产生量化误差，它的信号流图如图 9-18（b）所示。可以将 $\hat{y}[n]$ 表示为无限精度乘法运算结果 $y[n] = ax[n]$ 和量化噪声 $e[n]$ 的叠加形式，即 $\hat{y}[n] = y[n] + e[n]$。因此，与图 9-18（b）等效的有限精度乘法模型如 9-18（c）所示。

在使用图 9-18（c）所示的定点数乘法模型时，通常需要满足如下假设条件：① 量化误差 $e[n]$ 是白噪声序列；② 在量化间隔内 $e[n]$ 服从均匀分布；③ $e[n]$ 与输入序列 $x[n]$ 不相关。

根据舍入误差的统计均值及其方差的公式可知，如果舍入误差 $e[n]$ 在 $[-2^{-B}/2,\ 2^{-B}/2]$ 内是均匀分布的白噪声，则它的统计平均值 $m_e = E(e[n]) = 0$，方差 $\sigma_e^2 = q^2/12 = 2^{-2B}/12$。如果线性时变不变系统的单位脉冲响应为 $h[n]$，输入序列为 $x[n]$，无限精度的系统输出为 $y[n] = x[n] * h[n]$，则经过定点数乘法的舍入或截取运算后，输出序列可以表示为

$$\hat{y}[n] = y[n] + e_f[n] \tag{9-47}$$

其中：$e_f[n]$ 是各种量化误差导致的总输出误差。由于 IIR 系统和 FIR 系统的结构不同，因此需要分别讨论它们的乘法量化效应。

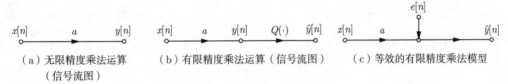

（a）无限精度乘法运算　　　（b）有限精度乘法运算（信号流图）　　　（c）等效的有限精度乘法模型
（信号流图）

图 9-18　定点数乘法运算统计模型

1. IIR 系统的乘法量化效应

假设 IIR 系统的系统函数为 $H(z)$，可以用有理多项式表示为

$$H(z) = \frac{\sum_{k=0}^{M} b_k z^{-k}}{1 - \sum_{k=1}^{N} a_k z^{-k}} \tag{9-48}$$

或者用零极点形式表示为

$$H(z) = b_0 \frac{\prod_{k=1}^{M}(1 - c_k z^{-1})}{\prod_{k=1}^{N}(1 - d_k z^{-1})} \tag{9-49}$$

或者用部分分式展开法表示为

$$H(z) = \sum_{k=1}^{N} \frac{A_k}{1 - d_k z^{-1}} \tag{9-50}$$

其中：$M < N$。使用式(9-48)可以实现直接型结构；使用式(9-49)可以实现级联型结构；使用式(9-50)可以实现并联型结构。特别地，直接型、级联型和并联型结构都有反馈环节或反馈支路，且反馈环节包含乘法运算及乘法量化效应，它们对乘法量化误差有累积作用。

例 9.8　一阶 IIR 系统的乘法量化误差：假定一阶 IIR 系统的差分方程 $y[n] = ay[n-1] + x[n]$，其中：$n \geqslant 0$，$|a| < 1$。当采用有限精度实现该 IIR 系统时，乘积项 $a \cdot y[n-1]$ 存在着舍入误差 $e[n]$，使用乘法统计模型分析该系统的乘法量化误差。

解 当使用无限精度实现一阶 IIR 系统时，它的信号流图如图 9-19 (a) 所示；当乘积项 $a \cdot y[n-1]$ 存在着舍入误差 $e[n]$ 时，它的等效信号流图如图 9-19 (b) 所示。

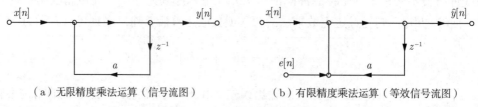

(a) 无限精度乘法运算 (信号流图)　　　　(b) 有限精度乘法运算 (等效信号流图)

图 9-19　一阶 IIR 系统的舍入误差噪声分析模型

图 9-19 (a) 对应的系统函数 $H(z) = \dfrac{1}{1 - az^{-1}}$ ($|a| < 1$)，单位脉冲响应 $h[n] = a^n u[n]$。从图 9-19 (b) 所示的舍入误差的噪声模型可以看出：乘法量化误差 $e[n]$ 叠加在一阶 IIR 系统的输入端，因此由 $e[n]$ 引起的输出误差可以表示为

$$e_f[n] = e[n] * h[n] = e[n] * a^n u[n]$$

由此可以得到一阶 IIR 系统输出误差 $e_f[n]$ 的方差（平均功率）

$$\sigma_f^2 = \sigma_e^2 \cdot \sum_{n=0}^{\infty} h^2[n] = \sigma_e^2 \cdot \sum_{n=0}^{\infty} a^{2n} u[n]$$

$$= \frac{\sigma_e^2}{1 - a^2} = \frac{q^2}{12(1 - a^2)} = \frac{1}{12 \cdot 2^{2B}(1 - a^2)}$$

可以看出：乘法量化字长 B 越大，输出噪声功率（方差）越小；反之亦然。

使用与例 9.8 类似的方法，可以分析直接型、级联型和并联型结构的高阶系统，即：将量化误差引入每个乘法运算环节，并采用叠加原理逐一进行分析。根据分析结果可知，直接型结构的输出误差最大，并联型结构的输出误差最小，这是因为：① 直接型结构的所有舍入误差要通过全部的反馈环节，在反馈环节中舍入误差的积累最大，导致 IIR 系统的输出误差最大；② 级联型结构中每级子系统的舍入误差只影响后面的子系统，而与前面的子系统无关，使得 IIR 系统的输出误差较小；③ 并联型结构中的每个并联子系统只输出自身产生的舍入误差，而不会在其他子系统之间传播，使得 IIR 系统的输出误差最小。

2. FIR 系统的乘法量化效应

假设 FIR 系统的单位脉冲响应 $h[n]$ 长度为 N，它的系统函数可以表示为

$$H(z) = \sum_{n=0}^{N-1} h[n]z^{-n} \tag{9-51}$$

当采用直接型结构实现 FIR 系统时，假定输入序列为 $x[n]$，则输出序列为

$$y(n) = \sum_{m=0}^{N-1} h[m]x[n-m] \tag{9-52}$$

在有限运算精度（存在乘法量化效应）条件下，FIR 系统的输出序列表示为

$$\hat{y}(n) = \sum_{m=0}^{N-1} Q(h[m]x[n-m]) = y[n] + e_f[n] \tag{9-53}$$

其中：每级有限精度乘法运算都可以表示为真实数值和舍入噪声的叠加，即

$$Q(h[m]x[n-m]) = h[m]x[n-m] + e_m[n] \tag{9-54}$$

将式(9-54)代入式(9-53)中可以得到

$$y[n] + e_f[n] = \sum_{m=0}^{N-1} h[m]x[n-m] + \sum_{m=0}^{N-1} e_m[n] \tag{9-55}$$

根据式(9-53)和式(9-55)可以得到 FIR 系统的输出噪声

$$e_f[n] = \hat{y}[n] - y[n] = \sum_{m=0}^{N-1} e_m[n] \tag{9-56}$$

根据式(9-54)和式(9-56)可知，当采用直接型结构实现 FIR 系统时，输出噪声 $e_f[n]$ 是每级乘法运算产生的舍入噪声 $e_m[n] = h[m]x[n-m] - Q(h[m]x[n-m])$ 的求和结果，因此，直接型 FIR 系统的乘法量化噪声模型可以用图 9-20 表示。

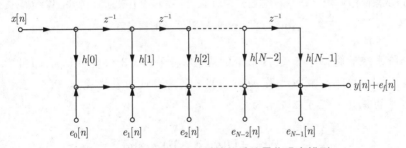

图 9-20　直接型 FIR 系统的乘法量化噪声模型

假设叠加在输出端的舍入噪声 $e_m[n]$ $(m = 0, 1, N-1)$ 是服从零均值分布的均匀白噪声，它们彼此不相关且概率密度分布相同，则输出噪声功率（方差）可以表示为

$$\sigma_f^2 = N\sigma_e^2 = N\frac{q^2}{12} = \frac{N}{2^{2B} \cdot 12} \tag{9-57}$$

根据式(9-57)可知，FIR 系统的输出噪声方差既与系统阶数 $N-1$ 有关，又与量化字长 B 有关；系统阶数越高，运算误差越大；量化字长越长，运算误差越小。特别地，由于 FIR 系统没有反馈环节，不会导致舍入误差的逐步积累，因此在相同阶数下，FIR 系统的量化误差小于 IIR 系统，且不会产生非线性的振荡现象。

9.4.3 零输入极限环

无论采用直接型、并联型还是并联型结构，IIR 系统都有反馈回路，且有限字长效应会使 IIR 系统产生不稳定现象。当系统输入是特殊信号时，例如零输入或常数输入，系统会产生周期振荡的输出信号，称之为极限环。当极限环出现后，IIR 系统会持续振荡，直到有振幅足够大的输入信号使系统输出恢复到正常状态为止。极限环是 IIR 系统对有限字长效应的特殊反应，主要包括两类：粒状极限环和溢出极限环。

1. 粒状极限环

粒状极限环是指用有限精度的差分方程实现 IIR 系统时，由于二进制乘法运算及舍入操作，系统在零输入条件下产生的极限环。下面以一阶系统为例解释粒状极限环。

例 9.9　一阶 IIR 系统的粒装极限环：典型一阶 IIR 系统的差分方程为

$$y[n] = ay[n-1] + x[n], \quad |a| < 1$$

对应的无限精度的信号流图如图 9-21（a）所示；有限精度的信号流图如图 9-21（b）所示，其中：$Q(\cdot)$ 表示为二进制数的舍入运算。

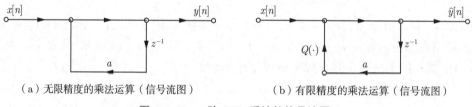

（a）无限精度的乘法运算（信号流图）　　　　（b）有限精度的乘法运算（信号流图）

图 9-21　一阶 IIR 系统的信号流图

如果一阶系统的存储字长是 $B = 4$ 位（1 位符号位，3 位尾数位），对 4 位表示的系数 a 和延时输出 $y[n-1]$ 的乘积结果 $ay[n-1]$，则需要使用量化操作 $Q(\cdot)$ 将其舍入为 4 位。包含量化运算的差分方程可以表示为

$$\hat{y}[n] = Q(ay[n-1]) + x[n]$$

假定初始条件：$y[n-1] = 0$，$a = \dfrac{1}{2} = 0 \lozenge 100$ 或 $a = -\dfrac{1}{2} = 1 \lozenge 100$，当输入序列 $x[n] = \dfrac{7}{8}\delta[n] = 0 \lozenge 111\delta[n]$ 时，输出序列 $\hat{y}[n]$ 如表 9-1所示，时域波形如图 9-22所示。

根据表 9-1和图 9-22可知，当 $a = 1/2 = 0 \lozenge 100$ 时，IIR 系统的稳态输出是周期 $N = 1$ 的序列；当 $a = -1/2 = 1 \lozenge 100$ 时，IIR 系统的稳态输出是周期 $N = 2$ 的序列。由于当 $n \geqslant 0$ 时 $x[n] = 0$，因此上述两种振荡输出都是零输入极限环。通常称零输入极限环的振荡范围为死带，它与量化间隔 $q = 2^{-B}$ 成正比，即随着量化字长 B 增加，极限环振荡减弱。

表 9-1　一阶 IIR 系统的零输入极限环

n	$a\hat{y}[n-1]$ $\left(a=\dfrac{1}{2}=0\Diamond100\right)$	$\hat{y}[n]$ $(0\Diamond111\delta[n])$	$a\hat{y}[n-1]$ $\left(a=-\dfrac{1}{2}=1\Diamond100\right)$	$\hat{y}[n]$ $(0\Diamond111\delta[n])$
1	$0\Diamond011100$	$0\Diamond100$	$1\Diamond100100$	$1\Diamond100$
2	$0\Diamond010000$	$0\Diamond010$	$0\Diamond010000$	$0\Diamond010$
3	$0\Diamond001000$	$0\Diamond001$	$1\Diamond110000$	$1\Diamond111$
4	$0\Diamond000100$	$0\Diamond001$	$0\Diamond000100$	$0\Diamond001$
5	$0\Diamond000100$	$0\Diamond001$	$1\Diamond110000$	$1\Diamond111$
6	$0\Diamond000100$	$0\Diamond001$	$0\Diamond000100$	$0\Diamond001$
7	$0\Diamond000100$	$0\Diamond001$	$1\Diamond110000$	$1\Diamond111$
8	$0\Diamond000100$	$0\Diamond001$	$0\Diamond000100$	$0\Diamond001$

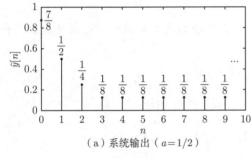

（a）系统输出（$a=1/2$）

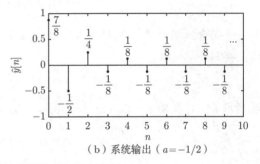

（b）系统输出（$a=-1/2$）

图 9-22　一阶 IIR 系统的零输入极限环实例

2. 溢出极限环

溢出极限环是指用有限精度的差分方程实现 IIR 系统时，由于寄存器的位数有限导致数值溢出而产生的极限环。溢出极限环的输出振幅很大，甚至覆盖寄存器的全部动态范围。下面以二阶 IIR 系统为例解释溢出极限环。

例 9.10　二阶 IIR 系统的溢出极限环：典型二阶 IIR 系统的差分方程为

$$y[n] = a_1y[n-1] + a_2y[n-2] + x[n]$$

对应的无限精度信号流图如图 9-23（a）所示；有限精度信号流图如图 9-23（b）所示；其中：$Q(\cdot)$ 表示二进制数的舍入运算。

如果二阶 IIR 系统的存储字长是 4 位（1 位符号位，3 位尾数位），对输入值 $x[n]$ 与输出延时-加权值的求和结果 $x[n] + a_1y[n-1] + a_2y[n-2]$，则需要使用量化操作 $Q(\cdot)$ 将其舍入为 4 位。包含舍入量化运算的差分方程可以表示为

$$\hat{y}[n] = Q(a_1y[n-1] + a_2y[n-2] + x[n])$$

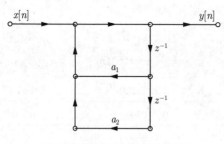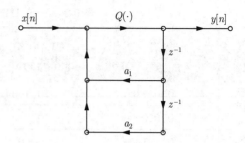

（a）无限精度乘法运算（信号流图）　　　　（b）有限精度乘法运算（信号流图）

图 9-23　二阶 IIR 系统的信号流图

假设 IIR 系统的初始条件：$\hat{y}[-1]=3/4=0\lozenge111$，$\hat{y}[-2]=-1/4=1\lozenge010$，$a_1=3/4=0\lozenge111$，$a_2=-1/4=1\lozenge010$。当系统输入为 $x[0]=0$ 时，系统输出 $\hat{y}[0]$ 为

$$\hat{y}[0]=0\lozenge111\times0\lozenge111+1\lozenge010\times1\lozenge010$$

$$=0\lozenge100100+0\lozenge100100$$

采用舍入运算进位并取二进制数高 4 位，再将两个二进制数相加，进位值溢出到符号位，得到

$$\hat{y}[0]=0\lozenge101+0\lozenge101-1\lozenge010=-3/4$$

再利用 $\hat{y}[-1]=3/4=0\lozenge111$ 和 $\hat{y}[0]=-3/4=1\lozenge111$ 计算 $\hat{y}[1]$，得到

$$\hat{y}[1]=1\lozenge011+1\lozenge011=1\lozenge010=3/4$$

重复上述过程可以发现，当系统输入 $x[n]=0$ $(n\geqslant0)$，IIR 系统的输出序列 $\hat{y}[n]$ 在 $-3/4\sim3/4$ 呈周期振荡，即产生了溢出极限环，如图 9-24所示。注意：在图 9-24中没有绘制 $\hat{y}[n]$ 的初始值 $\hat{y}[-2]=-3/4$ 和 $\hat{y}[-1]=3/4$。

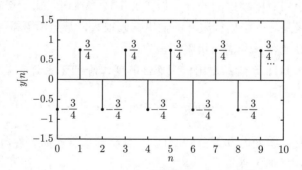

图 9-24　二阶 IIR 系统的溢出极限环实例

当 IIR 系统连续运行时，有可能存在零输入极限环（粒状极限环或溢出极限环），使系统输出序列出现周期振荡现象，违背了"零输入产生零输出"的设计原则。例如，在以 IIR 系统为核心的语音处理系统中，首先模拟语音信号经过 A/D 转换器后形成数字语音信号，其次进入 IIR 系统执行选频滤波，最后经过 D/A 转换器形成模拟语音信号。如果 IIR 系

统发生了零输入极限环,则在没有语音输入时语音处理系统也会输出可听的单音信号,这是数字语音处理系统必须克服的实际问题。

抑制零输入极限环有三种典型方法:① 探索不支持极限环生成的系统结构,虽然利用状态空间法可以获得与 IIR 系统等效的系统结构,但是它需要比级联型或并联型结构更多的计算量;② 增加有效字长避免溢出或降低振荡幅度,由于舍入极限环限定在二进制数的最低有效位上,因此增加运算位数可以减小粒状极限环幅度,同时可以避免出现溢出极限环;③ 使用 FIR 系统代替 IIR 系统,零输入极限环为 IIR 系统的特有现象,而 FIR 系统中没有反馈路径(环节),因此不具备产生零输入极限环的条件。随着运算速度和计算精度的日益提高,第③ 种方法具有明显的技术优势。

本章小结

首先分析了线性时不变系统的线性卷积和差分方程,给出了实现 LTI 系统的三个基本运算单元——加法器、乘法器和延时器;其次针对 FIR 系统,讨论了直接型、级联型和线性相位系统的基本结构;再次针对 IIR 系统,讨论了直接型、级联型、并联型和转置型的基本结构;最后针对数字系统实现中有限字长效应问题,论述了系数量化误差、运算量化误差、零输入极限环及其实际影响。本章内容是 LTI 系统实现的技术基础,将为数字滤波器设计等章节提供技术支持。

本章习题

9.1 针对以下线性时不变系统的系统函数,绘制直接型和正准型结构的信号流图。

(1)$H(z)=\dfrac{2-z^{-1}}{3+2z^{-1}-8z^{-2}}$;   (2)$H(z)=\dfrac{-5+2z^{-1}-0.5z^{-2}}{1+3z^{-1}+3z^{-2}+z^{-3}}$;

(3)$H(z)=\dfrac{4}{5}\cdot\dfrac{3+2z^{-1}+2z^{-2}+5z^{-3}}{1+4z^{-2}+3z^{-2}+2z^{-3}}$。

9.2 假设 LTI 系统的系统函数 $H(z)=\dfrac{1+2z^{-1}+z^{-2}}{1-\dfrac{3}{4}z^{-1}+\dfrac{1}{8}z^{-2}}$,绘制所有可能的一阶级联型结构和一阶并联型结构的信号流图。

9.3 采用级联型结构实现系统函数 $H(z)=\dfrac{(1-z^{-1})(1-\sqrt{2}z^{-1}+z^{-2})}{\left(1-\dfrac{2}{3}z^{-1}\right)\left(1-\sqrt{3}z^{-1}+2z^{-2}\right)}$,并给出构成级联型网络的所有可能形式。

9.4 采用级联型结构和并联型结构实现以下的系统函数

(1)$H(z)=\dfrac{1-3z^{-1}+2z^{-2}}{(1-0.5z^{-1})(1-z^{-1}-z^{-2})}$;   (2)$H(z)=\dfrac{1-2\sqrt{2}z^{-1}+2z^{-2}}{\left(1-\dfrac{2}{3}z^{-1}\right)\left(1-\sqrt{2}z^{-1}+z^{-2}\right)}$。

9.5 假设 LTI 系统满足差分方程 $y[n] = x[n] + \frac{1}{3}x[n-1] + \frac{3}{4}y[n-1] - \frac{1}{8}y[n-2]$，确定 LTI 系统的系统函数，并用以下结构绘制实现系统的信号流图。

（1）直接 I 型；　　　（2）直接 II 型；　　　（3）一阶级联型；　　　（4）一阶并联型。

9.6 假设离散时间 LTI 系统的单位脉冲响应 $h[n] = \begin{cases} \left(\frac{2}{3}\right)^n, & 0 \leqslant n \leqslant 4 \\ 0, & \text{其他} \end{cases}$，绘制 LTI 系统的横截型结构的信号流图。

9.7 假设离散时间 LTI 系统的系统函数 $H(z) = (1+z^{-1})(1-\sqrt{2}z^{-1}+z^{-2})$，绘制用横截型结构和级联型结构实现系统的信号流图。

9.8 假设离散时间因果且稳定 LTI 系统的系统函数 $H(z) = \dfrac{\frac{1}{2}z^{-1}}{1+\frac{2}{3}z^{-1}}$，要求：

（1）绘制零极点图；　　　（2）计算单位脉冲响应；　　　（3）绘制幅度响应曲线；

（4）确定差分方程；　　　（5）绘制信号流图。

9.9 根据以下 LTI 系统的差分方程绘制实现系统的信号流图，确定系统函数 $H(z)$ 以及单位脉冲响应 $h[n]$。

（1）$3y[n] - 6y[n] = x[n]$；　　　　　　　（2）$y[n] = x[n] - 5x[n-1] + 8x[n-3]$；

（3）$y[n]\ \frac{1}{2}y[n-1] - x[n]$；　　　（4）$y[n]-3y[n-1]+3y[n-2]-y[n-3]=x[n]$。

9.10 假设 LTI 系统的差分方程为 $y[n] - \frac{3}{4}y[n-1] + \frac{1}{8}y[n-2] = x[n] + \frac{1}{3}x[n-1]$，要求：

（1）确定系统函数 $H(z)$；　　　　　　　（2）绘制零极点图；

（3）计算单位脉冲响应 $h[n]$；　　　　　　（4）粗略绘制幅频响应；

（5）绘制直接 I 型信号流图；　　　　　　（6）绘制直接 II 型信号流图。

9.11 因果 LTI 系统的系统函数 $H(z) = \dfrac{1+\frac{4}{5}z^{-1}}{\left(1+\frac{3}{4}z^{-1}\right)\left(1-\frac{1}{2}z^{-1}+\frac{1}{3}z^{-2}\right)}$，按照如下实现方法绘制信号流图。

（1）直接 I 型；　　　（2）直接 II 型；　　　（3）直接 I 型的转置型；

（4）直接 II 型的转置型；　　　（5）一阶和二阶的级联型；　　　（6）一阶和二阶的并联型。

9.12 用单位脉冲响应 $h[n] = e^{j\omega_0 n}u[n]$ 的 LTI 系统生成正弦信号（称为数字谐振器），$h[n]$ 的实部和虚部分别为 $h_r[n] = \cos(\omega_0 n)u[n]$ 和 $h_i[n] = \sin(\omega_0 n)u[n]$，要求：

（1）确定 $h[n]$ 的系统函数；　　（2）确定 $h[n]$ 的差分方程；　　（3）确定 $h_r[n]$ 的系统函数；

（4）确定 $h_r[n]$ 的差分方程；　　（5）绘制 $h_r[n]$ 的信号流图；　　（6）确定 $h_i[n]$ 的系统函数；

（7）确定 $h_i[n]$ 的差分方程；　　（8）绘制 $h_i[n]$ 的信号流图。

9.13　一阶 IIR 系统的差分方程为 $y[n] = ay[n-1] + x[n]$ ($|a| < 1$)，实现该系统的有效字长为 $B+1$ 位（1 位是符号位），假定对 B 位系数 a 和 B 位延时输出 $y[n-1]$ 的乘积结果 $ay[n-1]$ 进行舍入运算，要求：

(1)当产生粒状极限环时，用 a 和 B 表示死带 A 的幅值范围；

(2)假设 $B=6$ 和 $A=1/2$，绘制当 $a = \pm 15/16$ 时的系统输出；

(3)假设 $B=6$ 和 $A=1/16$，绘制当 $a = 15/16$ 时的系统输出。

9.14　一阶 IIR 系统的差分方程为 $y[n] = ay[n-1] + b_0 x[n] + b_1 x[n-1]$，分别采用直接型、转置型和级联型实现该系统。假定量化位数为 B 位且存在二进制舍入误差。要求：

(1)绘制直接型、转置型和级联型实现一阶系统的加性量化噪声模型；

(2)由于舍入误差将产生输出噪声，定性地判断哪两个结构具有相同输出噪声功率；

(3)计算每个信号流图的输出噪声功率 σ_f^2，并用舍入噪声功率 σ_e^2 表示。

IIR 数字滤波器设计

千淘万漉虽辛苦，吹尽狂沙始到金。
——唐·刘禹锡

数字滤波器是常用的线性时不变系统，主要功能是选频滤波：通过数值运算或频谱操作，在放大特定频率分量的同时抑制其他频率成分，以达到增强有用信号、抑制噪声干扰的核心目的。此外，数字滤波器可以用于参数估计、信号压缩、恢复重构等领域。按照时域响应长度的不同，可以将数字滤波器分为两大类：无限冲激响应（IIR）数字滤波器和有限冲激响应（FIR）数字滤波器，它们的基本理念和设计过程截然不同，且系统结构和实现方法也各具特色。本章主要论述 IIR 数字低通滤波器的设计方法，它是借助模拟滤波器设计技术的间接设计。首先给出 IIR 数字滤波器的技术指标和设计流程；然后给出四种典型模拟滤波器的频率特性；其后讨论基于脉冲响应不变的 IIR 滤波器设计方法；此后讨论基于双线性变换的 IIR 滤波器设计方法；最后讨论了用于设计数字低通、高通、带通或带阻等选频滤波器的频率变换技术。

10.1 IIR 滤波器设计流程

10.1.1 数字滤波器设计概述

滤波器是重要的线性时不变系统，主要功能是允许某些频率成分通过的同时而拒绝其他频率成分通过，即实现选频滤波，只保留有用的频率成分，而抑制无用的噪声干扰，以此实现信号增强或噪声抑制。虽然广义的滤波器是指能够对特定频率分量进行有效修正的任何系统，但是将滤波器概念限定在选频滤波器系统上会使讨论过程更加清晰。选频滤波器的种类很多，根据选择频率范围的不同，可以分为低通滤波器、高通滤波器、带通滤波器、带阻滤波器、陷波滤波器和正弦谐振器等。本章以应用范围广泛的低通滤波器为基础，讨论 IIR 数字滤波器的设计方法，讨论过程始于理想数字滤波器的模型。

典型理想数字滤波器的频率特性如图 10-1所示，其中截止频率 ω_c 的理想低通滤波器

的频率响应可以表示为

$$H_{\mathrm{lp}}(\mathrm{e}^{\mathrm{j}\omega}) = \begin{cases} 1, & 0 \leqslant |\omega| < \omega_{\mathrm{c}} \\ 0, & \omega_{\mathrm{c}} < |\omega| \leqslant \pi \end{cases} \tag{10-1}$$

理想高通滤波器的频率响应可以表示为

$$H_{\mathrm{hp}}(\mathrm{e}^{\mathrm{j}\omega}) = \begin{cases} 0, & 0 \leqslant |\omega| < \omega_{\mathrm{c}} \\ 1, & \omega_{\mathrm{c}} < |\omega| \leqslant \pi \end{cases} \tag{10-2}$$

根据式(10-1)和式(10-2)可知，截止频率相同的理想低通滤波器和高通滤波器满足关系

$$H_{\mathrm{hp}}(\mathrm{e}^{\mathrm{j}\omega}) = 1 - H_{\mathrm{lp}}(\mathrm{e}^{\mathrm{j}\omega}) \tag{10-3}$$

对式(10-1)和式(10-3)分别进行离散时间傅里叶反变换（IDTFT），可以得到理想低通滤波器的单位脉冲响应

$$h_{\mathrm{lp}}[n] = \frac{\sin(\omega_{\mathrm{c}} n)}{\pi n}, \quad -\infty < n < \infty \tag{10-4}$$

和理想高通滤波器的单位脉冲响应

$$h_{\mathrm{hp}}[n] = \delta[n] - \frac{\sin(\omega_{\mathrm{c}} n)}{\pi n}, \quad -\infty < n < \infty \tag{10-5}$$

由于式(10-4)和式(10-5)所示的单位脉冲响应是无限长且非因果的序列，它们对应着图 10-1（a）和图 10-1（b）所示的理想选频特性（通带值是单位值，阻带值是零值，且过渡带宽为无限窄），这使得符合因果性和稳定性要求的理想数字滤波器并不存在[①]。因此，在工程实践中经常需要设计数字滤波器，即用因果且稳定的实际滤波器逼近理想的滤波器。

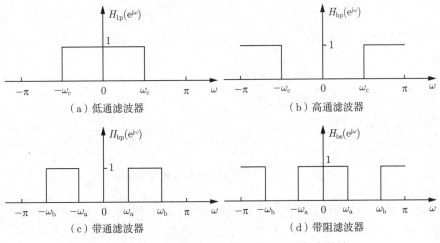

图 10-1　4 种典型的理想数字滤波器的频率特性

---

① 佩里-维纳（Paley-Wiener）定理给出理论证明，超出本书范围此处不再赘述。

数字滤波器设计主要包括三个阶段：① 给定待设计数字滤波器的技术指标，针对实际应用场合的特定需求，限定数字滤波器的频率响应特性，包括滤波器类型（IIR 或 FIR）、幅度响应、相位响应、单位脉冲响应或阶跃响应等约束条件；② 设计离散时间系统逼近技术指标，用因果且稳定的有理系统函数（IIR 型）或多项式函数（FIR 型）描述数字滤波器并逼近技术指标，以最低的复杂度（如最少的滤波器系数）满足设计指标需求；③ 选择合适的体系结构实现数字滤波器，可以选择级联型、并联型、卷积型、频率采样型、快速卷积型等运算结构，以及恰当的系数量化编码方式和有效数字长度（有限计算精度），用硬件方式或软件程序实现数字滤波器。

上述三个阶段并不是完全独立的：第①阶段的技术指标确定与数字滤波器的应用场合有关；第③阶段体系结构选择与数字滤波器的实现技术有关；因此本书在讨论数字滤波器的设计技术时，主要集中于第②阶段，即如何根据技术指标设计出因果且稳定的线性时不变系统。虽然很多场合并不限定因果性，但是因果滤波器设计仍然是 LTI 系统的重要内容。在实际应用中，对连续时间信号进行采样并获得离散时间信号后，经常使用数字滤波器进行选频滤波，由于连续时间信号的离散时间处理系统的具体特性仅与数字滤波器的实际性能有关，因此数字滤波器设计始于以数字频率形式给出的一组技术指标。

10.1.2 数字滤波器设计指标

理想数字滤波器在工程实践中不可能实现，实际数字滤波器的幅度响应既无法做到在通带是单位值，在阻带是零值；又无法实现从通带到阻带的零宽度过渡带。只能用可以接受的误差形式描述通带和阻带的幅度响应，并允许在通带和阻带之间存在着幅度响应平滑下降的过渡带。通常在频域给出数字滤波器的归一化技术指标，如图 10-2所示。

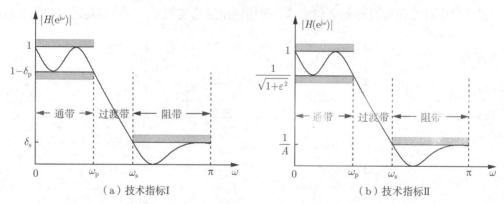

图 10-2 数字滤波器的归一化技术指标

虽然图 10-2给出的两种技术指标方法是等效的，但是图 10-2（b）所示的技术指标应用更为广泛。数字滤波器的通带截止频率是 ω_p，阻带截止频率是 ω_s，过渡带是 ω_p 和 ω_s 之间的部分，其宽度 $\Delta\omega = \omega_s - \omega_p$。与此同时，允许数字滤波器的幅度响应 $|H(e^{j\omega})|$ 在通带范围 $[0, \omega_p]$ 和阻带范围 $[\omega_s, \pi]$ 内存在着波纹。通带波纹满足条件

$$\frac{1}{\sqrt{1+\varepsilon^2}} \leqslant |H(e^{j\omega})| \leqslant 1, \quad |\omega| \leqslant \omega_p \tag{10-6}$$

其中：ε 为通带波纹参数，$1/\sqrt{1+\varepsilon^2}$ 为通带幅度的最小值，它限定了通带允许的最大误差（通带波纹幅度），且 ε 的值越小，通带波纹幅度越小。与此同时，阻带波动范围满足条件

$$|H(e^{j\omega})| \leqslant 1/A, \quad \omega_s \leqslant |\omega| \leqslant \pi \tag{10-7}$$

其中：A 为阻带波纹参数，$1/A$ 限定了阻带允许的最大误差（阻带波纹幅度），且 A 的值越大，阻带波纹幅度越小。特别地，历史上绝大多数的模拟滤波器逼近方法，是针对增益小于或等于单位值的无源系统开发的，因此将数字滤波器的最大增益设置为单位值（如图10-2所示），这为利用模拟滤波器的成熟设计成果提供了方便。

在实际应用中，以分贝（dB）的形式描述通带和阻带波纹幅度更加方便。可以用通带最大衰减 α_p 描述通带的最大波纹幅度

$$\alpha_p = -20\lg\left[\frac{1}{\sqrt{1+\varepsilon^2}}\right] = 10\lg(1+\varepsilon^2) \ \ \text{dB} \tag{10-8}$$

ε 与 α_p 的函数关系曲线如图 10-3（a）所示。可以看出：ε 的值越小，α_p 的值越小，即通带波纹幅度越小。与此同时，可以用阻带最小衰减 α_s 描述阻带的最大波纹幅度

$$\alpha_s = -20\lg(1/A) = 20\lg A \ \ \text{dB} \tag{10-9}$$

A 与 α_s 的函数关系曲线如图 10-3（b）所示。可以看出：A 的值越大，α_s 的值越大，阻带波纹幅度越小。

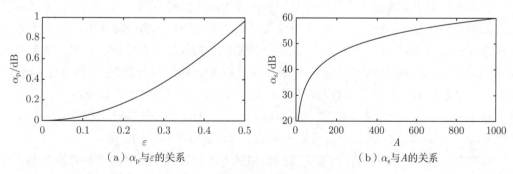

图 10-3　数字滤波器的技术指标关系

利用式(10-8)，可以根据通带最大衰减 α_p 计算通带波纹参数

$$\varepsilon = \sqrt{10^{\alpha_p/10} - 1} \tag{10-10}$$

利用式(10-9)，可以根据阻带最小衰减 α_s 计算阻带波纹参数

$$A = 10^{\alpha_s/20} \tag{10-11}$$

根据式(10-7)~ 式(10-11)可知：对于数字滤波器而言，技术指标 $\omega_p - \varepsilon - \omega_s - A$ 和 $\omega_p - \alpha_p - \omega_s - \alpha_s$ 是等效的，且两组指标可以相互转化。此外，在工程实践中常使用衰减函数（损益函数）描述数字滤波器的幅度响应，定义为

$$\alpha(e^{j\omega}) = -20\lg|H(e^{j\omega})| \text{ dB} \tag{10-12}$$

当 $|H(e^{j\omega_c})| = 1/\sqrt{2}$ 时，$\alpha(e^{j\omega_c}) = 3$ dB，此时称 ω_c 为截止频率。由于 $\alpha(e^{j\omega})$ 能够对 $|H(e^{j\omega})|$ 进行非线性伸缩，因此非常适合观察幅度较小的阻带波纹变化。

10.1.3　IIR 数字滤波器设计思路

根据科学研究和工程实践的具体需求，确定通带截止频率 ω_p、阻带截止频率 ω_s、通带最大衰减 α_p、阻带最小衰减 α_s 等设计指标之后，核心任务是设计有指标约束的 IIR 或 FIR 数字滤波器。虽然 IIR 数字滤波器无法实现线性相位，且存在着稳定性问题，但是 IIR 数字滤波器的结构紧凑、系统阶次低、运算速度快，所以仍然得到了广泛应用。通常无法根据技术指标直接设计 IIR 数字滤波器，而是借助模拟滤波器进行间接设计，进而得到符合要求的数字滤波器。

借助模拟滤波器设计 IIR 数字滤波器，主要出于以下原因：① 模拟滤波器的设计方法和技术非常成熟，有很多实用化的设计成果可以为数字滤波器设计提供参考；② 模拟滤波器不但有封闭的设计公式可以使用，而且将规范化的设计参数制成了简单易用的数表；③ 有很多性能优良的模拟滤波器可供选择，如巴特沃思、切比雪夫、椭圆、贝塞尔等模拟滤波器，对它们进行线性或非线性的变换可以得到数字滤波器，且所设计的数字滤波器继承了模拟滤波器的优良特性。

设计 IIR 数字滤波器始于数字频率域的技术指标（如图 10-4（a）所示）。为了继承模拟滤波器的设计方法和技巧，首先需要将数字频率形式的技术指标转化为模拟频率形式的技术指标（如图 10-4（b）所示）；其次根据模拟滤波器的技术指标设计出符合要求的巴特沃思、切比雪夫或椭圆等模拟滤波器[①]；最后通过系统变换将模拟滤波器转化为数字滤波器。基于上述思想的 IIR 数字滤波器设计思路，如图 10-5所示。具体步骤如下：

第 1 步：给出技术指标。在数字频率域给出 IIR 数字滤波器的技术指标，包括通带截止频率 ω_p、阻带截止频率 ω_s、通带最大衰减 α_p、阻带最小衰减 α_s 等。

第 2 步：技术指标转换。将数字滤波器的技术指标转化为模拟滤波器的技术指标，得到通带截止频率 Ω_p、阻带截止频率 Ω_s、通带最大衰减 α_p、阻带最小衰减 α_s 等。

第 3 步：选择模拟系统。根据工程实践的特定需求，选择待设计的模拟滤波器类型，包括巴特沃思、切比雪夫（I 型和 II 型）、椭圆、贝塞尔等模拟滤波器。

第 4 步：设计模拟系统。根据技术指标（Ω_p、Ω_s、α_p 和 α_s）计算模拟滤波器阶数 N 和截止频率 Ω_c，并利用成熟的设计技术得到符合要求的模拟滤波器 $H_a(s)$。

[①] 将在 10.2节讨论巴特沃思、切比雪夫、椭圆等模拟滤波器的典型性质。

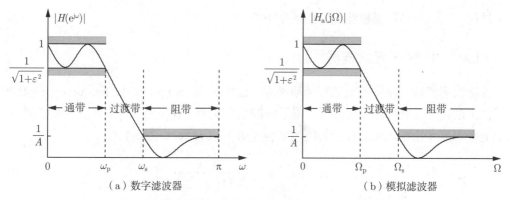

图 10-4 数字滤波器和模拟滤波器的技术指标及幅度响应

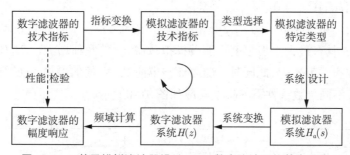

图 10-5 基于模拟滤波器设计 IIR 数字滤波器的基本思路

第 5 步：变换模拟系统。利用与第 2 步相关的反变换方法（如脉冲响应不变法或双线性变换法等），将第 4 步设计的模拟滤波器 $H_a(s)$ 变换为数字滤波器 $H(z)$。

第 6 步：检验设计结果。计算数字滤波器 $H(z)$ 的幅度响应 $|H(e^{j\omega})|$ 及其分贝表示形式 $20\lg|H(e^{j\omega})|$，并与给定的技术指标比较，检验设计结果是否满足要求。

在上述 IIR 数字滤波器设计思路中，在第 2 步实现技术指标的映射——将数字频率的技术指标转化为模拟频率的技术指标，要保持选频性质不变；如果待设计的数字滤波器是低通的，则映射后的模拟滤波器必须是低通的。在第 4 步完成模拟系统的映射——将模拟滤波器转化为数字滤波器，要保持稳定性质不变；如果设计的模拟滤波器 $H_a(s)$ 是稳定的，则经过映射后的数字滤波器 $H(z)$ 必须是稳定的。保持选频性质不变和稳定特性不变，是设计 IIR 数字滤波器必须遵循的两个基本原则。

10.2 典型模拟滤波器

在 IIR 数字滤波器的设计过程中，可以借助的模拟滤波器主要包括：巴特沃思滤波器、切比雪夫 I 型和 II 型滤波器、椭圆（考尔）滤波器、贝塞尔滤波器等，它们的数学描述形式各不相同，幅度响应和相位响应各有特色，且都有规范化的设计公式和表。由于模拟滤波器设计问题超出数字信号处理技术的覆盖范围，且很多商用化信号处理软件（如 MATLAB 软件的信号处理工具箱等）提供了简单易用的设计函数，因此本节省略模拟滤波器的详细分析过程，只给出常用模拟滤波器的频率特性。

10.2.1　巴特沃思滤波器

巴特沃思滤波器是由英国工程师斯蒂芬·巴特沃思（Stephen Butterworth）在 1930 年最早提出的，在通带和阻带都具有单调下降的幅度响应，且在通带范围内（零频率周围）有高阶的平坦度。巴特沃思滤波器的幅度响应平方可以表示为

$$|H_{\mathrm{a}}(\mathrm{j}\Omega)|^2 = \frac{1}{1 + (\Omega/\Omega_{\mathrm{c}})^{2N}} \tag{10-13}$$

其中：Ω_{c} 是截止频率，N 是阶数。当 $\Omega = 0$ 时，$|H_{\mathrm{a}}(\mathrm{j}\Omega)| = 1$；当 $\Omega = \Omega_{\mathrm{c}}$ 时，$|H_{\mathrm{a}}(\mathrm{j}\Omega)| = 1/\sqrt{2}$；当 $\Omega = \infty$ 时，$|H_{\mathrm{a}}(\mathrm{j}\Omega)| = 0$。

根据式(10-13)可以得到：$|H_{\mathrm{a}}(\mathrm{j}\Omega)|^2$ 在 $\Omega = 0$ 的前 $2N - 1$ 阶导数是零值，即巴特沃思滤波器在 $\Omega = 0$ 具有最大平坦幅度。随着模拟频率 Ω 的数值增大，$|H_{\mathrm{a}}(\mathrm{j}\Omega)|$ 呈单调下降趋势（包括通带和阻带）。与此同时，随着滤波器阶数 N 值的增加，$|H_{\mathrm{a}}(\mathrm{j}\Omega)|$ 逐步逼近理想数字滤波器，不同阶数条件下的幅度响应如图 10-6所示。

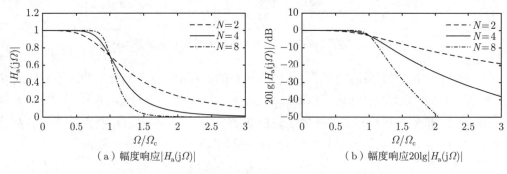

图 10-6　巴特沃思滤波器的幅度响应（不同阶数条件）

巴特沃思滤波器的衰减函数表示为

$$\alpha(\mathrm{j}\Omega) = -20\lg|H_{\mathrm{a}}(\mathrm{j}\Omega)| = 10\lg\left[1 + (\Omega/\Omega_{\mathrm{c}})^{2N}\right]\ \mathrm{dB} \tag{10-14}$$

当 $\Omega = 0$ 时，$\alpha(\mathrm{j}\Omega) = 0$ dB；当 $\Omega = \Omega_{\mathrm{c}}$ 时，$\alpha(\mathrm{j}\Omega) = 3$ dB，因此称 $\Omega_{\mathrm{c}} = 3$ dB 是截止频率。

根据式(10-13)可知，巴特沃思滤波器的幅度响应由截止频率 Ω_{c} 和阶数 N 两个参数确定，而 Ω_{c} 和 N 由模拟滤波器设计的技术指标确定（包括通带截止频率 Ω_{p}、阻带截止频率 Ω_{s}、通带最小幅度 $1/\sqrt{1 + \varepsilon^2}$、阻带最大波纹 $1/A$ 等）。根据图 10-4（b）和式(10-13)，在通带截止频率 Ω_{p} 和阻带截止频率 Ω_{s} 位置可以得到

$$|H_{\mathrm{a}}(\mathrm{j}\Omega_{\mathrm{p}})|^2 = \frac{1}{1 + (\Omega_{\mathrm{p}}/\Omega_{\mathrm{c}})^{2N}} = \frac{1}{1 + \varepsilon^2} \tag{10-15}$$

$$|H_{\mathrm{a}}(\mathrm{j}\Omega_{\mathrm{s}})|^2 = \frac{1}{1+(\Omega_{\mathrm{s}}/\Omega_{\mathrm{c}})^{2N}} = \frac{1}{A^2} \tag{10-16}$$

根据式(10-15)和式(10-16)可以求解滤波器的阶数，但是通常的计算结果是实数而非整数，需要向上取整到与之最接近的整数 N。例如，若计算的阶数值为 5.25，则应该向上取整 $N=6$。然后再将 N 值代入式(10-16)求得截止频率 Ω_{c}，此时在 $\Omega=\Omega_{\mathrm{s}}$ 刚好满足技术指标要求，而在 $0 \leqslant |\Omega| < \Omega_{\mathrm{p}}$ 时超出指标要求。

针对巴特沃思滤波器，MATLAB 软件提供了计算滤波器阶数 N 与截止频率 Ω_{c} 的函数 buttord() 和设计滤波器的函数 butter()，利用它们很容易得到符合技术指标要求的模拟滤波器，即得到系统函数

$$H_{\mathrm{a}}(s) = \frac{\Omega_{\mathrm{c}}^N}{s^N + \displaystyle\sum_{k=0}^{N-1} a_k s^k} = \frac{\Omega_{\mathrm{c}}^N}{\displaystyle\prod_{k=1}^{N}(s-p_k)} \tag{10-17}$$

其中：a_k 是分母多项式的系数，p_k 是系统函数的极点

$$p_k = \Omega_{\mathrm{c}}\mathrm{e}^{\mathrm{j}(N+2k-1)/(2N)}, \quad k = 1, 2, \cdots, N \tag{10-18}$$

即所有极点位于 s 平面的左半平面且在以 Ω_{c} 为半径的圆周上。关于函数 buttord() 和函数 butter() 的使用方法，可以参见 MATLAB 软件帮助文档，此处不再赘述。

10.2.2　切比雪夫滤波器

切比雪夫滤波器植根于切比雪夫分布，以纪念俄罗斯数学家巴夫尼提·列波维其·切比雪夫而命名。切比雪夫滤波器有两种类型：切比雪夫 I 型滤波器具有在通带等波纹、在阻带单调下降的幅度响应；切比雪夫 II 型滤波器具有在通带单调下降、在阻带等波纹的幅度响应，即切比雪夫 I 型和 II 型滤波器在通带和阻带的对应波动特性相反。

1. 切比雪夫 I 型滤波器

切比雪夫 I 型滤波器的幅度响应平方可以表示为

$$|H_{\mathrm{a}}(\mathrm{j}\Omega)|^2 = \frac{1}{1+\varepsilon^2 C_N^2(\Omega/\Omega_{\mathrm{p}})} \tag{10-19}$$

其中：Ω_{p} 为通带截止频率，ε 为通带波纹参数（小于 1 的正数），N 为滤波器阶数，$C_N(x)$ 为 N 阶切比雪夫多项式，定义如下：

$$C_N(x) = \begin{cases} \cos[N\cos^{-1}(x)], & |x| \leqslant 1 \\ \cos[N\cosh^{-1}(x)], & |x| > 1 \end{cases} \tag{10-20}$$

其中：$\cosh(\cdot)$ 是双曲余弦函数。利用递推公式可以计算 $C_N(x)$，即

$$C_N(x) = 2C_{N-1}(x) - C_{N-2}(x), \quad N \geqslant 2 \tag{10-21}$$

其中：$C_0(x) = 1$，$C_1(x) = x$。

根据式(10-19)可以看出，切比雪夫 I 型滤波器的幅度响应由通带截止频率 Ω_p、通带波纹参数 ε 和滤波器阶数 N 共同确定，在不同阶数 N 下切比雪夫多项式及幅度响应如图 10-7 所示。当 $|\Omega| < \Omega_p$ 时，$C_N^2(\Omega/\Omega_p)$ 从 $0 \sim 1$ 变化，因此 $|H_a(j\Omega)|$ 在 $1 \sim 1/\sqrt{1+\varepsilon^2}$ 振荡（波纹），且随着 N 值的增加，振荡的数目增加，通带和阻带之间的过渡带变窄。当 $|\Omega| > \Omega_p$ 时，$C_N^2(\Omega/\Omega_p)$ 像双曲余弦一样随着 $|\Omega|$ 值的增大而单调地增加，因此 $|H_a(j\Omega)|$ 呈现出单调下降趋势。在不同阶数 N 下，切比雪夫 I 型滤波器的归一化幅度响应，如图 10-8 所示，可以看出 $|H_a(j\Omega)|$ 在通带具有等波纹、在阻带单调下降的幅度特性。

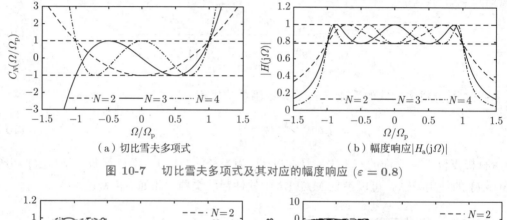

（a）切比雪夫多项式　　　　　　　（b）幅度响应 $|H_a(j\Omega)|$

图 10-7　切比雪夫多项式及其对应的幅度响应（$\varepsilon = 0.8$）

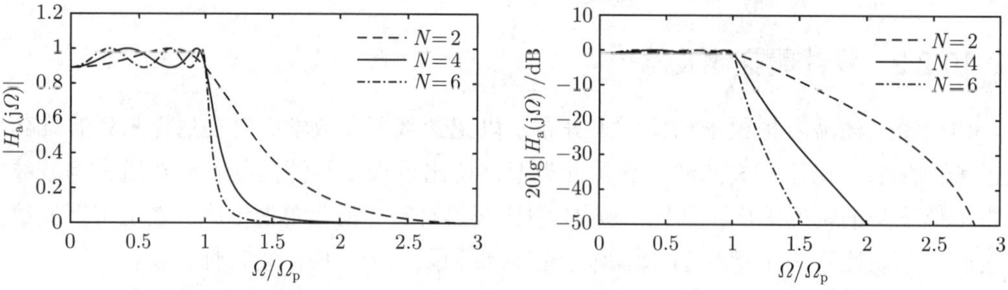

（a）幅度响应 $|H_a(j\Omega)|$　　　　　　　（b）幅度响应 $20\lg|H_a(j\Omega)|$

图 10-8　切比雪夫 I 型滤波器的幅度响应

针对切比雪夫 I 型滤波器，MATLAB 软件提供了计算滤波器阶数 N 的函数 cheb1ord()、滤波器设计的函数 cheby1()，利用它们很容易设计出符合技术指标要求的模拟滤波器 $H_a(s)$。有关函数 cheb1ord() 和 cheby1() 的使用方法超出本书论述范围，在此不再赘述。

2. 切比雪夫 II 型滤波器：

切比雪夫 II 型滤波器的幅度响应平方可以表示为

$$|H_a(j\Omega)|^2 = \cfrac{1}{1 + \varepsilon^2 \cdot \cfrac{C_N^2(\Omega_s/\Omega_p)}{C_N^2(\Omega_s/\Omega)}} \tag{10-22}$$

其中：$C_N(x)$ 为式(10-20)定义的 N 阶切比雪夫多项式。根据式(10-22)可知，切比雪夫 II 型滤波器由通带截止频率 Ω_p、通带波纹参数 ε、阻带截止频率 Ω_s 和滤波器阶数 N 等指标确

定。在不同阶数条件下，切比雪夫滤波器的幅度响应，如图 10-9 所示。可以看出：$|H_a(j\Omega)|$ 在通带具有单调下降、阻带等波纹的幅度特性。特别地，当 $\Omega = 0$ 时，$|H_a(j\Omega)|$ 有最大平坦特性。

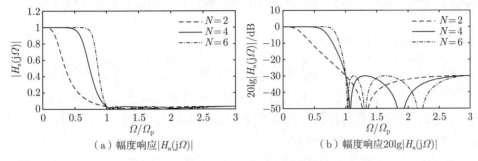

（a）幅度响应 $|H_a(j\Omega)|$　　　　　　（b）幅度响应 $20\lg|H_a(j\Omega)|$

图 10-9　切比雪夫 II 型滤波器的幅度响应

针对切比雪夫 II 型滤波器，MATLAB 软件提供了计算滤波器阶数 N 的函数 cheb2ord()、设计滤波器的函数 cheby2()，利用它们很容易设计出符合技术指标要求的模拟滤波器 $H_a(s)$。关于函数 cheb2ord() 和 cheby2() 的使用方法，可以参见 MATLAB 软件帮助文档，在此不再赘述。

10.2.3　椭圆滤波器

椭圆滤波器（又称考尔滤波器）在通带和阻带都具有等波纹的幅度特性，由 Cauer 在 1931 年首先进行了理论证明。椭圆滤波器的幅度响应平方可以表示为

$$|H_a(j\Omega)|^2 = \frac{1}{1 + \varepsilon^2 U_N^2(\Omega/\Omega_p)} \tag{10-23}$$

其中：$U_N(x)$ 是 N 阶的雅可比椭圆函数，是满足 $U_N(1/x) = 1/U_N(x)$ 的有理函数。$U_N(x)$ 的分子多项式的根位于区间 $(0,1)$，分母的根位于区间 $(1,\infty)$。椭圆滤波器的幅度响应由通带截止频率 Ω_p、阻带截止频率 Ω_s、通带波纹参数 ε 和阻带波纹参数 A 等共同确定。在不同阶数条件下，椭圆滤波器的幅度响应如图 10-10 所示。可以看出：$|H_a(j\Omega)|$ 在通带和阻带具有等波纹的幅度特性，且随着滤波器阶数升高而过渡带迅速变窄。

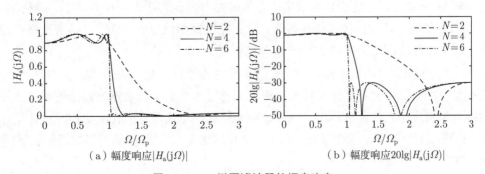

（a）幅度响应 $|H_a(j\Omega)|$　　　　　　（b）幅度响应 $20\lg|H_a(j\Omega)|$

图 10-10　椭圆滤波器的幅度响应

针对椭圆滤波器，MATLAB 软件提供了计算滤波器阶数 N 的函数 ellipord()、设计滤波器的函数 ellip()，利用它们很容易设计出符合技术指标要求的椭圆滤波器 $H_a(s)$。由于幅度响应在通带和阻带呈现等波纹变化，因此 $H_a(s)$ 既有零点又有极点。有关函数 ellipord() 和 ellip() 的使用方法，可以参见 MATLAB 的软件帮助文档，在此不再赘述。

10.2.4 模拟滤波器比较

第 10.2.1 节 ~ 第 10.2.3 节简要地给出了巴特沃思、切比雪夫 I 型、切比雪夫 II 型以及椭圆等模拟滤波器的基本特性。由于它们的设计原理不同，导致幅度响应特性、系统阶数、过渡带宽和相位响应等各具特色。在限定最大通带衰减 α_p 和最小阻带衰减 α_s 等条件下，对上述四种典型滤波器进行性能比较。

（1）幅度特性：巴特沃思滤波器的幅度响应在通带和阻带都是单调下降的；切比雪夫 I 型滤波器的幅度响应在通带是等波纹的、在阻带是单调下降的；切比雪夫 II 型滤波器的幅度响应在通带是单调下降的、在阻带是等波纹的；椭圆滤波器的幅度响应在通带和阻带都是等波纹的，特别地，四种模拟滤波器的幅度响应是非带限的（最高频率可达 ∞），这给借用模拟滤波器设计带限数字滤波器提出了挑战，也催生了基于双线性变换的设计方法。

（2）系统阶数：巴特沃思滤波器幅度响应的单调下降特性，使通带低频端和阻带高频端的幅度响应优于设计指标要求，导致所需的滤波器阶数最高；切比雪夫 I 型和 II 型滤波器的幅度响应在通带或阻带的等波纹变化，使设计误差均匀地分布在通带或阻带内，导致所需的滤波器阶数减少；椭圆滤波器的幅度响应在通带和阻带的等波纹变化，使设计误差均匀分布地分布在通带和阻带内，导致所需的滤波器阶数最低。

（3）过渡带宽：当模拟滤波器阶数 N 和通带截止频率 Ω_p 相同时，巴特沃思滤波器的过渡带宽最宽；切比雪夫 I 型和 II 型滤波器的过渡带宽基本相同且相对较窄；椭圆滤波器的过渡带宽最窄。当通带截止频率 Ω_p 和阻带截止频率 Ω_s 相同时，巴特沃思滤波器的阶数最高，切比雪夫 I 型和 II 型滤波器的阶数相同且相对较高；椭圆滤波器的阶数最低。因此在模拟滤波器阶次和过渡带宽要求严格时，可以优先选择椭圆滤波器。

（4）相位特性：虽然巴特沃思、切比雪夫（I 型和 II 型）以及椭圆滤波器都不存在严格的线性相位，但是巴特沃思和切比雪夫滤波器在大约 3/4 的通带范围内接近线性相位，且切比雪夫 II 型滤波器略优于切比雪夫 I 型滤波器（群延迟平坦且相对较小），椭圆滤波器在大约 1/2 的通带范围内接近线性相位。因此在线性相位要求严格时，除了选择贝塞尔滤波器之外，还可以优先选择切比雪夫 II 型滤波器。

（5）参数量化：IIR 数字滤波器是一类重要的线性时不变（LTI）系统，在实现 LTI 系统的过程中，系数量化是必须经过的步骤，通常要求系数量化敏感度越低越好，即量化误差对零点和极点分布的影响越小，对系统频率特性的影响越低。在满足相同设计指标的前提下，巴特沃思滤波器的量化敏感度最低，切比雪夫 I 型和 II 型滤波器的量化敏感度居中，椭圆滤波器的量化敏感度最高。

（6）软件设计：商用化软件 MATLAB 为每种模拟滤波器设计提供了功能类似的两个函

数,它们分别用于计算滤波器阶数(含 3 dB 截止频率)和设计模拟滤波器;其中 buttord() 和 butter() 用于巴特沃思滤波器,cheb1ord() 和 cheby1() 用于切比雪夫 I 型滤波器;cheb2ord() 和 cheby2() 用于切比雪夫 II 型滤波器,ellipord() 和 ellip() 用于椭圆滤波器,且它们都使用区间 [0,1] 的归一化频率范围,以及对数形式的波纹幅度作为输入参数。

在科学研究和工程实践中,设计巴特沃思、切比雪夫 I 型和 II 型、椭圆等模拟滤波器的基本过程相同,主要步骤如下:

第 1 步:给出滤波器的技术指标。包括通带截止频率 Ω_p、阻带截止频率 Ω_s、通带最大衰减 α_p、阻带最小衰减 α_s 等。若以其他形式给出技术指标,则需要进行等效转换。

第 2 步:确定滤波器的基本类型。结合实际需求和滤波器幅频特性,确定待设计系统的基本类型。如果需要保持通带的高保真度,则选择巴特沃思滤波器。

第 3 步:求解滤波器的最低阶数。根据 Ω_p、Ω_s、α_p、α_s 等技术指标,求解符合技术要求的最低阶数 N,对于巴特沃思滤波器还需计算截止频率 Ω_c。

第 4 步:求解滤波器系统函数。通过查阅规范化表或使用 MATLAB 等软件,求解模拟滤波器的系统函数 $H_a(s)$。随着 MATLAB 等软件的成熟,查表方法逐步被淘汰。

第 5 步:调试装配模拟滤波器。采用电阻、电容、电感等器件构建无源网络,或采用运算放大器构建有源网络,通过电路仿真—系统装配—综合调试等过程实现模拟滤波器。

有关模拟滤波器的设计过程和实现方法,属于电路-电子学领域的重要内容,此处不再赘述。当借助模拟滤波器设计 IIR 数字滤波器时,必须注意以下内容:① 如何将数字滤波器的技术指标转化为模拟滤波器的技术指标;② 如何根据模拟滤波器的技术指标设计出符合要求的模拟系统;③ 如何将设计出的模拟滤波器转化为 IIR 数字滤波器。由于商用化软件 MATLAB 能够为第②项提供了简单易用的设计函数,因此在讨论 IIR 数字滤波器设计问题时,不再将内容烦琐的第②项作为核心内容。

10.3　脉冲响应不变法

基于模拟滤波器理论设计 IIR 数字滤波器的核心思想,是使用数字滤波器能够逼近模拟滤波器,通常可以从不同角度实现该逼近行为。脉冲响应不变法和双线性变换法是逼近模拟滤波器的常用方法,以此为基础形成 IIR 数字滤波器的两种经典技术。

10.3.1　脉冲响应不变原理

脉冲响应不变法(标准 z 变换法)是从时域角度出发,用数字滤波器的单位脉冲响应 $h[n]$ 逼近模拟滤波器的单位冲激响应 $h_a(t)$,即对 $h_a(t)$ 进行等间隔采样得到 $h[n]$

$$h[n] = h_a(t)|_{t=nT} = h_a(nT) \tag{10-24}$$

其中:T 是采样周期。如果模拟滤波器的频率响应 $H_a(j\Omega)$ 是 $h_a(t)$ 的连续时间傅里叶变换(CTFT),数字滤波器的频率响应 $H(e^{j\omega})$ 是 $h[n]$ 的离散时间傅里叶变换,则根据采样理论

可知，$H_a(j\Omega)$ 和 $H(e^{j\omega})$ 之间满足关系

$$H(e^{j\omega}) = \frac{1}{T} \sum_{k=-\infty}^{\infty} H_a\left(j\frac{\omega}{T} - j\frac{2\pi k}{T}\right) \tag{10-25}$$

即 $H(e^{j\omega})$ 是以 2π 为周期对 $H_a(j\omega/T)$ 延拓的结果，且满足关系 $\omega = \Omega T$。

如果模拟滤波器是带限的线性时不变系统，即 $H_a(j\Omega)$ 满足条件

$$H_a(j\Omega) = 0, \quad |\Omega| \geqslant \pi/T \tag{10-26}$$

则根据式(10-25)和式(11-26)可以得到

$$H(e^{j\omega}) = \frac{1}{T} H_a\left(j\frac{\omega}{T}\right), \quad |\omega| \leqslant \pi \tag{10-27}$$

式(10-27)表明：通过频率轴的线性尺度变换（$\omega = \Omega T$, $|\omega| \leqslant \pi$），数字滤波器的频率响应和模拟滤波器的频率响应建立了一一对应关系。如果模拟滤波器的频率响应是带限的且采样频率足够高，则数字滤波器的频率响应完全可以由模拟滤波器的频率响应确定。

任何实际的模拟滤波器，包括巴特沃思、切比雪夫、椭圆、贝塞尔等模拟滤波器，它们的频率响应都是不带限的，即不满足式(11-26)所示的约束条件。因此根据式(10-24)所示采样方法得到的数字滤波器的频率响应 $H(e^{j\omega})$ 总会出现频谱混叠现象，如图 10-11所示。如果模拟滤波器的频率响应在高频部分趋近于零，则产生的频谱混叠将会很小，此时对模拟滤波器的单位冲激响应进行等间隔采样，仍然可以得到满足技术指标要求的数字滤波器。

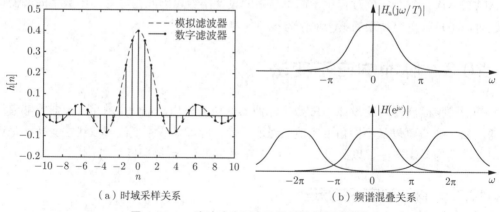

图 10-11   脉冲响应不变法的时域和频域关系

10.3.2   模拟/数字系统转换

1. 系统函数的转换方法

脉冲响应不变法适合分析用部分分式表示的系统函数，假定模拟滤波器的系统函数 $H_a(s)$ 是其单位冲激响应 $h_a(t)$ 的拉普拉斯变换。如果 $H_a(s)$ 只包含 N 个单阶极点，且

分子的阶数低于分母的阶数^①，则可以将 $H_a(s)$ 表示成为部分分式的求和形式

$$H_a(s) = \sum_{k=1}^{N} \frac{A_k}{s - s_k} \tag{10-28}$$

其中：s_k 是第 k 个单阶极点。对式(10-28)进行拉普拉斯反变换，可以将模拟滤波器的单位冲激响应 $h_a(t)$ 表示为多项求和形式，$u(t)$ 是单位阶跃函数。即

$$h_a(t) = \sum_{k=1}^{N} A_k e^{s_k t} u(t) \tag{10-29}$$

利用式(10-24)给出的采样关系，根据式(10-29)可以得到数字滤波器的单位脉冲响应

$$h[n] = \sum_{k=1}^{N} A_k e^{s_k nT} u[n] = \sum_{k=1}^{N} A_k (e^{s_k T})^n u[n] \tag{10-30}$$

其中：$u[n]$ 是单位阶跃序列。对 $h[n]$ 进行 z 变换，可以得到数字滤波器的系统函数

$$H(z) = \sum_{n=-\infty}^{\infty} h[n]z^{-n} = \sum_{n=-\infty}^{\infty} \left[\sum_{k=1}^{N} A_k (e^{s_k T})^n u[n] \right] z^{-n}$$
$$= \sum_{k=1}^{N} A_k \left[\sum_{n=0}^{\infty} (e^{s_k T})^n z^{-n} \right] = \sum_{k=1}^{N} \frac{A_k}{1 - e^{s_k T} z^{-1}} \tag{10-31}$$

比较式(10-28)和式(10-31)可以看出，脉冲响应不变法使 s 平面的极点 $s = s_k$ 变换到 z 平面的极点 $z_k = e^{s_k T}$，即将模拟滤波器的系统函数 $H_a(s)$ 转换为数字滤波器的系统函数 $H(z)$，且 $H_a(s)$ 和 $H(z)$ 对应的部分分式中系数保持不变。

特别地，如果模拟滤波器 $H_a(s)$ 是因果稳定的，它的所有极点 $s_k(k=1,2,\cdots,N)$ 在 s 平面的左半部分，即 $\mathrm{Re}(s_k) < 0$，则经过 $z_k = e^{s_k T}$ 变换得到的 $H(z)$ 的所有极点 $e^{s_k T}$ 位于单位圆内，即 $|e^{s_k T}| = e^{\mathrm{Re}(s_k)T} < 1$，因此数字滤波器也是因果稳定的，也就是脉冲响应不变法保持了系统的因果性和稳定性。虽然 $z_k = e^{s_k T}$ 建立了 s_k 向 z_k 映射的一一对应关系，但是并不表明 s 平面和 z 平面之间存在着一一映射关系。

2. s 平面与 z 平面映射关系

模拟滤波器的单位冲激响应为 $h_a(t)$，它的理想抽样可以表示为

$$h_s(t) = \sum_{n=-\infty}^{\infty} h_a(nT)\delta(t - nT) \tag{10-32}$$

因此，$h_s(t)$ 的拉普拉斯变换可以表示为

$$H_s(s) = \int_{-\infty}^{\infty} h_s(t)e^{-st}\mathrm{d}t = \int_{-\infty}^{\infty} \sum_{n=-\infty}^{\infty} h_a(nT)\delta(t - nT)e^{-st}\mathrm{d}t$$

---

① $H_a(s)$ 中包含多重极点、分子阶数高于分母阶数的情况，超出本书讨论范围，读者可参见相关文献。

$$= \sum_{n=-\infty}^{\infty} h_a(nT) \int_{-\infty}^{\infty} \delta(t-nT) \mathrm{e}^{-st} \mathrm{d}t = \sum_{n=-\infty}^{\infty} h_a(nT) \mathrm{e}^{-nsT} \tag{10-33}$$

根据式(10-24)所示的采样关系 $h[n] = h_a(nT)$，数字滤波器的单位脉冲响应 $h[n]$ 的 z 变换可以表示为

$$H(z) = \sum_{n=-\infty}^{\infty} h[n] z^{-n} \tag{10-34}$$

比较式(10-33)和式(10-34)可以看出：当 $z = \mathrm{e}^{sT}$ 时 $h[n]$ 的 z 变换等于 $h_s(t)$ 的拉普拉斯变换，它们的对应关系为

$$H(z)|_{z=\mathrm{e}^{sT}} = H(\mathrm{e}^{sT}) = H_s(s) \tag{10-35}$$

$H(z)$ 和 $H_s(s)$ 之间的变换关系为 $z = \mathrm{e}^{sT}$，它是 s 平面到 z 平面、符合超越函数的映射关系，即

$$z = \mathrm{e}^{sT}, \quad s = \frac{1}{T} \ln(z) \tag{10-36}$$

令 $z = r\mathrm{e}^{\mathrm{j}\omega}$，$s = \sigma + \mathrm{j}\Omega$，并将它们代入式(10-36)可以得到

$$r - \mathrm{e}^{\sigma T}, \quad \omega = \Omega T \tag{10-37}$$

由此可见：z 的模值 r 对应着 s 的实部 σ，z 的辐角 ω 对应着 s 的虚部 Ω。根据式(10-37)所示的关系 $r = \mathrm{e}^{\sigma T}$，可以得到

$$\begin{cases} r < 1, & \sigma < 0 \\ r > 1, & \sigma > 0 \\ r = 1, & \sigma = 0 \end{cases} \tag{10-38}$$

式(10-38)表明：复变量变换 $z = \mathrm{e}^{sT}$ 将 s 平面的左半平面（$\sigma < 0$）映射到 z 平面的单位圆内（$r < 1$）；将 s 平面的右半平面（$\sigma > 0$）映射到 z 平面的单位圆外（$r > 1$）；将 s 平面的虚轴（$\sigma = 0$）映射到 z 平面的单位圆上（$r = 1$）。

根据式(10-37)所示的关系 $\omega = \Omega T$ 可知：数字频率 ω 和模拟频率 Ω 呈线性关系，当 $\Omega = 0$ 时，$\omega = 0$，即 s 平面的实轴映射到 z 平面的正实轴，而原点 $s = 0$ 映射到 $z = 1$ 位置；当 $\Omega = -\pi/T$ 增长到 0 再增长到 π/T 时，ω 从 $-\pi$ 增长到 0 再增长到 π，即数字频率 ω（辐角）旋转了 2π 弧度；因此 Ω 每增加（或减少）一个采样频率 $\Omega_s = 2\pi/T$，ω 相应的增加（或减少）2π 弧度，即重复旋转了一个圆周，使得 $r\mathrm{e}^{\mathrm{j}\omega}$ 是 ω 的周期函数。

通过上述分析，s 平面和 z 平面的映射关系如图 10-12所示。映射关系 $z = \mathrm{e}^{sT}$ 将 s 平面上每条宽度 $2\pi/T$ 的水平横带，重叠地映射到整个 z 平面上：左半部分映射到 z 平面的单位圆内，右半部分映射到单位圆外，虚轴部分映射到单位圆上。应当指出，映射关系 $z = \mathrm{e}^{sT}$ 反映了 $H_a(s)$ 的周期延拓与 $H(z)$ 的关系，而不是式(10-31)所示的 $H_a(s)$ 和 $H(z)$ 的自身映射关系（系统函数用零极点描述）。因此，在脉冲响应不变法的从 s 平面到 z 平

约束，脉冲响应不变法只适合设计低通滤波器和带通滤波器，而不适合设计高通滤波器和带阻滤波器，导致应用范围受到很大的限制。

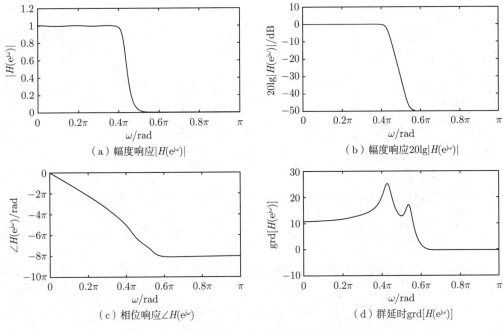

图 10-13　巴特沃思 IIR 数字滤波器的频率响应

10.4　双线性变换法

在采用脉冲响应不变法设计 IIR 数字滤波器时，模拟频率和数字频率存在着线性关系，而实际模拟滤波器（如巴特沃思、切比雪夫和椭圆滤波器等）的频率响应都是非带限的，导致所设计的数字滤波器存在着混叠问题，因此需要建立模拟频率和数字频率的非线性映射关系。基于双线性变换的 IIR 数字滤波器设计方法，是避免频谱混叠的高效设计技术，它植根于数值计算中的梯形积分方法。

10.4.1　双线性变换原理

脉冲响应不变法的设计思想为波形逼近，而双线性变换法的设计思想为算法逼近。在设计 IIR 数字滤波器时，所依赖的模拟滤波器（巴特沃思等）既可以表示成微分方程形式，又可以表示成系统函数形式。假设一阶模拟滤波器的系统函数为

$$H_a(s) = \frac{b}{s-a} \tag{10-43}$$

其中：a 是极点，b 是常系数。因此，$H_a(s)$ 对应的微分方程为

$$\frac{\mathrm{d}y_a(t)}{\mathrm{d}t} - ay_a(t) = bx_a(t) \tag{10-44}$$

在 $t = nT$ 时刻，根据式(10-44)可以得到

$$\left.\frac{\mathrm{d}y_{\mathrm{a}}(t)}{\mathrm{d}t}\right|_{t=nT} - ay_{\mathrm{a}}(t)|_{t=nT} = bx_{\mathrm{a}}(t)|_{t=nT} \tag{10-45}$$

利用采样关系 $x[n] = x_{\mathrm{a}}(nT)$ 和 $y[n] = y_{\mathrm{a}}(nT)$，并基于数值计算中的梯形积分思想，可以将式(10-45)中的各项用差分形式近似地表示为

$$\begin{cases} \left.\dfrac{\mathrm{d}y_{\mathrm{a}}(t)}{\mathrm{d}t}\right|_{t=nT} & \longleftarrow & \dfrac{y[n] - y[n-1]}{T} \\[2mm] y_{\mathrm{a}}(t)|_{t=nT} & \longleftarrow & \dfrac{y[n] + y[n-1]}{2} \\[2mm] x_{\mathrm{a}}(t)|_{t=nT} & \longleftarrow & \dfrac{x[n] + x[n-1]}{2} \end{cases} \tag{10-46}$$

将式(10-46)代入式(10-45)，可以将式(10-44)描述的微分方程转化为如下的差分方程：

$$\frac{y[n] - y[n-1]}{T} - a\frac{y[n] + y[n-1]}{2} = b\frac{x[n] + x[n-1]}{2} \tag{10-47}$$

对式(10-47)的左右两端分别进行 z 变换，可以得到

$$\frac{1 - z^{-1}}{T}Y(z) - a\frac{1 + z^{-1}}{2}Y(z) = b\frac{1 + z^{-1}}{2}X(z)$$

或者

$$\frac{2}{T}\frac{1 - z^{-1}}{1 + z^{-1}}Y(z) - aY(z) = bX(z)$$

因此，可以得到数字滤波器的系统函数

$$H(z) = \frac{Y(z)}{X(z)} = \frac{b}{\dfrac{2}{T}\dfrac{1 - z^{-1}}{1 + z^{-1}} - a} \tag{10-48}$$

比较式(10-43)和式(10-48)，可以得到 s 域和 z 域之间的双线性变换

$$s = \frac{2}{T}\frac{1 - z^{-1}}{1 + z^{-1}} \tag{10-49}$$

因此，利用式(10-49)可以将模拟滤波器转化为数字滤波器，即

$$H(z) = H_{\mathrm{a}}\left(\frac{2}{T}\frac{1 - z^{-1}}{1 + z^{-1}}\right) \tag{10-50}$$

虽然式(10-49)和式(10-50)是根据一阶系统推导出来的，但是它们也适用于高阶滤波器的转化过程。如果 N 阶模拟滤波器的系统函数表示成部分分式的求和形式，即

$$H_{\mathrm{a}}(s) = \sum_{k=1}^{N} \frac{A_k}{s - s_k} \tag{10-51}$$

其中：s_k 是极点，A_k 是常系数。则利用式(10-50)可以得到数字滤波器的系统函数

$$H(z) = \sum_{k=1}^{N} \frac{A_k}{\dfrac{2}{T}\dfrac{1-z^{-1}}{1+z^{-1}} - s_k} \tag{10-52}$$

10.4.2 s 平面和 z 平面映射

双线性变换给出了 s 平面和 z 平面之间的映射关系，如式(10-49)所示。为了推导双线性变换性质，将式(10-49)等效地表示为

$$z = \frac{1 + (T/2)s}{1 - (T/2)s} \tag{10-53}$$

令 $s = \sigma + \mathrm{j}\Omega$，$z = r\mathrm{e}^{\mathrm{j}\omega}(r \geqslant 0)$，将它们代入式(10-53)可以得到

$$r\mathrm{e}^{\mathrm{j}\omega} = \frac{1 + (\sigma + \mathrm{j}\Omega)T/2}{1 - (\sigma + \mathrm{j}\Omega)T/2}$$

进而得到

$$r = \sqrt{\frac{(1+\sigma T/2)^2 + (\Omega T/2)^2}{(1-\sigma T/2)^2 + (\Omega T/2)^2}} \tag{10-54}$$

根据式(10-54)可知，对于任意 Ω 值和 T 值存在着如下关系：

$$\begin{cases} r < 1, & \sigma < 0 \\ r > 1, & \sigma > 0 \\ r = 1, & \sigma = 0 \end{cases} \tag{10-55}$$

即 s 平面的左半部分 $(\sigma < 0)$ 映射到 z 平面的单位圆内 $(r < 1)$；s 平面的右半部分 $(\sigma > 0)$ 映射到 z 平面的单位圆外 $(r > 1)$；s 平面的虚轴 $(\sigma = 0)$ 映射到 z 平面的单位圆上 $(r = 1)$。s 平面和 z 平面的映射关系如图 10-14所示。

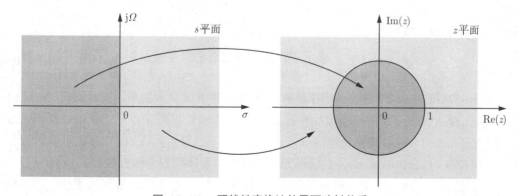

图 10-14 双线性变换法的平面映射关系

根据式(10-55)和图 10-14所示的映射关系，如果模拟滤波器 $H_a(s)$ 的极点位于 s 平面的左半部分，则利用式(10-53)所示的双线性变换，可以将它们映射到 z 平面的单位圆内，即将因果稳定的模拟滤波器 $H_a(s)$ 映射成因果稳定的数字滤波器 $H(z)$。图 10-15给出了基于双线性变换的 s 平面和 z 平面之间的极点映射实例，可以看出，具有非线性变换特点的双线性变换保持了系统的因果稳定性。

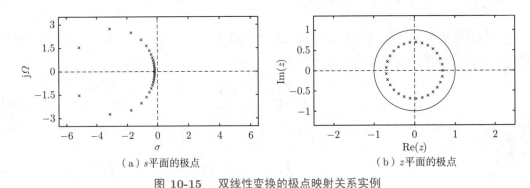

（a）s平面的极点   （b）z平面的极点

图 10-15   双线性变换的极点映射关系实例

10.4.3   模拟/数字频率映射

为了推导双线性变换条件下的模拟频率 Ω 和数字频率 ω 之间的关系，将 $s = \sigma + \mathrm{j}\Omega$ 和 $z = \mathrm{e}^{\mathrm{j}\omega}$ 代入式(10-49)，可以得到

$$\sigma + \mathrm{j}\Omega = \frac{2}{T}\frac{1 - \mathrm{e}^{-\mathrm{j}\omega}}{1 + \mathrm{e}^{-\mathrm{j}\omega}} = \frac{2}{T} \cdot \frac{\mathrm{e}^{\mathrm{j}\omega/2} - \mathrm{e}^{-\mathrm{j}\omega/2}}{\mathrm{e}^{\mathrm{j}\omega/2} + \mathrm{e}^{-\mathrm{j}\omega/2}}$$

$$= \frac{2\mathrm{j}}{T} \cdot \frac{\sin(\omega/2)}{\cos(\omega/2)} = \mathrm{j}\frac{2}{T}\tan\left(\frac{\omega}{2}\right) \tag{10-56}$$

利用式(10-56)左右两端的实部和虚部对应相等关系，可以得到 $\sigma = 0$ 以及

$$\Omega = \frac{2}{T}\tan\left(\frac{\omega}{2}\right) \tag{10-57}$$

或者式(10-57)的等效形式

$$\omega = 2\arctan\left(\frac{\Omega T}{2}\right) \tag{10-58}$$

式(10-57)和式(10-58)建立了模拟频率 Ω 和数字频率 ω 之间的单调映射关系，如图 10-16 所示。可以看出：模拟频率 $0 \leqslant \Omega \leqslant \infty$ 映射到数字频率 $0 \leqslant \omega \leqslant \pi$，而 $-\infty \leqslant \Omega \leqslant 0$ 映射到 $-\pi \leqslant \omega \leqslant 0$，即双线性变换将 s 平面的整个虚轴 ($\Omega \in (-\infty, \infty)$) 单调地映射成 z 平面上的单位圆周 ($\omega \in [-\pi, \pi]$)，实现了无穷区间到有限区间的非线性映射。

根据图 10-16（a）可见：模拟频率 Ω 和数字频率 ω 在零频附近接近线性关系；当 Ω 逐步增加时，ω 增长越来越慢；当 $\Omega \to \infty$ 时，ω 终止于折叠频率 $\omega = \pi$。由于引入了频率轴的非线性压缩机制，使得高频部分不会超过折叠频率，避免了单位脉冲响应不变法出现的混叠失真问题。因此，只有容忍非线性频率压缩或者能够得到补偿时，如逼近有分段常数幅度响应的理想数字滤波器，才认为可以使用双线性变换方法设计数字滤波器。

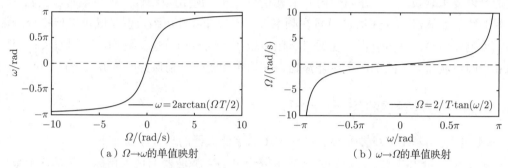

（a）$\Omega \to \omega$的单值映射　　（b）$\omega \to \Omega$的单值映射

图 10-16　双线性变换方法模拟频率和数字频率的映射关系

图 10-17给出了如何利用式(10-57)将数字滤波器的技术指标映射为模拟滤波器的技术指标。在给定通带截止频率 ω_p、阻带截止频率 ω_s 等指标之后，如果利用式(10-57)对模拟滤波器的通带截止频率 Ω_p 和阻带截止频率 Ω_s 进行预畸变

$$\Omega_\mathrm{p} = \frac{T}{2}\tan\left(\frac{\omega_\mathrm{p}}{2}\right), \quad \Omega_\mathrm{s} = \frac{T}{2}\tan\left(\frac{\omega_\mathrm{s}}{2}\right) \tag{10-59}$$

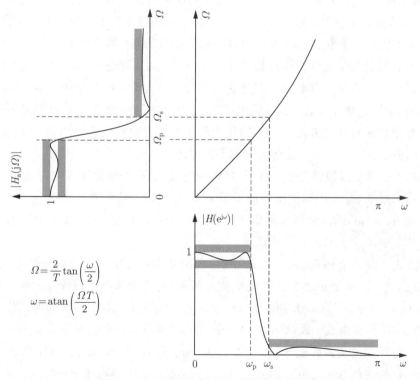

图 10-17　双线性变换法的平面映射关系

则利用式(10-50)将依据 Ω_p 和 Ω_s 设计的模拟滤波器 $H_a(s)$ 转化为数字滤波器 $H(z)$ 时，它的频率响应 $H(e^{j\omega})$ 会满足给定的技术指标要求。

理想的选频滤波器（低通、高通、带通和带阻等滤波器）都具有分段常数的幅度特性，即：在通带内要求衰减是零，在阻带内要求衰减是 ∞。当使用双线性变换将模拟滤波器 $H_a(s)$ 映射为数字滤波器 $H_a(z)$ 时，虽然在频率轴上出现非线性压缩，但是既可以保持分段常数的幅度响应特性，又可以保持在通带和阻带范围内的波动特性。例如，采用双线性变换方法和椭圆滤波器设计的 IIR 数字滤波器，在通带和阻带分别保持了等波纹特性。

10.4.4　双线性变换法设计流程

综上所述，基于双线性变换法设计 IIR 数字滤波器的基本流程如下。

第 1 步：给出技术指标。在数字频率域给出 IIR 滤波器的技术指标，包括通带截止频率 ω_p、阻带截止频率 ω_s、最大通带衰减 α_p 和最小阻带衰减 α_s 等。

第 2 步：转换技术指标。利用双线性变换的频率关系 $\Omega = (2/T)\tan(\omega/2)$，将数字滤波器的 ω_p 和 ω_s 映射为模拟滤波器的 Ω_p 和 Ω_s（预畸变校正），并保持 α_p 和 α_s 不变。

第 3 步：选择滤波系统。根据工程实践需求选择待设计模拟滤波器类型，包括巴特沃思、切比雪夫（I 型和 II 型）和椭圆滤波器等。

第 4 步：模拟系统设计。根据技术指标（Ω_p、Ω_s、α_p 和 α_s 等）计算模拟滤波器的阶数 N 和截止频率 Ω_c，并设计出符合指标要求的模拟滤波器 $H_a(s)$。

第 5 步：模拟系统变换。利用 s 平面和 z 平面的双线性变换 $s = (2/T)(1-z^{-1})/(1+z^{-1})$，将模拟滤波器的系统函数 $H_a(s)$ 映射为数字滤波器的系统函数 $H(z)$。

第 6 步：设计性能检验。计算数字滤波器 $H(z)$ 的幅度响应 $|H(e^{j\omega})|$ 及其分贝表示形式 $20\lg|H(e^{j\omega})|$；与第 1 步给定的技术指标比较，检验设计结果是否满足要求。

特别地，商用化软件 MATLAB 提供了基于双线性变换的滤波器转换函数 bilinear()，它将模拟滤波器系统的系统函数 $H_a(s)$ 转化为数字滤波器的系统函数 $H(z)$，有关 bilinear() 函数的使用方法，因超出本书论述范围而不再赘述。

例 10.2　使用双线性变换法设计 IIR 数字滤波器：给定 IIR 数字滤波器的设计指标：通带截止频率 $\omega_p = 0.3\pi$，阻带截止频率 $\omega_s = 0.4\pi$，通带最大衰减 $\alpha_p = 0.3$ dB 和阻带最小衰减 $\alpha_p = 40$ dB，分别采用巴特沃思、切比雪夫（I 型和 II 型）和椭圆滤波器，并基于双线性变换法设计 IIR 数字滤波器。

解　首先，设定采样周期 $T = 2$，利用模拟频率和数字频率的双线性变换关系 $\Omega = (2/T)\tan(\omega/2)|_{T=2} = \tan(\omega/2)$，将通带截止频率 ω_p 和阻带截止频率 ω_s 转化为模拟频率的对应值 $\Omega_p = \tan(\omega_p/2) = 0.5095$ 和 $\Omega_s = \tan(\omega_s/2) = 0.7265$；与此同时，将通带最大波纹 $\alpha_p = 0.3$ dB 和阻带最小波纹 $\alpha_s = 30$ dB 作为模拟滤波器的对应参数。

其次，将模拟滤波器的设计指标 Ω_p、Ω_s、α_p 和 α_s 代入 MATLAB 软件提供的模拟滤波器阶次计算函数 buttord()、cheby1ord()、cheby2ord() 和 elliqord()，分别求出巴特沃思滤波器的阶数 $N = 22$、切比雪夫 I 型和 II 型滤波器的阶数 $N = 8$、椭圆滤波器的阶数

$N = 5$；再将滤波器阶数 N、通带和阻带截止频率等指标代入 MATLAB 软件提供的模拟滤波器设计函数 butter()、cheby1()、cheby2() 和 ellip()，分别得到四种模拟滤波器的系统函数 $H_a(s)$。

而后，将 $H_a(s)$ 的分子和分母的系数向量 $\boldsymbol{B}$ 和 $\boldsymbol{A}$ 代入基于双线性变换法的滤波器转换函数 bilinear()，可以求出 IIR 数字滤波器的系统函数 $H(z)$。

最后，再将 $z = e^{j\omega}$ 并代入 $H(z)$，可以得到数字滤波器的频率响应 $H(e^{j\omega})$，进而得到幅度响应 $|H(e^{j\omega})|$ 及其分贝形式 $20\lg|H(e^{j\omega})|$，用于检验 IIR 数字滤波器的设计性能。

基于双线性变换法设计的 IIR 数字滤波器的幅度响应，如图 10-18所示。巴特沃思滤波器的幅度响应如图 10-18（a）和 10-18（b）所示，它在通带内非常平坦且在阻带内单调下降；切比雪夫 I 型滤波器的幅度响应，如图 10-18（c）和图 10-18（d）所示，它在通带内等波纹变化且在阻带内单调下降；切比雪夫 II 型滤波器的幅度响应如图 10-18（e）和图 10-18（f）所示，在通带内非常平坦且在阻带内等波纹变化；椭圆滤波器的幅度响应如图 10-18（g）和 10-18（h）所示，它在通带和阻带内都呈现等波纹变化。图 10-18表明：用双线性变换法将模拟滤波器 $H_a(s)$ 映射成 IIR 数字滤波器 $H(z)$ 时，它们的幅度响应特性得到完整地保留。

在相同设计指标约束下，巴特沃思滤波器所需的阶数最多（$N = 22$）；切比雪夫 I 型和 II 型滤波器所需的阶数次之（$N = 8$）；椭圆滤波器所需的阶数最少（$N = 5$），这是它们在通带和阻带内的不同误差分布导致的必然结果。

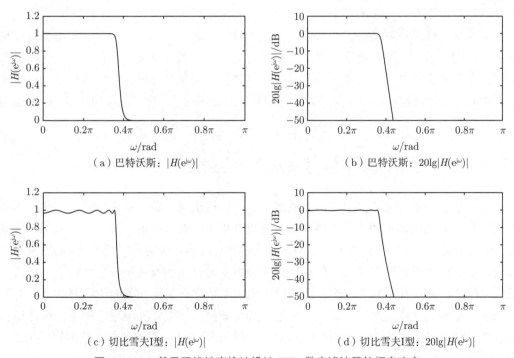

图 10-18　基于双线性变换法设计 IIR 数字滤波器的幅度响应

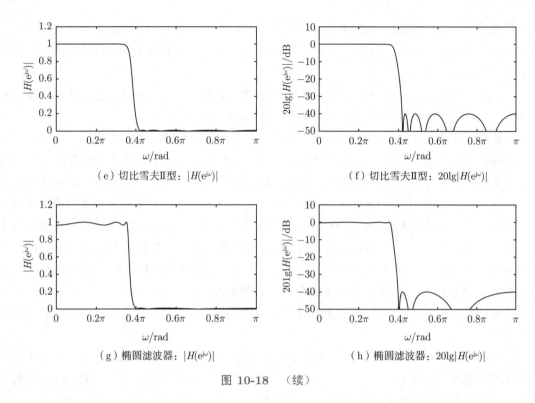

（e）切比雪夫Ⅱ型：$|H(\mathrm{e}^{\mathrm{j}\omega})|$　　　　　（f）切比雪夫Ⅱ型：$20\lg|H(\mathrm{e}^{\mathrm{j}\omega})|$

（g）椭圆滤波器：$|H(\mathrm{e}^{\mathrm{j}\omega})|$　　　　　（h）椭圆滤波器：$20\lg|H(\mathrm{e}^{\mathrm{j}\omega})|$

图 10-18　（续）

　　虽然基于双线性变换法设计 IIR 数字滤波器存在着频率的非线性畸变问题，但是它克服了脉冲响应不变法存在的频率混叠问题，既实现了模拟频率 Ω 和数字频率 ω 的一一映射，又实现了模拟滤波器 $H_a(s)$ 和数字滤波器 $H(z)$ 的一一映射，因此非常适合设计幅度响应分段的低通、高通、带通和带阻等各种类型的 IIR 数字选频滤波器。与此同时，基于双线性变换的 IIR 数字滤波器设计方法极大地降低了量化敏感度，它既可以用于设计量化敏感度低的巴特沃思滤波器，又可以用于设计量化敏感度高的椭圆滤波器，是用途范围广、设计效率高的 IIR 数字滤波器设计技术。

10.5　模拟域和数字域频率变换

　　前面章节主要讨论了借助模拟低通滤波器（巴特沃思、切比雪夫和椭圆等滤波器）获得 IIR 数字低通滤波器的设计技术。如果要设计数字低通、高通、带通或带阻等选频滤波器，可以采取对模拟低通滤波器进行频率变换的设计技术。所谓频率变换，是指原型低通滤波器系统函数和所需选频滤波器传递函数的频率变量之间变换关系。数字低通、高通、带通或带阻滤波器设计开始于一组设计指标，将所需数字选频滤波器的设计要求转化为原型低通滤波器的设计要求之后，首先要利用双线性变换法（或脉冲响应不变法）设计原型模拟或数字低通滤波器，然后通过模拟域或数字域的频率变换，最终得到所需的数字低通、高通、带通或带阻滤波器。下面讨论模拟域和数字域频率变换原理及应用。

10.5.1 模拟域的频率变换

在借助模拟滤波器设计数字低通、高通、带通或带阻等选频滤波器时，可供选择的第一种方法是：首先设计符合技术要求的原型模拟低通滤波器；其次在模拟域对其进行频率变换得到模拟低通、高通、带通或带阻滤波器；最后使用双线性变换或脉冲响应不变技术将其转换成数字选频滤波器，注意脉冲响应不变法不能用于高通或带阻滤波器的系统变换。

1. 模拟滤波器的频率变换

为了论述方便，将复变量 $\bar{s}$ 与原型低通滤波器的系统函数 $H_{\mathrm{pt}}(\bar{s})$ 关联，将复变量 s 与所需模拟选频滤波器（低通、高通、带通或带阻）的系统函数 $H(s)$ 关联[①]。在模拟域将 $H_{\mathrm{pt}}(\bar{s})$ 映射成 $H(s)$ 的频率变换必须满足如下性质：① 系统函数 $H_{\mathrm{pt}}(\bar{s})$ 和 $H(s)$ 都是有理函数；② $\bar{s}$ 的左半平面映射到 s 的左半平面，$\bar{s}$ 的右半平面映射到 s 的右半平面，$\bar{s}$ 平面的虚轴映射为 s 平面的虚轴，即频率变换不影响滤波器系统的因果性和稳定性。

假定原型低通滤波器 $H_{\mathrm{pt}}(\bar{s})$ 的通带截止频率是 $\overline{\Omega}_{\mathrm{p}}$，对 $H_{\mathrm{pt}}(\bar{s})$ 进行频率变换可以得到所需模拟低通、高通、带通或带阻滤波器 $H(s)$，其中使用的频率变换如下：

（1）低通到低通的频率变换。假设所需模拟低通滤波器 $H_{\mathrm{lp}}(s)$ 的通带截止频率是 Ω_{p}，则所需的频率变换为

$$\bar{s} = \frac{\overline{\Omega}_{\mathrm{p}}}{\Omega_{\mathrm{p}}} s \tag{10-60}$$

因此得到系统函数

$$H_{\mathrm{lp}}(s) = H_{\mathrm{pt}}\left(\frac{\overline{\Omega}_{\mathrm{p}}}{\Omega_{\mathrm{p}}} s\right) \tag{10-61}$$

（2）低通到高通的频率变换。假设所需模拟高通滤波器 $H_{\mathrm{hp}}(s)$ 的通带截止频率是 Ω_{p}，则所需的频率变换为

$$\bar{s} = \frac{\overline{\Omega}_{\mathrm{p}} \Omega_{\mathrm{p}}}{s} \tag{10-62}$$

因此得到系统函数

$$H_{\mathrm{hp}}(s) = H_{\mathrm{pt}}\left(\frac{\overline{\Omega}_{\mathrm{p}} \Omega_{\mathrm{p}}}{s}\right) \tag{10-63}$$

（3）低通到带通的频率变换。假设所需模拟带通滤波器 $H_{\mathrm{bp}}(s)$ 的下限截止频率是 Ω_{l}，上限截止频率是 Ω_{u}，则所需的频率变换为

$$\bar{s} = \overline{\Omega}_{\mathrm{p}} \frac{s^2 + \Omega_{\mathrm{l}} \Omega_{\mathrm{u}}}{s(\Omega_{\mathrm{u}} - \Omega_{\mathrm{l}})} \tag{10-64}$$

因此得到系统函数

$$H_{\mathrm{bp}}(s) = H_{\mathrm{pt}}\left(\overline{\Omega}_{\mathrm{p}} \frac{s^2 + \Omega_{\mathrm{l}} \Omega_{\mathrm{u}}}{s(\Omega_{\mathrm{u}} - \Omega_{\mathrm{l}})}\right) \tag{10-65}$$

---

① 为使符号显示简便，10.5.1节的模拟滤波器系统函数均省略下标 a。

（4）低通到带阻的频率变换。假设所需模拟带阻滤波器 $H_{\mathrm{bs}}(s)$ 的下限截止频率是 Ω_{l}，上限截止频率是 Ω_{u}，则所需的频率变换为

$$\overline{s} = \overline{\Omega}_{\mathrm{p}} \frac{s(\Omega_{\mathrm{u}} - \Omega_{\mathrm{l}})}{s^2 + \Omega_{\mathrm{l}}\Omega_{\mathrm{u}}} \tag{10-66}$$

因此得到系统函数

$$H_{\mathrm{bs}}(s) = H_{\mathrm{pt}}\left(\overline{\Omega}_{\mathrm{p}} \frac{s(\Omega_{\mathrm{u}} - \Omega_{\mathrm{l}})}{s^2 + \Omega_{\mathrm{l}}\Omega_{\mathrm{u}}}\right) \tag{10-67}$$

汇总上述四种模拟域的频率变换，如表 10-1所示。虽然式(10-65)和式(10-67)给出的频率变换是非线性的，会导致原型低通滤波器的频率响应失真，但是非线性效应很轻微且主要影响频率大小，却能够保持模拟滤波器的幅度响应特性。因此，等波纹的模拟原型低通滤波器能够变换成等波纹的模拟低通、高通、带通或带阻滤波器。

表 10-1 模拟滤波器的频率变换（原型低通滤波器的通带截止频率是 $\overline{\Omega}_{\mathrm{p}}$）

变换类型	变换关系	变换参数
低通 → 低通	$\overline{s} \rightarrow \dfrac{\overline{\Omega}_{\mathrm{p}}}{\Omega_{\mathrm{p}}} s$	Ω_{p}：待求模拟低通滤波器的通带截止频率
低通 → 高通	$\overline{s} \rightarrow \dfrac{\overline{\Omega}_{\mathrm{p}}\Omega_{\mathrm{p}}}{s}$	Ω_{p}：待求模拟高通滤波器的通带截止频率
低通 → 带通	$\overline{s} \rightarrow \overline{\Omega}_{\mathrm{p}} \dfrac{s^2 + \Omega_{\mathrm{l}}\Omega_{\mathrm{u}}}{s(\Omega_{\mathrm{u}} - \Omega_{\mathrm{l}})}$	Ω_{l}：待求模拟带通滤波器的下限截止频率； Ω_{u}：待求模拟带通滤波器的上限截止频率
低通 → 带阻	$\overline{s} \rightarrow \overline{\Omega}_{\mathrm{p}} \dfrac{s(\Omega_{\mathrm{u}} - \Omega_{\mathrm{l}})}{s^2 + \Omega_{\mathrm{l}}\Omega_{\mathrm{u}}}$	Ω_{l}：待求模拟带阻滤波器的下限截止频率； Ω_{u}：待求模拟带阻滤波器的上限截止频率

2. 模拟滤波器的设计流程

综上所述，基于模拟域频率变换设计所需模拟选频滤波器的基本流程如图 10-19所示。

图 10-19 基于模拟域频率变换设计模拟选频滤波器流程

第 1 步：给定技术指标。确定所需模拟选频滤波器（低通、高通、带通或带阻）的技术指标，可以对待设计数字选频滤波器的设计指标进行双线性变换或线性变换得到。

第 2 步：转换技术指标。将模拟选频滤波器的技术指标变换为原型低通滤波器的技术指标，包括通带截止频率 $\overline{\Omega}_{\mathrm{p}}$、阻带截止频率 $\overline{\Omega}_{\mathrm{s}}$、最大通带衰减 $\overline{\alpha}_{\mathrm{p}}$、最小阻带衰减 $\overline{\alpha}_{\mathrm{s}}$ 等。

第 3 步：设计原型系统。依据第 2 步得到的技术指标，选择 10.2 节中的四种类型模拟滤波器，使用双线性变换法或脉冲响应不变法设计原型模拟低通滤波器 $H_{\mathrm{pt}}(\bar{s})$。

第 4 步：变换原型系统。利用表 10-1 所示的频率变换，将原型低通滤波器 $H_{\mathrm{pt}}(\bar{s})$ 变换成所需模拟选频滤波器 $H(s)$，它将最终映射成为数字选频滤波器。

例 10.3 使用频率变换设计模拟高通滤波器：假定所需模拟高通滤波器满足要符合如下的技术要求

$$\begin{cases} 0.89125 \leqslant |H_{\mathrm{hp}}(\mathrm{j}\Omega)| \leqslant 1, & |\Omega| \geqslant 2\pi \times 600 \ \mathrm{rad/s} \\ 0 \leqslant |H_{\mathrm{hp}}(\mathrm{j}\Omega)| \leqslant 0.17783, & |\Omega| \leqslant 2\pi \times 400 \ \mathrm{rad/s} \end{cases}$$

选择巴特沃思滤波器和模拟域频率变换设计该模拟高通滤波器。

解 根据所需模拟高通滤波器的技术要求可知，通带截止频率 $\Omega_{\mathrm{p}} = 2\pi \times 600 \ \mathrm{rad/s}$（或 $f_{\mathrm{p}} = 600 \ \mathrm{Hz}$），阻带截止频率 $\Omega_{\mathrm{s}} = 2\pi \times 400 \ \mathrm{rad/s}$（或 $f_{\mathrm{s}} = 400 \ \mathrm{Hz}$），通带最大衰减 $\alpha_{\mathrm{p}} = 20\lg(1/0.89125) = 1 \ \mathrm{dB}$，阻带最小衰减 $\alpha_{\mathrm{s}} = 20\lg(1/0.17783) = 15 \ \mathrm{dB}$。

为了使用"低通 → 高通"变换，需要将模拟高通滤波器 $H_{\mathrm{hp}}(s)$ 的技术指标转化为原型低通滤波器 $H_{\mathrm{pt}}(\bar{s})$ 的设计指标。为了计算方便，设定 $H_{\mathrm{pt}}(\bar{s})$ 是归一化的低通滤波器，即通带截止频率 $\overline{\Omega}_{\mathrm{p}} = 1$，此时的阻带截止频率 $\overline{\Omega}_{\mathrm{s}} = \Omega_{\mathrm{p}}/\Omega_{\mathrm{s}} = 1.5$。

归一化原型低通滤波器 $H_{\mathrm{pt}}(\bar{s})$ 的设计指标可以归纳如下：通带截止频率 $\overline{\Omega} = 1$，阻带截止频率 $\overline{\Omega} = 1.5$，通带最大衰减 $\overline{\alpha}_{\mathrm{p}} = 1 \ \mathrm{dB}$，阻带最小衰减 $\overline{\alpha}_{\mathrm{s}} = 15 \ \mathrm{dB}$。使用 10.3 节论述的双线性变换法，可以得到巴特沃思原型低通滤波器的系统函数

$$H_{\mathrm{pt}}(\bar{s}) = \frac{2.0584}{(\bar{s} - \bar{s}_1)(\bar{s} - \bar{s}_2)(\bar{s} - \bar{s}_3)(\bar{s} - \bar{s}_4)(\bar{s} - \bar{s}_5)(\bar{s} - \bar{s}_6)}$$

其中：$\bar{s}_{1,2} = -1.0894 \pm \mathrm{j}0.2919$，$\bar{s}_{3,4} = -0.7975 \pm \mathrm{j}0.7975$，$\bar{s}_{5,6} = -0.2919 \pm \mathrm{j}1.0894$。根据 $H_{\mathrm{pt}}(\bar{s})$ 可以得到原型低通滤波器的幅度响应 $|H_{\mathrm{pt}}(\mathrm{j}\overline{\Omega})|$ 及其分贝表示形式 $20\lg|H_{\mathrm{pt}}(\mathrm{j}\overline{\Omega})|$，分别如图 10-20（a）和图 10-20（b）所示。

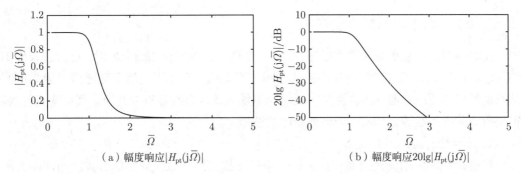

（a）幅度响应 $|H_{\mathrm{pt}}(\mathrm{j}\overline{\Omega})|$ 　　　　　　　　（b）幅度响应 $20\lg|H_{\mathrm{pt}}(\mathrm{j}\overline{\Omega})|$

图 10-20 原型低通滤波器的幅度响应（$\overline{\Omega}$ 是归一化的角频率）

再根据 $H_{\mathrm{hp}}(s)$ 的通带截止频率 $\Omega_{\mathrm{p}} = 2\pi \times 600 \ \mathrm{rad/s}$ 和 $H_{\mathrm{pt}}(\bar{s})$ 的通带截止频率 $\overline{\Omega}_{\mathrm{p}} = 1$，利用式(10-62)得到 s 平面和 $\bar{s}$ 平面之间的变换关系

$$\overline{s} = \frac{\overline{\Omega}_{\mathrm{p}}\Omega_{\mathrm{p}}}{s} = \frac{1 \times 1200\pi}{s} = \frac{1200\pi}{s}$$

将 $\overline{s} = 1200\pi/s = \alpha/s$（$\alpha = 1200\pi$）代入原型低通滤波器的系统函数 $H_{\mathrm{pt}}(\overline{s})$，即可得到模拟高通滤波器的系统函数

$$H_{\mathrm{hp}}(s) = \frac{2.0584}{(\alpha/s - \overline{s}_1)(\alpha/s - \overline{s}_2)(\alpha/s - \overline{s}_3)(\alpha/s - \overline{s}_4)(\alpha/s - \overline{s}_5)(\alpha/s - \overline{s}_6)}$$

其中：$\overline{s}_{1,2} = -1.0894 \pm \mathrm{j}0.2919$，$\overline{s}_{3,4} = -0.7975 \pm \mathrm{j}0.7975$，$\overline{s}_{5,6} = -0.2919 \pm \mathrm{j}1.0894$。根据 $H_{\mathrm{hp}}(s)$ 可以得到模拟高通滤波器幅度响应 $|H_{\mathrm{hp}}(\mathrm{j}\Omega)|$ 及其分贝表示形式 $20\lg|H_{\mathrm{hp}}(\mathrm{j}\Omega)|$，分别如图 10-21（a）和图 10-21（b）所示。

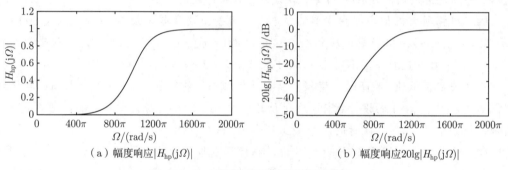

（a）幅度响应$|H_{\mathrm{hp}}(\mathrm{j}\Omega)|$　　　　　　　　（b）幅度响应$20\lg|H_{\mathrm{hp}}(\mathrm{j}\Omega)|$

图 10-21　　模拟高通滤波器的幅度响应

比较图 10-20 和图 10-21 可以看出：本例使用的"低通 → 高通"变换保持了幅度响应的固有特性，即巴特沃思滤波器的幅度响应具有从通带到阻带的单调下降特性。

综上所述，模拟域的频率变换能够将原型模拟低通滤波器 $H_{\mathrm{pt}}(\overline{s})$ 转换成所需模拟低通、高通、带通、带阻滤波器 $H_{\mathrm{sf}}(s)$，进而可以利用双线性变换技术（或不能用于高通和带通滤波器的脉冲响应不变技术）将 $H_{\mathrm{sf}}(s)$ 映射成数字低通、高通、带通或带阻滤波器 $H(z)$。因此，模拟域的频率变换拓展了 IIR 数字滤波器的设计类型。

10.5.2　数字域的频率变换

在借助模拟滤波器设计数字低通、高通、带通或带阻等选频滤波器时，可供选择的第二种方法是：首先采用双线性变换法或脉冲响应不变法（后者不能用于高通或带阻系统）设计原型数字低通滤波器；其次在数字域对原型低通滤波器进行频率变换（代数变换）；最后得到所需的数字低通、高通、带通或带阻滤波器。

1. 数字滤波器的频率变换

与模拟域的频率变换类似，数字域的频率变换直接将原型数字低通滤波器变换成所需数字低通、高通、带通或带阻滤波器。为了论述方便，将复变量 $\overline{z}$ 与原型数字低通滤波器的系统函数 $H_{\mathrm{pt}}(\overline{z})$ 关联，并将复变量 z 与所需数字选频滤波器的系统函数 $H(z)$ 关联，同

时定义了从 $\overline{z}$ 平面到 z 平面的映射关系[①]

$$\overline{z}^{-1} = G(z^{-1}) \tag{10-68}$$

因此可以得到

$$H(z) = H_{\mathrm{pt}}(\overline{z})\left.\right|_{\overline{z}^{-1}=G(z^{-1})} \tag{10-69}$$

如果系统函数 $H_{\mathrm{pt}}(\overline{z})$ 表示的原型低通滤波器是因果稳定的，则要求频率变换的结果——系统函数 $H(z)$ 表示的数字选频滤波器也是因果稳定的，因此式(10-68)所示的频率变换应该具有如下特性：① $G(z^{-1})$ 必须是关于 z^{-1} 的有理函数；② $\overline{z}$ 平面的单位圆内部必须映射到 z 平面的单位圆内部；③ $\overline{z}$ 平面的单位圆必须映射到 z 平面的单位圆。

假定 $\overline{\omega}$ 是 $\overline{z}$ 平面的频率变量，对应的单位圆表示为 $\overline{z} = \mathrm{e}^{\mathrm{j}\overline{\omega}}$；再假定 ω 是 z 平面的频率变量，对应的单位圆表示为 $z = \mathrm{e}^{\mathrm{j}\omega}$。因此，根据式(10-68)及其性质③ 可以得到

$$\mathrm{e}^{-\mathrm{j}\overline{\omega}} = |G(\mathrm{e}^{-\mathrm{j}\omega})|\mathrm{e}^{\mathrm{j}\angle G(\mathrm{e}^{-\mathrm{j}\omega})} \tag{10-70}$$

利用等式两端相等关系可以得到

$$|G(\mathrm{e}^{-\mathrm{j}\omega})| = 1 \quad 且 \quad \overline{\omega} = -\angle G(\mathrm{e}^{-\mathrm{j}\omega}) \tag{10-71}$$

根据式(10-71)可知：式(10-68)所示的映射关系必须具有全通系统特性。

因此，满足上述要求的映射函数 $G(z^{-1})$ 的一般形式为

$$\overline{z}^{-1} = G(z^{-1}) = \pm\prod_{k=1}^{N}\frac{z^{-1}-a_k}{1-a_k z^{-1}} \tag{10-72}$$

其中：$|a_k| < 1$ $(k = 1, 2, \cdots, N)$，以此保证变换系统的稳定性。根据式(10-72)可知：如果选择合适的阶数 N 和常数 a_k，则可以获得从 $\overline{z}$ 平面到 z 平面的多种映射关系。特别地，可以得到将通带截止频率为 $\overline{\omega}_{\mathrm{p}}$ 的原型数字低通滤波器 $H_{\mathrm{pt}}(\overline{z})$ 变换成数字低通、高通、带通或带阻滤波器 $H(z)$ 的四种频率变换，如表 10-2所示。

2. 数字滤波器的设计流程

综上所述，基于数字域频率变换设计数字滤波器的基本流程如图 10-22所示。

第 1 步：给定技术指标。依据工程实践需求给出所需数字选频滤波器（低通、高通、带通或带阻）的技术指标以及滤波器系统类型（巴特沃思、切比雪夫、椭圆等）。

第 2 步：转换技术指标。将数字选频滤波器的技术指标变换为原型低通滤波器的技术指标，包括通带截止频率 $\overline{\omega}_{\mathrm{p}}$、阻带截止频率 $\overline{\omega}_{\mathrm{s}}$、最大通带衰减 $\overline{\alpha}_{\mathrm{p}}$、最小阻带衰减 $\overline{\alpha}_{\mathrm{s}}$ 等。

第 3 步：设计原型系统。依据第 2 步得到的技术指标，利用 10.3节论述的脉冲响应不变法或 10.4节论述的双线性变换法设计原型数字低通滤波器 $H_{\mathrm{pt}}(\overline{z})$。

第 4 步：变换原型系统。利用表 10-2所示的频率变换，将原型数字低通滤波器 $H_{\mathrm{pt}}(\overline{z})$ 变换成所需数字低通、高通、带通或带阻滤波器 $H(z)$，最终用于数字信号的选频滤波。

[①] 为了使论述内容清晰，将映射关系表示为 $\overline{z}^{-1}$ 是 z^{-1} 的函数。

表 10-2　数字滤波器的四种频率变换（原型数字低通滤波器的通带截止频率是 $\overline{\omega}_{\mathrm{p}}$）

变换类型	变换关系	变换参数
低通 → 低通	$\overline{z}^{-1} = \dfrac{z^{-1} - \alpha}{1 - \alpha z^{-1}}$	$\alpha = \dfrac{\sin\left(\dfrac{\overline{\omega}_{\mathrm{p}} - \omega_{\mathrm{p}}}{2}\right)}{\sin\left(\dfrac{\overline{\omega}_{\mathrm{p}} + \omega_{\mathrm{p}}}{2}\right)}$ ω_{p}：待求数字低通滤波器的通带截止频率。
低通 → 高通	$\overline{z}^{-1} = -\dfrac{z^{-1} + \alpha}{1 + \alpha z^{-1}}$	$\alpha = \dfrac{\cos\left(\dfrac{\overline{\omega}_{\mathrm{p}} + \omega_{\mathrm{p}}}{2}\right)}{\cos\left(\dfrac{\overline{\omega}_{\mathrm{p}} - \omega_{\mathrm{p}}}{2}\right)}$ ω_{p}：待求数字高通滤波器的通带截止频率。
低通 → 带通	$\overline{z}^{-1} = \dfrac{z^{-2} - \dfrac{2\alpha k}{k+1} z^{-1} + \dfrac{k-1}{k+1}}{\dfrac{k-1}{k+1} z^{-2} - \dfrac{2\alpha k}{k+1} z^{-1} + 1}$	$\alpha = \dfrac{\cos\left(\dfrac{\omega_{\mathrm{u}} + \omega_{\mathrm{l}}}{2}\right)}{\cos\left(\dfrac{\omega_{\mathrm{u}} - \omega_{\mathrm{l}}}{2}\right)}$, $k = \tan\left(\dfrac{\overline{\omega}_{\mathrm{p}}}{2}\right)\cot\left(\dfrac{\omega_{\mathrm{u}} - \omega_{\mathrm{l}}}{2}\right)$ ω_{l}：待求数字带通滤波器的下限截止频率； ω_{u}：待求数字带通滤波器的上限截止频率。
低通 → 带阻	$\overline{z}^{-1} = \dfrac{z^{-2} - \dfrac{2\alpha k}{k+1} z^{-1} + \dfrac{1-k}{1+k}}{\dfrac{1-k}{1+k} z^{-2} - \dfrac{2\alpha k}{k+1} z^{-1} + 1}$	$\alpha = \dfrac{\cos\left(\dfrac{\omega_{\mathrm{u}} + \omega_{\mathrm{l}}}{2}\right)}{\cos\left(\dfrac{\omega_{\mathrm{u}} - \omega_{\mathrm{l}}}{2}\right)}$, $k = \tan\left(\dfrac{\overline{\omega}_{\mathrm{p}}}{2}\right)\tan\left(\dfrac{\omega_{\mathrm{u}} - \omega_{\mathrm{l}}}{2}\right)$ ω_{l}：待求数字带阻滤波器的下限截止频率； ω_{u}：待求数字带阻滤波器的上限截止频率。

图 10-22　基于数字域频率变换设计数字滤波器基本流程

例 10.4　使用数字域频率变换设计数字高通滤波器：已知切比雪夫 I 型原型数字低通滤波器的系统函数为

$$H_{\mathrm{pt}}(\overline{z}) = \frac{0.001836(1 + \overline{z}^{-1})^4}{(1 - 1.5548\overline{z}^{-1} + 0.6493\overline{z}^{-2})(1 - 1.4996\overline{z}^{-1} + 0.8482\overline{z}^{-2})}$$

且符合如下技术要求

$$\begin{cases} 0.89125 \leqslant |H_{\mathrm{lp}}(\mathrm{e}^{\mathrm{j}\overline{\omega}})| \leqslant 1, & 0 \leqslant \overline{\omega} \leqslant 0.2\pi \\ 0 \leqslant |H_{\mathrm{lp}}(\mathrm{e}^{\mathrm{j}\overline{\omega}})| \leqslant 0.17783, & 0.3\pi \leqslant \overline{\omega} \leqslant \pi \end{cases}$$

对 $H_{\mathrm{pt}}(\overline{z})$ 进行频率变换，设计通带截止频率为 $\omega_{\mathrm{p}} = 0.6\pi$ 的数字高通滤波器。

解　根据切比雪夫 I 型的原型数字滤波器系统函数 $H_{\mathrm{pt}}(\overline{z})$，可以得到其幅度响应 $|H_{\mathrm{pt}}(\mathrm{e}^{\mathrm{j}\omega})|$ 及其分贝表示形式 $20\lg|H_{\mathrm{pt}}(\mathrm{e}^{\mathrm{j}\omega})|$，分别如图 10-23（a）和图 10-23（b）所示。

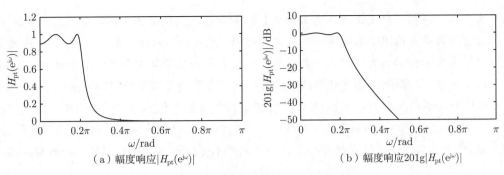

（a）幅度响应$|H_{\mathrm{pt}}(\mathrm{e}^{\mathrm{j}\omega})|$　　　　　　（b）幅度响应$20\lg|H_{\mathrm{pt}}(\mathrm{e}^{\mathrm{j}\omega})|$

图 10-23　原型数字低通滤波器的幅度响应

将原型低通滤波器 $H_{\mathrm{pt}}(\overline{z})$ 变换为所需数字高通滤波器 $H_{\mathrm{hp}}(z)$，需要使用表 10-2中所示的"低通 → 高通"变换。将 $H_{\mathrm{pt}}(\overline{z})$ 的截止频率 $\overline{\omega}_{\mathrm{p}} = 0.2\pi$ 和 $H_{\mathrm{hp}}(z)$ 的截止频率 $\omega_{\mathrm{p}} = 0.6\pi$ 代入对应的变换参数的计算公式，可以得到

$$\alpha = -\frac{\cos[(0.6\pi + 0.2\pi)/2]}{\cos[(0.6\pi - 0.2\pi)/2]} = -0.38197$$

将 $\alpha = -0.38197$ 代入"低通 → 高通"变换公式，可以得到

$$\overline{z}^{-1} = -\left.\frac{z^{-1} + \alpha}{1 + \alpha z^{-1}}\right|_{\alpha = -0.38197} = -\frac{z^{-1} - 0.38197}{1 - 0.38197z^{-1}}$$

再将 $\overline{z}$ 代入 $H_{\mathrm{pt}}(\overline{z})$，可以得到数字高通滤波器的系统函数

$$\begin{aligned} H_{\mathrm{hp}}(z) &= \left. H_{\mathrm{pt}}(\overline{z})\right|_{\overline{z}^{-1} = -(z^{-1}-0.38197)/(1-0.38197z^{-1})} \\ &= \frac{0.02426(1 - z^{-1})^4}{(1 + 1.0416z^{-1} + 0.4019z^{-2})(1 + 0.5561z^{-1} + 0.7647z^{-2})} \end{aligned}$$

根据 $H_{\mathrm{hp}}(z)$ 可以得到数字高通滤波器的幅度响应 $|H_{\mathrm{hp}}(\mathrm{e}^{\mathrm{j}\omega})|$ 及其分贝表示形式 $20\lg|H_{\mathrm{hp}}(\mathrm{e}^{\mathrm{j}\omega})|$，分别如图 10-24（a）和图 10-24（b）所示。

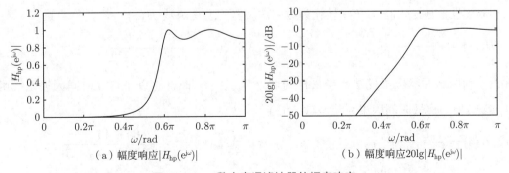

（a）幅度响应$|H_{\mathrm{hp}}(\mathrm{e}^{\mathrm{j}\omega})|$　　　　　　（b）幅度响应$20\lg|H_{\mathrm{hp}}(\mathrm{e}^{\mathrm{j}\omega})|$

图 10-24　数字高通滤波器的幅度响应

比较数字域频率变换前后的系统函数 $H_{\mathrm{pt}}(\overline{z})$ 和 $H_{\mathrm{hp}}(z)$ 可知，原型低通滤波器的四阶零点位于 $\overline{z} = -1$，数字高通滤波器的四阶零点位于 $z = -1$。再比较图 10-23和图 10-24可

以看出：除了在频率尺度上存在着失真之外，如果将原型低通滤波器的幅度响应平移 π 弧度，则它与数字高通滤波器的幅度响应非常相似。此外，本例还证实了"低通 → 高通"变换保持了通带和阻带的波纹特性，即通带等波纹变化和阻带单调下降的幅度特性。

综上所述，在使用双线性变换法或脉冲响应不变法设计原型数字低通滤波器 $H_{\mathrm{pt}}(\bar{z})$ 之后，使用数字域的频率变换可以将 $H_{\mathrm{pt}}(\bar{z})$ 映射成所需数字低通、高通、带通、带阻滤波器 $H(z)$。虽然频率变换能够引起频率畸变，但是它拓展了 IIR 数字滤波器的设计类型。特别地，从 $H_{\mathrm{pt}}(\bar{z})$ 到 $H(z)$ 的系统变换中，脉冲响应不变法不再受高通或带阻的类型限制。

本章小结

本章讨论了 IIR 数字滤波器设计的间接方法，即在设计过程中需要借助模拟滤波器的设计技术。首先，分析了数字滤波器的设计指标问题，讨论了基于模拟滤波器设计数字滤波器的基本流程；其次，给出了巴特沃思、切比雪夫 I 型和 II 型、椭圆等四种典型模拟滤波器的幅度响应特性；再次，论述了基于脉冲响应不变法和双线性变换法设计 IIR 数字滤波器的基本原理、设计流程以及适用范围；最后，讨论了模拟域和数字域频率变换的基本原理及典型应用，将设计范围拓展到 IIR 数字高通、带通、带阻滤波器。IIR 数字滤波器的结构紧凑、实现系数较少、滤波效率高、设计方法成熟，但是无法获得线性相位。如何使数字滤波器获得线性相位是 FIR 数字滤波器设计要考虑的重要内容。

本章习题

10.1 假设模拟滤波器的系统函数 $H_{\mathrm{a}}(s)$，当采样周期 $T=0.5$ 时，分别使用脉冲响应不变法和双线性变换法，将 $H_{\mathrm{a}}(s)$ 转化为数字滤波器的系统函数 $H(z)$。

（1）$H_{\mathrm{a}}(s)=\dfrac{2}{(s+1)(s+3)}$；   （2）$H_{\mathrm{a}}(s)=\dfrac{3s+2}{2s^2+3s+1}$。

10.2 假设模拟滤波器的系统函数 $H_{\mathrm{a}}(s)$，当采样周期 $T=2.0$ 时，分别用脉冲响应不变法和双线性变换法，将 $H_{\mathrm{a}}(s)$ 转化为数字滤波器的系统函数 $H(z)$。

（1）$H_{\mathrm{a}}(s)=\dfrac{1}{s^2+s+1}$；   （2）$H_{\mathrm{a}}(s)=\dfrac{4s+3}{s^2+3s+2}$。

10.3 利用脉冲响应不变法，当采样周期 $T=-\dfrac{1}{2}$ s 时，将以下连续时间因果系统函数 $H_{\mathrm{a}}(s)$ 转换为离散时间因果系统函数 $H(z)$。

（1）$H_{\mathrm{a}}(s)=\dfrac{4}{s^2+4s+5}$；   （2）$H_{\mathrm{a}}(s)=\dfrac{6s+14}{(s+2)(s^2+4s+5)}$；

（3）$H_{\mathrm{a}}(s)=\dfrac{s^2+5s+7}{(s+4)(s^2+2s+10)}$；   （4）$H_{\mathrm{a}}(s)=\dfrac{s^3+s^2+6s+14}{(s^2+s+4)(s^2+2s+5)}$。

10.4 使用脉冲响应不变法，当采样周期为 T 时，将以下模拟滤波器的系统函数 $H_{\mathrm{a}}(s)$ 转换为数字滤波器的系统函数 $H(z)$。

$(1)H_a(s) = \dfrac{s+c}{(s+a)(s+b)}$;　　　　　　　$(2)H_a(s) = \dfrac{s+a}{(s+a)^2+b^2}$;

$(3)H_a(s) = \dfrac{A}{(s-s_0)^2}$;　　　　　　　$(4)H_a(s) = \dfrac{A}{(s-s_0)^m}$,　　$m \in \mathbb{Z}^+$.

10.5　在模拟信号的数字处理系统中（等效为模拟处理系统），假定数字信号处理部分是截止频率 $\omega_c = 0.2\pi$ 的数字低通滤波器 $H(z)$，当等效系统的采样频率 F_s 为以下数值时，计算等效模拟滤波器的截止频率。

$(1)F_s = 1$ kHz;　　　　　　$(2)F_s = 5$ kHz;　　　　　　$(3)F_s = 30$ kHz.

10.6　根据模拟滤波器 $H_a(s)$ 设计数字滤波器 $H(z)$，如果频率响应在零频位置满足条件 $H(e^{j\omega})|_{\omega=0} = H_a(j\Omega)|_{\Omega=0}$，则：

(1)当使用脉冲响应不变法设计数字滤波器时，给出 $H_a(j\Omega)$ 必须满足的条件；

(2)当使用双线性变换方法设计数字滤波器时，给出 $H_a(j\Omega)$ 必须满足的条件。

10.7　利用双线性变换 $H(z) = H_a(s)|_{s = \frac{1+z^{-1}}{1-z^{-1}}}$ 可以将模拟低通滤波器 $H_a(s)$ 变换为数字低通滤波器 $H(z)$。

(1)证明：双线性变换将 s 平面的虚轴映射为 z 平面的单位圆，且将极点均在 s 平面左半部分的有理函数 $H_a(s)$ 映射为极点均在 z 平面上单位圆内的有理函数 $H(z)$；

(2)数字低通滤波器的技术指标为 $\begin{cases} 0.95 \leqslant |H(e^{j\omega})| \leqslant 1.05, & 0 \leqslant |\omega| \leqslant \pi/2 \\ |H(e^{j\omega})| \leqslant 0.01, & \pi \leqslant |\omega| \leqslant \pi/2 \end{cases}$，计算在设计过程中使用模拟滤波器的技术指标。

10.8　在模拟信号的数字处理系统中，如果等效模拟低通滤波器的截止频率 $F_c = 1$ kHz，采样频率 $F_s = 10$ kHz，计算数字低通滤波器的截止频率 ω_c，并在 MATLAB 软件上使用以下方法，设计截止频率 ω_c 的三阶巴特沃思数字低通滤波器。

(1)利用脉冲响应不变法;　　　　　　(2)利用双线性变换方法;

(3)绘制基于上述两种方法得到数字滤波器 $H(z)$ 的幅度响应及其分贝表示形式。

10.9　假设离散时间系统的系统函数 $H(z) = \dfrac{2}{1-e^{-\frac{1}{5}}z^{-1}} + \dfrac{3}{1-e^{-\frac{2}{5}}z^{-1}}$。

(1)如果 $H(z)$ 来自脉冲响应不变法，其中 $T = 2$ s，即 $h[n] = 2h_a(2n)$，$h_a(t) \in \mathbb{R}$ 为连续时间系统的单位冲激响应，求解 $h_a(t)$ 对应的系统函数 $H_a(s)$；

(2)假设 $H(z)$ 来自双线性变换法，其中 $T = 2$ s，即 $h[n] = 2h_a(2n)$，求解 $h_a(t) \in \mathbb{R}$ 对应的系统函数 $H_a(s)$，并判断 $H_a(s)$ 是否唯一并给出理由。

10.10　利用脉冲响应不变法和巴特沃思滤波器的频率响应 $|H_a(j\Omega)|^2 = \dfrac{1}{1+(\Omega/\Omega_c)^{2N}}$，设计满足以下技术指标的数字低通滤波器：$\begin{cases} 0.89125 \leqslant |H(e^{j\omega})| \leqslant 1, & 0 \leqslant |\omega| \leqslant 0.2\pi \\ |H(e^{j\omega})| \leqslant 0.17783, & 0.3\pi \leqslant |\omega| \leqslant \pi \end{cases}$，要求：

（1）计算模拟滤波器阶数 N 和截止频率 Ω_c；（2）绘制模拟滤波器的幅度响应 $|H_c(j\Omega)|$；

（3）使用 MATLAB 软件绘制数字滤波器的幅度响应 $|H(e^{j\omega})|$ 及其分贝表示形式。

10.11 根据以下 IIR 数字滤波器的设计指标，分别采用脉冲响应不变法和双线性变换法，设计切比雪夫 I 型的数字滤波器，并使用 MATLAB 软件绘制幅度响应 $|H(e^{j\omega})|$ 及其分贝表示形式 $20\lg|H(e^{j\omega})|$。

（1）$\omega_p = 0.45\pi$，$\omega_s = 0.55\pi$，$\delta_p = 0.005$，$\delta_s = 0.005$；

（2）$\omega_p = 0.35\pi$，$\omega_s = 0.45\pi$，$\delta_p = 0.001$，$\delta_s = 0.002$。

10.12 使用双线性变换法和模拟域频率变换，设计巴特沃思数字高通滤波器，符合以下技术要求 $\begin{cases} 0 \leqslant |H_{hp}(e^{j\omega})| \leqslant 0.1, & 0 \leqslant \omega \leqslant 0.3\pi \\ 0.9 \leqslant |H_{hp}(e^{j\omega})| \leqslant 1, & 0.5 \leqslant \omega \leqslant \pi \end{cases}$，并使用 MATLAB 软件绘制幅度响应 $|H_{hp}(e^{j\omega})|$ 及其分贝表示形式 $20\lg|H_{hp}(e^{j\omega})|$。

10.13 使用双线性变换法和数字域频率变换，设计切比雪夫 I 型数字高通滤波器，符合以下技术要求 $\begin{cases} 0 \leqslant |H_{hp}(e^{j\omega})| \leqslant 0.1, & 0 \leqslant \omega \leqslant 0.4\pi \\ 0.9 \leqslant |H_{hp}(e^{j\omega})| \leqslant 1, & 0.6 \leqslant \omega \leqslant \pi \end{cases}$，并使用 MATLAB 软件绘制幅度响应 $|H_{hp}(e^{j\omega})|$ 及其分贝表示形式 $20\lg|H_{hp}(e^{j\omega})|$。

第 11 章

FIR 数字滤波器设计

> 山重水复疑无路，柳暗花明又一村。
>
> ——南宋·陆游

现代多媒体（语音、图像、图形、视频等）技术的飞速发展和广泛应用，对数字滤波系统的线性相位要求越来越严格，如果使用 IIR 数字滤波器，则需要进行非线性的相位校正。FIR 数字滤波器可以获得严格的线性相位，它的系统函数在除去原点的整个 z 平面上收敛，即 FIR 数字滤波器不存在稳定性问题。特别地，FIR 数字滤波器的单位脉冲响应为有限长序列，即使它是非因果序列也可以通过有限延迟转化为因果序列。设计 FIR 数字滤波器主要包括时域加窗法、频域采样法和最佳逼近法三种方法。本章以低通滤波器为例讨论 FIR 数字滤波器的设计技术，首先论述基于加窗法设计 FIR 数字滤波器的基本原理；其次论述基于经典窗和 Kaiser 窗的加窗设计方法；最后给出基于最佳逼近思想的 FIR 数字滤波器设计技术。

11.1 加窗方法的基本原理

与 IIR 数字滤波器设计方法不同，在设计 FIR 数字滤波器时不再借助模拟滤波器，而是针对技术指标直接进行设计，其中加窗方法（又称窗函数法）是最简单的设计技术。虽然加窗过程在时域进行，但是 FIR 数字滤波器的技术指标仍在频域给出。

11.1.1 技术指标变换

截止频率为 ω_c 的理想数字滤波器的频率响应表示为

$$H_d(e^{j\omega}) = \begin{cases} 1, & 0 \leqslant |\omega| \leqslant \omega_c \\ 0, & \omega_c < |\omega| \leqslant \pi \end{cases} \tag{11-1}$$

对式(11-1)进行离散时间傅里叶变换，得到单位脉冲响应

$$h_d[n] = \frac{\sin(\omega_c n)}{\pi n}, \quad -\infty < n < \infty \tag{11-2}$$

由于 $h_{\mathrm{d}}[n]$ 是非因果的且不稳定的，因此需要放松对理想频率特性的限制，即允许围绕理想频率响应存在着波动或误差。设计 FIR 数字滤波器的实质是：在给定技术指标的约束条件下，寻找频率响应 $H(\mathrm{e}^{\mathrm{j}\omega})$ 有效地逼近 $H_{\mathrm{d}}(\mathrm{e}^{\mathrm{j}\omega})$。

设计 FIR 数字滤波器开始于一组技术指标，如图 11-1（a）所示。其中：ω_{p} 为通带截止频率，ω_{s} 为阻带截止频率，它们限定了通带频率和阻带频率的变化范围；δ_{p} 为通带波纹峰值，δ_{s} 为阻带波纹峰值，它们分别是幅度响应在通带和阻带的误差容限（误差容许限度）。图 11-1（a）所示的技术指标可以表示为

$$\begin{cases} 1-\delta_{\mathrm{p}} \leqslant |H(\mathrm{e}^{\mathrm{j}\omega})| \leqslant 1+\delta_{\mathrm{p}}, & 0 \leqslant |\omega| \leqslant \omega_{\mathrm{p}} \\ |H(\mathrm{e}^{\mathrm{j}\omega})| \leqslant \delta_{\mathrm{s}}, & \omega_{\mathrm{s}} \leqslant |\omega| < \pi \end{cases} \tag{11-3}$$

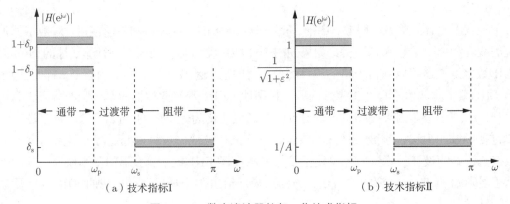

图 11-1　数字滤波器的归一化技术指标

如果 FIR 数字滤波器的技术指标以图 11-1（b）所示形式给出（常用于 IIR 模拟滤波器），则根据与图 11-1（a）的对应关系，可以得到幅度响应 $|H(\mathrm{e}^{\mathrm{j}\omega})|$ 在通带和阻带的约束条件

$$\begin{cases} \dfrac{1-\delta_{\mathrm{p}}}{1+\delta_{\mathrm{p}}} \leqslant |H(\mathrm{e}^{\mathrm{j}\omega})| \leqslant 1, & 0 \leqslant |\omega| \leqslant \omega_{\mathrm{p}} \\ |H(\mathrm{e}^{\mathrm{j}\omega})| \leqslant \dfrac{\delta_{\mathrm{s}}}{1+\delta_{\mathrm{p}}}, & \omega_{\mathrm{s}} \leqslant |\omega| < \pi \end{cases} \tag{11-4}$$

以及技术指标参数之间的对应关系

$$\frac{1-\delta_{\mathrm{p}}}{1+\delta_{\mathrm{p}}} = \frac{1}{\sqrt{1+\epsilon^2}} \quad 即 \quad \delta_{\mathrm{p}} = \frac{\sqrt{1+\epsilon^2}-1}{\sqrt{1+\epsilon^2}+1} \tag{11-5}$$

$$\frac{\delta_{\mathrm{s}}}{1+\delta_{\mathrm{p}}} = \frac{1}{A} \quad 即 \quad \delta_{\mathrm{s}} = \frac{2\sqrt{1+\epsilon^2}}{A(\sqrt{1+\epsilon^2}+1)} \tag{11-6}$$

式(11-5)和式(11-6)分别将 δ_{p} 和 δ_{s} 表示为 ϵ 和 A 的函数形式，即给出了从图 11-1（b）转化为图 11-1（a）时的技术参数计算方法。虽然图 11-1所示的两组技术指标是等效的，但是

在设计 FIR 数字滤波器时，使用图 11-1（a）的技术指标更加方便；而在设计 IIR 数字滤波器时，使用图 11-1（b）所示的技术指标更加快捷。

与此同时，以分贝为单位给出通带波纹峰值和最小阻带衰减定义

$$\alpha_{\mathrm{p}} = 20\lg\left(\frac{1+\delta_{\mathrm{p}}}{1-\delta_{\mathrm{p}}}\right), \quad \alpha_{\mathrm{s}} = 20\lg\left(\frac{1+\delta_{\mathrm{p}}}{\delta_{\mathrm{s}}}\right) \approx 20\lg\left(\frac{1}{\delta_{\mathrm{s}}}\right) \tag{11-7}$$

δ_{p} 与 α_{p} 的函数关系曲线如图 11-2（a）所示，可以近似为斜率 $k = 17.43$ 的直线；δ_{s} 与 α_{s} 的函数关系曲线如图 11-2（b）所示，随着 δ_{s} 值的增大，α_{s} 值显著地减小。

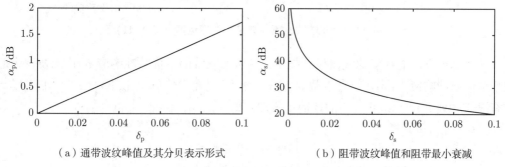

（a）通带波纹峰值及其分贝表示形式　　　　（b）阻带波纹峰值和阻带最小衰减

图 11-2　不同方法表示技术指标的变换关系

因此，式(11-3)所示的设计要求还可以表示为

$$\begin{cases} -\alpha_{\mathrm{p}} \leqslant 20\lg|H(\mathrm{e}^{\mathrm{j}\omega})| \leqslant 0, & 0 \leqslant |\omega| \leqslant \omega_{\mathrm{p}} \\ 20\lg|H(\mathrm{e}^{\mathrm{j}\omega})| \leqslant -\alpha_{\mathrm{s}}, & \omega_{\mathrm{s}} \leqslant |\omega| < \pi \end{cases} \tag{11-8}$$

在给定图 11-1所示的技术指标（ω_{p}、δ_{p}、ω_{s} 和 δ_{s}）之后，核心任务是如何利用窗函数法、频域采样法或最佳逼近法等方法，直接逼近所需离散时间系统的理想频率响应或单位脉冲响应，设计出符合技术指标要求的线性相位 FIR 数字滤波器。

11.1.2　时域加窗方法

FIR 数字滤波器的最简单设计技术是加窗方法。具有线性相位特性的理想数字滤波器的频率响应表示为

$$H_{\mathrm{d}}(\mathrm{e}^{\mathrm{j}\omega}) = \begin{cases} \mathrm{e}^{-\mathrm{j}\omega\alpha}, & 0 \leqslant |\omega| \leqslant \omega_{\mathrm{c}} \\ 0, & \omega_{\mathrm{c}} < |\omega| \leqslant \pi \end{cases} \tag{11-9}$$

其中：ω_{c} 为截止频率，α 为群延时（$2\alpha \in \mathbb{Z}^{+}$）。对 $H_{\mathrm{d}}(\mathrm{e}^{\mathrm{j}\omega})$ 进行离散时间傅里叶反变换，可以得到理想滤波器的单位脉冲响应

$$h_{\mathrm{d}}[n] = \frac{\sin[\omega_{\mathrm{c}}(n-\alpha)]}{\pi(n-\alpha)}, \quad -\infty < n < \infty \tag{11-10}$$

它是以 α 为中心呈偶对称且非因果的无限长序列，如图 11-3（a）所示。

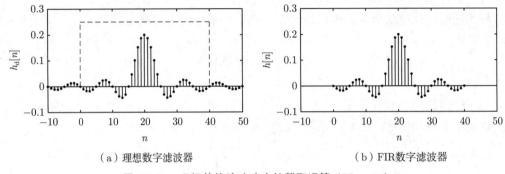

（a）理想数字滤波器　　　　　　　　　（b）FIR数字滤波器

图 11-3　理想单位脉冲响应的截取运算 $(N = 41)$

基于加窗方法的数字滤波器设计技术，从数字系统的单位脉冲响应 $h[n]$ 出发，去逼近理想单位脉冲响应 $h_{\mathrm{d}}[n]$，即直接截取 $h_{\mathrm{d}}[n]$ 的"主体部分"$(n = 0, 1, \cdots, N-1)$，以此形成有限长序列 $h[n]$ 逼近 $h_{\mathrm{d}}[n]$ 的最简单方法，即

$$h[n] = \begin{cases} h_{\mathrm{d}}[n], & 0 \leqslant n \leqslant N-1 \\ 0, & \text{其他} \end{cases} \tag{11-11}$$

为了使数字滤波器有严格的线性相位特性，$h[n]$ 必须满足偶对称特性，即 $h[n] = h[N-1-n]$，群延迟 $\alpha = (N-1)/2$。当 $N = 41$ 时，式(11-11)所示的截取运算如图 11-3所示，其中：$h[n]$ 是截取 $h_{\mathrm{d}}[n]$ 得到的有限长序列，即有 FIR 数字滤波器。

图 11-3所示的截取操作可以解释如下：透过矩形窗 $R_N[n]$ 看到的序列 $h[n]$ 是 $h_{\mathrm{d}}[n]$ 位于 $0 \leqslant n \leqslant N-1$ 部分。因此，可以将 $h[n]$ 表示为 $h_{\mathrm{d}}[n]$ 与 $R_N[n]$ 的乘积形式

$$h[n] = h_{\mathrm{d}}[n] \cdot R_N[n] \tag{11-12}$$

其中

$$R_N[n] = \begin{cases} 1, & 0 \leqslant n \leqslant N-1 \\ 0, & \text{其他} \end{cases} \tag{11-13}$$

通常，用于截取 $h_{\mathrm{d}}[n]$ 的窗函数不一定是矩形序列，也可以是对窗口内部序列值 $h_{\mathrm{d}}[n]$ 进行加权的其他序列，因此式(11-12)的一般表达式为

$$h[n] = h_{\mathrm{d}}[n] \cdot w[n], \quad 0 \leqslant n \leqslant N-1 \tag{11-14}$$

其中：$w[n]$ 为长度为 N 的窗口序列，且满足偶对称条件 $w[n] = w[N-1-n]$。关于 $w[n]$ 对 $h_{\mathrm{d}}[n]$ 的影响程度，以及 $h[n]$ 对 $h_{\mathrm{d}}[n]$ 的逼近质量等问题，需要在频域进行深入的讨论。

11.1.3 频域卷积分析

利用有限长的窗函数 $w[n]$，对无限长的理想单位脉冲响应 $h_{\mathrm{d}}[n]$ 进行加窗运算，可以得到 FIR 数字滤波器的单位脉冲响应

$$h[n] = h_{\mathrm{d}}[n]w[n], \quad 0 \leqslant n \leqslant N-1 \tag{11-15}$$

如果 $h_{\mathrm{d}}[n]$ 和 $w[n]$ 的离散时间傅里叶变换（DTFT）分别为 $H_{\mathrm{d}}(\mathrm{e}^{\mathrm{j}\omega})$ 和 $W(\mathrm{e}^{\mathrm{j}\omega})$，则根据时域和频域的对应关系（调制定理）可以得到

$$H(\mathrm{e}^{\mathrm{j}\omega}) = \frac{1}{2\pi}\int_{-\pi}^{\pi} H_{\mathrm{d}}(\mathrm{e}^{\mathrm{j}\theta})W(\mathrm{e}^{\mathrm{j}(\omega-\theta)})\mathrm{d}\theta \tag{11-16}$$

其中：理想滤波器 $h_{\mathrm{d}}[n]$ 的频率特性 $H_{\mathrm{d}}(\mathrm{e}^{\mathrm{j}\omega})$ 如式(11-9)所示，窗口序列 $w[n]$ 的频率特性 $W(\mathrm{e}^{\mathrm{j}\omega})$ 表示为

$$W(\mathrm{e}^{\mathrm{j}\omega}) = \sum_{n=0}^{N-1} w[n]\mathrm{e}^{-\mathrm{j}\omega n} \tag{11-17}$$

根据式(11-9)和式(11-16)可以看出：由于 $H_{\mathrm{d}}(\mathrm{e}^{\mathrm{j}\omega})$ 为已知的确定值，因此 $H(\mathrm{e}^{\mathrm{j}\omega})$ 逼近 $H_{\mathrm{d}}(\mathrm{e}^{\mathrm{j}\omega})$ 的程度完全取决于 $W(\mathrm{e}^{\mathrm{j}\omega})$。

如果 $w[n]$ 是长度为 N 的矩形序列，即 $w[n] = R_N[n]$，则对 $w[n]$ 进行离散时间傅里叶变换，可以得到

$$W(\mathrm{e}^{\mathrm{j}\omega}) = \sum_{n=-\infty}^{\infty} R_N[n]\mathrm{e}^{-\mathrm{j}\omega n} = \sum_{n=0}^{N-1} \mathrm{e}^{-\mathrm{j}\omega n} = \frac{1-\mathrm{e}^{\mathrm{j}\omega N}}{1-\mathrm{e}^{\mathrm{j}\omega}}$$

$$= \frac{\sin(\omega N/2)}{\sin(\omega/2)} \cdot \mathrm{e}^{-\mathrm{j}\omega\frac{N-1}{2}} = W_{\mathrm{e}}(\mathrm{e}^{\mathrm{j}\omega})\mathrm{e}^{-\mathrm{j}\omega\alpha} \tag{11-18}$$

其中：$W_{\mathrm{e}}(\mathrm{e}^{\mathrm{j}\omega}) \in \mathbb{R}$ 是关于 ω 的幅值函数，即

$$W_{\mathrm{e}}(\mathrm{e}^{\mathrm{j}\omega}) = \frac{\sin(\omega N/2)}{\sin(\omega/2)} \tag{11-19}$$

它在 $\omega = \pm 2\pi/N$ 之间有一个主瓣，向两侧衰减振荡并形成多个旁瓣，如图 11-4（a）所示。

类似地，理想数字滤波器的频率响应 $H_{\mathrm{d}}(\mathrm{e}^{\mathrm{j}\omega})$ 可以表示为

$$H_{\mathrm{d}}(\mathrm{e}^{\mathrm{j}\omega}) = H_{\mathrm{de}}(\mathrm{e}^{\mathrm{j}\omega})\mathrm{e}^{-\mathrm{j}\omega\alpha} \tag{11-20}$$

其中：$H_{\mathrm{de}}(\mathrm{e}^{\mathrm{j}\omega}) \in \mathbb{R}$ 是关于 ω 的幅值函数

$$H_{\mathrm{de}}(\mathrm{e}^{\mathrm{j}\omega}) = \begin{cases} 1, & 0 \leqslant |\omega| \leqslant \omega_{\mathrm{c}} \\ 0, & \omega_{\mathrm{c}} < |\omega_{\mathrm{c}}| \leqslant \pi \end{cases} \tag{11-21}$$

它在 $\omega = \pm\omega_c$ 之间为单位值，在频率位置为零，如图 11-4（b）所示。

将式(11-18)和式(11-20)代入式(11-16)，可以得到数字滤波器的频率响应

$$H(e^{j\omega}) = \frac{1}{2\pi}\int_{-\pi}^{\pi}\left[H_{de}(e^{j\theta})e^{-j\theta\alpha}\right]\cdot\left[W_e(e^{j(\omega-\theta)})e^{-j(\omega-\theta)\alpha}\right]d\theta$$

$$= \left[\frac{1}{2\pi}\int_{-\pi}^{\pi}H_{de}(e^{j\theta})W_e(e^{j(\omega-\theta)})d\theta\right]e^{-j\omega\alpha} = H_e(e^{j\omega})e^{-j\omega\alpha} \qquad (11\text{-}22)$$

其中：$H_e(e^{j\omega})$ 是关于 ω 的幅值函数，即

$$H_e(e^{j\omega}) = \frac{1}{2\pi}\int_{-\pi}^{\pi}H_{de}(e^{j\theta})W_e(e^{j(\omega-\theta)})d\theta \qquad (11\text{-}23)$$

由式(11-21)和式(11-23)可以看出：由于理想滤波器的幅值函数 $H_{de}(e^{j\omega})$ 为确定的函数，因此幅值函数 $W_e(e^{j\omega})$ 对频域卷积结果 $H_e(e^{j\omega})$ 产生直接影响，而 FIR 数字滤波器继承了理想滤波器的相位特性，即具有群延迟 $\alpha = (N-1)/2$ 的线性相位。

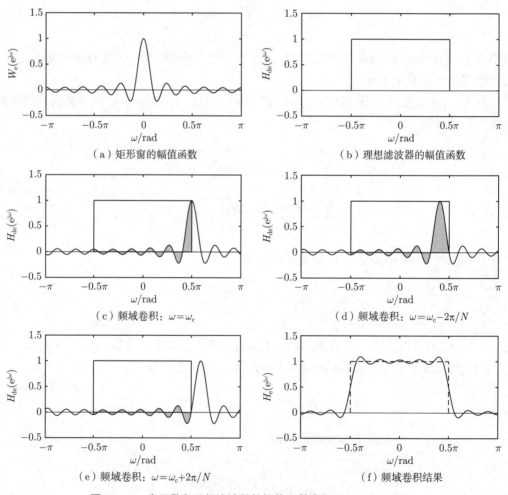

（a）矩形窗的幅值函数　（b）理想滤波器的幅值函数　（c）频域卷积：$\omega=\omega_c$　（d）频域卷积：$\omega=\omega_c-2\pi/N$　（e）频域卷积：$\omega=\omega_c+2\pi/N$　（f）频域卷积结果

图 11-4　窗函数和理想滤波器的幅值函数卷积（$\omega_c=0.5\pi$）

由于幅值函数 $H_{de}(e^{j\omega})$ 和 $W_e(e^{j\omega})$ 都是以 2π 为周期的连续函数，因此式(11-23)所示的频域卷积是以 2π 为周期的周期卷积，且积分范围限定在一个周期之内 $(-\pi < \omega \leqslant \pi)$。特别地，在分析式(11-23)时要注意 $W_e(e^{j\omega})$ 对卷积结果 $H_e(e^{j\omega})$ 的影响。

根据式(11-23)可知，① 当 $\omega = 0$ 时，$H_e(e^{j0})$ 为图 11-4（a）和图 11-4（b）所示幅值函数 $W_e(e^{j\omega})$ 和 $H_{de}(e^{j\omega})$ 乘积的积分。由于数字滤波器的截止频率远大于窗口序列的主瓣宽度，即 $\omega_c \gg 4\pi/N$，因此可以近似认为 $H_e(e^{j0})$ 从 $-\pi \sim \pi$ 的积分；② 当 $\omega = \omega_c$ 时，可以近似地认为 $H_{de}(e^{j\theta})$ 和 $W_e(e^{j(\omega-\theta)})$ 的一半产生重叠，如图 11-4（c）所示，此时可以近似地认为 $H_e(e^{j\omega})$ 是幅值函数 $H_e(e^{j0})$ 的 $1/2$。

再考虑另外两种特殊情况，① 当 $\omega = \omega_c - 2\pi/N$ 时，$W_e(e^{j(\omega-\theta)})$ 的全部主瓣位于 $H_{de}(e^{j\theta})$ 的通带范围内，如图 11-4（d）所示。由于 $W_e(e^{j(\omega-\theta)})$ 的主瓣和正值旁瓣的面积远大于负值旁瓣的面积，使得 $H_e(e^{j\omega})$ 出现正数最大值；② 当 $\omega = \omega_c + 2\pi/N$ 时，$W_e(e^{j(\omega-\theta)})$ 的全部主瓣位于 $H_{de}(e^{j\theta})$ 的通带范围之外，如图 11-4（e）所示。由于 $W_e(e^{j(\omega-\theta)})$ 的负值旁瓣面积大于正值旁瓣面积，使得 $H_e(e^{j\omega})$ 出现负数最小值。

幅值函数 $H_{de}(e^{j\omega})$ 和 $W_e(e^{j\omega})$ 的频域卷积结果如图 11-4（f）所示，$H_e(e^{j\omega})$ 在 $\omega = \omega_c - 2\pi/N$ 位置出现了向上的正肩峰，在 $\omega = \omega_c + 2\pi/N$ 位置出现了向下的负肩峰，在正负肩峰之间出现了平滑过渡区域，且与 $W_e(e^{j\omega})$ 的主瓣宽度基本相同 $(\Delta\omega_m = 4\pi/N)$。在正负肩峰两侧的通带和阻带存在着起伏的振荡（波纹）并形成长长的余振。比较 $H_e(e^{j\omega})$ 和 $H_{de}(e^{j\omega})$ 可以看出，它们在通带幅度、阻带幅度和过渡带宽等方面存在着明显的差别。

根据矩形窗的幅值函数式(11-19)，在主瓣附近（$-2\pi/N < \omega < 2\pi/N$）可以得到

$$W_e(e^{j\omega}) = \frac{\sin(\omega N/2)}{\sin(\omega/2)} \approx \frac{\sin(\omega N/2)}{\omega/2} = N\frac{\sin(x)}{x} \tag{11-24}$$

其中：$x = \omega N/2$。根据式(11-24)可知，虽然改变窗口长度 N 可以影响 ω 坐标比例和 $W_e(e^{j\omega})$ 数值大小，但是不改变 $W_e(e^{j\omega})$ 的主瓣和旁瓣的相对值——它仅由 $\sin x/x$ 决定。因此改变 N 值仅仅影响 $H_e(e^{j\omega})$ 的通带波纹和阻带波纹的疏密程度，但不会改变正负肩峰值的相对大小。对于矩形窗而言，最大肩峰相对值始终为 8.95%，称这种现象为吉布斯（Gibbs）效应，它来自矩形窗口序列 $w[n]$ 对理想滤波器单位脉冲响应 $h_d[n]$ 的突变性截断。

综上所述，窗口序列 $w[n]$ 对理想单位脉冲响应 $h_d[n]$ 进行加窗操作的主要影响如下。① 在截止频率 ω_c 位置展宽了不连续边沿并形成过渡带，而过渡带的宽度取决于窗函数的主瓣宽度：主瓣越窄，过渡带越窄。② 在过渡带的两侧产生了肩峰和余振，它们取决于窗函数的旁瓣幅度：旁瓣越多，余振越多；旁瓣相对值越大，肩峰越强。③ 增加窗口的长度只减小主瓣宽度，而不改变主瓣和旁瓣的相对值，因此不改变 FIR 数字滤波幅值函数的通带肩峰和阻带肩峰。由于窗口形状决定了旁瓣和主瓣的相对值，为了改善 FIR 数字滤波器的幅度响应，还需要探索除矩形窗之外其他窗函数。

11.2 基于经典窗的设计方法

采用矩形窗截断理想单位脉冲响应会产生严重的吉布斯现象，大约 8.95% 的肩峰使数字滤波器的最小衰减仅有 −21 dB，很难满足工程实践的实际要求。由于增加窗口长度无法改变肩峰的相对值，因此改变窗口形状成为了必然的选择。确定窗函数要遵循两个原则。① 减少旁瓣幅值：尽可能将能量集中在主瓣范围内，通过减小肩峰和余振可以提高数字滤波器的幅度响应特性；② 缩减主瓣宽度：由于数字滤波器的过渡带宽小于窗函数的主瓣宽度，因此较窄的主瓣宽度可获得陡峭的过渡带。上述两个方面很难兼得，通常以牺牲主瓣宽度为代价实现对旁瓣幅度的有效抑制，从而改善 FIR 数字滤波器的幅度响应。

11.2.1 经典窗函数

用于数字滤波器设计和频谱分析的经典窗口主要包括矩形（Rectangle）窗、Bartlett窗、Hanning 窗、Hamming 窗和 Blackman 窗等[①]，它们都有简单的函数形式，时域波形如图 11-5（a）所示。虽然它们都是有限长的序列，如图 11-5（b）所示的 Hamming 窗口序列，但是为了比较方便，仍然以连续函数形式将上述五种经典窗口序列绘制在图 11-5（a）之中。

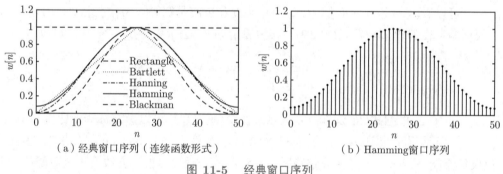

（a）经典窗口序列（连续函数形式）　　　　　（b）Hamming窗口序列

图 11-5　经典窗口序列

经典窗函数满足偶对称条件 $w[n] = w[N-1-n]$，它们的频谱都可以表示为幅值函数-相位函数的形式，即 $W(\mathrm{e}^{\mathrm{j}\omega}) = W_{\mathrm{e}}(\mathrm{e}^{\mathrm{j}\omega})\mathrm{e}^{-\omega\alpha}$，其中：$\alpha = (N-1)/2$ 为群延迟且 2α 为正整数。

矩形窗：是最简单的常用窗口，定义为

$$w[n] = R_N[n] = \begin{cases} 1, & 0 \leqslant n \leqslant N-1 \\ 0, & \text{其他} \end{cases} \tag{11-25}$$

对应频谱 $W(\mathrm{e}^{\mathrm{j}\omega})$ 的主瓣宽度为 $4\pi/N$，旁瓣衰减为 13 dB。

---

① 以发明者 Bartlett、Hann、Hamming、Blackman 命名窗口，且习惯上将 Hann 改为 Hanning。

Bartlett 窗：又称为三角窗，定义为

$$w[n] = \begin{cases} \dfrac{2n}{N-1}, & 0 \leqslant n \leqslant \dfrac{N-1}{2} \\[2mm] 2 - \dfrac{2n}{N-1}, & \dfrac{N-1}{2} \leqslant n \leqslant N-1 \\[2mm] 0, & \text{其他} \end{cases} \tag{11-26}$$

对应频谱 $W(\mathrm{e}^{\mathrm{j}\omega})$ 的主瓣宽度为 $8\pi/N$，旁瓣衰减为 25 dB。

Hanning 窗：又称为升余弦窗，定义为

$$w[n] = \begin{cases} 0.50 - 0.50\cos\left(\dfrac{2\pi n}{N-1}\right), & 0 \leqslant n \leqslant N-1 \\[2mm] 0, & \text{其他} \end{cases} \tag{11-27}$$

对应频谱 $W(\mathrm{e}^{\mathrm{j}\omega})$ 的主瓣宽度为 $8\pi/N$，是矩形窗主瓣宽度的 2 倍，旁瓣衰减为 31 dB。

Hamming 窗：是工程中常用的窗口，定义为

$$w[n] = \begin{cases} 0.54 - 0.46\cos\left(\dfrac{2\pi n}{N-1}\right), & 0 \leqslant n \leqslant N-1 \\[2mm] 0, & \text{其他} \end{cases} \tag{11-28}$$

虽然对应频谱 $W(\mathrm{e}^{\mathrm{j}\omega})$ 的主瓣宽度与 Hanning 窗几乎相同，但是旁瓣衰减可达到 41 dB。

Blackman 窗：又称二阶升余弦窗，定义为

$$w[n] = \begin{cases} 0.42 - 0.50\cos\left(\dfrac{2\pi n}{N-1}\right) + 0.08\cos\left(\dfrac{4\pi n}{N-1}\right), & 0 \leqslant n \leqslant N-1 \\[2mm] 0, & \text{其他} \end{cases} \tag{11-29}$$

对应频谱 $W(\mathrm{e}^{\mathrm{j}\omega})$ 的主瓣宽度为 $12\pi/N$，是矩形窗主瓣宽度的 3 倍，旁瓣衰减为 57 dB。

当窗口长度 $N = 51$ 时，上述经典窗函数的归一化幅度响应 $20\lg|W(\mathrm{e}^{\mathrm{j}\omega})/W(\mathrm{e}^{\mathrm{j}0})| = 20\lg|W_{\mathrm{N}}(\mathrm{e}^{\mathrm{j}\omega})|$ (dB) 如图 11-6 所示，可以看出，它们的主瓣集中在零频附近。① 从主瓣宽度讲，矩形窗的主瓣最窄，Blackman 窗的主瓣最宽，Hanning 窗和 Hamming 窗的主瓣宽度几乎相等，且介于矩形窗和 Blackman 窗之间。② 从旁瓣峰值来看，矩形窗的旁瓣峰值仅低于主瓣峰值 13 dB，Hamming 窗的旁瓣峰值低于主瓣峰值 41 dB，而 Blackman 窗的旁瓣峰值低于主瓣峰值高达 57 dB。

如果线性相位 FIR 数字滤波器的截止频率 $\omega_{\mathrm{c}} = 0.4\pi$，窗口长度 $N = 51$，则理想滤波器的单位脉冲响应为

$$h_{\mathrm{d}}[n] = \frac{\sin[\omega_{\mathrm{c}}(n-\alpha)]}{\pi(n-\alpha)} = \frac{\sin[0.4\pi(n-\alpha)]}{\pi(n-\alpha)} \tag{11-30}$$

其中：$\alpha = (N-1)/2$ 且 $-\infty < n < \infty$。利用加窗公式可以得到数字滤波器的单位脉冲响应

$$h[n] = h_{\mathrm{d}}[n] \cdot w[n], \quad 0 \leqslant n \leqslant 50 \tag{11-31}$$

采用不同的窗函数，依据式(11-31)设计 FIR 数字滤波器的幅度响应如图 11-7所示。

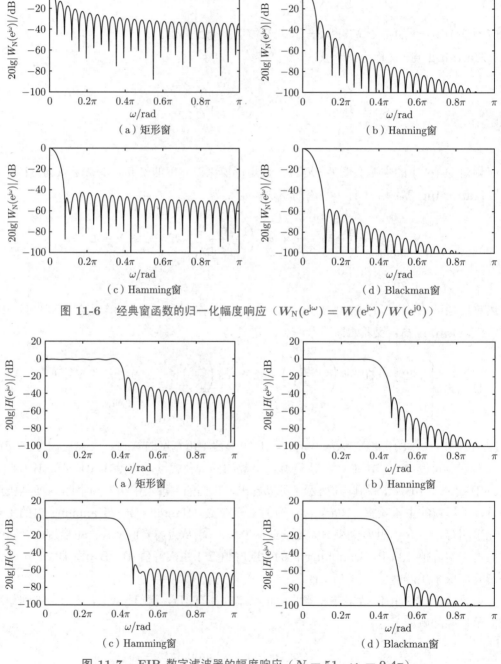

图 11-6　经典窗函数的归一化幅度响应（$W_{\mathrm{N}}(\mathrm{e}^{\mathrm{j}\omega}) = W(\mathrm{e}^{\mathrm{j}\omega})/W(\mathrm{e}^{\mathrm{j}0})$）

图 11-7　FIR 数字滤波器的幅度响应（$N = 51$，$\omega_{\mathrm{c}} = 0.4\pi$）

根据图 11-6和图 11-7可知：① 数字滤波器的过渡带宽取决于窗函数的主瓣宽度：主瓣最窄的矩形窗使数字滤波器的过渡带最窄，主瓣最宽的 Blackman 窗使数字滤波器的过渡带最宽；② 数字滤波器的通带波纹和阻带波纹大致相等，且取决于窗函数的旁瓣幅度：旁瓣幅度最大的矩形窗使数字滤波器的通带和阻带波纹最大，而旁瓣幅度最小的 Blackman 窗使数字滤波器的通带和阻带波纹最小。Hamming 窗很好地兼顾了主瓣宽度和旁瓣衰减，因此在工程实践中得到了广泛的应用。

常用的窗函数不限于矩形窗、Hanning 窗、Hamming 窗和 Blackman 窗四种，还包括 Bartlett 窗、Guassian 窗、Chebyshev 窗等其他形式。在商用化软件 MATLAB 的信号处理工具箱中，提供了 15 种以上的窗函数。与此同时，MATLAB 提供了分析窗口特性的图形用户接口函数 wvtool()，如果将窗函数作为 wvtool() 的输入，则可以直接得到它的时域波形和幅度特性。有关各种窗函数的主要特性和可视化工具 wvtool() 的使用方法，可以参见 MATLAB 软件的帮助文档，此处不再赘述。

11.2.2　基于经典窗的设计流程

在基于加窗法 FIR 数字滤波器的设计过程中，FIR 数字滤波器和理想滤波器的频率响应逼近程度由窗口序列的主瓣宽度和旁瓣幅度共同确定。理想窗口的主瓣宽度应该很窄且旁瓣幅度很小，然而对于实际窗口而言，无法使它的主瓣宽度和旁瓣幅度同时达到最小。窗口序列对 FIR 数字滤波器设计结果的主要影响如下。① 增加窗口长度会使主瓣宽度变窄，进而使数字滤波器的过渡带变窄；② 窗口序列的旁瓣幅度取决于窗口形状，与窗口长度基本无关；③ 要减小旁瓣幅度就要改变窗口形状，然而同时会增加主瓣宽度。

表 11-1给出了在设计长度为 N 的 FIR 数字滤波器时，常用窗口序列及其对应滤波器的性能参数。由于设计 FIR 数字滤波器开始于一组技术指标，包括通带截止频率 ω_p、通带波纹峰值 δ_p、阻带截止频率 ω_s 和阻带波纹峰值 δ_s 等，因此需要根据 ω_p、δ_p、ω_s、δ_s 等确定理想数字滤波器的截止频率 ω_c 和窗口序列的长度 N 及形状（如 Hamming 窗）。

表 11-1　常见窗函数的主瓣宽度、旁瓣峰值及基于窗函数法所设计 FIR 数字滤波器的过渡带宽和阻带衰减

窗口名称	主瓣宽度	旁瓣峰值/dB	过渡带宽 $\Delta\omega$	阻带衰减/dB
矩形窗	$4\pi/N$	−13	$1.8\pi/N$	−21
Bartlett 窗	$8\pi/N$	−25	$6.1\pi/N$	−25
Hanning 窗	$8\pi/N$	−31	$6.2\pi/N$	−44
Hamming 窗	$8\pi/N$	−41	$6.6\pi/N$	−53
Blackman 窗	$12\pi/N$	−57	$11.0\pi/N$	−74

理想数字滤波器的截止频率取决于通带截止频率 ω_p 和阻带截止频率 ω_s，即

$$\omega_c = \frac{\omega_p + \omega_s}{2} \tag{11-32}$$

窗口形状取决于通带波纹峰值 δ_p 和阻带波纹峰值 δ_s 的最小值

$$\delta = \min(\delta_p, \delta_s) \tag{11-33}$$

窗口长度 N 取决于数字滤波器的过渡带宽 $\Delta\omega$ 和窗口形状，即

$$\Delta\omega = \frac{C\pi}{N} \quad \text{或} \quad N = \frac{C\pi}{\Delta\omega} \tag{11-34}$$

其中：C 是依赖于窗口形状的常系数，如表 11-1 的第 4 列所示。

综上所述，基于经典窗函数设计线性相位 FIR 数字滤波器的基本过程如下：

第 1 步：给出设计指标。在数字频率域给出通带截止频率 ω_p、通带波纹峰值 δ_p、阻带截止频率 ω_s 和阻带波纹峰值 δ_s 等设计指标；计算过渡带宽 $\Delta\omega = \omega_s - \omega_p$。

第 2 步：确定窗口形状。计算通带和阻带波纹峰值的最小值 $\delta = \min(\delta_p, \delta_s)$，并根据 $20\lg\delta$ 值，在表 11-1 的"阻带衰减"列中选择合适的窗口形状。

第 3 步：确定窗口长度。利用表 11-1 的"过渡带宽"列的 $C\pi/N$ 值和过渡带宽 $\Delta\omega$ 的相等关系，计算窗口长度 $N = C\pi/\Delta\omega$（如果 N 为非整数，则需要向上取整）。

第 4 步：计算窗口序列。将第 3 步确定窗口长度 N 代入第 2 步确定的窗函数公式（矩形窗、Hamming 窗等），计算得到窗口序列 $w[n]$。

第 5 步：计算理想序列。计算截止频率 $\omega_c = (\omega_p + \omega_s)/2$ 并代入 $h_d[n] = \sin[\omega_c(n - \alpha)]/[\pi(n - \alpha)]$，其中 $\alpha = (N - 1)/2$，得到理想数字滤波器的单位脉冲响应 $h_d[n]$。

第 6 步：执行加窗操作。用窗口序列 $w[n]$ 对理想滤波器的单位脉冲响应 $h_d[n]$ 进行加窗，得到 FIR 数字滤波器的单位脉冲响应 $h[n] = h_d[n]w[n]$。

第 7 步：检验设计性能。计算 FIR 数字滤波器的频率响应 $H(\mathrm{e}^{\mathrm{j}\omega})$，如果 $|H(\mathrm{e}^{\mathrm{j}\omega})|$ 满足技术指标要求则结束设计；否则调整 N 值重新设计；直到满足技术指标为止。

例 11.1　选择经典窗口设计 FIR 数字滤波器：假定待设计 FIR 数字滤波器满足条件

$$\begin{cases} 0.99 \leqslant |H(\mathrm{e}^{\mathrm{j}\omega})| \leqslant 1.01, & 0 \leqslant |\omega| \leqslant 0.4\pi \\ |H(\mathrm{e}^{\mathrm{j}\omega})| \leqslant 0.005, & 0.5\pi \leqslant |\omega| \leqslant \pi \end{cases}$$

选择合适的窗口序列并设计该数字滤波器。

解　根据 FIR 数字滤波器的技术指标可以得到通带截止频率 $\omega_p = 0.4\pi$，阻带截止频率 $\omega_s = 0.5\pi$，通带波纹峰值 $\delta_p = 0.01$，阻带波纹峰值 $\delta_s = 0.005$，因此过渡带宽 $\Delta\omega = \omega_s - \omega_p = 0.1\pi$，通带和阻带波纹峰值的最小值 $\delta = \min(\delta_p, \delta_s) = 0.005$。

根据 $\delta = 0.005$ 可以得到 FIR 数字滤波器的最小阻带衰减 $20\lg\delta = -46.02$ dB；依据表 11-1 的最后一列，可以选择 Hamming 窗或 Blackman 窗。虽然 Blackman 窗能够产生更大的阻带衰减，但是它明显地增加了过渡带宽，因此选择 Hamming 窗更恰当。

根据表 11-1 中第 4 列所示的"过渡带宽"关系 $\Delta\omega = 6.6\pi/N$，当过渡带宽 $\omega = 0.1\pi$ 时，可以得到窗口长度 $N = 6.6\pi/(0.1\pi) = 66$。将 $N = 66$ 代入式(11-27)，可以得到 Hamming 窗口序列 $w[n]$，它的波形 $w[n]$ 和归一化幅度谱分别如图 11-8（a）和图 11-8（b）所示。

如果理想滤波器的截止频率 $\omega_c = (\omega_p + \omega_s)/2 = 0.45\pi$，群延时 $\alpha = (N-1)/2 = 32.5$，单位脉冲响应 $h_d[n] = \sin[0.45\pi(n-\alpha)]/[\pi(n-\alpha)]$，则利用 Hamming 窗 $w[n]$ 对 $h_d[n]$ 进行加窗运算，可以得到 FIR 数字滤波器 $h_d[n] = h[n]w[n]$。

理想数字滤波器和 FIR 数字滤波器的单位脉冲响应如图 11-8（c）和图 11-8（d）所示，后者的左右两端被 Hamming 窗明显地"削尖"。FIR 数字滤波器的幅度响应 $|H(e^{j\omega})|$ 及其分贝形式 $20\lg|H(e^{j\omega})|$，如图 11-8（e）和图 11-8（f）所示，经检验幅度响应满足设计要求。

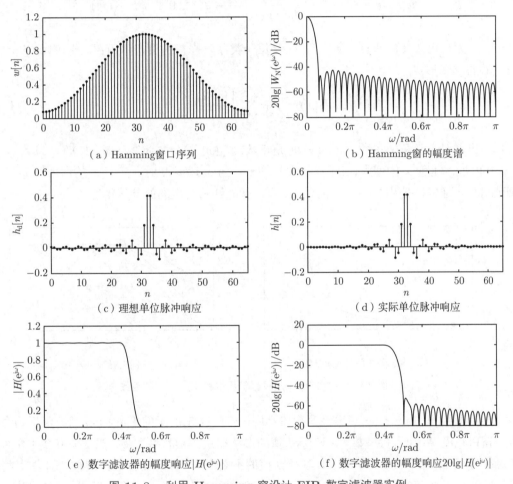

图 11-8　利用 Hamming 窗设计 FIR 数字滤波器实例

11.3　基于 Kaiser 窗的设计方法

根据 11.2 节可知，用经典窗口设计 FIR 数字滤波器时存在以下问题：① 选择窗口形状和确定窗口长度的两个过程完全分离，且可供选择的窗口序列非常有限，难以满足工程实践中的多样性需求；② 以牺牲主瓣宽度为代价抑制旁瓣幅度，难以使设计的 FIR 数字滤波器接近最优性能。虽然经典窗函数的概念直观且简单易用，但是上述缺点限制了它们的应用范围。Kaiser 窗实现了主瓣宽度和旁瓣幅度的折中，且可以自由地确定二者的权重。

11.3.1 Kaiser 窗函数

以第一类零阶修正的贝塞尔函数为基础，Jim Kaiser 在 1974 年构造了接近最优的窗函数，它能够在零频附近最大限度地集中能量，并可以定量地确定主瓣宽度和旁瓣幅度的权衡关系。Kaiser 窗函数定义为

$$w[n] = \frac{I_0(\beta\sqrt{1-[1-2n/(N-1)]^2})}{I_0(\beta)}, \quad 0 \leqslant n \leqslant N-1 \tag{11-35}$$

其中：β 为自由选择的非负实数；$I_0(x)$ 是第一类零阶修正的贝塞尔函数，它可以展开为无穷级数的求和形式

$$I_0(x) = 1 + \sum_{k=1}^{\infty}\left[\frac{(x/2)^k}{k!}\right]^2 \tag{11-36}$$

可以看出，对于任意的实数 x，$I_0(x)$ 总是正数。$I_0(x)$ 的函数曲线如图 11-9（a）所示。在 $x=0$ 附近，随着 x 的增大，$I_0(x)$ 缓慢地增长；当 x 远离 0 时，随着 x 的增大，$I_0(x)$ 急剧地增大。通常，使用式(11-36)的前 20 项，就能够获得很高的计算精度。

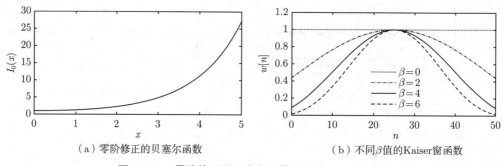

（a）零阶修正的贝塞尔函数　　　　（b）不同β值的Kaiser窗函数

图 11-9　零阶修正的贝塞尔函数和 Kaiser 窗函数

与矩形窗和 Hamming 窗等经典窗口不同，式(11-35)所示的 Kaiser 窗函数包括两个参数：窗口长度 N 和形状参数 β。Kaiser 窗的形状取决于形状参数 β，当 $\beta=0,2,4,6$ 时的 Kaiser 窗函数如图 11-9（b）所示，随着 β 值的不断增大，Kaiser 窗的两端被"削尖"。特别地，当 $\beta=0$ 时，Kaiser 窗退化为矩形窗；当 $\beta=5.44$ 时，Kaiser 窗接近 Hamming 窗；当 $\beta=8.50$ 时，Kaiser 窗接近 Blackman 窗。虽然不同 β 值对应着不同窗口形状，但是 Kaiser 窗始终保持着偶对称关系 $w[n]=w[N-1-n]$，且当 $n=(N-1)/2$ 时，$w[(N-1)/2]=1$。

改变 Kaiser 窗的形状参数 β，可以平衡主瓣宽度和旁瓣幅度之间的关系：① 当窗口长度固定时，Kaiser 窗口序列 $w[n]$ 的幅度谱如图 11-10（a）所示，随着 β 值的增大，Kaiser 窗的主瓣宽度逐渐增加，而旁瓣幅度不断降低；② 当形状参数固定时，Kaiser 窗口序列 $w[n]$ 的幅度谱如图 11-10（b）所示，随着 N 值的增大，主瓣宽度逐渐变窄，而旁瓣幅度保持不变。因此，通过改变 β 值可以灵活地控制窗口形状，进而实现主瓣宽度和旁瓣幅度的折中，具有经典窗口（矩形窗和 Hamming 窗等）无法企及的技术优势。

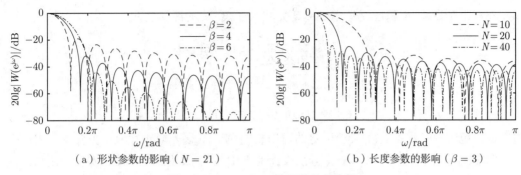

（a）形状参数的影响（$N = 21$）　　　　（b）长度参数的影响（$\beta = 3$）

图 11-10　Kaiser 窗函数的幅度谱

11.3.2　确定窗口参数

与基于经典窗口的设计方法类似，利用 Kaiser 窗设计 FIR 数字滤波器时，也需要对理想滤波器的单位脉冲响应 $h_{\mathrm{d}}[n]$ 进行加窗运算，且 Kaiser 窗的主瓣宽度决定了过渡带宽，旁瓣幅度决定了阻带衰减。当 $\beta = 0, 2, 4, 6$ 时，基于 Kaiser 窗设计的 FIR 数字滤波器的幅度响应如图 11-11所示。根据图 11-10和图 11-11可以看出，随着形状参数 β 的增大，Kaiser 窗的主瓣宽度增加，旁瓣幅度减小，进而使 FIR 数字滤波器的过渡带展宽，阻带衰减增大。

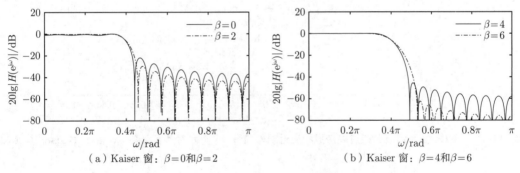

（a）Kaiser 窗：$\beta = 0$和$\beta = 2$　　　　（b）Kaiser 窗：$\beta = 4$和$\beta = 6$

图 11-11　基于 Kaiser 窗设计的 FIR 数字滤波器的幅度响应（$N = 21$）

利用 Kaiser 窗设计 FIR 数字滤波器以给定的一组技术指标开始，包括通带截止频率 ω_{p}、通带波纹峰值 δ_{p}、阻带截止频率 ω_{s} 和阻带波纹峰值 δ_{s} 等。根据 ω_{p}、δ_{p}、ω_{s}、δ_{s} 等指标，可以得到过渡带宽 $\Delta\omega = \omega_{\mathrm{s}} - \omega_{\mathrm{p}}$，阻带最小衰减 $A = -20\lg\delta = -20\lg[\min(\delta_{\mathrm{p}}, \delta_{\mathrm{s}})]$，以及理想数字滤波器的截止频率 $\omega_{\mathrm{c}} = (\omega_{\mathrm{p}} + \omega_{\mathrm{s}})/2$。特别地，Jim Kaiser 给出了根据阻带衰减 A 确定所需窗口形状参数 β 的经验公式

$$\beta = \begin{cases} 0.1102(A - 8.7), & A > 50 \\ 0.5842(A - 21)^{0.4} + 0.07886(A - 21), & 21 \leqslant A \leqslant 50 \\ 0.0, & A < 21 \end{cases} \tag{11-37}$$

以及根据阻带衰减 A 和过渡带宽 $\Delta\omega$ 确定窗口长度 N 的经验公式

$$N = \begin{cases} \dfrac{A - 7.95}{2.285\Delta\omega} + 1, & A \geqslant 21 \\ 1.81\pi/\Delta\omega + 1, & A < 21 \end{cases} \tag{11-38}$$

特别地，当 $A < 21$ dB 时，使用矩形窗即可，此时 $N = 1.8\pi/\Delta\omega + 1$。在 A 和 $\Delta\omega$ 的很宽取值范围内，根据式(11-38)确定的窗口长度 N，其误差限定在 ± 2 个样本之内。

图 11-12给出了基于 Kaiser 窗方法设计的 FIR 数字滤波器的过渡带宽和逼近误差之间的关系，其中：Kaiser-x 表示 $\beta = x$ 的 Kaiser 窗。根据式(11-38)得到的虚线（设定截止频率 $\omega_c = \pi/2$，窗口长度 $N = 33$）准确地描述了 Kaiser 窗引起的逼近误差和过渡带宽的函数关系。根据图 11-12可知：与经典窗函数相比，当达到相同的逼近误差时，Kaiser 窗函数产生的过渡带宽更窄；或者限定相同的过渡带宽，Kaiser 窗函数获得的逼近误差更小。特别地，通过改变形状参数 β 值可以获得足够多的 Kaiser 窗，能够满足多样化的工程实践需求。因此采用 Kaiser 窗设计 FIR 数字滤波器，既可以获得优良的性能，又能够获得良好的通用性。

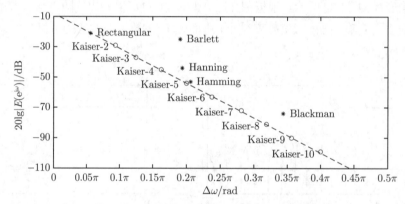

图 11-12　FIR 数字滤波器的过渡带宽和逼近误差关系（ ∗ 表示经典窗函数，o 表示 Kaiser 窗函数）

11.3.3　基于 Kaiser 窗函数的设计流程

综上所述，基于 Kaiser 窗函数设计 FIR 数字低通滤波器的基本过程如下。

第 1 步：给出设计指标。在数字频域给出通带截止频率 ω_p、通带波纹峰值 δ_p、阻带截止频率 ω_s 和阻带波纹峰值 δ_s 等设计指标。

第 2 步：确定系统参数。计算过渡带宽 $\Delta\omega = \omega_s - \omega_p$，确定通带波纹峰值和阻带波纹峰值的最小值 $\delta = \min(\delta_p, \delta_s)$，计算阻带衰减的分贝值 $A = -20\lg\delta$。

第 3 步：确定窗口参数。将 A 代入式(11-37)计算 Kaiser 窗口形状参数 β；将 A 和 $\Delta\omega$ 代入式(11-38)计算窗口长度 N（如果 N 为非整数，则需要向上取整）。

第 4 步：计算 Kaiser 窗。将形状参数 β 和窗口长度 N 代入式(11-35)，计算 Kaiser 窗口序列 $w[n]$；特别地，当使用式(11-36)时，最大求和项数设定 $K = 20$ 即可。

第 5 步：计算理想序列。将截止频率 $\omega_{\mathrm{c}} = (\omega_{\mathrm{p}} + \omega_{\mathrm{s}})/2$ 和 $\alpha = (N-1)/2$ 代入 $h_{\mathrm{d}}[n] = \sin[\omega_{\mathrm{c}}(n-\alpha)]/[\pi(n-\alpha)]$，得到理想数字滤波器的单位脉冲响应 $h_{\mathrm{d}}[n]$。

第 6 步：执行加窗运算。用 Kaiser 窗口序列 $w[n]$ 对理想单位脉冲响应 $h_{\mathrm{d}}[n]$ 进行加窗，得到 FIR 数字滤波器的单位脉冲响应 $h[n] = h_{\mathrm{d}}[n]w[n]$。

第 7 步　检验设计性能。计算 FIR 数字滤波器的频率响应 $H(\mathrm{e}^{\mathrm{j}\omega})$，如果 $|H(\mathrm{e}^{\mathrm{j}\omega})|$ 满足技术指标要求则结束设计；否则调整 N 值重新设计，直到满足技术要求为止。

例 11.2　利用 Kaiser 窗函数设计 FIR 数字滤波器：假定待设计 FIR 数字滤波器满足条件

$$\begin{cases} 0.99 \leqslant |H(\mathrm{e}^{\mathrm{j}\omega})| \leqslant 1.01, & 0 \leqslant |\omega| \leqslant 0.4\pi \\ |H(\mathrm{e}^{\mathrm{j}\omega})| \leqslant 0.005, & 0.5\pi \leqslant |\omega| \leqslant \pi \end{cases}$$

使用 Kaiser 窗函数设计该数字滤波器。

解　根据设计要求得到如下技术指标：通带截止频率 $\omega_{\mathrm{p}} = 0.4\pi$，通带波纹峰值 $\delta_{\mathrm{p}} = 0.01$，阻带截止频率 $\omega = 0.5\pi$，阻带波纹峰值 $\delta_{\mathrm{s}} = 0.005$。因此，FIR 数字滤波器的过渡带宽 $\Delta\omega = \omega_{\mathrm{s}} - \omega_{\mathrm{p}} = 0.1\pi$，阻带衰减 $A = -20\lg\delta = -20\lg\delta_{\mathrm{s}} = 46.02$ (dB)。

将阻带衰减 $A = 46.02$ 代入式(11-37)，得到 Kaiser 窗的形状参数 $\beta = 0.5842(46.02 - 21)^{0.4} + 0.07886(46.02 - 21) = 4.0909$。将 $A = 46.02$ 和 $\Delta\omega = 0.1\pi$ 代入式(11-38)，计算窗口长度 $N = (46.02 - 7.95)/(2.285 * 0.1\pi) + 1 = 54.03$，向上取整，$N = 55$。

将 $\beta = 4.0909$ 和 $N = 55$ 代入 Kaiser 窗口式(11-35)，得到关于 $\alpha = (N-1)/2 = 27$ 对称的窗口序列 $w[n]$。理想数字滤波器的截止频率 $\omega_{\mathrm{c}} = (\omega_{\mathrm{p}} + \omega_{\mathrm{s}})/2 = 0.45\pi$，单位脉冲响应 $h_{\mathrm{d}}[n] = \sin[0.45\pi(n-\alpha)]/[\pi(n-\alpha)]$。用 $w[n]$ 对 $h_{\mathrm{d}}[n]$ 进行加窗，得到 FIR 数字滤波器的单位脉冲响应 $h[n] = h_{\mathrm{d}}[n] \cdot w[n]$。

Kaiser 窗口序列 $w[n]$ 及其幅度谱如图 11-13（a）和图 11-13（b）所示，它的形状与 Hamming 窗类似。理想数字滤波器和 FIR 数字滤波器的单位脉冲响应分别如图 11-13（c）和图 11-13（d）所示，但是后者的左右两端被 Kaiser 窗"削尖"。FIR 数字滤波器的幅度响应及其分贝形式如图 11-13（e）和图 11-13（f）所示，经过检验，幅度特性满足设计指标要求。

虽然使用 Hamming 窗设计的 FIR 数字滤波器也能够满足技术要求，详见例 11.1，但是它的单位脉冲响应长度 $N = 66$，而在本例中使用 Kaiser 窗口设计的 FIR 数字滤波器单位脉冲响应长度 $N = 55$。缩短单位脉冲响应长度意味着减小数字滤波过程的计算量，因此基于 Kaiser 窗函数设计 FIR 数字滤波器可以获得更好的技术性能。

在基于 Kaiser 窗函数设计 FIR 数字滤波器的过程中，使用式(11-37)和式(11-38)可能导致设计结果出现微小的偏差，因此必须对所设计的 FIR 数字滤波器进行检验。当需要重新设计时，只需将窗口长度 N 增加 1~3 个单位即可。尽管基于 Kaiser 窗的设计方法只能获得次优的设计结果，但是它的设计过程简单且适应性强，能够满足绝大多数的工程实践需求。商用化软件 MATLAB 提供了计算 Kaiser 窗的函数 kaiser()，只要将窗口长度 N 和形状参数 β 作为 kaiser() 的输入参数，就可以计算出 Kaiser 窗口序列，在此不再赘述。

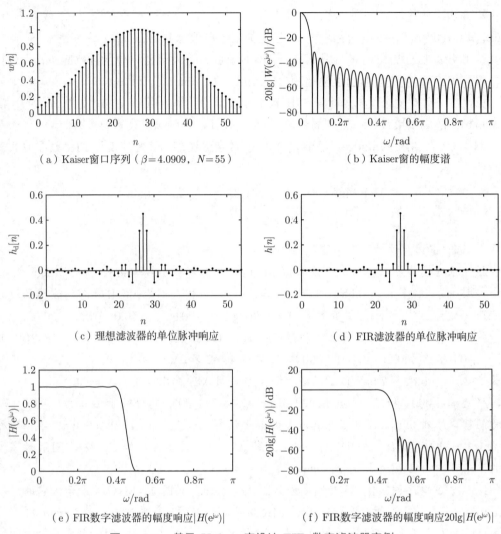

（a）Kaiser窗口序列（$\beta=4.0909$，$N=55$）　　　　（b）Kaiser窗的幅度谱

（c）理想滤波器的单位脉冲响应　　　　（d）FIR滤波器的单位脉冲响应

（e）FIR数字滤波器的幅度响应$|H(\mathrm{e}^{\mathrm{j}\omega})|$　　　　（f）FIR数字滤波器的幅度响应$20\lg|H(\mathrm{e}^{\mathrm{j}\omega})|$

图 11-13　基于 Kaiser 窗设计 FIR 数字滤波器实例

11.4　基于最佳逼近的设计方法

在 11.1节 ～11.3节论述的 FIR 数字滤波器加窗法的设计，具有概念直观、简单易行等优点，特别是基于 Kaiser 窗的设计方法，可以获得良好的设计性能，能够满足绝大多数的实际应用需求。然而基于加窗法设计的 FIR 数字滤波器不是最佳的，这是因为：① 通带波纹峰值 δ_{p} 和阻带波纹峰值 δ_{s} 近似相等，而加窗设计过程不能独立地控制它们，通常需要对通带进行过度设计，以满足严格的阻带衰减需求；② 通带波纹和阻带波纹的分布不均匀，当远离过渡带时，通带波纹和阻带波纹会减小，如果在通带和阻带使波纹均匀分布，则会产生较小的峰值波纹。在感兴趣频带（包括通带和阻带）波纹幅度最小化的意义上，具有等波纹特性的 FIR 数字滤波器是最佳的。

11.4.1　最佳逼近原理

如果第 I 类线性相位 FIR 数字滤波器[①]的单位脉冲响应长度为 N（奇数），且满足条件

$$h[n] = h[N-1-n], \quad 0 \leqslant n \leqslant N-1 \tag{11-39}$$

则 $h[n]$ 的离散时间傅里叶变换（DTFT）为

$$H(\mathrm{e}^{\mathrm{j}\omega}) = \sum_{n=0}^{N-1} h[n]\mathrm{e}^{-\mathrm{j}\omega n} = \sum_{n=0}^{N-1} h[n]\mathrm{e}^{-\mathrm{j}\omega(N-1-n)}$$

因此，FIR 数字滤波器的频率响应可以表示为

$$H(\mathrm{e}^{\mathrm{j}\omega}) = \sum_{n=0}^{N-1} h[n]\frac{\mathrm{e}^{-\mathrm{j}\omega n} + \mathrm{e}^{-\mathrm{j}\omega(N-1-n)}}{2}$$

$$= \mathrm{e}^{-\mathrm{j}\omega(N-1)/2} \sum_{n=0}^{N-1} h[n]\cos\left[\omega\left(n - \frac{N-1}{2}\right)\right]$$

再利用式(11-39)的对称特性，以及 N 为奇数的条件，可以得到

$$H(\mathrm{e}^{\mathrm{j}\omega}) = \mathrm{e}^{-\omega(N-1)/2}\left(h\left[\frac{N-1}{2}\right] + \sum_{k=1}^{(N-1)/2} 2h\left[k + \frac{N-1}{2}\right]\cos(k\omega)\right)$$

$$= \mathrm{e}^{-\omega(N-1)/2} \sum_{k=0}^{L} a[k]\cos(k\omega) = A(\mathrm{e}^{\mathrm{j}\omega})\mathrm{e}^{-\mathrm{j}\omega\alpha} \tag{11-40}$$

其中：$\alpha = (N-1)/2$ 为群延迟；$A(\mathrm{e}^{\mathrm{j}\omega})$ 是关于 ω 的实值函数，又称为幅值函数，即

$$A(\mathrm{e}^{\mathrm{j}\omega}) = \sum_{k=0}^{L} a[k]\cos(k\omega) \tag{11-41}$$

其中：$L = (N-1)/2$；$a[k]$ 是余弦项系数，即

$$a[k] = \begin{cases} h\left[\dfrac{N-1}{2}\right], & k = 0 \\ h\left[k + \dfrac{N-1}{2}\right], & k = 1, 2, \cdots, \dfrac{N-1}{2} \end{cases} \tag{11-42}$$

特别地，式(11-41)中的 $\cos(k\omega)$ 可以表示为 $\cos\omega$ 的幂次求和形式，即

$$\cos(k\omega) = T_k[\cos\omega] \tag{11-43}$$

---

① 以第 I 类线性相位的 FIR 数字滤波器为例展开讨论，相关结果很容易推广到其他类型的数字滤波器。

其中：$T_k(x)$ 是 k 阶切比雪夫多项式。因此可以将式(11-41)表示为

$$A(e^{j\omega}) = \sum_{k=0}^{L} c[k] \cos^k \omega \tag{11-44}$$

即 $A(e^{j\omega})$ 是关于 $\cos\omega$ 的 L 阶多项式，$c[k]$ 是多项式系数。

如果 $A_d(e^{j\omega})$ 代表理想数字滤波器的幅值函数，$W(e^{j\omega})$ 为正值的加权函数，则 FIR 数字滤波器的加权逼近误差可以表示为

$$E(e^{j\omega}) = W(e^{j\omega})[A_d(e^{j\omega}) - A(e^{j\omega})] \tag{11-45}$$

因此，可以认为等波纹数字滤波器设计是在频率集合 F 上寻找一组系数 $a[k]$，使得 $E(e^{j\omega})$ 的最大绝对值实现最小化，即

$$\min_{a[k]} \left\{ \max_{\omega \in F} |E(e^{j\omega})| \right\} \tag{11-46}$$

对于低通数字滤波器而言，集合 F 是通带的频率 $\{\omega \in [0, \omega_p]\}$ 和阻带的频率 $\{\omega \in [\omega_s, \pi]\}$ 的并集。在加权误差的最小化过程中，不考虑过渡带的频率 $\{\omega \in (\omega_p, \omega_s)\}$。

特别注意：在工程实践中所需的 FIR 数字滤波器，绝大多数要求阻带波纹小于通带波纹，如图 11-14（b）所示，而基于加窗法设计的 FIR 数字滤波器的通带波纹 δ_p 和阻带波纹 δ_s 几乎相等，如图 11-14（a）所示，导致通带范围的设计结果明显地高于技术要求。通过设置式(11-45)中的加权函数 $W(e^{j\omega})$，可以使在通带的逼近误差与在阻带的逼近误差相等，此时的加权函数可以表示为

$$W(e^{j\omega}) = \begin{cases} 1, & 0 \leqslant \omega \leqslant \omega_p \\ \delta_p/\delta_s, & \omega_s \leqslant \omega \leqslant \pi \end{cases} \tag{11-47}$$

因此，求解式(11-46)，可以设计出通带和阻带具有等波纹特性且波纹幅度不相等的 FIR 数字滤波器，交错点定理给出了求解方法。

交错点定理：令 F 是定义在 $[0, \pi]$ 上封闭子集的并集，对于正的加权函数 $W(e^{j\omega})$，幅值函数

$$A(e^{j\omega}) = \sum_{k=0}^{L} a[k] \cos(k\omega) \tag{11-48}$$

是在集合 F 上使加权误差 $|E(e^{j\omega})|$ 最大值达到最小化的唯一函数，它的充要条件是 $E(e^{j\omega})$ 至少有 $L+2$ 个交错点，即在集合 F 上至少存在 $L+2$ 个极值频率 $\omega_0 < \omega_1 < \cdots < \omega_L < \omega_{L+1}$ 使得式(11-49)成立：

$$\begin{cases} E(e^{j\omega_k}) = -E(e^{j\omega_{k+1}}), & k = 0, 1, \cdots, L \\ |E(e^{j\omega_k})| = \max_{\omega \in F} |E(e^{j\omega})|, & k = 0, 1, \cdots, L+1 \end{cases} \tag{11-49}$$

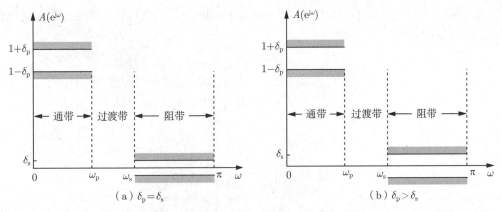

图 11-14　幅值函数的逼近误差

交错点定理表明：最优滤波器是等波纹的。虽然交错点定理确定了最佳滤波器必须具有的、最小数目的极值频率（波纹），但是实际数目可能更多。例如，数字低通滤波器可能有 $L+2$ 或 $L+3$ 个极值频率（称有 $L+3$ 个极值频率的低通滤波器为超波纹滤波器）。

11.4.2　Parks-McClellan 算法

根据 11.4.1 节论述的交错点定理可知，最佳滤波器的幅值函数需满足如下方程组

$$W(\mathrm{e}^{\mathrm{j}\omega_k})[A_\mathrm{d}(\mathrm{e}^{\mathrm{j}\omega_k}) - A(\mathrm{e}^{\mathrm{j}\omega_k})] = (-1)^k\delta \tag{11-50}$$

其中：$k = 0, 1, \cdots, L+1$；δ 是绝对加权误差的最大值，即

$$\delta = \pm\max_{\omega\in F}|E(\mathrm{e}^{\mathrm{j}\omega})|$$

可以将式(11-50)表示为关于未知数 $a[0], a[1], \cdots, a[L]$ 和 δ 的矩阵方程形式

$$
\begin{bmatrix}
1 & \cos(\omega_0) & \cdots & \cos(L\omega_0) & 1/W(\mathrm{e}^{\mathrm{j}\omega_0}) \\
1 & \cos(\omega_1) & \cdots & \cos(L\omega_1) & -1/W(\mathrm{e}^{\mathrm{j}\omega_1}) \\
\vdots & \vdots & & \vdots & \vdots \\
1 & \cos(\omega_L) & \cdots & \cos(L\omega_L) & (-1)^L/W(\mathrm{e}^{\mathrm{j}\omega_L}) \\
1 & \cos(\omega_{L+1}) & \cdots & \cos(L\omega_{L+1}) & (-1)^{L+1}/W(\mathrm{e}^{\mathrm{j}\omega_{L+1}})
\end{bmatrix}
\begin{bmatrix}
a[0] \\
a[1] \\
\cdots \\
a[L] \\
\delta
\end{bmatrix}
=
\begin{bmatrix}
A_\mathrm{d}(\mathrm{e}^{\mathrm{j}\omega_0}) \\
A_\mathrm{d}(\mathrm{e}^{\mathrm{j}\omega_1}) \\
\cdots \\
A_\mathrm{d}(\mathrm{e}^{\mathrm{j}\omega_L}) \\
A_\mathrm{d}(\mathrm{e}^{\mathrm{j}\omega_{L+1}})
\end{bmatrix}
\tag{11-51}
$$

如果已知极值频率 $\omega_0, \omega_1, \cdots, \omega_{L+1}$，则根据式(11-51)可以解出 $a[0], a[1], \cdots, a[L]$ 和 δ。

为了获得式(11-51)所示方程的极值频率，可以使用有效的迭代过程——Parks-McClellan 算法，它包括如下步骤：

第 1 步：猜测用作初始化的一组极值频率 $\omega_0, \omega_1, \cdots, \omega_{L+1}$。由于通带截止频率 ω_p 和阻带截止频率 ω_s 为固定值，因此它们必然是极值频率。如果 $\omega_m = \omega_\mathrm{p}$，则 $\omega_{m+1} = \omega_\mathrm{s}$。

第 2 步：求解式(11-51)可以得到 δ。Parks 和 McClellan 发现，对于给定的一组极值频率，δ 值可以表示为

$$\delta = \frac{\sum\limits_{k=0}^{L+1} b[k]A_{\mathrm{d}}(\mathrm{e}^{\mathrm{j}\omega_k})}{\sum\limits_{k=0}^{L+1} (-1)^k b[k]/W(\mathrm{e}^{\mathrm{j}\omega_k})} \tag{11-52}$$

其中：

$$b[k] = \prod_{i=1,i\neq k}^{L+1} \frac{1}{\cos(\omega_k) - \cos(\omega_i)}$$

如果幅值函数 $A(\mathrm{e}^{\mathrm{j}\omega})$ 由式(11-51)中的系数 $a[0],a[1],\cdots,a[L]$ 决定，且 δ 由式(11-52)给出，则在 $L+2$ 个极值频率的位置设定误差函数 $E(\mathrm{e}^{\mathrm{j}\omega}) = \pm\delta$。

第 3 步：在极值频率之间，使用拉格朗日插值公式可得

$$A(\mathrm{e}^{\mathrm{j}\omega}) = \frac{\sum\limits_{k=0}^{L} d_k/[\cos(\omega) - \cos(\omega_k)]C_k}{\sum\limits_{k=0}^{L} d_k/[\cos(\omega) - \cos(\omega_k)]} \tag{11-53}$$

其中：

$$C_k = A(\mathrm{e}^{\mathrm{j}\omega_k}) - \frac{(-1)^k\delta}{W(\mathrm{e}^{\mathrm{j}\omega_k})}$$

$$d_k = \prod_{i=1,i\neq k}^{L} \frac{1}{\cos(\omega_k) - \cos(\omega_i)} = b_k[\cos(\omega_k) - \cos(\omega_{L+1})]$$

虽然式(11-53)只使用频率 $\omega_0,\omega_1,\cdots,\omega_L$ 拟合 L 阶多项式，但是 $A(\mathrm{e}^{\mathrm{j}\omega})$ 满足式(11-51)的要求，可以确认它在 ω_{L+1} 位置也取正确的值。

第 4 步：在集合 F 上计算加权误差函数 $E(\mathrm{e}^{\mathrm{j}\omega})$，并选择使插值误差函数值最大的 $L+2$ 频率作为新的极值频率的集合。

第 5 步：如果在通带和阻带的所有 ω 值，都存在 $|E(\mathrm{e}^{\mathrm{j}\omega})| \leqslant \delta$，则说明已经得到最佳逼近；如果极值频率发生变化，则需要返回第 2 步重新计算。

在基于最佳逼近的数字滤波器设计过程中，可以根据过渡带宽 $\Delta\omega$、通带波纹 δ_{p} 和阻带波纹 δ_{s} 估算等波纹数字滤波器的单位脉冲响应长度

$$N = \frac{-10\lg(\delta_{\mathrm{p}}\delta_{\mathrm{s}}) - 13}{2.324\Delta\omega} + 1 \tag{11-54}$$

同时，根据式(11-45)可以计算幅值函数的未加权逼近误差

$$E_A(\mathrm{e}^{\mathrm{j}\omega}) = \frac{E(\mathrm{e}^{\mathrm{j}\omega})}{W(\mathrm{e}^{\mathrm{j}\omega})} = \begin{cases} 1 - A(\mathrm{e}^{\mathrm{j}\omega}), & 0 \leqslant \omega \leqslant \omega_{\mathrm{p}} \\ -A(\mathrm{e}^{\mathrm{j}\omega}), & \omega_{\mathrm{s}} \leqslant \omega \leqslant \pi \end{cases} \tag{11-55}$$

它用于判断数字滤波器是否满足设计要求，或者通过计算幅度响应进行判断。

基于等波纹最佳逼近的 Parks-McClellan 算法，可以设计出众多类型（低通、高通、带通和带阻滤波器等）的 FIR 数字滤波器，商用化软件 MATLAB 提供了 FIR 数字滤波器的阶数估计函数 firpmord() 和设计函数 firpm()。有关函数 firpmord() 和 firpm() 的使用方法，可参见 MATLAB 软件的帮助文档，此处不再赘述。

例 11.3 基于最佳逼近法的 FIR 数字滤波器设计：假定待设计的 FIR 数字滤波器满足的技术指标要求如下：

$$\begin{cases} 0.99 \leqslant |H(e^{j\omega})| \leqslant 1.01, & 0 \leqslant |\omega| \leqslant 0.4\pi \\ H(e^{j\omega}) \leqslant 0.005, & 0.5\pi \leqslant |\omega| \leqslant \pi \end{cases}$$

使用基于最佳逼近法设计该数字滤波器。

解 根据设计要求可以得到：通带截止频率 $\omega_p = 0.4\pi$，通带波纹峰值 $\delta_p = 0.01$，阻带截止频率 $\omega = 0.5\pi$，阻带波纹峰值 $\delta_s = 0.005$。因此过渡带宽 $\Delta\omega = 0.1\pi$。由于通带波纹 δ_p 是阻带波纹 δ_s 的 2 倍，因此将加权函数设置为

$$W(e^{j\omega}) = \begin{cases} 1, & 0 \leqslant \omega \leqslant 0.4\pi \\ 2, & 0.5\pi \leqslant \omega \leqslant \pi \end{cases}$$

将 α_p、α_s 和 $\Delta\omega$ 代入式(11-54)，可以得到待设计数字滤波器的单位脉冲响应长度 $N = 43$。利用 MATLAB 软件提供的最佳逼近数字滤波器设计函数 firpm()，可以得到数字滤波器的单位脉冲响应，如图 11-15（a）所示；进而得到幅度响应及其分贝表示形式，如图 11-15（b）和图 11-15（c）所示，可以看出，在通带和阻带范围内幅度响应呈现等波纹变化。

根据数字滤波器的单位脉冲响应可以得到幅值函数的逼近误差 $E(e^{j\omega})$，如图 11-15（d）所示。与设计指标比较可以看出，在通带范围和阻带范围内都略微超出指标约束。当修正数字滤波器长度 $N = 44$ 时，重新设计数字滤波器的单位脉冲响应、幅度响应以及逼近误差如图 11-15（e）～图 11-15（h）所示，可以看出，设计结果满足技术指标要求。

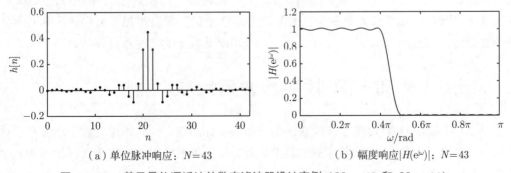

（a）单位脉冲响应：$N = 43$ （b）幅度响应$|H(e^{j\omega})|$：$N = 43$

图 11-15 基于最佳逼近法的数字滤波器设计实例（$N = 43$ 和 $N = 44$）

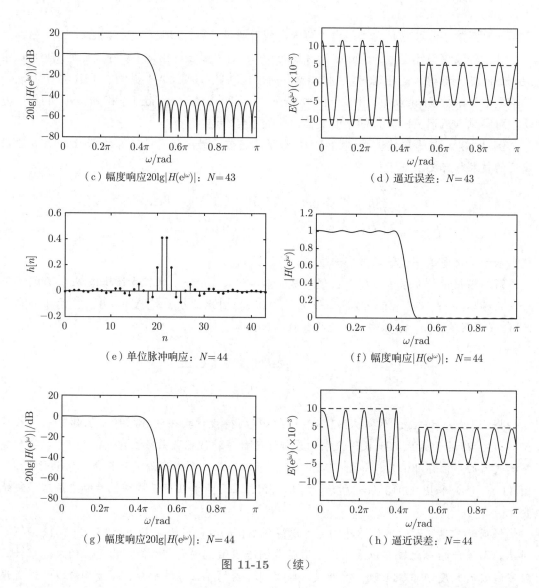

（c）幅度响应$20\lg|H(e^{j\omega})|$：$N=43$

（d）逼近误差：$N=43$

（e）单位脉冲响应：$N=44$

（f）幅度响应$|H(e^{j\omega})|$：$N=44$

（g）幅度响应$20\lg|H(e^{j\omega})|$：$N=44$

（h）逼近误差：$N=44$

图 11-15　（续）

　　特别地，当单位脉冲响应的长度从 $N=43$ 变为 $N=44$ 之后，FIR 数字滤波器从第 I 类线性相位系统转变为第 II 类线性相位系统。与此同时，比较例 11.2 和例 11.3可以看出，最佳逼近设计法使通带误差和阻带误差呈现等波纹变化，因此缩短了数字滤波器的单位脉冲响应长度，从基于 Kaiser 窗设计法的 $N=55$ 降至基于最佳逼近设计法的 $N=44$。

11.5　IIR 和 FIR 数字滤波器比较

　　第 10 章和第 11 章讨论了选频数字滤波器的设计问题，即从给定的数字滤波器设计指标出发，讨论了 IIR 和 FIR 数字滤波器的设计方法。如何针对实际需求选择恰当的数字滤波器，对解决数字信号处理问题非常重要。从宏观角度讲，IIR 和 FIR 数字滤波器的典型区别如下。

（1）系统性能。IIR 数字滤波器的系统函数为有理多项式，所有极点分布在 z 平面上的单位圆内，频率响应特性受到极点和零点的共同影响；而 FIR 数字滤波器的系统函数为简单多项式，所有极点分布在 z 平面上的原点位置，频率响应特性完全取决于零点。因此，当设计指标相同时，IIR 数字滤波器的阶次较低（系数较少），存储单元少，运算速度快，系统延时小；而 FIR 数字滤波器的阶次较高（系数较多），储单元多，运算速度慢，系统延时大，但是可以使用 FFT 提高计算效率。

（2）设计方法。IIR 数字滤波器的设计方法借助了模拟滤波器的成熟设计技术、封闭计算公式和规范化系数表等，是数字滤波器的间接设计方法，仅需很小的计算量就可以设计出符合要求的数字滤波器，且设计结果继承了模拟滤波器的优良幅度响应特性。FIR 数字滤波器的设计方法没有封闭的设计公式，仅存在有限数目的窗口序列可供利用，是数字滤波器的直接设计方法，但是在设计过程中可控点多且灵活性强。特别地，基于等波纹最佳逼近设计法和基于窗函数设计法都可以逼近任意的频率响应特性。

（3）稳定特性。IIR 数字滤波器的所有极点位于单位圆内，单位脉冲响应是无限长的序列，必须采用递归型结构加以实现；由于计算精度有限且存在四舍五入问题，在递归结构中可能会存在极限环振荡等不稳定现象。FIR 数字滤波器的所有极点位于原点位置，单位脉冲响应是有限长的序列，不存在稳定性的问题；采用非递归结构实现 FIR 数字滤波器时，即使计算精度有限且存在四舍五入问题，仍然能够保持绝对稳定。任何非因果的 FIR 数字滤波器，经过有限单元的时间延迟，都可以形成因果且稳定的数字滤波器。

（4）相位特性。IIR 数字滤波器的明显缺点是无法获得线性相位，且选频特性越好，非线性相位越严重；如果对线性相位特性有实际需求，则必须附加全通网络进行相位校正，但这样会提高滤波器系统的阶次和复杂度；IIR 数字滤波器主要用于相位不敏感的工程领域。FIR 数字滤波器可以获得严格的线性相位，能够满足语音、图像、视频、声呐等领域对线性相位的苛刻要求。随着高速度、大容量、低价格的数字信号处理器的日益普及，FIR 数字滤波器受器件成本制约问题已经得到了较好的解决。

（5）应用前景。虽然 IIR 数字滤波器设计方法简单易行，主要用于低通、高通、带通和带阻等分段常数的选频系统，但是设计结果很难摆脱模拟滤波器的固有局限性；随着 MATLAB 等商用化软件的日益普及，查阅数表和计算系数等烦琐的手工操作被计算机程序所代替。FIR 数字滤波器的设计方法非常灵活，不仅能够适应频率特性的多样化，而且可以设计出正交变换器、线性微分器等其他数字系统；特别地，功能强大且价格低廉的数字信号处理器不断地涌现，使 FIR 数字滤波器得到了普遍的重视。

如何选择 IIR 数字滤波器或 FIR 数字滤波器，取决于实际任务需求、数字滤波器特点、仿真计算软件、软硬件实现条件和可承受经济能力等因素，"没有免费的午餐"的基本原则同样适用于数字滤波器的选择和应用。虽然没有任何滤波器或设计方法对所有应用领域都是最优的，但是随着微电子技术、信号处理技术和仿真计算技术的迅猛发展，毋庸置疑，FIR 数字滤波器的发展潜力更大，应用前景更光明。

本章小结

有限冲激响应数字滤波器设计立足于理想系统的频域响应特性，是数字滤波器设计的直接方法。首先，本章系统地论述了基于加窗法设计 FIR 数字滤波器的基本原理；其次，详细地论述基于经典窗函数和基于 Kaiser 窗函数的设计方法；再次，简要论述了基于最佳逼近思想的设计方法；最后，对 IIR 和 FIR 数字滤波器的设计和应用问题进行了系统总结。本章论述的 FIR 数字滤波器设计技术，特别是加窗思想和最佳逼近等基本理念，已经广泛地应用于短时傅里叶变换（STFT）、离散小波变换等信号分析过程，以及语音处理、图像处理、雷达声呐等工程技术领域。

本章习题

11.1 利用基于矩形窗方法逼近理想数字低通滤波器的频率响应

$$H_d(e^{j\omega}) = \begin{cases} e^{-j\omega\alpha}, & 0 \leqslant \omega \leqslant \omega_c \\ 0, & \omega_c < \omega \leqslant \pi \end{cases}$$

其中：ω_c 为截止频率，N 为矩形窗 $R_N[n]$ 的长度。要求：

(1)计算 $h_d[n]$ 的表达式；　　　　　　　(2)计算 $h[n]$ 的表达式；

(3)确定 α 和 N 之间的关系；　　　　　(4)根据 N 值确定数字滤波器类型；

(5)当 $N = 51$ 且 $\omega_c = 0.5\pi$ 时，使用 MATLAB 软件绘制幅度响应 $|H(e^{j\omega})|$。

11.2 利用加窗方法设计长度 $N = 25$ 的线性相位 FIR 数字滤波器，以此逼近理想数字低通滤波器

$$H_d(e^{j\omega}) = \begin{cases} 1, & 0 \leqslant |\omega| \leqslant 0.3\pi \\ 0, & 0.3 < |\omega| \leqslant \pi \end{cases}$$

要求：

(1)给出理想数字滤波器的单位脉冲响应；　　(2)计算 FIR 数字滤波器的群延迟；

(3)当采用矩形窗和 Hamming 窗，分别计算 FIR 数字滤波器的过渡带宽 $\Delta\omega$。

11.3 假设 FIR 数字滤波器的单位脉冲响应为 $h[n]$ $(0 \leqslant n \leqslant N-1)$，证明当满足对称条件 $h[n] = h[N-1-n]$ 时，FIR 数字滤波器具有线性相位。

11.4 假定 FIR 数字滤波器的单位脉冲响应为 $h[n]$ $(0 \leqslant n \leqslant N-1)$，证明当满足反对称条件 $h[n] = -h[N-1-n]$ 时，FIR 数字滤波器具有线性相位。

11.5 假定理想数字低通滤波器的频率响应

$$H_d(e^{-j\omega}) = \begin{cases} e^{-j\alpha\omega}, & 0 \leqslant |\omega| \leqslant \omega_c \\ 0, & \omega_c < |\omega| \leqslant \pi \end{cases}$$

当待设计 FIR 数字滤波器的截止频率 $\omega_c = 0.5\pi$、群延迟 $\alpha = 20$ 且长度 $N = 41$ 时，要求：

（1）计算理想滤波器的单位脉冲响应 $h_d[n]$；　　（2）绘制单位脉冲响应 $h[n] = h_d[n]R_N[n]$；

（3）使用 MATLAB 软件绘制幅度响应 $|H(e^{j\omega})|$，并解释与 $|H_d(e^{j\omega})|$ 存在差别的原因。

11.6　假定数字低通滤波器的通带截止频率为 $\omega_p = 0.45\pi$，阻带截止频率为 $\omega_s = 0.55\pi$，利用以下窗口设计长度 $N = 51$ 的 FIR 数字滤波器，并利用 MATLAB 软件绘制幅度响应 $|H(e^{j\omega})|$ 及其分贝表示形式 $20\lg|H(e^{j\omega})|$。

（1）矩形窗；　　　　　　（2）Hanning 窗；　　　　（3）Hamming 窗；　　　　（4）Blackman 窗。

11.7　假设 FIR 数字滤波器满足技术指标 $\begin{cases} 0.99 \leqslant |H(e^{j\omega})| \leqslant 10.1, & 0 \leqslant |\omega| \leqslant 0.19\pi \\ 0 \leqslant |H(e^{j\omega})| \leqslant 0.01, & 0.21\pi \leqslant |\omega| \leqslant \pi \end{cases}$，当使用经典窗口设计数字滤波器时，要求：

（1）确定 FIR 数字滤波器的过渡带宽 $\Delta\omega$；　　（2）选择最接近设计要求的窗口类型；

（3）计算所选窗口长度 N，给出窗函数 $w[n]$ 的表达式。

11.8　假设根据加窗方法设计的 FIR 数字滤波器的单位脉冲响应为 $h[n]$ $(0 \leqslant n \leqslant N-1)$，截止频率为 ω_c。为了检验设计效果，需要观察数字滤波器的频率响应 $H(e^{j\omega})$，一般通过观察 $H(e^{j\omega})$ 的 L 点的频域采样值代替观察 $H(e^{j\omega})$ 的连续曲线，且 L 值足够大时可以清楚地展示 $H(e^{j\omega})$ 的细节信息。当 $\omega_c = 0.5\pi$，$N = 51$ 且 $L = 1024$ 时，采用基-2 的 $L = 2048$ 点 FFT 算法，利用 MATLAB 软件绘制不同窗口下 FIR 数字滤波器的幅度特性。

（1）矩形窗；　　　　　　（2）Hamming 窗；　　　　（3）Hanning 窗；　　　　（4）Blackman 窗。

11.9　假定 FIR 数字低通滤波器的通带截止频率 $\omega_p = 0.45\pi$，阻带截止频率 $\omega_s = 0.55\pi$，通带波纹峰值 $\delta_p = 0.01$，阻带波纹峰值 $\delta_p = 0.005$。当使用经典窗口设计 FIR 数字滤波器时，用 MATLAB 软件完成以下内容：

（1）计算数字滤波器的截止频率 ω_c；　　　　（2）计算数字滤波器的过渡带宽 $\Delta\omega$；

（3）根据技术指标确定窗函数 $w[n]$；　　　　　（4）计算数字滤波器的单位脉冲响应 $h[n]$；

（5）利用 MATLAB 绘制幅度响应 $|H(e^{j\omega})|$ 及其分贝表示形式 $20\lg|H(e^{j\omega})|$。

11.10　在利用 Kaiser 窗设计 FIR 数字滤波器过程中，通带截止频率 $\omega_p = 0.25\pi$，通带最大波纹 $\delta_p = 0.002$，阻带截止频率 $\omega_p = 0.35\pi$，阻带最大波纹 $\delta_p = 0.004$，要求：

（1）计算阻带衰减的分贝表示形式；　　　　　（2）确定数字滤波器的过渡带宽 $|\Delta\omega|$；

（3）计算 Kaiser 窗的形状参数 β；　　　　　（4）计算 Kaiser 窗的窗口长度 N；

（5）给出 FIR 数字滤波器单位脉冲响应 $h[n]$ 的数学表达式（窗函数用 $w[n]$ 代替）。

11.11　假定待设计 FIR 数字低通滤波器的通带截止频率 $\omega_p = 0.45\pi$，阻带截止频率 $\omega_s = 0.55\pi$，通带波纹峰值 $\delta_p = 0.01$，以及阻带波纹峰值 $\delta_s = 0.005$。使用基于 Kaiser 窗的设计技术，利用 MATLAB 软件完成以下内容：

（1）给出数字滤波器的截止频率 ω_c；　　　　（2）给出数字滤波器的过渡带宽 $\Delta\omega$；

（3）计算 Kaiser 窗的长度 N 和形状参数 β；（4）计算数字滤波器的单位脉冲响应 $h[n]$；

（5）绘制幅度响应 $|H(e^{j\omega})|$ 及其分贝表示形式 $20\lg|H(e^{j\omega})|$。

11.12　FIR 数字低通滤波器的设计要求为 $\begin{cases} 0.98 < |H(e^{j\omega})| < 1.02, & 0 \leqslant |\omega| \leqslant 0.43\pi \\ 0.00 < |H(e^{j\omega})| < 0.01, & 0.47\pi \leqslant |\omega| \leqslant \pi \end{cases}$，当

基于 Kaiser 窗函数法设计该数字滤波器时，利用 MATLAB 软件完成以下内容：

（1）计算数字滤波器的截止频率 ω_c；　　　（2）计算数字滤波器的过渡带宽 $\Delta\omega$；

（3）确定窗口长度 N 和形状参数 β；　　　（4）绘制 Kaiser 窗函数 $w[n]$；

（5）绘制 $w[n]$ 的幅度特性 $|W(e^{j\omega})|$；　　（6）绘制数字滤波器的单位脉冲响应 $h[n]$；

（7）绘制数字滤波器的幅度响应 $|H(e^{j\omega})|$ 及其分贝表示形式 $20\lg|H(e^{j\omega})|$。

11.13　假设待设计的等波纹数字低通滤波器的通带截止频率 $\omega_p = 0.40\pi$，阻带截止频率 $\omega_s = 0.45\pi$，通带最大波纹 $\delta_p = 0.01$，以及通带最大波纹 $\delta_s = 0.002$，要求：

（1）计算等波纹 FIR 数字滤波器的长度 N；　（2）确定使用的加权函数 $W(e^{j\omega})$；

（3）规范化 Parks-McCellan 算法函数的参数（将通带和阻带波纹转化为分贝表示形式）；

（4）使用 MATLAB 函数绘制幅度响应 $|H(e^{j\omega})|$ 及其分贝表示形式 $20\lg|H(e^{j\omega})|$。

11.14　假定待设计 FIR 数字低通滤波器的通带截止频率 $\omega_p = 0.45\pi$，阻带截止频率 $\omega_s = 0.55\pi$，通带波纹峰值 $\delta_p = 0.005$、以及阻带波纹峰值 $\delta_p = 0.001$。当使用最佳逼近设计法等波纹的 FIR 数字滤波器时，利用 MATLAB 软件完成以下内容：

（1）规范化 Parks-McCellan 算法函数的参数（将通带波纹和阻带波纹转化为分贝表示形式）；

（2）使用 MATALB 提供的设计函数，确定 FIR 数字滤波器的单位脉冲响应 $h[n]$；

（3）绘制数字滤波器的幅度响应 $|H(e^{j\omega})|$ 及其分贝表示形式 $20\lg|H(e^{j\omega})|$；

（4）计算幅度响应的通带误差和阻带误差，完成对最佳逼近设计法的性能检验。

11.15　在模拟信号的数字处理系统中，采样频率 $F_s = 10$ kHz，等效模拟滤波器的截止频率 $f_c = 2$ kHz，过渡带宽 $\Delta f = 0.1$ kHz，阻带衰减 $Att.(\mathrm{dB}) = 50$ dB。采用基于 Kaiser 窗函数设计对应的 FIR 数字滤波器，并利用 MATLAB 软件完成以下内容：

（1）计算 FIR 数字滤波器的技术指标；　　　（2）计算 Kaiser 窗的长度 N 和形状参数 β；

（3）绘制 Kaiser 窗的幅度特性 $|W(e^{j\omega})|$；　（4）绘制数字滤波器的单位脉冲响应 $h[n]$；

（5）绘制所设计滤波器的幅度响应 $|H(e^{j\omega})|$ 及其分贝表示形式 $20\lg|H(e^{j\omega})|$。

第 12 章

数字信号的频域分析

青，取之于蓝，而青于蓝；冰，水为之，而寒于水。

——战国·荀子

在科学研究和工程实践中连续时间信号（模拟信号）普遍存在，而连续时间处理系统存在着抗干扰能力弱、存储信号困难、处理精度较低等问题。传统的离散时间信号分析包括时域分析和频域分析，其中频域分析能够有效地提取信号特征，为数字处理系统（以数字滤波器为核心）的设计、实现及应用提供理论依据。DFT（离散傅里叶变换）是有限长序列的频域表示方法，用快速傅里叶变换（FFT）可以高效地实现，因此被广泛地用于频谱分析和数字滤波等领域。本章首先针对连续时间信号的频域分析问题，给出使用 DFT 技术的系统结构模型；其次以正弦序列为对象，论述频域分析中的影响因素，包括加窗效应、频谱泄露和补零效应等；最后针对传统傅里叶分析方法存在的局限性，论述了短时傅里叶变换（STFT）的基本概念及其典型应用。

12.1 连续时间信号的频域分析

在科研实践领域获取的实际信号，通常既包含有用的频率分量，又包含无用的干扰。虽然时域分析方法具有概念直观、容易理解等优点，但是在提取信号特征时相对困难。如果将信号从时域变换到频域并分析频率特性，则可以有效地降低信号分析的复杂度。DFT 的主要应用之一是分析连续时间信号的频率特性。例如，对语音信号的频率分析可用于语音辨识和声腔建模；对多普勒雷达发射和接收的信号进行频率分析可以测定运动速度等。毋庸置疑，建立连续时间信号的离散时间分析系统结构，对深入地掌握以 DFT 为基础的频域分析方法非常重要。

12.1.1 频域分析系统结构

使用 DFT 分析连续时间信号的系统结构，如图 12-1所示，主要包括抗混叠滤波（ALF）、模/数转换（C/D）、序列加窗和 DFT 计算等四个步骤，下面分别从时域、频域和误差等角度简要地论述它们的主要功能。

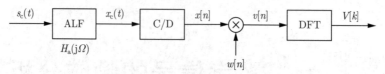

图 12-1　连续时间信号的离散傅里叶变换分析系统结构

1. 抗混叠滤波

通常现场获取的连续时间信号 $s_c(t)$ 是非带限的，为了避免采样过程中出现频谱混叠，或者将频谱混叠的负面影响降到最低程度，需要使用模拟低通滤波器对原始信号 $s_c(t)$ 进行预滤波，将其转化为带限的连续时间信号。假定低通滤波器的单位冲激响应为 $h_a(t)$，则抗混叠滤波过程在时域上可以表示为 $s_c(t)$ 和 $h_a(t)$ 卷积形式

$$x_c(t) = h_a(t) * s_c(t) \tag{12-1}$$

在频域上表示为 $s_c(t)$ 和 $h_a(t)$ 的连续时间傅里叶变换（CTFT）的乘积形式

$$X_c(\mathrm{j}\Omega) = \frac{1}{2\pi} H_a(\mathrm{j}\Omega) S_c(\mathrm{j}\Omega) \tag{12-2}$$

其中：$X_c(\mathrm{j}\Omega)$ 和 $S_c(\mathrm{j}\Omega)$ 分别为 $x_c(t)$ 和 $s_c(t)$ 的连续时间傅里叶变换。

在工程实践中，无论由电阻、电容和电感等元件构成的无源滤波器，还是由电阻、电容和运算放大器构成的有源滤波器，都无法在连续时间域实现理想的低通滤波器，因此用式(12-1)和式(12-2)对 $s_c(t)$ 进行抗混叠滤波，不可避免地引入低通滤波误差。

2. 模/数转换

为了使数字计算机能够分析模拟信号的频率特性，需要将经过抗混叠滤波的连续时间信号 $x_c(t)$ 转化为离散时间信号 $x[n]$。从连续时间到离散时间的转换过程在时域上表示为对 $x_c(t)$ 的等间隔采样形式

$$x[n] = x_c(t)|_{t=nT} = x_c(nT) \tag{12-3}$$

注意：由于序列 $x[n]$ 中不再包含采样周期 T，即采样过程实现了对采样周期 T 的规范化。与此同时，在频域上可以表示为对 $X_c(\mathrm{j}\Omega)$ 的周期延拓和对采样频率 F_s 规范化

$$X(\mathrm{e}^{\mathrm{j}\omega}) = \frac{1}{T} \sum_{k=-\infty}^{\infty} X_c\left(\mathrm{j}\left(\frac{\omega}{T} - \frac{2\pi k}{T}\right)\right) \tag{12-4}$$

其中：$X(\mathrm{e}^{\mathrm{j}\omega})$ 是 $x[n]$ 的离散时间傅里叶变换（DTFT），它是周期为 2π 的连续函数，且模拟频率 Ω 和数字频率 ω 满足如下规范化关系：$\omega = \Omega T = \Omega/F_s = 2\pi \cdot f/F_s$。

在工程实践中，当使用模/数转换器（A/D）实现模拟/数字信号转换时，受到 A/D 器件的有限精度、非线性、量化误差、转换速率和时基抖动等因素的影响，无法实现模拟信号的理想转换，必然存在着模拟信号到数字信号的转换误差。

3. 序列加窗

DFT 的处理对象为有限长序列，而采样序列 $x[n]$ 可能超出 DFT 运算的长度限制，或者不允许中断采样过程（如地震监测等），因此需要对 $x[n]$ 加窗运算，将其截取为有限长序列 $v[n]$。假定窗口序列为 $w[n]$，则在时域上加窗运算可以表示为 $x[n]$ 和 $w[n]$ 的乘积形式

$$v[n] = x[n] \cdot w[n] \tag{12-5}$$

在频域上表示为 $x[n]$ 和 $w[n]$ 的离散时间傅里叶变换的周期卷积形式

$$V(e^{j\omega}) = \frac{1}{2\pi} \int_{-\pi}^{\pi} X(e^{j\theta}) W(e^{j(\omega-\theta)}) d\theta \tag{12-6}$$

其中：$W(e^{j\omega})$ 为 $w[n]$ 的离散时间傅里叶变换，$V(e^{j\omega})$ 为 $v[n]$ 的离散时间傅里叶变换。

在工程实践中，经常使用矩形窗、Hamming 窗、Kaiser 窗和 Gaussian 窗等对称窗口序列，在它们频谱 $W(e^{j\omega})$ 中，主瓣以 $\omega = 0$ 为中心且占据有一定宽度，因此导致 $X(e^{j\omega})$ 中的尖峰和不连续位置被平滑，即加窗运算存在着"加窗效应"。

4. DFT 计算

在计算有限长序列 $v[n]$ 的 DFT 系数时，要求 $v[n]$ 的长度 L 小于或等于计算的 DFT 的长度 N。特别地，当 N 是 2 的整数次幂时，可以使用按时间抽取或按频率抽取的基-2 的 FFT 算法。序列 $v[n]$ 的 N 点 DFT 可以表示为

$$V[k] = \sum_{n=0}^{N-1} v[n] e^{-j\frac{2\pi}{N}nk} \tag{12-7}$$

根据傅里叶分析理论，可以将 $V[k]$ 表示为 $V(e^{j\omega})$ 的频域采样形式

$$V[k] = V(e^{j\omega})|_{\omega_k = 2\pi k/N} \tag{12-8}$$

当 $k = 0, 1, \cdots, N-1$ 时，将频域采样过程限定在数字频率 ω 的主值区间，即 $0 \leqslant \omega_k < 2\pi$。

在工程实践中，无论是通用电子计算机还是嵌入式处理器，在计算有限长序列 $v[n]$ 的 DFT 系数 $V[k]$ 时都存在着精度有限问题，当在数字信号处理器（DSP）中进行定点运算时更是如此，即在计算 DFT 系数过程中存在着计算误差。

5. 信号关系

图 12-2 给出了连续时间信号的离散傅里叶分析的实例。假定连续时间信号 $s_c(t)$ 的频谱 $S_c(j\Omega)$ 如图 12-2（a）所示，它在高频区存在缓慢衰减的"拖尾"，呈现出典型的非带限特性。抗混叠低通滤波器 $h_a(t)$ 的频率响应 $H_a(j\Omega)$ 如图 12-2（b）所示，表现出非理想的频率响应特性，包括非理想的通带和阻带以及非零宽度的过渡带。经过抗混叠低通滤波的连续时间信号 $x_c(t)$ 的频谱 $X_c(j\Omega)$ 如图 12-2（c）所示，在 $H_a(j\Omega)$ 的阻带范围内，$X_c(j\Omega)$ 仍然包含着来自 $S_c(j\Omega)$ 的频率成分。由于 $H_a(j\Omega)$ 的非理想滤波器特性，使得 $X_c(j\Omega)$ 的频率成分在通带和过渡带都受到不同程度的影响。

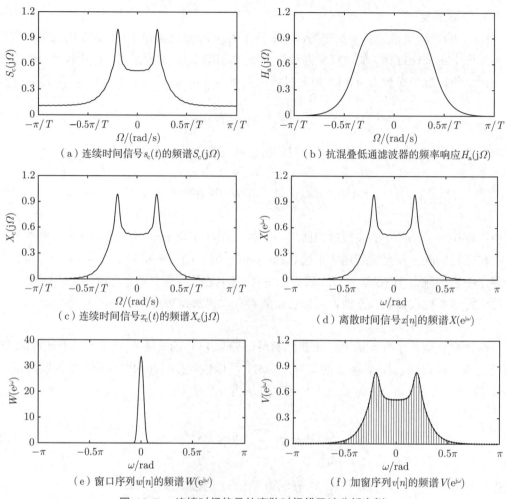

（a）连续时间信号 $s_c(t)$ 的频谱 $S_c(\mathrm{j}\Omega)$

（b）抗混叠低通滤波器的频率响应 $H_a(\mathrm{j}\Omega)$

（c）连续时间信号 $x_c(t)$ 的频谱 $X_c(\mathrm{j}\Omega)$

（d）离散时间信号 $x[n]$ 的频谱 $X(\mathrm{e}^{\mathrm{j}\omega})$

（e）窗口序列 $w[n]$ 的频谱 $W(\mathrm{e}^{\mathrm{j}\omega})$

（f）加窗序列 $v[n]$ 的频谱 $V(\mathrm{e}^{\mathrm{j}\omega})$

图 12-2　连续时间信号的离散时间傅里叶分析实例

对连续时间的带限信号 $x_c(t)$ 进行等间隔采样，可以得到离散时间信号 $x[n]$，对应的频谱 $X(\mathrm{e}^{\mathrm{j}\omega})$ 如图 12-2（d）所示，它是对 $X_c(\mathrm{j}\Omega)$ 进行周期延拓和频率规范化的结果。典型窗口序列 $w[n]$ 的频谱 $W(\mathrm{e}^{\mathrm{j}\omega})$ 如图 12-2（e）所示，它的主瓣位于以 $\omega=0$ 为中心的窄带范围内。$X(\mathrm{e}^{\mathrm{j}\omega})$ 和 $W(\mathrm{e}^{\mathrm{j}\omega})$ 都是以 2π 为周期的连续函数，它们的周期卷积结果 $V(\mathrm{e}^{\mathrm{j}\omega})$ 如图 12-2（f）中的实线所示，它是 $X(\mathrm{e}^{\mathrm{j}\omega})$ 被 $W(\mathrm{e}^{\mathrm{j}\omega})$ 平滑的结果，也是以 2π 为周期的连续函数。加窗序列 $v[n]=x[n]w[n]$ 的离散傅里叶变换 $V[k]$ 为 $V(\mathrm{e}^{\mathrm{j}\omega})$ 在主值区间内的等间隔采样，即图 12-2（f）中位于 $(-\pi,\pi]$ 的频域采样序列。

当使用 DFT 分析连续时间信号时，假定连续时间信号 $x_c(t)$ 是带限的，则不考虑抗混叠低通滤波器 $H_a(\mathrm{j}\Omega)$ 的设计和实现问题。假定将连续时间信号 $x_c(t)$ 转化为离散时间信号 $x[n]$ 时满足奈奎斯特采样定律——采样频率 F_s 至少是 $x_c(t)$ 最高频率的两倍（$F_s \geqslant 2F_{\max}$），则不考虑频谱混叠失真的影响。因此，在图 12-1 所示分析系统的不同阶段，待分析信号的时域和频域对应关系如图 12-3 所示。

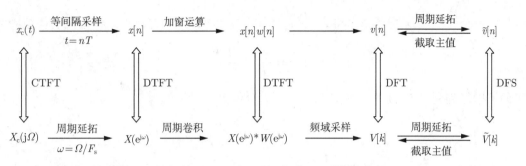

图 12-3 连续时间信号的傅里叶分析系统的时域和频域对应关系

图 12-1所示的连续时间信号分析系统结构，已经广泛地应用于工程技术和仪器科学等领域。例如，以图 12-1和图 12-3所示的基本原理为基础，开发了很多商用化的频谱分析仪，并用于科学研究和工程实践。特别地，如果将图 12-1中的 DFT 改为其他变换，如离散余弦变换（DCT）和离散小波变换（DWT）等，则可以实现更广泛意义上的连续时间信号分析（包括时频联合分析），此处不再赘述。

12.1.2 模拟/数字频率关系

在图 12-1所示的连续时间信号离散傅里叶分析系统中，假定加窗序列 $v[n] = x[n]w[n]$ 的长度为 N，$v[n]$ 的 DFT 为 $V[k]$，但是 $V[k]$ 的下标 $k(k = 0, 1, \cdots, N-1)$ 不代表实际的频率。如何确定每个 k 值和模拟频率的对应关系，是使用 DFT 分析连续时间信号的基础。加窗序列 $v[n]$ 的 N 点 DFT 表示为

$$V[k] = \sum_{n=0}^{N-1} v[n] \mathrm{e}^{-\mathrm{j}\frac{2\pi}{N}nk} \tag{12-9}$$

它可以表示为 $v[n]$ 的离散时间傅里叶变换

$$V(\mathrm{e}^{\mathrm{j}\omega}) = \sum_{n=0}^{N-1} v[n] \mathrm{e}^{-\mathrm{j}\omega n} \tag{12-10}$$

在 ω 的主值区间 $[0, 2\pi)$ 的等间隔采样值，即

$$\omega_k = \frac{2\pi}{N}k, \quad 0 \leqslant k \leqslant N-1 \tag{12-11}$$

其中：频域采样间隔（即数字频率的分辨率）为

$$\Delta\omega = \omega_{k+1} - \omega_k = \frac{2\pi}{N} \tag{12-12}$$

根据理想采样理论可知，当满足奈奎斯特采样定理要求时，模拟频率 Ω、数字频率 ω 和采样周期 T 之间满足如下关系：

$$\omega = \Omega T = \Omega/F_s \tag{12-13}$$

其中：$F_s = 1/T$ 是采样频率。将式(12-11)代入式(12-13)，可以得到 $V[k]$ 对应的模拟频率

$$\Omega_k = \frac{\omega_k}{T} = \frac{2\pi k}{NT} \tag{12-14}$$

进而可以得到利用 DFT 分析模拟信号的频率分辨率

$$\Delta\Omega = \frac{\Delta\omega}{T} = \frac{2\pi}{NT} \tag{12-15}$$

再利用 $\Omega = 2\pi f$，可以将式(12-14)和式(12-15)表示成以赫兹（Hz）为单位的形式

$$f_k = \frac{k}{NT} = \frac{F_s}{N}k \tag{12-16}$$

$$\Delta f = \frac{\Delta\Omega}{2\pi} = \frac{F_s}{N} \tag{12-17}$$

根据式(12-17)可知，当采样频率 F_s 固定时，有效地增大序列长度 N（延长采样时间或增大窗口长度），可以提高基于 DFT 方法分析模拟信号的频率分辨率。

例 12.1　模拟频率和数字频率的转换关系：假定在分析连续时间信号 $x_c(t)$ 时，采样系统的工作频率 $F_s = 1000$ Hz，且采样持续时间 $T_d = 2$ s；对采样序列 $x[n]$ 进行离散傅里叶变换（DFT）得到频域序列 $V[k]$。要求：（1）计算连续时间信号分析结果的频率分辨率 Δf；（2）确定当 $k = 100$ 时 $X[k]$ 对应的模拟频率；（3）假定信号分析系统能够反映 0.2 Hz 的频率变化，计算所需的最短采样持续时间。

解　（1）在采样频率 $F_s = 1000$ Hz、持续时间 $T_d = 2$ s 的条件下，可以得到离散时间信号 $x[n]$ 的长度

$$N = F_s \cdot T_d = 1000 \times 2 = 2000$$

因此，利用式(12-17)可以得到系统的频率分辨率

$$\Delta f = \frac{F_s}{N} = \frac{1000}{2000} \text{ Hz} = 0.5 \text{ Hz}$$

（2）将 $k = 100$ 代入式(12-16)，可以得到 $X[100]$ 对应的模拟频率值

$$f_k = \frac{F_s}{N}k = \frac{1000}{2000} \times 100 \text{ Hz} = 50 \text{ Hz}$$

（3）根据式(12-17)可知，在不改变采样频率 F_s 的条件下，只能通过增大 DFT 的点数 N（即加窗序列的长度）来提高频率分辨率。当 $\Delta f = 0.2$ Hz 时，所需的 DFT 点数为

$$N = \frac{Fs}{\Delta f} = \frac{1000}{0.2} = 5000$$

因此利用 $N = F_s \cdot T_d$ 关系，可以得到所需的最短采样持续时间

$$T_{d\,min} = \frac{N}{F_s} = \frac{5000}{1000} \text{ s} = 5 \text{ s}$$

例 **12.2** 使用 DFT 估计太阳黑子周期：太阳黑子存在于太阳光球表面，它是太阳表面炽热气体的巨大漩涡，是太阳表面的磁场聚集、温度较低且颜色较暗的区域。太阳黑子很少单独活动，它对地球磁场的影响很大，严重时会损害各类电子设备。我国是世界上最先发现太阳黑子现象，且最早记录并见于公元前 140 年左右（西汉时期）成书的《淮南子·精神训》。天文学家们经过长期地观测，发现太阳黑子的数目变化存在着规律性。根据 1749 年 1 月—2020 年 12 月的太阳黑子数目序列，计算太阳黑子数目的变化周期。

解 1749 年 1 月—2020 年 12 月，按年份给出（每天统计并按月平均）的太阳黑子数目序列 $y[n]$ 如图 12-4（a）所示，可以看出它有近似的周期性[①]。为了便于计算周期，将 $y[n]$ 规范化为下标从 $n=0$ 开始且长度 $N=3264$（272 年共有 3264 个月）的序列 $x[n]$，如图 12-4（b）所示。其中：$n=0$ 代表 1749 年 1 月，$n=m$ 代表从 1749 年 1 月开始的第 m 个月。

对 $x[n]$ 进行 $N=3264$ 点的 DFT，可以得到它的幅频特性 $|X[k]|$ 及其局部表示，分别如图 12-4（c）和图 12-4（d）所示。特别地，为了避免出现数值很大的直流分量，在图 12-4（c）和图 12-4（d）中将 $X[0]$ 设置为 0。假定太阳黑子数目序列具有周期性，则在 DFT 的幅频特性 $|X[k]|$ 中会出现峰值。

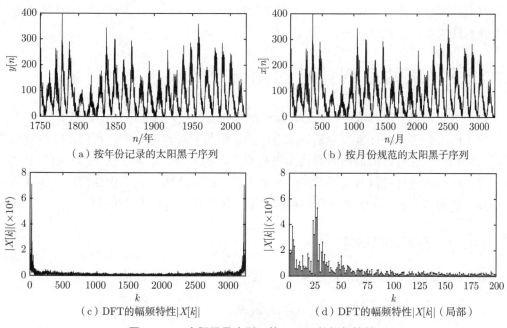

（a）按年份记录的太阳黑子序列   （b）按月份规范的太阳黑子序列

（c）DFT 的幅频特性 $|X[k]|$ （d）DFT 的幅频特性 $|X[k]|$（局部）

图 **12-4** 太阳黑子序列及其 DFT 的幅频特性

利用 $|X[k]|$ 的对称性（当 $x[n] \in \mathbb{R}$ 时 $|X[k]| = |X[N-k]|$），限定 $|X[k]|$ 的下标在 $0 \leqslant k \leqslant N/2$，在图 12-4（c）或 12-4（d）可以搜索到 $k=26$ 对应着频谱峰值。为了方便，设定序列 $x[n]$ 的采样频率 $F_s = 1$，即每个月获得一次太阳黑子数目。利用式(12-16)可以计

---

① 太阳黑子数目序列来自 SISLO 网站：http://www.sidc.be/silso/datafiles

算出 $X[k]|_{k=26}$ 对应的频率

$$f_k = \frac{F_s}{N}k = \frac{1}{3600} \times 26 = 7.22 \times 10^{-3}$$

因此，可以得到以月为单位的太阳黑子活动周期：$T_k = 1/f_k = 138.46$ 月，进而得到以年为单位的活动周期：$T_y = T_k/12 = 10.46$ 年，这与国际公认的太阳黑子活动周期 11.2 年非常接近（相对误差约为 6.6%）。如果对太阳黑子数目序列进行补零操作（见 12.3 节）或进行平滑滤波后再计算 DFT，则计算结果会更加准确。

在工程实践中对连续时间信号 $x_c(t)$ 进行离散傅里叶分析时，要注意以下几个问题。

（1）虽然可以使用数值计算方法得到加窗序列 $v[n]$ 的 DFT $V[k]$，并使用式(12-16)计算出 $V[k]$ 对应的模拟频率 f_k，但并不意味着连续时间信号 $x_c(t)$ 中一定包含着频率 f_k 的分量。

（2）如果加窗序列 $v[n]$ 是实序列，根据 DFT 的对称性可知，当 $0 \leqslant k \leqslant N/2$ 时 $V[k]$ 是独立的，则只需在 $0 \leqslant k \leqslant N/2$ 计算模拟频率值；如果 $v[n]$ 是复序列，则需要在 $0 \leqslant k \leqslant N-1$ 计算模拟频率值。

（3）如果加窗序列 $v[n]$ 的长度 N 不是 2 的整数次幂 $(N < L = 2^m)$，则无法使用快速傅里叶变换算法，此时需要在 $v[n]$ 的尾部补 $L-N$ 个零值之后，再选取基-2 的快速傅里叶变换算法来实现补零序列的 N 点 DFT。

12.2　正弦序列分析的加窗效应

在科学研究和工程实践中，从简谐振动到工频交流电，连续时间的正弦信号普遍存在。根据傅里叶级数理论，任何复杂的连续时间周期信号都可以表示为一系列正弦信号的叠加形式；同理，任何复杂的离散时间周期序列都可以表示为一系列正弦序列的组合形式。因此，对正弦序列进行频域分析是数字信号处理技术的基本内容，其中加窗运算和频域采样的频域分析尤其重要，相关方法和结论可应用于复杂数字信号的分析过程。

12.2.1　时域加窗效应

假设连续时间正弦信号的幅度为 A_0，频率为 Ω_0，初相位为 θ_0，它可以被表示为

$$x_c(t) = A_0 \cos(\Omega_0 t + \theta_0), \quad -\infty < t < \infty \tag{12-18}$$

利用欧拉公式，还可以将 $x_c(t)$ 表示为

$$x_c(t) = \frac{A_0}{2}e^{j(\Omega_0 t + \theta_0)} + \frac{A_0}{2}e^{-j(\Omega_0 t + \theta_0)} \tag{12-19}$$

因此，$x_c(t)$ 的连续时间傅里叶变换为

$$X_c(j\Omega) = A_0\pi e^{j\theta_0}\delta(\Omega - \Omega_0) + A_0\pi e^{-j\theta_0}\delta(\Omega + \Omega_0) \tag{12-20}$$

根据式(12-20)可知[①]，$X_c(j\Omega)$ 具有"线谱"结构，即在 $\Omega = \pm\Omega_0$ 的位置存在着幅值为 $A_0 = \pi$ 的一对冲激函数。当 $A_0 = 1$，$\Omega_0 = 20\pi$ 且 $\theta_0 = 0$ 时，连续时间正弦信号 $x_c(t)$ 及其幅度谱 $|X_c(j\Omega)|$，分别如图 12-5（a）和图 12-5（b）所示。

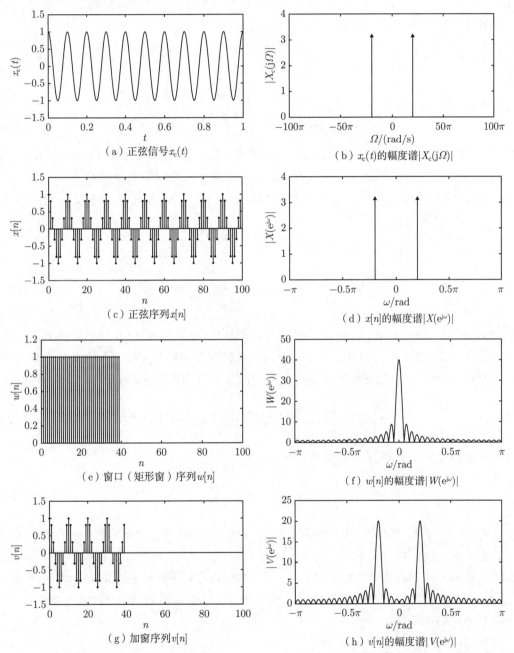

（a）正弦信号 $x_c(t)$

（b）$x_c(t)$ 的幅度谱 $|X_c(j\Omega)|$

（c）正弦序列 $x[n]$

（d）$x[n]$ 的幅度谱 $|X(e^{j\omega})|$

（e）窗口（矩形窗）序列 $w[n]$

（f）$w[n]$ 的幅度谱 $|W(e^{j\omega})|$

（g）加窗序列 $v[n]$

（h）$v[n]$ 的幅度谱 $|V(e^{j\omega})|$

图 12-5　正弦信号的加窗运算实例（$A_0 = 1$，$F_0 = 10$ Hz，$F_s = 100$ Hz，$\omega_0 = 0.2\pi$，$N = 40$）

---

① 关于式(12-20)的证明过程，读者可以查阅《信号与系统》教材。

当不考虑频谱混叠和量化误差时，对 $x_c(t)$ 进行等间隔采样可以得到离散时间正弦信号

$$x[n] = A_0 \cos(\omega_0 n + \theta_0), \quad -\infty < n < \infty \tag{12-21}$$

其中：$\omega_0 = \Omega_0 T = \Omega_0/F_s$，即数字频率 ω_0 是模拟频率 Ω_0 对采样频率 F_s 的规范化。同理，可以用欧拉公式将式(12-21)表示为

$$x[n] = \frac{A_0}{2} e^{j(\omega_0 n + \theta_0)} + \frac{A_0}{2} e^{-j(\omega_0 n + \theta_0)} \tag{12-22}$$

它的 DTFT 为

$$X(e^{j\omega}) = A_0 \pi e^{j\theta_0} \delta(\omega - \omega_0) + A_0 \pi e^{-j\theta_0} \delta(\omega + \omega_0) \tag{12-23}$$

根据式(12-23)可知，$X(e^{j\omega})$ 具有以 2π 为周期的"线谱"结构，即在主值区间 $[-\pi, \pi]$ 内的 $\omega = \pm\omega_0$ 位置 $X(e^{j\omega})$ 存在着一对幅值 $A_0 = \pi$ 的冲激函数。当采样频率 $F_s = 100$ Hz 时，对图 12-5（a）所示正弦信号 $x_c(t)$ 采样得到的正弦序列 $x[n]$ 及其幅度谱 $|X(e^{j\omega})|$，分别如图 12-5（c）和图 12-5（d）所示。

假定窗口序列 $w[n]$ 的长度为 N，它的 DTFT 为

$$W(e^{j\omega}) = \text{DTFT}(w[n]) = \sum_{n=0}^{N-1} w[n] e^{-j\omega n} \tag{12-24}$$

当 $N = 40$ 时，矩形窗序列 $w[n]$ 及其幅度谱 $|W(e^{j\omega})|$ 分别如图 12-5（e）和图 12-5（f）所示，可以看出，$|W(e^{j\omega})|$ 包含了以 $\omega = 0$ 为中心的主瓣，以及主瓣之外的众多旁瓣。

用窗口序列 $w[n]$ 对正弦序列 $x[n]$ 进行时域加窗得到加窗序列 $v[n] = x[n]w[n]$，即

$$v[n] = \frac{A_0}{2} w[n] e^{j(\omega_0 n + \theta_0)} + \frac{A_0}{2} w[n] e^{-j(\omega_0 n + \theta_0)} \tag{12-25}$$

再利用 DTFT 的调制性质可以得到

$$V(e^{j\omega}) = \frac{A_0}{2} e^{j\theta_0} W(e^{j(\omega - \omega_0)}) + \frac{A_0}{2} e^{-j\theta_0} W(e^{j(\omega + \omega_0)}) \tag{12-26}$$

比较式(12-23)和式(12-26)可知，如果对 $W(e^{j\omega})$ 的"副本"进行比例伸缩，并平移到 $X(e^{j\omega})$ 的谱线所在中心位置 $\omega = \pm\omega_0$，则可以得到 $V(e^{j\omega})$。因此，可以将加窗操作解释为：使用窗口序列 $w[n]$（调制信号）对正弦序列 $x[n]$（载波信号）进行幅度调制而得到加窗序列 $v[n]$（已调信号）的运算过程。当 $N = 40$ 时，加窗序列 $v[n]$ 及其幅度谱 $|V(e^{j\omega})|$ 分别如图 12-5（g）和图 12-5（h）所示。

12.2.2 加窗运算影响

根据 12.2.1节可知，时域加窗不仅使无限长的正弦序列 $x[n]$ 变为有限长的加窗序列 $v[n]$，而且使有冲激函数特点的直线型频谱 $X(e^{j\omega})$ 展宽为有窗口频谱特点的窄带型频谱

$V(\mathrm{e}^{\mathrm{j}\omega})$。由于窗口序列 $w[n]$ 的频谱 $W(\mathrm{e}^{\mathrm{j}\omega})$ 既包括以 $\omega=0$ 为中心的显著主瓣，又包含多个非显著旁瓣，因此使 $V(\mathrm{e}^{\mathrm{j}\omega})$ 的谱峰占据一定宽度，直接影响在频域的分辨能力。

假设某个连续时间信号 $x_{\mathrm{c}}(t)$ 包含两个不同频率的正弦信号，它表示为

$$x_{\mathrm{c}}(t) = A_0\cos(\Omega_0 t+\theta_0) + A_1\cos(\Omega_1 t+\theta_1) \tag{12-27}$$

其中：$-\infty < t < \infty$。对 $x_{\mathrm{c}}(t)$ 进行等间隔采样，可以得到离散时间信号，即

$$x[n] = A_0\cos(\omega_0 n+\theta_0) + A_1\cos(\omega_1 n+\theta_1) \tag{12-28}$$

$-\infty < n < \infty$。用 $w[n]$ 对 $x[n]$ 加窗，可得到加窗序列 $v[n]=x[n]w[n]$

$$v[n] = A_0 w[n]\cos(\omega_0 n+\theta_0) + A_1 w[n]\cos(\omega_1 n+\theta_1) \tag{12-29}$$

使用欧拉公式可以将 $v[n]$ 表示为复指数序列的求和形式

$$v[n] = \frac{A_0}{2}w[n]\mathrm{e}^{\mathrm{j}\theta_0}\mathrm{e}^{\mathrm{j}\omega_0 n} + \frac{A_0}{2}w[n]\mathrm{e}^{-\mathrm{j}\theta_0}\mathrm{e}^{-\mathrm{j}\omega_0 n} +$$
$$\frac{A_1}{2}w[n]\mathrm{e}^{\mathrm{j}\theta_1}\mathrm{e}^{\mathrm{j}\omega_1 n} + \frac{A_1}{2}w[n]\mathrm{e}^{-\mathrm{j}\theta_1}\mathrm{e}^{-\mathrm{j}\omega_1 n}$$

再利用频率移位性质，可以得到 $v[n]$ 的 DTFT，即

$$V(\mathrm{e}^{\mathrm{j}\omega}) = \frac{A_0}{2}\mathrm{e}^{\mathrm{j}\theta_0}W(\mathrm{e}^{\mathrm{j}(\omega-\omega_0)}) + \frac{A_0}{2}\mathrm{e}^{-\mathrm{j}\theta_0}W(\mathrm{e}^{\mathrm{j}(\omega+\omega_0)}) +$$
$$\frac{A_1}{2}\mathrm{e}^{\mathrm{j}\theta_1}W(\mathrm{e}^{\mathrm{j}(\omega-\omega_1)}) + \frac{A_1}{2}\mathrm{e}^{-\mathrm{j}\theta_1}W(\mathrm{e}^{\mathrm{j}(\omega+\omega_1)}) \tag{12-30}$$

其中：$W(\mathrm{e}^{\mathrm{j}\omega})$ 是 $w[n]$ $(0\leqslant n\leqslant N-1)$ 的 DTFT，即

$$W(\mathrm{e}^{\mathrm{j}\omega}) = \mathrm{DTFT}(w[n]) = \sum_{n=0}^{N-1} w[n]\mathrm{e}^{-\mathrm{j}\omega n} \tag{12-31}$$

根据式(12-30)可以看出，加窗序列 $v[n]$ 的频谱 $V(\mathrm{e}^{\mathrm{j}\omega})$ 是由复制并平移到 $\omega=\pm\omega_0$ 和 $\omega=\pm\omega_1$ 位置的窗口序列 $w[n]$ 的频谱 $W(\mathrm{e}^{\mathrm{j}\omega})$ 组成，且它们的幅度与对应分量的幅度成正比。

在加窗过程中需选择满足对称条件 $w[n]=w[N-1-n]$ 的窗口序列，如矩形窗、Hamming 窗、Kaiser 窗等，以保证窗口序列有严格的线性相位。描述窗口序列的时域参数包括形状和长度，下面以矩形窗和 Kaiser 窗为例，讨论它们对加窗结果的具体影响。

长度为 N 的矩形窗 $w[n]$ 定义为

$$w[n] = \begin{cases} 1, & 0\leqslant n\leqslant N-1 \\ 0, & 其他 \end{cases} \tag{12-32}$$

它的离散时间傅里叶变换为

$$W(\mathrm{e}^{\mathrm{j}\omega}) = \frac{\sin(\omega N/2)}{\sin(\omega/2)} \cdot \mathrm{e}^{-\mathrm{j}\frac{N-1}{2}\omega} \tag{12-33}$$

当矩形窗 $w[n]$ 的长度 $N = 21$ 时，它的幅度谱 $|W(\mathrm{e}^{\mathrm{j}\omega})|$ 和 $20\lg|W(\mathrm{e}^{\mathrm{j}\omega})|$（分贝表示形式）分别如图 12-6（a）和图 12-6（b）所示。可以看出，$|W(\mathrm{e}^{\mathrm{j}\omega})|$ 由幅值显著的主瓣和幅值较低的旁瓣构成。主瓣宽度 $\Delta\omega_{\mathrm{ml}}$ 定义为在中央对称位置附近的两个过零点之间的距离，旁瓣幅度 A_{sl} 定义为所有旁瓣的最大幅度，相对旁瓣高度 A_{rs} 定义为主瓣幅度与最大旁瓣幅度的比值（通常以分贝为单位）。矩形窗的主瓣宽度 $\Delta\omega_{\mathrm{ml}} = 4\pi/N$，在窗口中是最窄的；相对应的，旁瓣高度 $A_{\mathrm{rs}} = 13$ dB，在窗口中是最小的。

描述 Kaiser 窗有两个参数：形状参数 β 和窗口长度 N。① 当长度 N 相同时，形状参数 β 既影响主瓣宽度又影响旁瓣幅度，如图 12-6（c）和图 12-6（d）所示，β 越大，主瓣宽度越宽，而旁瓣幅度越小；② 当形状参数 β 相同时，窗口长度 N 仅影响主瓣宽度而不影响旁瓣幅度，如图 12-6（e）和图 12-6（f）所示，N 越大，主瓣宽度越窄，而旁瓣幅度不变。

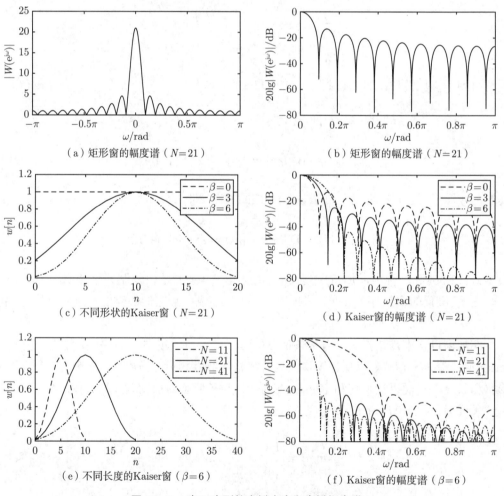

（a）矩形窗的幅度谱（$N=21$）　　　　（b）矩形窗的幅度谱（$N=21$）

（c）不同形状的Kaiser窗（$N=21$）　　　　（d）Kaiser窗的幅度谱（$N=21$）

（e）不同长度的Kaiser窗（$\beta=6$）　　　　（f）Kaiser窗的幅度谱（$\beta=6$）

图 12-6　窗口序列的主瓣宽度和旁瓣幅度谱

根据式(12-30)可知，加窗运算改变了正弦信号的频谱结构，加窗效应主要通过主瓣宽度 $\Delta\omega_{\mathrm{ml}}$ 和旁瓣幅度 A_{sl} 来体现，下面分别论述它们对傅里叶分析结果的具体影响。

1. 主瓣宽度影响

窗口序列 $w[n]$ 的形状参数和窗口长度共同确定了其幅度谱 $|W(\mathrm{e}^{\mathrm{j}\omega})|$ 的主瓣宽度，进而影响到对正弦信号分析的频率分辨能力。对于窗口长度为 N 的矩形窗，它的主瓣宽度 $\Delta\omega_{\mathrm{ml}} = 4\pi/N$；称主瓣宽度的 $1/2$ 为频率分辨率，即 $\Delta\omega = \Delta\omega_{\mathrm{ml}}/2 = 2\pi/N$。下面通过实例给出加窗操作对正弦序列分析的具体影响。

例 12.3 加窗操作对正弦序列分析的影响：序列 $x[n] = A_0\cos(\omega_0 n) + A_1\cos(\omega_1 n)$，其中 $A_0 = 1.0$，$A_1 = 0.75$。用长度 $N = 64$ 的矩形窗 $w[n]$ 对 $x[n]$ 加窗，得到加窗序列 $v[n] = x[n]w[n]$，$0 \leqslant n \leqslant N-1$。讨论在以下频率组合的条件下，加窗操作对正弦信号分析结果的影响：① $\omega_0 = 2\pi/6$，$\omega_1 = 2\pi/3$；② $\omega_0 = 2\pi/15$，$\omega_1 = 2\pi/10$；③ $\omega_0 = 2\pi/16$，$\omega_1 = 2\pi/12$；④ $\omega_0 = 2\pi/24$，$\omega_1 = 2\pi/20$。

解 当矩形窗的长度 $N = 64$ 时，它的主瓣宽度 $\Delta\omega_{\mathrm{ml}} = 4\pi/64 = \pi/16$，频率分辨率 $\Delta\omega = \Delta\omega_{\mathrm{ml}}/2 = \pi/32$。

① 当 $\omega_0 = 2\pi/6$，$\omega_1 = 2\pi/3$ 时：加窗序列 $v_1[n]$ 及其幅度谱 $|V_1(\mathrm{e}^{\mathrm{j}\omega})|$ 分别如图 12-7（a）和图 12-7（b）所示。此时，两个正弦分量的频率差 $\Delta\omega_{0,1} = |\omega_1 - \omega_0| = \pi/6$，远远大于主瓣宽度，即 $\Delta\omega_{0,1} \gg \Delta\omega_{\mathrm{ml}}$，根据 $|V_1(\mathrm{e}^{\mathrm{j}\omega})|$ 可以很容易地分辨出两个频率分量。

② 当 $\omega_0 = 2\pi/15$，$\omega_1 = 2\pi/10$ 时：加窗序列 $v_2[n]$ 及其幅度谱 $|V_2(\mathrm{e}^{\mathrm{j}\omega})|$ 分别如图 12-7（c）和图 12-7（d）所示。此时，两个正弦分量的频率差 $\Delta\omega_{0,1} = |\omega_1 - \omega_0| = \pi/15$，略大于主瓣宽度，即 $\Delta\omega_{0,1} > \Delta\omega_{\mathrm{ml}}$，根据 $|V_2(\mathrm{e}^{\mathrm{j}\omega})|$ 也可以分辨出两个频率分量。

③ 当 $\omega_0 = 2\pi/16$，$\omega_1 = 2\pi/12$ 时：加窗序列 $v_3[n]$ 及其幅度谱 $|V_3(\mathrm{e}^{\mathrm{j}\omega})|$ 分别如图 12-7（e）和图 12-7（f）所示。此时，两个正弦分量的频率差 $\Delta\omega_{0,1} = |\omega_1 - \omega_0| = \pi/24$，它小于主瓣宽度且大于频率分辨率，即 $\Delta\omega_{\mathrm{ml}}/2 < \Delta\omega_{0,1} < \Delta\omega_{\mathrm{ml}}$，根据 $|V_3(\mathrm{e}^{\mathrm{j}\omega})|$ 可以分辨出两个频率分量。

④ 当 $\omega_0 = 2\pi/24$，$\omega_1 = 2\pi/20$ 时：加窗序列 $v_4[n]$ 及其幅度谱 $|V_4(\mathrm{e}^{\mathrm{j}\omega})|$ 分别如图 12-7（g）和图 12-7（h）所示。此时，两个正弦分量的频率差 $\Delta\omega_{0,1} = |\omega_1 - \omega_0| = \pi/60$，它小于主瓣宽度的 $1/2$，即 $\Delta\omega_{0,1} < \Delta\omega_{\mathrm{ml}}/2 = \Delta\omega$，根据 $|V_4(\mathrm{e}^{\mathrm{j}\omega})|$ 无法分辨出两个频率分量。

在工程实践中，提高正弦序列的频域分辨能力主要有两种方法：其一是选择主瓣宽度更窄的窗口序列，由于窗口长度 N 给定时矩形窗的主瓣最窄，使得该方法受到很大的限制；其二是通过增大窗口长度来缩减主瓣宽度，即通过信号过采样技术获得更长的序列，这是提高频率分辨率的最有效方法，在 12.3.3 节将对此进行详细论述。

2. 旁瓣幅度影响

在使用加窗方法设计 FIR 数字滤波器时，窗口序列的主瓣宽度影响过渡带宽，旁瓣幅度影响通带和阻带的最大波纹；而在使用离散时间傅里叶变换分析正弦序列时，窗口序列的主瓣宽度影响频率分辨率，旁瓣幅度影响频谱泄露程度。频谱泄露是指属于某个位置的频率分量散布到其他位置的现象，它主要在两个方面影响着正弦序列分析结果。① 频谱展

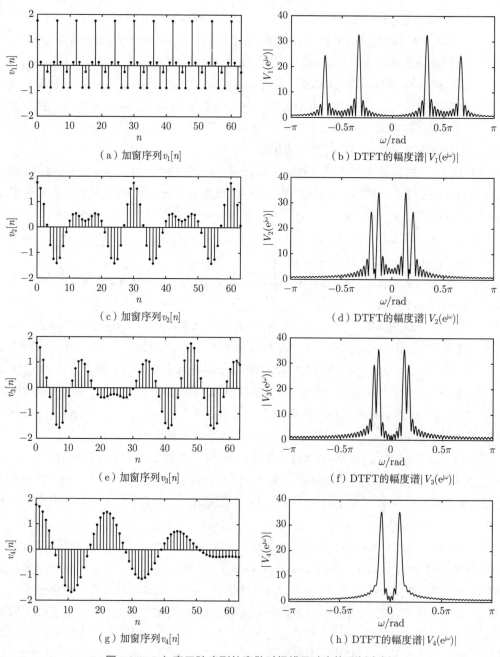

图 12-7　加窗正弦序列的离散时间傅里叶变换分析实例

宽：频谱泄露必然导致信号频谱展宽，甚至可能使最高频率超过折叠频率 $F_s/2$，导致频谱混叠失真。② 谱间干扰：频谱泄露导致相邻频谱之间互相干扰，甚至可能使较强频率分量的旁瓣幅度掩盖较弱频率分量的主瓣幅度。

　　例 12.4　抑制频谱泄露提高频率分辨能力：序列 $x[n] = A_0 \cos(\omega_0 n) + A_1 \cos(\omega_1 n)$，$A_0 = 1.0$，$A_1 = 0.08$，$\omega_0 = 2\pi/6$，$\omega_1 = 2\pi/3$。分别用长度 $N = 40$ 的矩形窗和 Hamming

窗进行加窗操作，并分析加窗序列的幅度谱。

　　解　用长度 $N = 40$ 的矩形窗 $w[n]$ 对 $x[n]$ 加窗，得到加窗序列 $v[n] = x[n]w[n]$ 及其幅度谱 $|V(\mathrm{e}^{\mathrm{j}\omega})|$，分别如图 12-8（a）和图 12-8（b）所示。由于矩形窗的旁瓣幅度很大，使得频谱泄露现象非常严重；与此同时，ω_1 分量相对于 ω_0 分量很小，导致 ω_1 分量的主瓣幅度淹没在 ω_0 分量的旁瓣幅度之下，因此根据 $|V(\mathrm{e}^{\mathrm{j}\omega})|$ 无法分辨出两个频率分量。

　　用长度 $N = 40$ 的 Hamming 窗 $w[n]$ 对 $x[n]$ 加窗，得到的加窗序列 $v[n] = x[n]w[n]$ 及其幅度谱 $|V(\mathrm{e}^{\mathrm{j}\omega})|$ 分别如图 12-8（c）和图 12-8（d）所示。由于 Hamming 窗的旁瓣幅度很小，使得频谱泄露程度很低，使得 ω_1 分量在 $|V(\mathrm{e}^{\mathrm{j}\omega})|$ 中凸显出来，而不是被 ω_0 分量的旁瓣幅度所淹没，因此根据 $|V(\mathrm{e}^{\mathrm{j}\omega})|$ 可以辨别出两个频率分量。特别注意，使用 Hamming 窗代替矩形窗，主瓣宽度增加了一倍，使得谱峰宽度也增加了一倍。

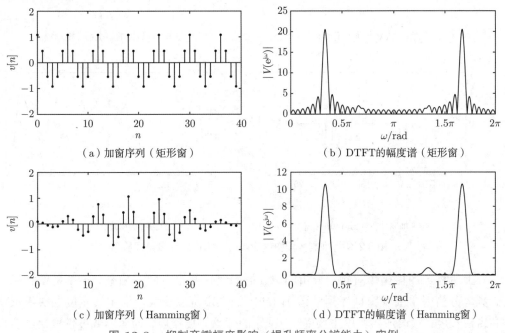

（a）加窗序列（矩形窗）　　　　　　（b）DTFT的幅度谱（矩形窗）

（c）加窗序列（Hamming窗）　　　（d）DTFT的幅度谱（Hamming窗）

图 12-8　抑制旁瓣幅度影响（提升频率分辨能力）实例

　　根据例 12.4可知，使用旁瓣幅度较小的窗口序列可以减小频谱泄露，但是较小的旁瓣幅度 A_{sl} 意味着较宽的主瓣宽度 $\Delta\omega_{\mathrm{ml}}$，导致对正弦序列分析的分辨能力下降。例如，与矩形窗相比，虽然 Hamming 窗产生的频谱泄露更小，但是主瓣宽度的展宽降低了加窗序列分析的分辨率。

　　例 12.5　抑制频谱泄露同时降低频率分辨率：序列 $x[n] = A_0\cos(\omega_0 n) + A_1\cos(\omega_1 n)$，其中 $A_0 = 1.0$，$A_1 = 0.75$，$\omega_0 = 2\pi/14$，$\omega_1 = 4\pi/15$。分别用长度 $N = 32$ 的矩形窗和 Hamming 窗进行加窗运算，并分析加窗序列的幅度谱。

　　解　用长度 $N = 32$ 的矩形窗 $w[n]$ 对 $x[n]$ 加窗，得到加窗序列 $v[n] = x[n]w[n]$ 及其幅度谱 $|V(\mathrm{e}^{\mathrm{j}\omega})|$ 分别如图 12-9（a）和图 12-9（b）所示，根据 $|V(\mathrm{e}^{\mathrm{j}\omega})|$ 中出现的两个谱峰及其所在位置，可以很容易地分辨出原始序列中两个频率分量。

用长度 $N = 32$ 的 Hamming 窗 $w[n]$ 对 $x[n]$ 加窗，得到加窗序列 $v[n] = x[n]w[n]$ 及其幅度谱 $|V(\mathrm{e}^{\mathrm{j}\omega})|$，分别如图 12-9（c）和图 12-9（d）所示。虽然使用 Hamming 窗有效地抑制了频谱泄露，但是较宽的主瓣使得两个谱峰出现严重的重合现象，最终降低了傅里叶分析方法的频率分辨率，即根据 $|V(\mathrm{e}^{\mathrm{j}\omega})|$ 无法分辨出原始序列中两个频率分量。

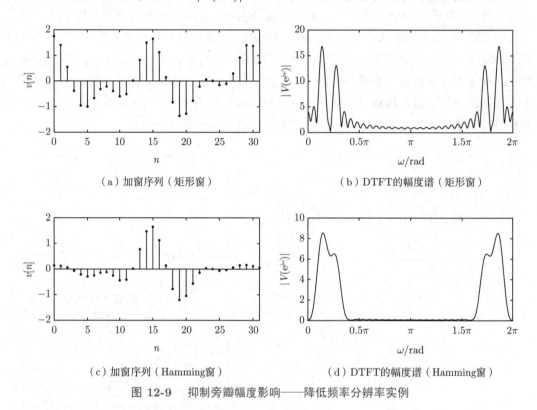

（a）加窗序列（矩形窗）　　　　　　（b）DTFT的幅度谱（矩形窗）

（c）加窗序列（Hamming窗）　　　　（d）DTFT的幅度谱（Hamming窗）

图 12-9　抑制旁瓣幅度影响——降低频率分辨率实例

综上所述，加窗操作对频谱分析的主要影响包括两个方面：频率分辨率降低和频谱泄露。频率分辨率主要受窗口序列频谱 $W(\mathrm{e}^{\mathrm{j}\omega})$ 的主瓣宽度影响，而主瓣宽度取决于形状参数和窗口长度；频谱泄露程度主要受 $W(\mathrm{e}^{\mathrm{j}\omega})$ 的旁瓣幅度影响，而旁瓣幅度仅取决于窗口形状，与窗口长度无关。在窗口长度固定的条件下，缩短主瓣宽度会提升旁瓣幅度，而抑制旁瓣幅度会加宽主瓣宽度，因此在工程实践中需要恰当地选择主瓣宽度和旁瓣幅度，在满足频率分辨率要求的前提下，最大限度地降低旁瓣幅度引起的频谱泄露。

12.3　正弦序列分析的频域采样

根据 12.1.1节可知，对连续时间信号的频域分析是通过离散傅里叶变换来实现的，而 DFT 是 DTFT 在频域上的等间隔采样。特别地，频域采样可能会产生不够清晰的频谱，甚至可能对 DFT 结果的分析或解释产生误导。与 12.2节论述的加窗效应类似，频域采样也是正弦序列分析中的重要内容。

12.3.1 栅栏效应表现

假定原始序列为 $x[n]$，窗口序列为 $w[n]$，加窗序列为 $v[n] = x[n]w[n]$。如果窗口长度为 N，则 $v[n]$ 的离散傅里叶变换为

$$V[k] = \sum_{n=0}^{N-1} v[n] \mathrm{e}^{-\mathrm{j}\frac{2\pi}{N}nk}$$

$v[n]$ 的离散时间傅里叶变换为

$$V(\mathrm{e}^{\mathrm{j}\omega}) = \sum_{n=0}^{N-1} v[n] \mathrm{e}^{-\mathrm{j}\omega n}$$

因此可以将 $V[k]$ 看作在 ω 的主值区间 $[0, 2\pi)$ 对 $V(\mathrm{e}^{\mathrm{j}\omega})$ 的等间隔采样

$$V[k] = V(\mathrm{e}^{\mathrm{j}\omega})|_{\omega = \frac{2\pi k}{N}} \tag{12-34}$$

其中：$V[k]$ 是在频率 $\omega_k = 2\pi/N$ $(k = 0, 1, \cdots, N-1)$ 位置上 $V(\mathrm{e}^{\mathrm{j}\omega})$ 的样本值。

虽然有限长序列 $v[n]$ 的 DTFT 结果 $X(\mathrm{e}^{\mathrm{j}\omega})$ 是关于 ω 连续函数，但是 $v[n]$ 的 DFT 结果 $X[k]$ 是关于 k 的离散序列，即 N 点 DFT 只能得到 N 个离散的频谱值，而无法得到连续的频谱函数。类似于通过特殊的栅栏来观测频谱，只能在有限个位置上获得频谱样值，而无法确定其他部分的频谱内容，因此称作栅栏效应。特别地，如果两个频域采样点之间存在着很大的频率分量，则会因栅栏效应而被遗漏。

例 12.6 正弦序列分析的栅栏效应：序列 $x[n] = A_0 \cos(\omega_0 n) + A_1 \cos(\omega_1 n)$，$A_0 = 1.0$，$A_1 = 0.75$，$\omega_0 = 2\pi/14$，$\omega_1 = 4\pi/15$。用长度 $N = 64$ 的矩形窗 $w[n]$ 对 $x[n]$ 进行加窗操作，得到加窗序列 $v[n] = x[n]w[n]$ $(0 \leqslant n \leqslant N-1)$，分析其 DFT 结果的幅度特性。

解 加窗序列 $v[n]$ 及其幅度谱 $|V(\mathrm{e}^{\mathrm{j}\omega})|$ 分别如图 12-10（a）和图 12-10（b）所示，可以看出，虽然幅度谱 $|V(\mathrm{e}^{\mathrm{j}\omega})|$ 中存在着比较严重的频谱泄露，但是两个频率分量的谱峰比值仍然非常接近于 $A_0{:}A_1 = 1{:}0.75$。

加窗序列 $v[n]$ 的 DFT 的幅度 $|V[k]|$ 如图 12-10（c）所示，来自 $|V[k]|$ 结果中两个频率分量的峰值之比与 1:0.75 相差很大，这是因为在频域采样过程中，两个谱峰都位于相邻频域采样点之间，如图 12-10（d）所示，导致 DFT 结果不能反映真实的频谱情况。

根据例 12.6 可知，从 DTFT 到 DFT 的频域采样过程会产生栅栏效应，而栅栏效应增大了正弦序列的频域分析难度；与此同时，正弦序列分析还需要引入加窗操作，而加窗过程会产生频谱泄露问题，它通过栅栏效应进一步增大了频域分析难度。因此，需要选择旁瓣幅度较低的窗口序列（如 Hamming 窗），通过减小频谱泄露来提升 DFT 结果的可解释性。

例 12.7 窗口形状对 DFT 结果的影响：序列 $x[n] = A_0 \cos(\omega_0 n) + A_1 \cos(\omega_1 n)$，$A_0 = 1.0$，$A_1 = 0.75$，$\omega_0 = 2\pi/6$，$\omega_1 = 2\pi/3$。使用长度 $N = 64$ 的矩形窗或 Kaiser 窗 $w[n]$ 对 $x[n]$ 进行加窗操作，得到的加窗序列 $v[n] = x[n]w[n]$ $(0 \leqslant n \leqslant N-1)$，分析 DFT 结果的幅度特性。

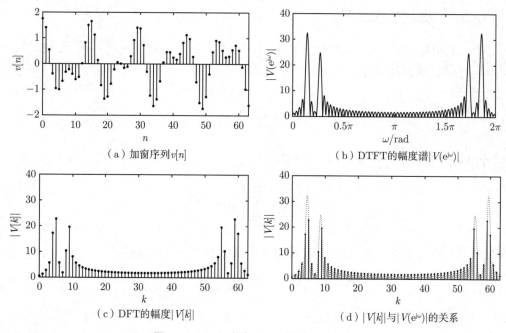

（a）加窗序列$v[n]$

（b）DTFT的幅度谱$|V(e^{j\omega})|$

（c）DFT的幅度$|V[k]|$

（d）$|V[k]|$与$|V(e^{j\omega})|$的关系

图 12-10　加窗序列的离散傅里叶变换

解　当采用矩形窗 $w[n]$ 对 $x[n]$ 进行加窗操作时，得到的加窗序列 $v[n]$ 及其 DFT 幅度 $|V[k]|$ 分别如图 12-11（a）和图 12-11（b）所示，可以看出，严重的频谱泄露导致两个频率分量的谱峰之间存在着很多杂散频率成分，非常不利于 DFT 结果的分析和解释。

当用长度 $N=64$，形状参数 $\beta=5.48$ 的 Kaiser 窗 $w[n]$ 对 $x[n]$ 进行加窗操作时，得到的加窗序列 $v[n]$ 及其 DFT 的幅度 $|V[k]|$ 分别如图 12-11（c）和图 12-11（d）所示，可以看出，两个谱峰之间的杂散频率分量得到了有效地抑制，根据 $|V[k]|$ 很容易地分辨两个频率分量。

虽然从理论角度讲，要表示长度为 N 的序列，只需 N 点的 DFT 结果即可，但是在特殊频率的条件下，频域采样可能产生很难解释的结果。例如，当待分析正弦序列的频率为频率分辨率 $2\pi/N$ 的整数倍时，会产生"伪线谱"现象。

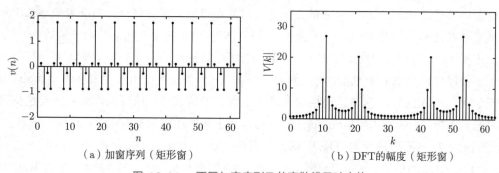

（a）加窗序列（矩形窗）

（b）DFT的幅度（矩形窗）

图 12-11　不同加窗序列及其离散傅里叶变换

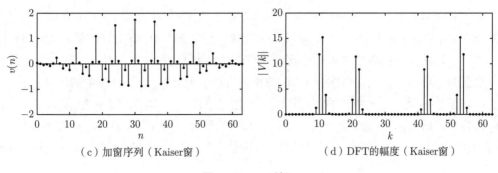

（c）加窗序列（Kaiser窗）　　　　　（d）DFT的幅度（Kaiser窗）

图 12-11 （续）

例12.8 特殊正弦序列的频谱泄露：序列 $x[n] = A_0 \cos(\omega_0 n) + A_1 \cos(\omega_1 n)$，$A_0 = 1.0$，$A_1 = 0.75$，$\omega_0 = 2\pi/16$，$\omega_1 = 2\pi/8$。使用长度 $N = 64$ 的矩形窗 $w[n]$ 对 $x[n]$ 进行加窗，可以得到加窗序列 $v[n] = x[n]w[n]$，$0 \leqslant n \leqslant N - 1$，分析加窗序列的 DFT 的幅度 $|V[k]|$。

解 加窗序列 $v[n]$ 及其 DFT 的幅度 $|V[k]|$ 分别如图 12-12（a）和图 12-12（b）所示，可以看出，$|V[k]|$ 出现了"线谱"结构，它与有限长序列的频谱特性不一致。特别注意，频率 $\omega_0 = 2\pi/16 = 4 \times (2\pi/64)$，它对应着 DFT 结果 $V[4]$；频率 $\omega_1 = 2\pi/8 = 8 \times (2\pi/64)$，它对应着 DFT 结果 $V[8]$。

加窗序列 $v[n]$ 的 DFT 的幅度 $|V[k]|$ 和幅度谱 $|V(\mathrm{e}^{\mathrm{j}\omega})|$ 之间频域采样关系如图 12-12（c）所示，可以看出，对两个频率分量的频域采样都位于频谱峰值的位置上，而对其他频率分量的采样都位于过零点的位置上，导致 $|V[k]|$ 呈现出所谓的"线谱"结构，这是频域采样点数有限导致的"虚假"现象。

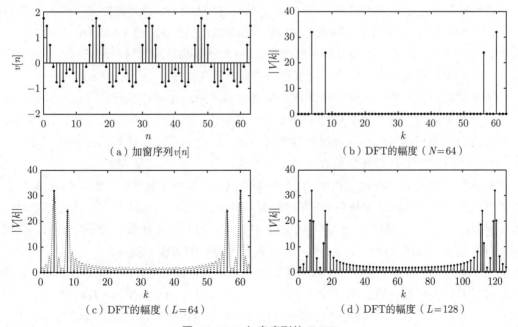

（a）加窗序列$v[n]$　　　　　（b）DFT的幅度（$N=64$）

（c）DFT的幅度（$L=64$）　　　　　（d）DFT的幅度（$L=128$）

图 12-12 加窗序列的 DFT

如果将频域采样点数增加到 $N = 128$, 即在序列 $v[n]$ 的尾部补 64 个零值, 形成长度 128 的补零序列, 再进行 $N = 128$ 点的 DFT, 则 DFT 的幅度 $|V[k]|$ 如图 12-12 (d) 所示, 可以看出, $|V[k]|$ 的包络可以较好地反映 $|V(e^{j\omega})|$ 的幅度特性。

根据例 12.8可知, 当窗口序列 $w[n]$ 的长度为 N, 且正弦序列 $x[n]$ 中的频率分量 $\Delta\omega = 2\pi/N$ (DFT 的频率分辨率) 的整数倍时, 在加窗序列 $v[n]$ 的 DFT 的幅度 $|V[k]|$ 中出现了所谓的 "线谱", 它实质上是栅栏效应的特殊表现形式。只有当频域采样点数 N 足够大时, DFT 的幅度 $|V[k]|$ 的包络才接近于真实的幅度谱 $|V(e^{j\omega})|$, 其实现方法是序列的补零操作。

12.3.2 补零运算影响

为了减小栅栏效应的影响, 需要增加加窗序列的频域采样点数, 可以通过对加窗序列补零来实现, 即在长度为 N 的加窗序列的尾部添加 $L - N$ 个零值, 得到长度为 L 的补零序列。在补零序列的 DFT 结果中, 相邻频域采样点的间隔由补零前的 $2\pi/N$ 变为补零后的 $2\pi/L$, 使 DFT 的幅度的包络更接近于真实的幅度谱。特别注意, 由于补零运算没有增加有效的内容, 因此它不会提高 DFT 分析的频率分辨率。

例 12.9 补零运算不会提高频率分辨率: 序列 $x[n] = A_0\cos(\omega_0 n) + A_1\cos(\omega_1 n)$, $A_0 = 1.0$, $A_1 = 0.75$, $\omega_0 = 2\pi/14$, $\omega_1 = 4\pi/15$。用长度 $N = 32$ 且形状 $\beta = 5.48$ 的 Kaiser 窗 $w[n]$ 对 $x[n]$ 加窗, 并分析不同补零长度下加窗序列 $v[n] = x[n]w[n]$ 的 DFT 的幅度谱。

解 用长度 $N = 32$, 形状参数 $\beta = 5.48$ 的 Kaiser 窗 $w[n]$ 对 $x[n]$ 进行加窗, 得到的加窗序列 $v[n] = x[n]w[n]$ 及其幅度谱 $|V(e^{j\omega})|$ 分别如图 12-13 (a) 和图 12-13 (b) 所示, 显而易见, 根据 $|X(e^{j\omega})|$ 无法区分两个相互重叠的频率分量。

在加窗序列 $v[n]$ 的尾部添加 $L - N$ 个零值, 并分别对补零序列进行 $L = 32$、$L = 64$、$L = 128$ 点的 DFT, 得到 DFT 的幅度 $|V[k]|$ 分别如图 12-13 (c)、图 12-13 (d) 和图 12-13 (e) 所示。可以看出, 随着补零数目的不断增加, DFT 的幅度逐渐变密, 但是依旧无法区分重合的频率分量, 这是因为补零运算没有增加有效的信号内容。

与此同时, 简单的时域补零运算可以实现对频谱的充分采样, 将重要的频域特性表现出来。如果时域补零数目 (或频域采样数目) 足够多, 即在 DFT 结果之间进行插值运算 (线性内插), 则可以得到相当准确的傅里叶频谱, 它可以用于谱峰的位置和幅度估计。将 $L = 1024$ 点的 DFT 的幅度绘制为连续函数形式, 如图 12-13 (f) 所示。

根据例 12.9可知, 在窗口长度 N 不变的情况下, 虽然增加 DFT 的计算点数 L 并不会改变频率分辨率, 但是会减小 DFT 结果的频域采样间距, 使 DFT 的幅度包络非常接近 $X(e^{j\omega})$ 的幅度谱, 即减轻了频域采样中的栅栏效应, 提高了频谱分析的视觉效果。特别注意, 补零运算可以减少栅栏效应, 但不会提高信号分析的频率分辨率。

为了实现对加窗序列的高效分析, 通常使用 FFT (快速傅里叶变换) 算法。无论是按时间抽取还是按频率抽取的 FFT 算法, 都要求序列长度是 2 的整数次幂 ($L = 2^m$, $m \in \mathbb{Z}^+$)。通常情况下, 使用 FFT 算法时进行的补零运算, 核心目的是满足计算长度的特殊要求, 而不是抑制频域采样中的栅栏效应, 且不会提高计算结果的频率分辨率。

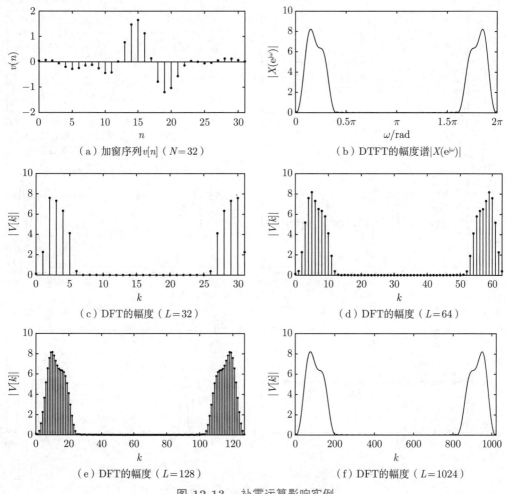

（a）加窗序列 $v[n]$（$N=32$）

（b）DTFT的幅度谱 $|X(e^{j\omega})|$

（c）DFT的幅度（$L=32$）

（d）DFT的幅度（$L=64$）

（e）DFT的幅度（$L=128$）

（f）DFT的幅度（$L=1024$）

图 12-13　补零运算影响实例

12.3.3　过采样的影响

虽然对加窗序列 $v[n]$ 的补零操作抑制了栅栏效应，但是在 $v[n]$ 尾部添加的零值不包含任何有效的信息，导致补零运算无法提高信号分析的频率分辨率。通常，过采样技术是提高频率分辨率的有效方法，它通过增大窗口序列 $w[n]$ 的覆盖范围，即通过增大待分析信号的有效长度，来提升对不同频率分量的分辨能力。

例 12.10　使用过采样技术提高频率分辨率：序列 $x[n] = A_0\cos(\omega_0 n) + A_1\cos(\omega_1 n)$，$A_0 = 1.0$，$A_1 = 0.75$，$\omega_0 = 2\pi/14$，$\omega_1 = 4\pi/15$。用窗口长度为 N 且形状参数 $\beta = 5.48$ 的 Kaiser 窗 $w[n]$ 对 $x[n]$ 加窗，可以得到加窗序列 $v[n] = x[n]w[n]$ $(0 \leqslant n \leqslant N-1)$，分析不同长度加窗序列的 DFT 幅度特性。

解　对长度为 N 的加窗序列 $v[n]$ 补零，使之成为长度 $L = 1024$ 的补零序列（为了方便，仍记为 $v[n]$），并对补零序列 $v[n]$ 进行 $L = 1024$ 点的 DFT。当用直线连接 DFT 结果 $|V[k]|$ 的包络时，得到的平滑曲线如图 12-14所示。

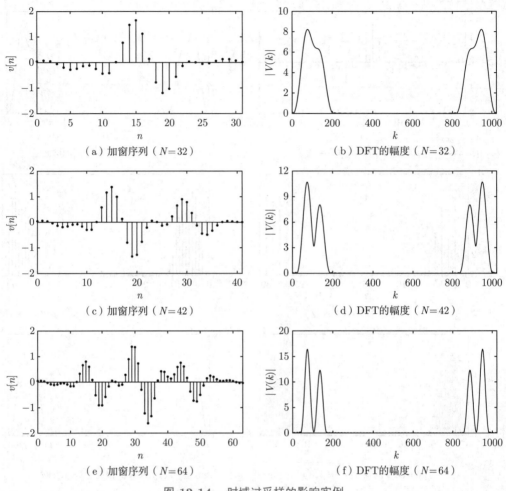

图 12-14　时域过采样的影响实例

① 当 $N=32$ 时：加窗序列 $v[n]$ 及其 DFT 的幅度 $|V[k]|$ 分别如图 12-14（a）和 12-14（b）所示，由于窗口长度很短致使主瓣很宽，根据 $|V[k]|$ 结果无法分辨出两个正弦分量，增大 DFT 的计算长度仅仅使得幅度特性曲线更加平滑。

② 当 $N=42$ 时：加窗序列 $v[n]$ 及其 DFT 的幅度 $|V[k]|$ 分别如图 12-14（c）和 12-14（d）所示，随着窗口长度 N 的增大，窗口序列的主瓣逐渐变窄；虽然 $|V[k]|$ 中的两个频峰之间存在着部分重叠，但是根据 $|V[k]|$ 结果能够分辨出两个正弦分量。

③ 当 $N=64$ 时：加窗序列 $v[n]$ 及其 DFT 的幅度 $|V[k]|$ 分别如图 12-14（e）和 12-14（f）所示，随着窗口长度 N 达到最大，窗口序列的主瓣达到最窄，根据 $|V[k]|$ 中的两个谱峰可以很好地分辨出两个正弦分量，且它们的峰值之比非常接近于 1:0.75 的正确比值。

根据例 12.10可知，通过对待分析信号的时域过采样和增大窗口序列的覆盖范围，增加了 DFT 的有效内容，进而提高了对不同频率分量的分辨能力。虽然补零操作会增加 DFT 的计算量，但是增加频域采样点数目可以减小栅栏效应。在工程实践中使用快速 FFT 算法进行数字信号分析时，往往同时存在着时域过采样和补零运算，深入理解它们的影响规律，对分析和解释 FFT 计算结果是非常有益的。

12.4　短时傅里叶变换

传统的傅里叶分析方法有着非常严密的数学基础，无论是傅里叶级数还是傅里叶变换，它们的频域表示都具有正交性（不同频率分量具有独立性）。特别地，傅里叶分析的基础是正弦信号，它在时域和频域均有鲜明的物理意义。虽然傅里叶分析方法在科学研究和工程实践中得到了广泛应用，但是它也存在着固有的局限性，特别是在对雷达、声呐、语音等非平稳信号进行分析时存在着实质性的困难。以下从傅里叶变换的局限性分析开始，论述短时傅里叶变换（STFT）的基本概念、实现方法和典型应用。

12.4.1　傅里叶变换局限性

虽然傅里叶分析方法的物理意义鲜明、理论基础完善且表示方法规范，但是存在着缺乏时域及频域的定位功能、仅适用于平稳信号分析、时间-频率分辨率受限等局限性，下面以 DTFT 为基础进行简要地讨论。

1. 缺乏时域和频域定位功能

无论是连续时间还是离散时间的傅里叶变换，它们都是全局意义上的变换，且时间和频率是完全分离的，既在频域中不能反映任何时域信息，又在时域中不能反映任何频域信息。序列 $x[n]$ 的离散时间傅里叶变换定义为

$$X(e^{j\omega}) = \sum_{n=-\infty}^{\infty} x[n]e^{-j\omega n} \tag{12-35}$$

$X(e^{j\omega})$ 的离散时间傅里叶反变换定义为

$$x[n] = \frac{1}{2\pi} \int_{-\pi}^{\pi} X(e^{j\omega})e^{j\omega n}d\omega \tag{12-36}$$

根据式(12-35)和式(12-36)可知，离散时间傅里叶变换及其反变换建立了时间序列和频谱函数之间的内在联系。虽然式(12-35)能够给出所有的频率分量，但是无法给出不同频率分量的出现时间；反之，式(12-36)能够根据频谱合成完整的序列，但是无法确定每个频率分量的实际贡献。由于傅里叶分析在时域和频域的相互独立，因此导致无法进行时频联合分析。

例 12.11　**DTFT 缺少时域和频域定位实例**：假定 $x[n]$ 是长度 $N=128$ 的序列，它由长度 $M=64$ 的两个序列组成，第一个序列 $x_1[n]=\cos\left(\frac{2\pi}{16}n\right)$，$0 \leqslant n \leqslant M-1$，第二个序列 $x_2[n]=\cos\left(\frac{2\pi}{32}n\right)$，$M \leqslant n \leqslant 2M-1$。序列 $x[n]$ 的波形如图 12-15（a）所示。

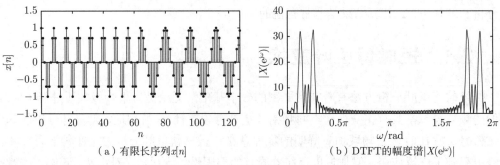

（a）有限长序列$x[n]$　　　　　　（b）DTFT的幅度谱$|X(e^{j\omega})|$

图 12-15　　离散时间傅里叶变换缺乏时域和频域定位能力实例

对 $x[n]$ 进行离散时间傅里叶变换，得到它的幅度谱 $|X(e^{j\omega})|$，如图 12-15（b）所示。根据 $|X(e^{j\omega})|$ 中出现的两个谱峰，可以确定 $x[n]$ 中包含两个不同频率的正弦分量，却无法推断出 $x_1[n]$ 和 $x_2[n]$ 在时间上的先后顺序。

2. 仅适用于平稳信号分析

傅里叶变换的主要对象是平稳信号，即频率不随着时间变化的时不变信号，包括单频率信号或多频率信号。时不变性意味着在两个不同时间范围内，待分析信号包含的频率分量完全相同。在时不变性条件的约束下，可以将序列 $x[n]$ 表示为无穷多个复正弦序列的求和形式（离散时间傅里叶反变换），且它们的幅度、频率和初相位都不随着时间变化，即在特定频率下是与时间无关的常数（离散时间傅里叶变换）。

非平稳信号是频率随着时间变化的信号，广泛地存在于现实世界中，如语音、振动、雷达、声呐等各类信号，它们在本质上都是时变的，即它们的瞬时频率是时间的函数。当用离散时间傅里叶变换分析非平稳序列时，既不能反映频率随时间的变化行为，又不能确定某段时间内的变化形式，而仅仅能给出总体上的平均效果。

例 12.12　DTFT 不能分析非平稳信号：假定 $x[n]$ 是长度 $N = 128$ 的序列，它由一个周期的正弦序列及其前后两段零值序列构成，如图 12-16（a）所示；在 $x[n]$ 的定义范围 $0 \leqslant n \leqslant N-1$，$x[n]$ 的频率分量出现了两次变化，因此它是典型的非平稳信号。

对 $x[n]$ 进行离散时间傅里叶变换可以得到它的幅度谱 $|X(e^{j\omega})|$，如图 12-16（b）所示。可以看出，$|X(e^{j\omega})|$ 具有近似的带通特性，且谱峰宽度远远大于常见窗口的主瓣宽度，这表明正弦部分的频率信息被散布到整个频带范围，且 $|X(e^{j\omega})|$ 无法反映 $x[n]$ 在时域的任何变化。

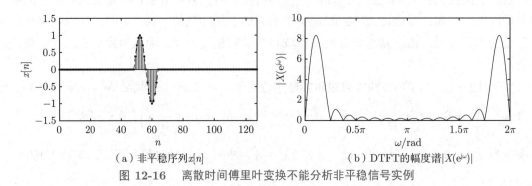

（a）非平稳序列$x[n]$　　　　　　（b）DTFT的幅度谱$|X(e^{j\omega})|$

图 12-16　　离散时间傅里叶变换不能分析非平稳信号实例

3. 时间和频率分辨率局限性

时间分辨率和频率分辨率是数字信号处理中的基本概念，是分辨数字信号的最小时域间隔和最小频域间隔，且间隔越小分辨率越高。在分析离散时间信号时，总是希望既得到很好的时间分辨率，又得到很好的频率分辨率。然而根据不确定性原理可知，二者不可能同时达到最好，因此需要根据信号特点和任务要求，实现它们的合理折中。对于瞬变的信号，希望获得较高的时间分辨率，以便能够观察到发生的时刻和形态；对于慢变的信号，不是追求较高的时间分辨率，而是希望获得较高的频率分辨率。

将复指数序列 $e^{j\omega_0 n}$ 代入离散时间傅里叶变换定义式(12-35)，可以得到

$$\langle e^{j\omega_0 n}, e^{j\omega n}\rangle = \sum_{n=-\infty}^{\infty} e^{j\omega_0 n}e^{-j\omega n} = 2\pi\delta(\omega - \omega_0) \tag{12-37}$$

其中：$\langle \cdot, \cdot \rangle$ 是内积运算符号。因此，对于不同频率的两个序列 $e^{j\omega_1 n}$ 和 $e^{j\omega_0 n}$ 可以得到

$$\langle e^{j\omega_1 n}, e^{j\omega_0 n}\rangle = \sum_{n=-\infty}^{\infty} e^{j\omega_1 n}e^{-j\omega_0 n} = 2\pi\delta(\omega_1 - \omega_0) \tag{12-38}$$

式(12-38)表明，构成离散时间傅里叶变换的所有基函数 $e^{j\omega n}$ 构成了一组正交基，因此在频域分析正弦信号时可以获得最好的频率分辨率；由于 $e^{j\omega n} = \cos(\omega n)+j\sin(\omega n), -\infty \leqslant n \leqslant \infty$，因此在时域分析正弦信号时只能得到最坏的时间分辨率。

长度为 N 的矩形窗 $w[n]$ 如图 12-17（a）所示，它的离散时间傅里叶变换为

$$W(e^{j\omega}) = \frac{\sin(\omega N/2)}{\sin(N/2)} \cdot e^{-j\frac{N-1}{2}\omega} = A(e^{j\omega})e^{-j\frac{N-1}{2}\omega} \tag{12-39}$$

其中：$A(e^{j\omega})$ 是幅值函数，如图 12-17（b）所示，它的主瓣宽度 $\Delta\omega_{ml} = 4\pi/N$。在数字信号分析中窗口序列用于截短信号，虽然截短序列可以提高时间分辨率，但是幅值函数的主瓣变宽会降低频率分辨率。因此，傅里叶分析在时间分辨率和频率分辨率之间存在着固有的矛盾，且无法根据信号特点进行自动调节，以此达到两种分辨率的自适应均衡。

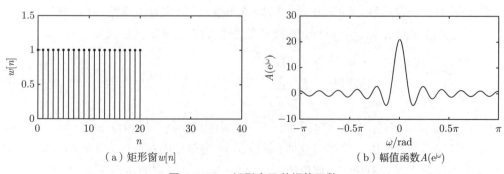

（a）矩形窗$w[n]$ （b）幅值函数$A(e^{j\omega})$

图 12-17 矩形窗及其幅值函数

12.4.2　STFT 基本概念

短时傅里叶变换是分析非平稳信号的常用方法，它的基本思想是：选择合适的窗口序列对待分析信号加窗，并假定窗口覆盖范围内的信号是平稳的；对加窗信号进行傅里叶变换，获取加窗信号的频域特征；通过不断滑动窗口和进行频域分析，得到整个信号的时频联合分布。根据待分析信号在时域是否连续，可以将短时傅里叶变换划分为两类：连续时间信号的 STFT 和离散时间信号的 STFT，后者是以下论述的主要内容。根据离散时间信号的不同加窗方式，STFT 存在着两种定义形式。

（1）对离散时间信号 $x[n]$ 进行 STFT 的第一种定义形式

$$X[n,\lambda] = \sum_{m=-\infty}^{\infty} \{x[m+n]w[m]\} \mathrm{e}^{-\mathrm{j}\lambda m} \tag{12-40}$$

其中：$w[m]$ 是窗口序列，λ 是数字频率。式(12-40)将离散时间变量 n 的一维函数 $x[n]$，转化为离散时间变量 n 和连续频率变量 λ 的二维函数 $X[n,\lambda]$，且对于确定的 n 值，$X[n,\lambda]$ 是以 2π 为周期的连续函数，因此只需考虑 λ 位于主值区间（$[0,2\pi)$ 或 $(-\pi,\pi]$）的情况。

特别地，当变量 n 发生变化时，序列 $x[n]$ 滑动着通过固定窗口 $w[m]$，如图 12-18（a）所示。假定窗口序列覆盖下数字信号具有平稳性，因此可以将式(12-40)看作：移位的序列 $x[m+n]$ 通过固定的窗口 $w[m]$ 之后，对加窗的序列 $x[m+n]w[m]$ 进行的离散时间傅里叶变换。如果 $w[m]$ 至少有一个非零值，则短时傅里叶变换是可逆变换。根据 IDTFT 公式可以得到

$$x[m+n]w[m] = \frac{1}{2\pi} \int_0^{2\pi} X[n,\lambda]\mathrm{e}^{\mathrm{j}\lambda m}\mathrm{d}\lambda \tag{12-41}$$

其中：$-\infty < m < \infty$。式(12-41)表明，根据短时傅里叶变换结果 $X[n,\lambda]$ 可以恢复出加窗序列 $x[m+n]w[m]$。如果 $w[0] \neq 0$，则根据式(12-41)可以得到

$$x[n] = \frac{1}{2\pi w[0]} \int_0^{2\pi} X[n,\lambda]\mathrm{d}\lambda \tag{12-42}$$

式(12-42)表明，当窗口值 $w[0] \neq 0$ 时，根据 $X[n,\lambda]$ 可以恢复出原始序列 $x[n]$。

（2）对离散时间信号 $x[n]$ 进行短时傅里叶变换的第二种定义方式为

$$\hat{X}[n,\lambda] = \sum_{m=-\infty}^{\infty} x[m]w[m-n]\mathrm{e}^{-\mathrm{j}\lambda m} \tag{12-43}$$

其中：$w[m]$ 是窗口序列，λ 是数字频率。同理，式(12-43)将一维函数 $x[n]$ 转化为二维函数 $\hat{X}[n,\lambda]$。特别地，当变量 n 发生变化时，$w[m-n]$ 是移动的窗口序列，如图 12-18（b）所示。因此可以将式(12-43)看作：移位的窗口 $w[m-n]$ 对固定的序列 $x[n]$ 加窗后，对加窗的序列 $x[m]w[m-n]$ 进行的离散时间傅里叶变换。

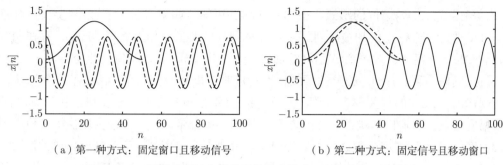

（a）第一种方式：固定窗口且移动信号　　　　（b）第二种方式：固定信号且移动窗口

图 12-18　短时傅里叶变换的两种加窗形式（虚线表示下一时刻）

如果 $w[m]$ 至少有一个非零值，则式(12-43)定义的短时傅里叶变换是可逆的，即

$$x[m]w[m-n] = \frac{1}{2\pi} \int_0^{2\pi} \hat{X}[n,\lambda] e^{j\lambda m} d\lambda \tag{12-44}$$

其中：$-\infty < m < \infty$。如果当 $m-n=0$ 时 $w[0] \neq 0$，则根据式(12-44)可以得到

$$x[n] = \frac{1}{2\pi w[0]} \int_0^{2\pi} \hat{X}[n,\lambda] d\lambda \tag{12-45}$$

使用变量代换方法，可以得到式(12-40)和式(12-43)之间的转换关系

$$X[n,\lambda] = e^{j\lambda n} \cdot \hat{X}[n,\lambda] \quad \text{或} \quad \hat{X}[n,\lambda] = e^{-j\lambda n} \cdot X[n,\lambda] \tag{12-46}$$

根据式(12-46)可知，$X[n,\lambda]$ 和 $\hat{X}[n,\lambda]$ 的差别仅在于相位因子 $e^{j\lambda n}$ 或 $e^{-j\lambda n}$，因此它们有相同的幅度特性。虽然短时傅里叶变换的两种定义形式等价，但是式(12-40)多用于实际应用，而式(12-43)多用于理论分析。如果利用 12.1 节给出的模拟频率和数字频率的转换关系（$\Omega = \omega/T$）则很容易地反映连续时间信号的短时傅里叶变换，此处不再赘述。

12.4.3　加窗运算影响

在离散时间信号的短时傅里叶变换过程中，窗口序列的主要功能是限制待分析信号的时域范围，即实现对待分析信号的时域定位，并认为窗口覆盖下的待分析信号具有平稳性。特别地，窗口序列的频域特性直接影响着短时傅里叶变换结果。假定待分析序列为 $x[n]$，窗口序列为 $w[n]$，则 $x[n]$ 的短时傅里叶变换为

$$X[n,\lambda] = \sum_{m=-\infty}^{\infty} \{x[m+n]w[m]\} e^{-j\lambda m} \tag{12-47}$$

即当下标 n 值固定时，可以认为 $X[n,\lambda]$ 是加窗序列 $x[m+n]w[m]$ 的傅里叶变换。根据傅里叶变换的时域乘积与频域卷积的对应关系，$X[n,\lambda]$ 等于移位序列 $x[m+n]$ 的傅里叶变换 $X(e^{j\lambda})e^{j\lambda n}$ 与窗口序列 $w[n]$ 傅里叶变换 $W(e^{j\lambda})$ 的周期卷积

$$X[n,\lambda] = \frac{1}{2\pi} \int_0^{2\pi} X(e^{j\theta}) e^{j\theta n} \cdot W(e^{j(\lambda-\theta)}) d\theta \tag{12-48}$$

式(12-48)是式(12-47)等价的形式。根据式(12-48)可知，如果 $x[n]$ 与 $w[n]$ 没有相对移位（$n = 0$），则 $X[n, \lambda]$ 是的加窗序列 $x[n]w[n]$ 的傅里叶变换；如果 $x[n]$ 与 $w[n]$ 存在相对移位（$n \neq 0$），则需要针对每个 n 值计算加窗序列 $x[m + n]w[m]$ 的傅里叶变换。

与此同时，窗口序列 $w[n]$ 的频域特性对短时傅里叶变换结果 $X[n, \lambda]$ 产生影响，且基本规律与 12.2 节的相关内容一致，主要包括：① 主瓣宽度取决于窗口形状和窗口长度，旁瓣幅度仅取决于窗口形状；② 当分析两个不同频率分量时，分辨能力取决于窗口序列的主瓣宽度；③ 不同频率分量之间的频谱泄露，取决于窗口序列的旁瓣幅度。通常使用满足 $w[n] = w[N - 1 - n]$ 对称关系且具有低通特性的窗口序列，如矩形窗、Hamming 窗、Kaiser 窗等，典型窗口序列的时域图形和幅度特性如图 12-19（a）和图 12-19（b）所示。

在选择窗口序列时要注意时间分辨率和频率分辨率。① 如果待分析信号变化剧烈，即包含丰富的高频分量，则选择较短的窗口序列，以适应信号的快速变化；窗口长度较短意味着主瓣宽度较宽，此时短时傅里叶变换具有较高的时间分辨率、较低的频率分辨率。② 如果待分析信号比较平缓，即包含较少的低频分量，则需要选择较长的窗口序列，以便充分地覆盖信号；窗口序列较长意味着主瓣宽度较窄，此时短时傅里叶变换具有较高的频率分辨率、较低的时间分辨率。典型窗口序列的选择方法如图 12-19（c）和图 12-19（d）所示。

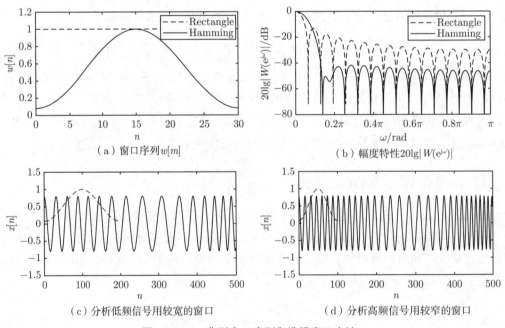

（a）窗口序列 $w[m]$ （b）幅度特性 $20\lg|W(e^{j\omega})|$

（c）分析低频信号用较宽的窗口   （d）分析高频信号用较窄的窗口

图 12-19　典型窗口序列和选择窗口方法

现在考虑两种极端的加窗情况。① 完全没有加窗的情况：可以认为窗口序列 $w[n]$ 是长度 $N = \infty$ 的矩形窗，即 $w[n] = 1, n \in \mathbb{Z}$；特别地，$w[n]$ 的傅里叶变换为 $W(e^{j\omega}) = 2\pi\delta[\omega]$。虽然 STFT 可以获得无限高的频率分辨率，但是无法获得任何时间分辨率。② 加权单个序列值的情况：可以认为窗口序列 $w[n]$ 是长度 $N = 1$ 的矩形窗，即 $w[n] = \delta[n], n \in \mathbb{Z}$；特别地，$w[n]$ 的傅里叶变换是 $W(e^{j\omega}) = 1$。虽然 STFT 可以获得无限高的时间分辨率，但是无法获得任何频率的分辨率。

因此，在工程实践中使用的有限长窗口序列（如矩形窗、Hamming 窗、Gaussian 窗、Kaiser 窗等），既可以获得一定的时间分辨率又可以获得一定的频率分辨率，但是二者不能同时得到提升或降低；与此同时，设置合适的窗口形状可以降低旁瓣幅度、抑制频谱泄露，同时增加窗口长度可以缩短主瓣宽度、提高频率分辨率。选择窗口函数的恰当与否，对短时傅里叶变换结果的可解释性将产生直接的影响。

12.4.4　STFT 实现方法

STFT（短时傅里叶变换）的定义式

$$X[n,\lambda] = \sum_{m=-\infty}^{\infty} \{x[m+n]w[m]\}\,\mathrm{e}^{-\mathrm{j}\lambda m} \tag{12-49}$$

由此可见，$X[n,\lambda]$ 是关于数字频率 λ 的连续周期函数，因此在工程实践中只能在 λ 的有限个离散值上进行数值计算，即对 $X[n,\lambda]$ 进行频域采样。

假定式(12-49)中的窗口序列 $w[m]$ 的长度为 M，且起始点位于 $m=0$，即

$$w[m] = 0, \quad m < 0 \text{ 且 } m \geqslant M \tag{12-50}$$

如果在 λ 的主值区间 $[0,2\pi)$　对式(12-49)所示的 $X[n,\lambda]$ 进行 M 点的等间隔采样，则经过频域采样的短时傅里叶变换可以表示为

$$X[n,k] = X[n,\lambda]|_{\lambda_k = \frac{2\pi}{M}k} = X[n,2\pi k/M]$$

$$= \sum_{m=0}^{M-1} \{x[m+n]w[m]\}\mathrm{e}^{-\mathrm{j}(2\pi/M)km} \tag{12-51}$$

其中：$k = 0,1,\cdots,M-1$。式(12-51)所示的频域采样关系如图 12-20（a）所示，采样结果 $X[n,k]$ 形成的二维采样网格如图 12-20（b）所示。

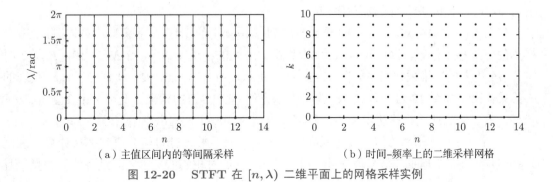

（a）主值区间内的等间隔采样　　　　　　（b）时间-频率上的二维采样网格

图 12-20　STFT 在 $[n,\lambda]$ 二维平面上的网格采样实例

当序列下标 n 固定时，可以认为式(12-51)是加窗序列 $x[m+n]w[m]$ 的 DFT，因此利用离散傅里叶反变换公式可以得到

$$x[m+n]w[m] = \frac{1}{M}\sum_{k=0}^{M-1}X[n,k]\mathrm{e}^{\mathrm{j}(2\pi/M)km} \tag{12-52}$$

其中：$0 \leqslant m \leqslant M-1$。假定窗口序列值均不为零，即 $w[m] \neq 0$，根据式(12-52)可以得到

$$x[n+m] = \frac{1}{Mw[m]}\sum_{k=0}^{M-1}X[n,k]\mathrm{e}^{\mathrm{j}(2\pi/M)km} \tag{12-53}$$

式(12-51)和式(12-53)构成了以 DFT 为基础的可逆变换，它是利用 DFT 计算频域采样的 STFT 的理论基础。特别地，在执行离散傅里叶变换时，可以对加窗序列 $x[m+n]w[m]$ 进行补零运算，即通过增加频域采样数目来抑制 DFT 运算中出现的栅栏效应。与此同时，使用按时间抽取或按频率抽取的基-2 的 FFT 算法，可以提高 STFT 频域采样结果 $X[n,k]$ 的计算效率。

根据式(12-53)可知，当 $m = 0,1,\cdots,M-1$ 时，使用 STFT（短时傅里叶变换）的频域采样序列 $X[n,0],x[n,1],\cdots,X[n,M-1]$ 可以恢复出长度为 M 的序列值 $x[n]$, $x[n+1],\cdots,x[n+M-1]$；如果遍历所有的 n 值，则可以恢复出完整的原始序列。也就是说，当 $k=0,1,\cdots,M-1$ 时，根据 $X[n_0,k]$ 可以重构出区间 $n_0 \leqslant n \leqslant n_0+M-1$ 之内的原始信号，根据 $X[n_0+M,k]$ 可以重构出区间 $n_0+M \leqslant n \leqslant n_0+2M-1$ 之内原始信号，以此类推。

因此，依据式(12-50)所示窗口序列的支撑范围，可以定义时域采样的 STFT

$$X_R[r,k] = X[rR,k] = X[rR,2\pi k/M]$$
$$= \sum_{m=0}^{M-1}\{x[rR+m]w[m]\}\mathrm{e}^{-\mathrm{j}(2\pi/M)km} \tag{12-54}$$

其中：$r \in \mathbb{Z}$ 且 $-\infty < r < \infty$；$R \in \mathbb{Z}$ 且 $0 \leqslant R \leqslant M-1$；$x_R[r,m] = x[rR+m]w[m]$ 是长度为 M 且对 $x[n]$ 减采样的加窗序列。

根据式(12-54)可知，$X_R[r,k]$ 是加窗序列 $x_R[r,m]$ 的 DFT，而窗口序列以跳跃 R 个样本的方式移动位置，因此可以认为 R 是窗口序列的移动步长[①]。当 $M=10$, $R=2$ 时 $X_R[r,k]$ 代表的二维采样网格如图 12-21（a）所示，当 $M=10$, $R=4$ 时 $X_R[r,k]$ 代表的二维采样网格如图 12-21（b）所示。为了表示方便，图 12-21 的横坐标变量 r 用变量 $n=rR$ 代替。只要恰当地选择移动步长 R，就可以根据 $X_R[r,k]$ 重构出原始信号。

当 $R < M$ 时相邻的信号段之间存在着重叠，且重叠部分可能会得到多次计算，利用 $X_R[r,k]$ 可以完全地重构信号段 $x_R[r,m]$。当 $R=M$ 时相邻信号段之间没有任何重叠，且

---

① 为了便于理解图 12-21所示内容，采取 STFT 的第二种定义进行论述。

没有丢失任何有效的信号值，利用 $X_R[r,k]$ 也可以完全地重构信号段 $x_R[r,m]$。当 $R > M$ 时相邻信号段之间没有任何重叠，且丢失了两段之间的有效信号值，导致根据 $X_R[r,k]$ 无法重构出信号段 $x_R[r,m]$。

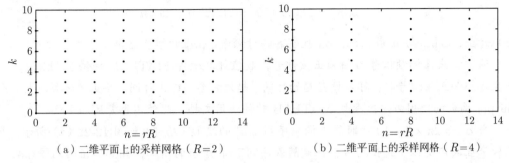

（a）二维平面上的采样网格（$R=2$）　　（b）二维平面上的采样网格（$R=4$）

图 12-21　采样 STFT 在 $X_R[r,k]$ 二维平面上的网格采样实例

为了避免计算 $X_R[r,k]$ 时出现分块效应，可以设定移动步长 R 小于窗口长度 M 的 $1/2$。虽然较小 R 值能够精细地反映细节信息，但是会导致计算量的显著增加；反之，较大 R 值可以明显地降低计算量，但是可能会遗漏原始信号的细节信息。因此，在计算量允许条件下，应该尽可能地减小 R 值，以此增加 STFT 用于时频联合分析的准确性。

在数值计算软件 MATLAB 中，提供了计算 STFT 的基本函数 spectrogram()，它既可以使用默认的输入参数，又可以灵活地设置窗口类型、重叠长度、计算 FFT 点数等参数，并返回输入离散时间信号的 STFT 结果。有关函数 spectrogram() 的使用方法，可以参见 MATLAB 软件使用手册或帮助文档，此处不再赘述。

12.4.5　STFT 分析实例

STFT 克服了传统傅里叶变换的局限性，能够实现离散时间信号的时频联合分析，它在科学研究和工程实践中得到了广泛的应用。下面通过线性调频信号分析、调频正弦序列分析等实例，给出 STFT 的技术优势和注意事项。

例 12.13　线性调频信号的 STFT 分析：连续时间的线性调频信号是特殊形式的频率调制（FM）信号，它可以定义为

$$x_c(t) = \cos(\theta(t)) = \cos(C_0 t^2)$$

其中：$C_0 \in \mathbb{R}^+$ 为常数，利用 STFT 分析线性调频信号。

解　线性调频信号 $x_c(t)$ 的瞬时频率定义为相位 $\theta(t)$ 对时间 t 的导数

$$\Omega_i(t) = \frac{\mathrm{d}\theta(t)}{\mathrm{d}t} = 2C_0 t$$

可以看出，线性调频信号的瞬时频率 $\Omega_i(t)$ 与 t 成正比。

如果对 $x_c(t)$ 进行等间隔采样，则可以得到线性调频序列

$$x[n] = x_c(t)|_{t=nT} = \cos(\alpha_0 n^2)$$

其中：$\alpha_0 = C_0 T^2$ 为常数。因此，规范化的瞬时频率可以表示为

$$\omega_i[n] = \Omega_i(nT) \cdot T = 2C_0 T^2 n = 2\alpha_0 n$$

可以看出，$\omega_i[n]$ 与 n 成正比，α_0 控制着瞬时频率 $\omega_i[n]$ 的增长速率。

通常称线性调频信号为扫频正弦信号，数值计算软件 MATLAB 提供了 chirp() 函数，在生成扫频正弦信号时，可以设置起始时间、起始频率、终止时间、终止频率等参数。有关 chirp() 函数的使用方法，参见 MATLAB 软件使用文档，此外不再赘述。

当 $\alpha_0 = 2\pi \times 5 \times 10^{-5}$ 时线性调频序列 $x[n]$ 的波形（局部）如图 12-22（a）所示，虽然在较窄区间内类似于正弦信号，但是随着序列下标 n 值的增加，相邻峰值的间隔缩短，表明瞬时频率不断增大。当 $x[n]$ 的长度 $N = 2000$ 时，它的幅度谱 $|X(e^{j\omega})|$ 如图 12-22（b）所示，可以看出，在零频开始的很宽频率范围内，$|X(e^{j\omega})|$ 的幅值近似为常数，但是根据 $|X(e^{j\omega})|$ 无法确定 $x[n]$ 在时域的变化情况。

对线性调频序列 $x[n]$ 进行 STFT，当使用长度 $M = 128$ 的矩形窗时，STFT 结果 $X[n,\lambda]$ 的幅度等高线图如图 12-22（c）所示。倾斜条带中心反映了瞬时频率 ω_i 随下标 n 的线性变化趋势。由于矩形窗的旁瓣幅度较大，使得 $|X[n,\lambda]|$ 存在着严重的频谱泄露，即倾斜条带中心的两侧存在着大量的杂散频率分量。

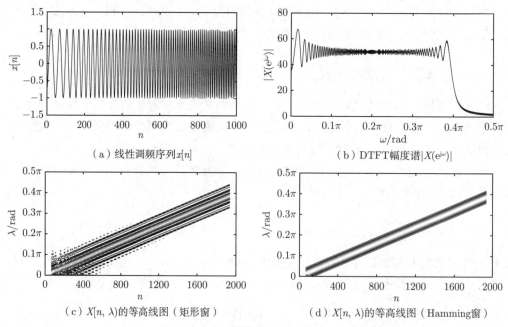

（a）线性调频序列$x[n]$ （b）DTFT幅度谱$|X(e^{j\omega})|$

（c）$X[n,\lambda]$的等高线图（矩形窗）   （d）$X[n,\lambda]$的等高线图（Hamming窗）

图 12-22　线性调频序列的 STFT 分析

当使用长度 $M = 128$ 的 Hamming 窗时，STFT 结果 $X[n,\lambda]$ 的幅度等高线图如图 12-22（d）所示，倾斜条带中心反映了瞬时频率 ω_i 随下标 n 的线性变化趋势。与图 12-22

（c）相比，虽然倾斜条带的中心位置明显地加宽，但是频谱泄露现象得到有效的抑制，这是因为在相同窗口长度的条件下，Hamming 窗的主瓣宽度更窄、旁瓣幅度更低的缘故。

例 12.14 调频正弦序列的 STFT 分析：假设有限长调频正弦序列由三个长度 $M = 400$ 的单频正弦序列组合而成，它定义为

$$x[n] = \begin{cases} \cos(\omega_1 n), & 0 \leqslant n \leqslant M-1 \\ \cos(\omega_2 n), & M \leqslant n \leqslant 2M-1 \\ \cos(\omega_3 n), & 2M \leqslant n \leqslant 3M-1 \end{cases}$$

其中：$\omega_1 = 0.05\pi$，$\omega_2 = 0.15\pi$，$\omega_3 = 0.10\pi$，$M = 400$，利用 STFT 对调频正弦序列 $x[n]$ 进行时频联合分析。

解 调频正弦序列 $x[n]$ 的长度 $N = 3 \times M = 1200$，它的波形如图 12-23（a）所示，$x[n]$ 的幅度谱 $|X(\mathrm{e}^{\mathrm{j}\omega})|$ 如图 12-23（b）所示。可以看出，$|X(\mathrm{e}^{\mathrm{j}\omega})|$ 出现了明显的频谱泄露，特别地，根据 $|X(\mathrm{e}^{\mathrm{j}\omega})|$ 无法确定三个不同频率分量在时间上的先后顺序。

对调频正弦序列 $x[n]$ 进行 STFT，当使用长度 $M = 128$ 的矩形窗时，STFT 结果 $X[n, \lambda)$ 的幅度等高线图如图 12-23（c）所示，三个水平条带的中心反映了频率分量随时间的变化情况。由于矩形窗的旁瓣幅度很大，使得在水平条带两侧存在着大量的杂散频率分量，即出现了十分严重的频谱泄露现象。

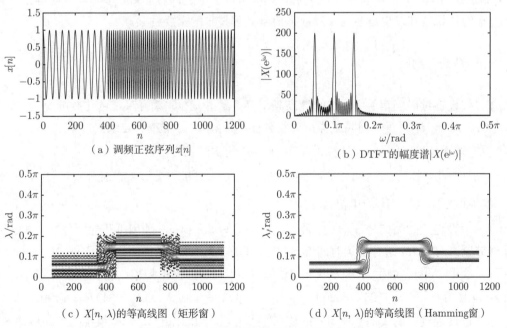

（a）调频正弦序列 $x[n]$

（b）DTFT 的幅度谱 $|X(\mathrm{e}^{\mathrm{j}\omega})|$

（c）$X[n, \lambda)$ 的等高线图（矩形窗）

（d）$X[n, \lambda)$ 的等高线图（Hamming 窗）

图 12-23 调频正弦序列的 STFT 分析

当使用长度 $M = 128$ 的 Hamming 窗时，STFT 结果 $X[n, \lambda)$ 的幅度等高线图如图 12-23（d）所示，三个水平条带中心同样反映了频率随时间变化情况。与图 12-23（c）相比，

水平条带宽度增加了一倍，这是因为 Hamming 窗拥有更宽的主瓣宽度；水平条带两侧的杂散频率分量很少，这是因为 Hamming 窗拥有较低的旁瓣幅度。

特别注意，在图 12-23（c）和图 12-23（d）中，在频率跳变位置出现了明显的过渡区域，是因为窗口序列 $w[n]$ 同时覆盖两个频率的正弦序列而产生的。通常窗口长度越短、过渡区域越窄，但是缩短窗口长度会增加主瓣的宽度，进而降低了频率分辨率。

根据例 12.13和例 12.14可知，当待分析信号满足局部平稳性要求时，使用 STFT 可以进行时频联合分析，获得比经典傅里叶变换更精细的结果。特别地，STFT 能够处理绝大多数的非平稳信号，包括雷达信号、语音信号、回波信号、脑电信号等，且能够估计出它们的时频联合分布，因此在科学研究和工程实践中得到广泛的应用。

本章小结

首先，本章论述了连续时间信号的离散时间分析系统的基本结构，从时域、频域和误差三个角度简述了各部分的基本功能，给出了信号分析过程的时域与频域之间的关系；其次，针对正弦序列分析问题，论述了加窗效应的产生原理，给出了主瓣宽度对频率分辨率、旁瓣幅度对频谱泄露的影响；再次，论述了频率采样的基本原理，说明了补零操作对栅栏效应和过采样对频率分辨率的影响；最后，给出了传统傅里叶分析的局限性，论述了 STFT 的基本概念、加窗影响、实现方法和典型实例。本章内容有很强的系统性和实践性，使用 MATLAB 等软件进行丰富的实践训练，对深入理解上述内容非常重要。本章内容是时频联合分析的知识基础，也是通向现代数字信号处理技术的重要桥梁。

本章习题

12.1 假设连续时间信号 $x_c(t)$ 的最高频率 $F_N \leqslant 5$ kHz，采样系统的工作频率 $F_s = 1 \times 10^4$ Hz，对 $x_c(t)$ 进行等间隔采样可以得到序列 $x[n] = x_c(nT)$。要求：

（1）设定采样持续时间 2 s，计算采样序列 $x[n]$ 的实际长度 N；

（2）对序列 $x[n]$ 执行 N 点 DFT 得到 $X[k]$，当 $k = 150$ 和 $k = 800$ 时分别计算 $X[k]$ 对应的模拟频率（以 Hz 为单位）。

12.2 假设连续时间信号 $x_c(t)$ 的最高频率 $F_N = 3.4$ kHz，使用工作频率 $F_s = 8$ kHz 的采样装置，对 $x_c(t)$ 进行持续时间 2 s 的等间隔采样，并对采样序列 $x[n]$ 做 $N = 16000$ 点 DFT，得到 $X[k]$。确定当 k 为以下数值时 $X[k]$ 对应的模拟频率：

（1）$k = 100$；　　　（2）$k = 200$；　　　（3）$k = 400$；　　　（4）$k = 1499$。

12.3 假设连续时间实信号 $x_c(t)$ 的最高频率 $\Omega_N = 200$ rad/s，采样系统的工作频率 $\Omega_s = 500$ rad/s，对 $x_c(t)$ 进行持续时间为 2 s 等间隔采样，并使用 FFT 算法计算采样序列 $x[n] = x_c(nT)$ 的 $N = 1024$ 点的 DFT，当 k 为如下数值时计算 $X[k]$ 对应的模拟频率：

（1）$k = 64$；　　　（2）$k = 128$；　　　（3）$k = 895$；　　　（4）$k = 767$。

12.4 假设连续时间信号 $x_c(t)$ 的最高频率 $F_N = 0.4\,\text{kHz}$,采样系统的工作频率 $F_s = 1\,\text{kHz}$,对 $x_c(t)$ 持续连续采样 2 s,使用 FFT 算法计算采样序列 $x[n] = x_c(nT)$ 的 DFT。

(1)确定 FFT 算法在频域的采样点数;　　　(2)根据 FFT 结果确定模拟频率分辨率;

(3)确定 $k = 128$ 时 $X[k]$ 对应的模拟频率。

12.5 假设连续时间信号 $x_c(t)$ 是最高频率 $F_N = 5\,\text{kHz}$ 的带限信号,即当 $|\Omega| > 2\pi \times 5000\,\text{rad/s}$ 时,$X_c(\text{j}\Omega) = 0$,以采样周期 $T = 1/F_s$ 对 $x_c(t)$ 进行等间隔采样,得到离散时间信号 $x[n] = x_c(nT)$。使用基-2 的 FFT 算法求解 $x[n]$ 的 $N = 2^m$ ($m \in \mathbb{Z}^+$) 点 DFT,并要求计算结果 $X[k]$ 能够反映原始信号中 5 Hz 的频率变化,要求计算:

(1)执行 FFT 算法的最小点数 $N_{\min}$;　　　(2)采样频率范围($F_{\min} < F_s < F_{\max}$)。

12.6 连续时间信号 $x(t) = \cos(2\pi f_1 t) + 0.15\cos(2\pi f_2 t)$,其中:$f_1 = 100\,\text{Hz}$,$f_2 = 120\,\text{Hz}$。当采样频率 $F_s = 600\,\text{Hz}$ 时,对 $x_c(t)$ 等间隔采样得到序列 $x[n] = x_c(nT)$。假定根据 $x[n]$ 的 DFT 结果能够分辨出两个频率分量,要求:

(1)计算 DFT 的最少采样点数;　　　(2)满足要求的最短采样时间。

12.7 对连续时间带限信号 $x_c(t)$ 进行采样,采样频率 $F_s = 1000\,\text{Hz}$,持续时间 $\Delta t = 1\,\text{s}$,并使用 FFT 算法计算采样序列 $x[n]$ 的 $N = 2048$ 点的 DFT,要求:

(1)计算 DFT 分析结果对应的连续时间信号的频率分辨率 Δf;

(2)假定没有频谱混淆,确定 $x_c(t)$ 中包含的最高频率 F_N。

12.8 假定连续时间信号 $x_c(t) = \text{e}^{-4t}u(t)$,对 $x_c(t)$ 进行采样得到离散时间信号 $x[n]$,并用 $x[n]$ 的 DFT 结果确定 $x_c(t)$ 的频率特性,当限定频率分辨率 $\Delta f = 1\,\text{Hz}$ 时,要求计算:

(1)采样频率 F_s;　　　(2)采样点数 N;　　　(3)采样持续时间 t_d。

12.9 离散时间信号 $x[n] = 1.0\cos(\omega_1 n) + 0.8\cos(\omega_2 n)$,用长度 $N = 64$ 的矩形窗 $w[n]$ 对 $x[n]$ 加窗,并计算加窗序列 $v[n] = x[n]w[n]$ 的 N 点 DFT。当 ω_1 和 ω_2 为以下频率组合时,判断使用 DFT 方法是否可以辨别出两个频率分量:

(1)$\omega_1 = \pi/4$,$\omega_2 = \pi/8$;　　　(2)$\omega_1 = \pi/4$,$\omega_2 = 17\pi/64$;　(3)$\omega_1 = \pi/4$,$\omega_2 = 21\pi/64$。

12.10 离散时间信号 $x[n] = \cos(\pi n/6)R_N[n]$,其中 $R_N[n]$ 表示矩形序列。如果在 $x[n]$ 的尾部补 N 个零值,则可以得到长度为 $2N$ 的序列 $x_1[n]$,且它的 $2N$ 点 DFT 为 $X_1[k]$。

(1)计算 $x[n]$ 的 DTFT 结果 $X(\text{e}^{\text{j}\omega})$;　　　(2)计算 $x[n]$ 的 N 点 DFT $X[k]$;

(3)计算 $x_1[n]$ 的 $2N$ 点 DFT $X_1[k]$;　　　(4)给出 $X(\text{e}^{\text{j}\omega})$、$X[k]$ 和 $X_1[k]$ 的关系。

12.11 离散时间信号 $x[n] = \cos(\omega_1 n) + 0.75(\cos\omega_2 n)$,其中:$\omega_1 = 2\pi/15$,$\omega_2 = 2.3\pi/15$,$0 \leqslant n \leqslant 63$,计算 $x[n]$ 的 $N = 64$ 点 DFT,得到 $X[k]$,对如下问题作出判断:

(1)根据 $X[k]$ 是否能分辨两个频率分量;

(2)补 64 个零值后再做 DFT 是否可分辨两个频率分量。

12.12 离散时间信号 $x[n] = \cos(\omega_1 n) + 0.8\cos(\omega_2 n)$,其中:$\omega_1 = \pi/10$,$\omega_2 = 11\pi/100$,用矩形窗 $w[n]$ 对 $x[n]$ 加窗,当窗口长度 N 取如下数值时,根据加窗序列 $v[n] = x[n]w[n]$ 的 N 点 DFT,判断是否可以辨别出两个频率分量:

(1)$N = 32$;   (2)$N = 64$;   (3)$N = 128$。

12.13 连续时间信号 $x_c(t)$ 的最高频率 $F_N = 1000$ Hz，当使用 DFT 分析 $x_c(t)$ 的频率分量时，可以实现模拟信号的频率分辨率 $\Delta f \leqslant 2$Hz。当计算 DFT 的点数 N 是 2 的整数次幂时，求解以下参数：

(1)时域最大采样周期；   (2)采样持续最短时间；   (3)DFT 的最小点数。

12.14 连续时间信号 $x_c(t) = 3\cos(6\pi t)$，从 $t = 0$ 开始以 $T = 0.1$ s 的采样周期对 $x_c(t)$ 持续采样，得到长度 $N = 128$ 的离散时间信号 $x[n]$；使用以下窗口序列 $w[n]$ 对 $x[n]$ 加窗，在 MATLAB 软件环境下绘制加窗序列 $v[n]$ 及其 DFT 的幅度 $|V[k]|$。

(1)矩形窗；   (2)Hamming 窗；   (3)Blackman 窗。

12.15 分别生成数字频率 $\omega_1 = 0.08\pi$，$\omega_2 = 0.24\pi$，$\omega_3 = 0.16\pi$ 且长度是 $L = 200$ 的有限长正弦序列，并设定它们的振幅值为 1，初相位为 0，将它们顺序拼接为 $N = 3L$ 的序列 $x[n]$。要求在 MATLAB 软件环境下完成以下内容：

(1)绘制序列 $x[n]$ 的时域波形，绘制 $N = 600$ 点的 DFT 的幅度 $|V[k]|$，绘制 $x[n]$ 的幅度谱 $|X(e^{j\omega})|$（使用 2048 点的 DFT 结果进行逼近）；

(2)使用长度 $M = 128$ 的矩形窗对 $x[n]$ 进行 STFT，绘制 STFT 结果的幅度等高线图；

(3)使用长度 $M = 128$ 的 Hamming 窗对 $x[n]$ 进行 STFT，绘制 STFT 结果的幅度等高线图；

(4)比较（2）和（3）中得到的 STFT 结果，并讨论产生差异性的具体原因。

12.16 离散时间的线性调频信号 $x[n] = 2\cos(\alpha n^2)$，其中：$\alpha = 2\pi \times 10^{-4}$，$0 \leqslant n < 2000$，在 MATLAB 软件环境下完成以下内容：

(1)绘制序列 $x[n]$ 的时域波形，使用 $N = 2048$ 点的 DFT 结果 $X[k]$ 逼近 $X(e^{j\omega})$，绘制并解释幅度谱 $|X(e^{j\omega})|$；

(2)使用长度 $M = 128$ 的矩形窗对 $x[n]$ 进行 STFT，绘制 STFT 结果的幅度等高线图；

(3)使用长度 $M = 128$ 的 Hamming 窗对 $x[n]$ 进行 STFT，绘制 STFT 结果的幅度等高线图；

(4)比较（2）和（3）中得到的 STFT 结果，并讨论产生差异性的具体原因。

参 考 文 献

[1] 王俊, 王祖林, 高飞, 等. 数字信号处理 [M]. 北京: 高等教育出版社, 2019.

[2] 程佩青. 数字信号处理教程 [M]. 5 版. 北京: 清华大学出版社, 2017.

[3] 邹理和. 数字信号处理（上册）[M]. 北京: 国防工业出版社, 1985.

[4] 姚天任. 数字信号处理 [M]. 2 版. 北京: 清华大学出版社, 2018.

[5] 陈后金. 数字信号处理 [M]. 3 版. 北京: 高等教育出版社, 2018.

[6] 胡广书. 数字信号处理原理、算法与实现 [M]. 2 版. 北京: 清华大学出版社, 2003.

[7] 高西全, 丁玉美, 阔永红. 数字信号处理原理、实现及应用 [M]. 3 版. 北京: 电子工业出版社, 2016.

[8] 彭启琮, 林静然, 杨錬, 等. 数字信号处理 [M]. 北京: 高等教育出版社, 2017.

[9] 吴镇扬. 数字信号处理 [M]. 3 版. 北京: 高等教育出版社, 2016.

[10] 王艳芬, 王刚, 张晓光, 等. 数字信号处理原理及实现 [M]. 3 版. 北京: 清华大学出版社, 2017.

[11] 孙明. 数字信号处理 [M]. 北京: 清华大学出版社, 2018.

[12] 李莉, 魏爽, 俞玉莲. 数字信号处理原理和算法实现 [M]. 北京: 清华大学出版社, 2018.

[13] 许可, 万建伟. 数字信号处理 [M]. 北京: 清华大学出版社, 2020.

[14] OPPENHEIM A V, SCHAFER R W. Discrete-Time Signal Processing[M]. 3rd ed. New York: Person Education Inc., 2011.

[15] PROAKIS J G, MANOLAKIS D G. Digital Signal Processing Principles, Algorithms, and Applications[M]. 4th ed. New York: Pearson Education Inc., 2007.

[16] HAYES M H. Schaum's Outline of Theory and Problems of Digital Signal Processing[M]. New York: McGraw-Hill Companies Inc., 1999.

[17] MITRA S K. Digital Signal Processing—A computer Based Approaches[M]. 2nd ed. New York: McGraw-Hill Companies Inc., 2001.

[18] MANOLAKIS D G, INGLE V K. Applied Digital Signal Processing[M]. Cambridge: Cambridge University Press, 2011.

[19] INGLE V K, PROAKIS J G. Digital Signal Processing Using MATLAB[M]. 4th ed. Stanford: Cengage Learning, 2015.

[20] SMITH S W. The Scientist and Engineer's Guide to Digital Signal Processing[M]. 2nd ed. Berkeley: California Technical Publishing, 1999.

[21] LYONS R G. Understanding Digital Signal Processing[M]. 3rd ed. New York: Pearson Education, Inc., 2011.